华梅 等 著

人类服饰文化学拓展研究 下册

人民日报出版社

第八章

服饰考古学

第一节　考古学与服饰考古学

考古学历经二百年的发展，已成为一门对人类社会有着重要意义的学科。考古学虽然是在研究过去，但它的理论、方法和实践却是一直向前发展的。考古学脱胎于古物学，并受惠于地质学和生物学的历史研究以及探索人类历史的学科目标，这决定了考古学从一开始就是一门综合学科，它的研究与发展离不开与其他学科的相互作用、相互结合。考古学横跨社会学科、人文学科和自然学科的学科属性，一方面使考古学研究的领域更加广阔，另一方面也使它的研究更加专门化，研究的对象、范围和目的被进一步细化。服饰考古学的提出正是顺应了这一发展趋势。同时，它也是 21 世纪学术研究多元化、跨学科化背景中，服饰史学、服饰文化学学科建设的必然要求。

一、考古学概念及研究历程

（一）考古学的确立与基本内涵

在一般大众看来，考古学就是发掘古代的宝藏，考古学家们或是具有冒险精神的勇士或是知识渊博但性格孤僻的老古板。其实，所有这些都只说对了一半，考古发掘的是所有古代人类的遗存而不仅是宝藏，考古学除了田野的发掘还要有理论研究，有些考古学家甚至从未进行过发掘。考古学家同其他学科的研究人员也没什么两样。但不管是残破还是精美的古代遗物，对它们的研究都是为了重现已经不存在的古代社会（包括物质和精神方面）。而且，考古学理论既烦琐又矛盾，田野考古通常也是辛苦异常。尽管如此，考古学仍是一门非常与众不同的学科：它具有其他学科所不具备的激动人心和神秘莫测的特质。古埃及图坦卡蒙陵墓和中国兵马俑给全世界所带来的震撼与激动，就很少有其他学科能够相比。正像英国考古学家格林·丹尼尔所强调的，考古学的价值在于它能给人们带来快乐。

那么到底什么是考古学呢？"考古学"（archaeology）一词是17世纪法国里昂的一位医生兼古物学家雅克·斯蓬根据希腊文 arkhaiologia 重新创造出来的，词根 arche 在希腊文中有开端之意。从字面解释，考古学就是对起源的探索。不过，要给它下个准确且全世界都适用的定义却不是件容易的事。因为考古学在发展过程中，研究的对象、任务和目的都在发生变化，特别是一些国家基于本国的国情和学术传统，形成了各具特色的考古学体系，有各自不同的学术定位。例如，欧洲的考古学是社会科学中的一个独立学科；中国把考古学看作对历史的补证，是历史学的一个分支；而在北美，考古学则是人类学的子学科。因此，中国和西方在考古学概念上的表述都不尽相同。

1994年的《中国大百科全书·考古卷》中对考古学的定义是，"根据古代人类通过各种活动遗留下来的实物以研究人类古代社会历史的一门科学"①。中国的一本考古学教材中关于考古学定义除了以上内容外，还加上了"它是历史学的一个分支"② 这样一句话。西方普遍认可的是戴维·克拉克所下的定义："考古学是这样一门学科，它的理论和实践是要从残缺不全的材料中，用间接方法去发现无法观察到的人类行为。"③ 加拿大考古学家特里格进一步说明道："尽管考古学被赋予种种不同的目的，但是大部分考古学家仍然认为考古学是研究过去人类行为和文化发展的学科。"④ 他指出，无论是考古记录还是物质遗存，如果不与人类行为相联系就根本无法了解它们。这也是

---

① 《中国大百科全书》总编辑委员会编：《中国大百科全书·考古》，北京：中国大百科全书出版社2003年版，第1页。
② 陈淳编著：《考古学理论》，上海：复旦大学出版社2004年版，第4页。
③ ［美］戴维·克拉克："考古纯洁性的丧失"，《古物学》，1973年第47期。
④ ［加］布鲁斯·G. 特里格著，陈淳译：《考古学思想史》，北京：中国人民大学出版社2010年版，第20页。

考古学唯一可以与其他学科相沟通的方面。不过，无论中西方在概念表述和学术定位上有什么差异，都会认同考古学的这样一个宗旨：它力求了解人类过去的生活状况，力图探索考古现象产生的原因，并解释社会文化发展的规律。

（二）西方考古学的研究历程

考古学作为一门学科的出现，是始于 19 世纪中叶，历史背景是欧洲文艺复兴之后，西方社会正处于由启蒙运动所带来的在文化和科学上的昌明与进步时期，具体则是在欧洲近代古物学、生物学与地质学共同推动下产生的。纵观西方考古学的发生、发展的全部过程，可以按照阶段的不同，将它分为萌芽期、形成期、成熟期、发展期和革新发展期。

1. 萌芽期（1760—1840）

喜欢探寻过去和收藏古物似乎是人类的两大天性。古希腊时期，人们就对人类起源问题十分感兴趣，"历史之父"希罗多德考察过希腊周边的文明及野蛮民族，并已认识到埃及文明有着更古老的历史。对古物的好奇与热情，最早可追溯到一位公元前 6 世纪的巴比伦国王那波尼德。他主持了对一座神庙的考古发掘，结果挖到了一块比当时还要早上数千年的基石，这位爱好考古的国王也就成了已知最早的"考古学家"。

15 世纪，发轫于意大利的文艺复兴运动，使欧洲人重新认识到古希腊罗马时代的光荣与伟大。由罗马教皇和意大利贵族率先带动起的对希腊罗马时代的雕像、石刻等古代艺术品的收藏热，席卷全欧洲。不久，欧洲人又对基督教圣地巴勒斯坦地区的古迹和古物发生兴趣，后来这种兴趣还扩大到对近东地区的埃及、巴比伦等地的更为古老的古迹和古物的寻访和搜集。在此背景下，古物学开始兴起，但早期古物学所关注的仅限于文物的艺术价值。16 世纪英国建立了正规的古物学，把对艺术品的热情转向对整个艺术史的研究上。这一转变使古物学向科学的道

图 8-1　约翰·温克尔曼画像

路迈进。18 世纪上半叶，英国的古物学大力提倡科学探索精神，古物学家开始为地下出土的文物提供详细的描述与记录，进而探索文物的年代。古物学研究方向的转变为近代考古学的产生打下了坚实基础。1764 年法国学者约翰·温克尔曼撰写了著名的《古代艺术史》，首次从历史角度研究古代艺术。温克尔曼根据艺术风格对希腊和罗马的雕塑进行分期，并探讨艺术风格演变的因素。这种研究方法对后来的考古学影响极大，他也因此被西方尊为考古学之父。(见图 8-1)

古物学的兴起和发展也促进了较为严肃的田野考古的出现，古物学家开始研究古物本身和古物的文化因素。英国的古物学家们活跃在自己国家的各个地方，斯堪的纳维亚的古物学家则忙碌于北欧沿海边，寻找和记录存于地上的古代遗物，推测它们的成因和用途。例如，英国第一位田野考古学家约翰·奥布里对威尔士巨石阵和艾夫伯里石柱群的详细报道和用途猜测，以及丹麦古物学家对海边贝冢的研究。当然，此时古物学的研究还有着宣扬本国古代历史，以增进爱国主义思想和民族自豪感的动机与任务。法国人则把田野考古工作放到了埃及。1798 年拿破仑远征埃及，远征军中有为数不少的科学家、绘图员和美术家。他们对埃及做了详细的调查，包括埃及的地理、动植物、风土人情和古代建筑，并在开罗建立了埃及研究院。研究院的工作人员没有进行考古发掘，而是竭尽所能把能搬得动的埃及艺术品都收集起来，准备运往法国，其中就有考古学史上非常重要的发现——罗塞达碑。但由于法国人被英国海军击败，所有的艺术品最终被送进了大英博物馆而不是罗浮宫。不过，拿破仑的入侵却促成了埃及学的建立和发展，1809 年多卷本的《埃及的描述》出版，1822 年法国语言学家弗朗索瓦·商博良根据罗塞达碑上由希腊文、埃及象形文字和埃及通俗体文三种文字组成的铭文，经过二十年的不懈努力，最终破译出埃及象形文字。(见图 8-2)

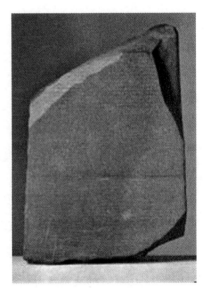

图 8-2　罗塞达碑

从 16 世纪的下半叶开始，欧洲人对中

东地区古物探险工作也有了很大进展，他们搜索并记录下当地属于亚述、巴比伦、波斯的古代遗址，并对刻有古代楔形文字的各种铭文产生了浓厚兴趣。以研究中东两河流域古代文明为主的亚述学也确立起来。1786 年法国主教约瑟夫·博安考察了美索不达米亚的一些废墟，并于 1786 年试掘了巴比伦。这是已知对近东古代遗址的首次发掘。

欧洲古物学经典研究到 18 世纪陷入困境。经典研究主要依赖于文字记载和口头传说，但当面对日益增多的无文字记载的古物时便束手无措了。埃及学和亚述学通过考古发掘而不是已有的文献进行年代学研究的方法，使学者们逐渐意识到考古发掘是获得人类历史信息的一个非常重要的方法和途径。考古学脱胎于古物学的时机已经到来，但仍缺少几个必要条件。考古学诞生的条件，除了年代更久的考古发现，还需要有系统的指导理论和严谨的科学方法。这三个条件用丹尼尔的话来说，便是英国旧石器时代考古学和地质学的发展以及生物进化论的确立。

2. 形成期（1840—1870）

德国哲学家恩斯特·卡西尔说过人有分类的本能。无论是古物学还是考古学，确定古物日期并分门别类都是首要的任务。但考古学的分类方法是一种科学的独立于文献的断代方法，这是与古物学最根本的区别。1800 年至 1850 年史前考古学率先在丹麦等斯堪的维亚国家出现。其一，是因为丹麦人最先开始了古物学的思想革命，把古物学家的艺术爱好转变为考古学家的历史研究。其二，也是最重要的因素，丹麦人汤姆森在 1819 年提出了著名的"三期论"。他认为，史前时代的丹麦经历了石器时代、铜器时代和铁器时代三个时期。不久他的学生沃尔塞（1821—1885 年）又进而把"三期论"用于野外古迹的分期，并以发掘工作中所见的地层关系作为证明。1843 年，沃尔塞发表了《丹麦原始时代古物》一书，使"三期论"从此成为史前考古学的研究基础。

由于英、法两国有着斯堪的维亚所没有的丰富的旧石器遗存，旧石器时代的研究便首先从英国和法国开始了。受基督教上帝创世说的影响，欧洲人长期以来相信人类是由上帝在公元前 4004 年创造出来的。早在 17 世纪末，伦敦格雷客栈路下就发现了打制石器与绝灭动物共存的现象，开始引发人们对人类古老性的思考。1834 年比利时的施梅林博士根据他在比利时恩基洞穴中人骨与灭绝动物共存现象的发现，发表了研究成果，确信它们"是在同一时间，由于同一原因被掩埋在一起的。"英国神父麦克内里从 1825 年开始，在英国的肯特洞穴中发掘了四年，发现了与犀牛等绝灭动物遗骸共存的燧石工具，也认为人类起源肯定早于公元前 4004 年。19 世纪中叶，达尔文（1809—1882 年）在《物种起源》提出了进化论。赖尔（1797—1875 年）在其划时代的《地质学原理》中提出了均变论。均变论和进化论学说使人们懂得人类的出现至少在数十万年之前，并认识到人类是从猿类演化而来的。1856 年发现的尼安德特人的头骨化石，不久也被引用为进化论的物证，彻底否定了上帝于公元前 4004 年造人的神话。

1838 年法国彼尔特在索姆河畔首先发现旧石器，并认定是原始人类所用的工具。1865 年英国的卢伯克（1834—1913 年）使用希腊语的词根，创造了"旧石器"（Palaeolithic）和"新石器"（Neolithic）两个名词，以表示两个石器时代的存在。法国考古学家艾夫伯里在 1865 年发表的《史前时代》中将石器时代进一步划分为旧石器时代和新石器时代。后来，拉尔泰（1801—1871 年）又用古脊椎动物化石作标准，把旧石器时代分为三期。尽管拉尔泰的分期是从古生物学角度借用的方法，但他首创了在考古学上采用非考古资料来进行分期的方法。

1853—1854 年在瑞士境内发现了"湖居"遗址，有着许多保存良好的遗迹和遗物。湖居遗址在史前考古学的意义在于证明了三期论的正确性，同时使考古学家认识到观察地层的重要性。另外，湖居遗址保存了大量有机质的遗物的发现，为人们了解人类远古生活提供了较为详细的信息，考古学家不再只把一些难以损毁的器物如石器、青铜、铁器、陶器等当成有价值的考古证据，那些容易腐烂的有机物也可能保留下来，为我们提供重要的历史信息。

由于史前时代没有任何文献记载，对史前史的研究必须完全依靠考古学，因此史前考古学的发展又推动了整个考古学的发展。史前史研究以进化论的理论为指导，按照近代自然科学的传统，以严格的科学方法从事研究，使作为科学的近代考古学从此得以成立。1867 年在瑞士召开了第一次"人类学和史前考古学国际会议"。这使考古学作为一门科学，在国际学术界得到了普遍的承认。

1850 年到 1900 年之间，欧洲各国在近东的田野考古进展迅速。不过，这一时期的大部分田野考古学家更像是盗墓贼，不讲求科学方法，盗墓式的野蛮发掘和劫掠成了这时期田野考古的一大特色。例如，意大利人贝尔佐尼（1778—1823 年）在埃及为掠夺珍宝而进行的令人发指的滥掘古墓行为。到了 1859 年，法国马里埃特担任埃及政府的古物局局长，才对这种盗掘加以控制。

1835 年英国人罗林森（1810—1895）释读出贝希斯顿三体铭文中的一种楔形文字为古波斯文。1842 年，法国人博塔开始发掘古代亚述的尼尼微城址。次年，他又在豪尔萨巴德发现了亚述王朝萨尔贡二世的宫殿遗址，获得了大批石刻浮雕和楔形文字的铭刻。1845—1851 年英国人莱亚德也在尼姆鲁德和尼尼微发掘出亚述时代的许多石刻浮雕、楔形文字的石刻和泥板。他出版了《尼尼微古迹》和《尼尼微及其遗存》，影响很大。对尼尼微的挖掘也是以找宝为主要目的，发掘方法上没有任何科学性可言。

从 1863 年起，意大利考古学家菲奥雷利改进了对庞培古城遗址的发掘方法。他以恢复这一古城的原貌为目标，对遗址中的房屋遗存按单元进行全面的揭露，讲求层位关系，并将发掘出来的遗迹保存在原地。在发掘中，贫民的居处和富人的邸宅同样受到重视；出土物不论精美与否，都被作为不容忽视的标本。他的这种审慎、周密的工作态度，为此后庞培城址的科学发掘打下了基础。

3. 成熟期（1870—1900）

西方考古学在 1870 年之后开始进入成熟期。石器时代的分期问题成为这一时期考古学研究的一个焦点。法国考古学家莫尔蒂耶反对拉尔泰旧石器时代的分期方法，他认为，史前史的分期必须依据考古材料本身，不能采用古生物学的方法。他借用地质学中划分年代的方法，用典型的器物来划时代，以典型遗址作为命名的依据，以此建立起文化发展和进化的序列。1869 年到 1872 年，莫尔蒂耶把旧石器时代分为四个阶段：舍利期、莫斯特期、梭鲁特期、马格德林期。实际上，拉尔泰和莫尔蒂耶用"时代"和"分期"来编排人类史前史的方法都对考古学产生了深远影响，并一直沿用到今天。

瑞典的蒙特柳斯继沃尔塞之后，大量使用比较考古学和类型学的方法进行研究，并将类型学的理论加以系统化。类型学是在三期论的基础上对考古发现进行编年并探讨它们在地理上的分布。从 1885 年到 1895 年，蒙特柳斯把北欧的新石器时代分为 4 期，青铜时代分为 5 期。这时，早期铁器时代的哈尔施塔特期和拉登期 2 期被进一步确定下来。这样，从旧石器时代、新石器时代到青铜时代和早期铁器时代，欧洲史前考古学的整个体系得到了确立。

图 8 - 3　迈锡尼遗址

19 世纪末，比旧石器分期更为有意思的是欧洲旧石器时代晚期洞穴艺术的发现和爱琴海文明的发现。1879 年著名的西班牙阿尔塔米拉洞穴被发现。洞顶的史前人类的动物图形彩绘，被莫尔蒂耶称为，"这是艺术的童年，而不是儿童的艺术"。1870 年德国人谢里曼通过田野考古发现了早于荷马时期的迈锡尼文明，以及以特洛伊二期为代表的先迈锡尼文明的安纳托利亚文明。他的发现证明了荷马史诗不是神话传说，而是真正的希腊历史。（见图 8 - 3）

欧美的考古学者还到中美和南美各地进行调查发掘。第一次大规模的发掘，是由美国哈佛大学在洪都拉斯的科潘地方的玛雅文明遗址进行的，1896 年发表了正式的发掘报告。德国的乌勒，从 19 世纪末到 20 世纪初一直在秘鲁的帕查卡马克进行发掘，他的发掘报告于 1903 年出版。

科学的考古发掘是从这时期开始的。源于地质学的层位学正式应用到田野考古中。首先明确了发掘的目的不是为了挖宝，而是要把地下的古迹和古物揭露出来，了解它们原来的位置、布局和后来的变化，这样就可以使由于时间的推移而被灰烬和泥土掩埋起来的人类的历史得到重视。19 世纪后期，德国和奥地利的考古学家在希腊和意大利发展了考古发掘的技术。在庞培古城遗址，意大利的考古学家进一步发展菲奥雷利的发掘方法。谢里曼除了在发掘中采集全部遗物并注意地层关系以外，他还要求充分做好包括绘图、照相在内的各种记录，迅速整理资料，及时发表报告。英国的皮特里在埃及的发掘工作中，更讲求发掘方法的科学化，他于 1904 年写出《考古学的目的和方法》一书，总结了自己的工作经验。在英国，皮特里的前辈皮特－里弗斯则被视为科学考古发掘的创始者，早在 1880 年至 1900 年，他便已用上述的科学方法在英国克兰伯恩蔡斯地区发掘居住址和古墓。这样,考古学也就被承认是利用实物的证据以探索古代人类历史的一门科学了。

4. 发展期（1900—1950）

在20世纪刚刚到来之际,考古学史上的最著名的发现之一——英国的阿瑟·伊文思对希腊传说中的克诺索斯迷宫的发掘,就轰动了整个西方。考古学再次成为公众眼中最让人着迷的学科。而此时,达尔文的进化论思想已深入人心,人类起源说已不再有神学的痕迹,欧洲和近东的史前史也建立了科学的研究框架,中美洲的玛雅和南美的印加文化也逐渐展露于世人面前。经过几代考古学家的努力,地层学和类型学作为考古发掘与研究的操作原则,也被大多数的考古学家理解和接受,考古学正式成为西方大学的主要课程之一。

第一次大战曾一度中断了考古学的研究工作,但战后欧洲的考古学研究无论在理论上还是在实践上都重新恢复并有更大的进步。1917年十月革命以后,苏联考古学家在马克思列宁主义的指导下,用历史唯物论的观点和方法从事研究,使苏联考古学的面貌为之一新。英国的柴尔德,在一定程度上也掌握了历史唯物主义的方法论。美国的摩根在他的《古代社会》中提出了按照人类社会文化的发展阶段划分的另一种“三期论”（蒙昧时代、野蛮时代、文明时代）,这一划分方法为恩格斯所赞许,并被苏联考古学界以及柴尔德等西欧的考古学家所采用。但汤姆森的“三期论”仍然有它一定的作用,所以并没有被国际学术界所抛弃。柴尔德在20世纪20年代发表了《欧洲文明的黎明》《史前时代的多瑙河流域》和《远古时代的东方》等著作,运用考古学“文化”代替了“时期”；从前的所谓“阿舍利时期”“莫斯特时期”之类,这时都改称“阿舍利文化”和“莫斯特文化”等。这主要是因为考古学的“文化”有地域上的局限性,一种“文化”不能代表世界范围内的一个时期,各种不同的“文化”往往在同一个时期中并存,实际上是各自代表具有同样文化传统的共同体。明确了考古学“文化”这一基本概念之后,考古学研究就必须有更多的资料和对资料更为精细的分析,而研究的结果就能更符合于客观的实际。

在田野考古学方面,1926年,英国的考古学家惠勒首次采用方形探方对古代遗址进行发掘,即考古学上有名的“惠勒的方格”,这种方法在大面积揭露的同时，又能比较科学地控制和记录发掘的层次，很快便为考古学家们接受并应用到考古实践中。惠勒还首次提出了"透物见人"的观点，主张考古学家应掘出古代的"人民"，而不仅仅是掘出古代的文物。

第一次世界大战以后，各种自然科学和技术科学都有快速的发展，它们在考古学上的应用比前一时期更为广泛和普遍。例如，在勘察方面，利用空中摄影技术探索地面上的遗迹，利用"地抗力"的测定法以探测埋藏于地下的遗迹。在分析、鉴定方面，则应用地质学、物理学和化学的方法判别岩石、矿物和金属制品的质地和成分，应用体质人类学、动物学和植物学的方法以鉴别人骨的性质，兽骨的种类和农作物的品种等。结合考古发掘，进行古代土壤和其中所含孢子花粉的分析以了解古代的植被面貌，也是从这个时期开始的。

20世纪的20—30年代是西方考古学的黄金时代，有许多举世瞩目的大发现。1923年英国H·卡特在埃及发掘图坦哈蒙墓，1924年英国马歇尔发现了印度的哈拉帕和摩亨佐达罗文明。1926年英国吴雷在伊拉克境内的乌尔发掘苏美尔王陵。30年代以来，达特和布鲁姆在南非，利基在东非发现了南方古猿的化石，它们可能是直立人的直系祖先，与之共存的据说有打制的砾石工具，以后称为奥杜韦文化。因此，有人认为东非也许是人类最初的摇篮。

美洲的考古工作也获进一步开展。秘鲁的特略发现了查文遗址，发掘工作证明查文文化是秘鲁最早的文明，年代约从公元前900年到公元前200年。美国学者在美国境内，主要是研究史前时代的印第安文化，研究方法的特点在于考古发掘与民族志调查（调查现存的印第安人部落）相结合。1926年，在新墨西哥州的福尔瑟姆发现美洲当时所知的最早石器，年代约在前9000年至前8000年，说明早在中石器时代，北美洲已有人类居住，他们可能是末次冰期以后从亚洲的东北部迁移过来的。

第二次世界大战给人类带来的深重灾难，使考古学像其他的人文社会学科一样开始思考文化的本质问题，而不是只关注年代和分类。1943年，美国的泰勒发表了《考古学之研究》，对传统考古学进行了深入的反思，对陷于烦琐的器物排队和以年代序列为目标的考古学研究提出了严厉的质疑，主张考古学在年代学和历史问题之外，还应当着重研究古代遗存的社会文化功能，通过系统的"缀合式研究"，全面揭示古代社会的文化面貌。

5. 革新发展期（1950—　）

第二次世界大战后，自然科学和技术科学快速发展，在考古学上的应用也更为广泛，更为重要。例如，电磁测定法用于探寻遗迹，放射性碳素测定法、钾氩法、热释光测定法、古地磁测定法等用于测定遗迹和遗物的年代，X射线荧光分析法、电子探针法、中子活化法等用于分析遗物的成分等，使考古学研究得到很大的进展。用电子计算机储存并分析各种考古资料，也是这一时期才开始的。尤其是放射性碳素断代的广泛应用，使考古学家能确知各种史前文化的绝对年代，从而就它们之间的年代先后序列做出确切可靠的结论，这可以说是史前考古学上的一次革命。过去，欧洲的考古学家们认为，欧洲新石器时代和青铜时代文化的绝对年代较晚，是受到近东地区文化的影响才发展起来的，经过放射性碳素断代，知道它们其实并不晚，很可能是独自形成的。这使柴尔德在他的遗著《欧洲社会的史前史》一书中也改变了以前自己在这一问题上的看法。此外，由于航空技术和摄影技术的提高，特别是人造卫星上天之后，航空摄影发展为航天摄影，使前一时期创立的航空考古学又有了显著的进展。潜水设备的改进，则使水下考古学在这一时期得到正式的成立。

20世纪末到21世纪初的这段时间里，考古学除了因科学技术而有面貌一新的变化外，考古学也比以前更加重视理论的研究。理论建设成为当代考古学最重要的研究内容。受泰勒理论的影响，60年代，美国的宾福德对考古学作了全新的阐释，以他为代表的过程主义考古学建立起来。过程主义考古学主张考古学就是人类学，应该研究探求"文化动力学"的规律，将人类文化遗存分为物质文化产品、社会文化产品和精神文化产品等三方面，提倡科学缜密的发掘和分析方法以及透物见人的考古学中程理论的建设，首先根据考古遗存研究复原人类的行为特征，然后进一步揭示文化中不同部分相互作用和发展的规律性。这种全新的思潮也被称为新考古学。

新考古学过分贬低历史学，将考古学等同于人类学的研究方式从它建立一开始就受到考古学界的质疑。到20世纪70年代时，新考古学从考古材料中提取信息能力不足的弊端日益暴露出来。从80年代时起，以英国的伊恩·霍德为代表的考古学家在批判过程主义考古学的基础上，采用哲学思想来构建新的考古学研究理论体系。建立了诸如结构主义考古学、马克思主义考古学、认知考古学、女性主义考古学等流派。这些流派被统称为后过程主义考古学。

考古学家越来越关注考古解释的科学性、公正性和伦理性，对考古学史的研究空前兴盛。今天，技术和观念等的进步已逐渐使全世界的考古学家从繁重的年代学和人类历史的时空框架的研究中解放出来，开始将主要的精力集中在考古学学科体系与理论方法的探索及人类起源、食物生产的起源和文明与复杂社会的起源及其对文化进步的具体影响这样几个对认识人类文化演进过程中的几个关键性的转变环节，因此对它们的全面认识几乎涉及考古学的全部认识成果。如今考古学家已经发现了许多至关重要的线索，提出了一些极具说服力的假说。例如，最引人关注的是，1987 年美国科学家凯恩等人运用基因分析技术，通过分析线粒 DNA（从母方获得的遗传物质）发现：世界上所有现代人都是一位生活在约 20 万年前到 15 万年前的非洲妇女的后代。这一观点也被称为"夏娃的假说"。目前就人类只有一个起源（非洲）还是有多个起源的争论仍在继续。可以预期，对三大起源问题及其在文化史上的经验教训的研究，仍然是 21 世纪考古学的首要课题。

（三）中国考古学的发展历程

形成于 20 世纪初的中国考古学，经过近一个世纪的发展，经过几代考古学家的不懈努力和辛勤探索，已由一株幼苗成长为学术之林的一棵参天大树，成为世界考古学的一个重要组成部分。中国的考古学大致经历了萌芽期、形成期、成熟期、繁荣发展期四个发展过程。

1. 萌芽期（1900—1920）

中国从春秋战国时代起，就有学者对古代遗迹和遗物进行考察与研究。到距今 1000 年的北宋时期产生了具有一定学术系统的"金石学"。到清代时，金石学已相当发达。就像西方的古物学之与近代考古学一样，中国的金石学也成为中国考古学的前身。虽然金石学家也会到田野中访寻古代碑版石刻，但更主要的工作仍是研究历史典籍，因此直到西方近代田野考古学传入中国之前，金石学都未能也不可能发展成考古学。

西方近代考古学诞生半个世纪后，开始为中国学者所注意。1900 年章太炎在《中国通史略例》中介绍西洋史学思想时提及，"今日治史，不专赖域中典籍，凡皇古异闻，种界实迹，见于洪积石层，足以补旧史所不逮者。"①
1901 年梁启超在《中国史叙论》中，更讲到 19 世纪中叶以来欧洲考古学家
将史前时期划分为石器时代、铜器时代、铁器时代 3 期，并将中国古史传说
与此比附。正当此时，1898 年安阳小屯村再次发现有字甲骨，引起了王懿荣、
刘鹗等金石学家的注意。1900 年敦煌石窟又发现储存大量古代写本文书和其
他文物的藏经洞。近代学术史上的这两项惊人发现，成了中国考古学诞生的
前兆。

20 世纪初，西方探险家把目光投向了这个世界唯一尚存的文明古国，时
值晚清末年，中国无力保护自己的古代遗迹。一些国家纷纷派遣考察队潜入
中国边疆，以考古研究为名，大肆掠夺珍贵文物，他们以非科学方法进行调
查发掘，致使许多古代遗迹遭到破坏，造成中国文化遗产的极大损失。但这
些发现也使中国人认识到田野考古的重要意义。从 1920 年起，北洋政府开始
主动聘请外国学者和国外学术团体进行联合考古工作。瑞典地质学家安特生，
加拿大人类学家步达生，法国生物学家德日进先后来到中国。1921 年安特生
发现了北京周口店人类化石地点。同年，安特生在河南渑池县仰韶村，发现
以彩陶为显著特征的新石器时代遗存，并进行首次发掘，提出仰韶文化的命
名。接着，他又在甘肃和青海地区进行了大范围的考古调查。1926 年从美国
学习人类学归来的李济，在山西夏县西阴村遗址进行发掘，这是第一次由中
国学者主持的田野考古工作。

2. 形成期（1920—1950）

1922 年北京大学研究所国学门成立了考古学研究室，1928 年"中央研究
院"历史语言研究所成立，内设考古学组。这一年历史语言研究所首派董作
宾前往安阳小屯进行调查和发掘，这是中国学术机构独立进行的首次科学发
掘，被认为是中国考古学诞生的重要标志之一。1929 年，李济作为当时中国
唯一具有近代考古学知识和发掘经验的学者，被聘任为历史语言研究所考古
组主任。同年，中国地质调查所新生代研究室及北平研究院史学研究会考古
组分别成立。从此，中国有了自己的从事考古研究的学术机构。

1929 年在裴文中的主持下，发现第一个北京人的头盖骨化石。随后，发

---

① 章太炎著：《章太炎全集》第 3 册，上海：上海人民出版社 1982 年版，第 331 页。

现大批石制品和人类用火痕迹，使北京人的文化遗存得到确认。历史语言研究所考古组 1928—1937 年间对殷墟进行了 15 次发掘，梁思永等在安阳后岗首次从地层上判定仰韶、龙山和商文化的相对年代，这是中国史前考古研究科学化的重要标志。1930—1931 年间，由李济、梁思永主持发掘山东城子崖遗址，著《城子崖》，是中国出版的第一部大型田野考古报告。一些地方博物馆也开展了田野考古工作，如杭州西湖博物馆 1933—1936 年发现余杭良渚遗址，华西大学博物馆 1932 年发掘广汉月亮湾遗址等。中外合作的考察也有 1928 年以前开始的中瑞西北科学考察团在新疆及邻近地区的活动，持续进行到 1933 年。中国学者黄文弼在吐鲁番附近调查发掘高昌古城、交河古城遗址及高昌墓地和汉代烽燧遗址。袁复礼在吉木萨尔附近，勘察并实测唐北庭都护府遗址。在抗日战争期间，迁往内地的中国考古机构在条件很困难的情况下，采取合作的方式进行田野调查和发掘，也取得了一些重要成果。例如，云南大理古代遗址、四川彭州市汉代崖墓、成都前蜀王建墓的发掘等。

20 世纪的 30—40 年代，中国考古学作为一门新兴的学科，已经走上初步发展的轨道，摸索出一套适合中国考古特点的田野考古方法，积累了一批通过正规发掘获得的科学资料，为中国考古学的发展奠定了基础。

3. 成熟期（1950—1970）

1949 年中华人民共和国成立，中国考古学进入一个新的发展阶段。50 年代初，分别中断了 12 年周口店遗址以及 13 年的殷墟发掘都得到了恢复。著名的武官村大墓就是在这时得到清理的。1950 年在原北平研究院史学所和历史语言研究所的基础上，中国科学院考古研究所正式成立，这是中国考古学进入成熟发展期的一个重要标志。从 1952 年起，连续 4 年由中央文化部、中国科学院和北京大学联合举办考古工作人员训练班，对各地文物单位参加考古工作的 300 多名人员进行了短期业务培训。同时，又在北京大学创办了考古专业，培养考古专门人才。在考古发掘和研究的实践中，各地的考古队伍日益健全起来。各大行政区和各省、市、自治区，也相继成立文物管理委员会，负责当地文物保护工作，承担调查发掘工作。而在此时，田野考古的水平也有了显著的提高。

50 年代和 60 年代前期，工作量较大的田野考古工作集中在黄河流域的一些地方，长江流域和其他地区的调查发掘为数并不太多。开始几年，为配合国家重点建设项目，往往由中央或行政大区的文物考古部门直接领导，调集各方面的人力协同进行调查发掘。后来，各地逐渐开展较多的田野工作，对遗址进行普查和试掘，清理不同历史时期的大量墓葬。中国科学院考古研究所和黄河、长江流域的部分省级文物单位，则对史前时期的半坡遗址、北首岭遗址、庙底沟遗址、大汶口墓地、屈家岭遗址、北阴阳营遗址，商周时期的二里头遗址、郑州商代遗址、丰镐遗址、洛阳东周城、侯马晋城，以及汉唐两京城址、元大都遗址和明定陵等其他重要遗址，分别进行规模较大的发掘。但总的来说，这一时期大面积揭露的遗址尚不甚多，各地田野工作的发展很不平衡。

4. 繁荣发展期（1970—　）

"文革"之初，同中国大部分学科的命运一样，考古学的研究工作基本停顿下来。1968 年在河北保定满城的一次军事施工中，意外发现了一座保存完整的汉代墓葬——满城汉墓。即使是在以阶级斗争为纲的那个时代，满城汉墓及其随葬品的历史价值和文化艺术价值仍让人感受到考古学的独特魅力。1974 年长沙马王堆汉墓和秦兵马俑的发现轰动世界，使中国政府意识到考古发现是宣传国家文化成就的一个重要窗口，文物考古研究因此受到政府的空前重视。于是，在这场浩劫的中后期迎来了中国考古学的繁荣期。《文物》《考古》和《考古学报》三大专业杂志同时复刊，各学术机构纷纷恢复中断了的田野考古工作，这是繁荣期开始的一个重要标志。在中国考古学繁荣期，除了马王堆和秦兵马俑外，还取得了像姜寨遗址、大地湾遗址、王因遗址、陶寺遗址、柳湾墓地、关庙山遗址、河姆渡遗址、草鞋山遗址、石峡遗址等重要成果。田野考古随着繁荣期的开始，在工作范围上很快扩展到全国各地，出现了不少规模很大的发掘工地。其中比较重要的发掘项目有：登封王城岗城堡、淮阳平粮台城堡、二里头宫殿遗址、偃师尸乡沟商城、黄陂盘龙城遗址、三星堆遗址、周原遗址、纪南城遗址、曲阜鲁城遗址、凤翔秦国宗庙遗址、居延烽燧遗址，法门寺地宫以及汉唐两京的某些遗址。又发掘许多结构复杂，埋葬丰富的大型墓葬，如随州曾侯乙墓、平山中山王墓、广州南越王墓等，连工作量最薄弱的西南边疆和北方沙漠草原地带，也都发掘过史前遗址，如西藏昌都的卡若遗址就揭露了数十座房基。1979 年中国考古学会宣告正式成立，这是中国考古事业进入持续繁荣发展时期的一个

重要标志。(见图 8 - 4)

图 8 - 4　汉代青铜长信宫灯

在此过程中，中国的田野考古更加完善，达到较高的科学水平。早在50 年代初期，在辉县琉璃阁的发掘工作中，第一次成功地剔剥出一座完整的车马坑，曾被西方考古学家誉为考古发掘方法的新的进步。多年来，中国的细致考古发掘，一直得到国际考古学界的广泛好评。在清理许多大型墓葬的过程中，妥善地处理了糟朽不堪的漆木器、丝织品、帛书、帛画，使之较好地保存下来；对于散乱的玉衣、铠甲、简牍，在清理过程中，特别注意各个零件的位置和相互关系，仔细观察和做好记录，以复原它们的整体。考古发掘还扩大到古代的矿场、铸铜和冶炼作坊、烧制砖瓦和陶瓷器的窑址，以及造船工场、沉船、桥梁等。这些情况说明，中国的田野考古已经真正成为科学化的学术研究工作。

现代自然科学方法的也被考古学广泛采用，为中国考古学的发展起了推波助澜的作用。中国科学院考古研究所于 1965 年年底建成中国第一个放射性碳素断代实验室，1972 年开始公布年代数据。放射性碳素断代已成为中国史前考古学的必要手段。这便为建立各种文化类型的年代序列，提供了更加可靠的科学根据。在探寻中国新石器时代早期的文化遗存，进行夏文化的探索和先商、先周文化的研究方面，放射性碳素断代也有重要的推动作用。目前，其他断代、分析、鉴定技术，如热释光断代、古地磁断代、钾 - 氩法断代、骨化石含氟量断代、铀系断代法、X 射线荧光分析、中子活化分析、电子探针显微分析、X 射线衍射分析、穆斯堡尔谱分析、同位素质谱分析等，都已陆续在中国考古学中应用。尤其是对金属品、陶瓷器、玻璃器和纺织品，进行较多的分析研究，取得了重要的成果。另外，通过对孢粉的分析考察古代的自然环境，鉴定作物标本的品种，动物骨骼的种属，探讨中国农业和家畜的起源，也有相当的进展。更重要的是，以考古研究为中心的多学科协作已经开始，地震、水文、音乐、艺术、建筑等方面史的研究，都与考古工作紧密联系起来，大大拓展了考古学研究的新领域。

进入 21 世纪，中国考古学面对的将不仅是未知的古代世界，还有学术思想日新月异的现代社会。西方社会各学科的界限已很模糊，考古学与其他学科多学科的综合合作，在理论方法上广泛吸取社会、人文学科甚至自然学科的研究成果，同时，考古学自身在研究对象和研究目的上也更加专门化，使当代考古学流派异彩纷呈。在这一思潮的影响下，中国的考古学开始新的思考和新的尝试，如加强与国外考古机构的合作，引入国外先进的考古学理论和研究方法，开始逐渐从对田野考古和历史文献的重视，转向运用多学科多角度的全方位的发掘探索古代社会更深层次的问题。

二、服饰考古学的学术定位

对一门学科进行学术定位，基本前提是有专属性的研究对象，然后在考察与其他学科的关系的基础上，形成自己独特的体系化的研究理论和方法，并提出有价值的研究目的。服饰考古学是以古代的服饰为其特定的研究对象，以服饰史学、服饰文化学和考古学及其中的美术考古学和纺织考古学为参考系，确立自己的研究目的、研究范围和研究方法，重在考察分析由古代服饰投射出的古代的物质文化和精神文化。因此，服饰考古学的学术定位应是一门由考古学、历史学和服饰文化学这三门学科交叉而产生的新学科。

（一）考古为服饰史提供实物

服饰考古学旨在通过考古发现传世的古代服饰遗物，复原古代服饰的面貌，重现古代社会发展状况，提炼并解读由古代服饰所表现的有关文化及思维活动的信息。服饰的考古是考古学传统而重要的研究内容之一。服饰中的饰物，也就是人体装饰品的古老性可上溯到距今约 4 万年的旧石器时代，而这之前人类的主要人工制品也是粗陋的打制石器。20 世纪 50 年代在苏联发现了至少在 3.5 万年以前的石子垂饰、带孔的狐狸牙齿和其他简易饰物。1986年在捷克的多尔尼·维斯托尼出土了一串 2.6 万年前的贝壳项链。原始饰物年代久远且又不易损毁，更重要的是，从它的艺术性与功能性的演化上能反映出原始人类思维活动的演进，这就为考察研究人类社会形态以及意识活动的产生、发展提供了有意义的线索，比起考古学研究中的典型器物——陶器，在诸如文明起源、宗教巫术的起源与作用、社会等级制度的建立与发展等方面更具研究价值。这一点已被西方后过程主义考古学流派中的认知考古学、象征考古学等认可并运用到实际的研究当中。

1853 年到 1854 年间，瑞士发现了新石器时代的"湖居遗址"，它同之前在丹麦沼泽地中发现的史前树棺，都有一个共同点：由于潮湿环境的特殊性，使史前时期的有机遗物能够完整地保存下来。这些遗物包括有丹麦树棺中的一件山羊皮衣和湖居遗址中植物纤维质地的垫子等，使人们对早期人类生活第一次有了较为翔实的认识。丹麦树棺和湖居遗址的研究在考古学史上具有重大意义，它改变了考古学界通常所认为的在早期人类遗存的研究上，考古学家的第一手材料只能是不易毁坏的石器、陶器、青铜和铁制工具，以及石墓、圆棚等物的传统观念。它们的发现，使考古学家们懂得了一件重要的事情，即复原早期人类极为细致的生活图景是可能的，考古学不是地质学那样一门仅仅涉及人类化石的学科，而是要研究极其细微形式的物质遗存。不过，此时考古发现的完整衣服仍十分罕见，所以在以给古代遗物断代排序为主要研究目的考古学早期阶段，古代衣服虽然重要但并不是主要研究对象。然而，随着时代的发展，相关考古发现的增多，古代人的衣服也开始成为考古学家关注的研究对象。在考古发掘中，伴有服饰品的发现常常是激动人心的。服饰似乎拉近了古代人与现代人的距离，它使人们认识到古代人不再只是考古学家、地质学家的"标准化石"，而是同我们没什么区别的人。1871 年至 1890 年德国考古学家亨利希·谢里曼在爱琴海地区发现了先希腊文明的迈锡尼文明和更早的安纳托利亚文明。发掘过程中出土了大批精美的珠宝首饰，其中有著名的"阿伽门农金面罩"。这次发掘在公众中引起很大轰动，不只是因为这些发掘与古典时代的联系以及发掘品的丰富唤起了人们的兴趣，而且还因为与人密切相关的服饰品的出土，如金面罩等，使考古发现带上了人性的色彩，比石器时代的石斧和陶器更加接近现代社会，引人遐想。北欧国家和俄罗斯因其寒冷的自然条件，成为史前服饰的"再生"之地。20 世纪初，在俄国一个旧石器时代遗址中，发现了一套饰有华丽象牙珠的服装，包括一件带圆领的套头衫和一条连靴裤。1949 年发现的苏联一座公元前 5 世纪斯基泰人的墓葬，由于渗水结冰，衣服、皮草、木头和毯子这类有机遗物竟都保存下来。还有就是西方考古发现中最有名的"冰人"。他身上的平常服装和随身携带的常用工具使人们直接看到了遥远的过去。1968年中国满城汉墓和1974年长沙马王堆汉墓中的金缕玉衣和各类丝织品，是这两次考古发掘中最让人兴奋的发现。这些引人入胜而又极有价值的考古发现，使服饰考古在考古学中的地位和作用得到了确认，古代服饰的物质和文化意义开始促使一些考古学家有目的地去研究它们。（见图8-5）

图8-5　阿伽门农面罩

（二）服饰考古学研究的范围与意义

服饰考古学研究对象是考古学研究对象的一个部分，对其对象的范围划分主要依据考古学，但由于研究对象的性质，和考古学也不尽相同，而是与美术考古学或是艺术考古学有更多的相似之处。考古学研究对象的年代范围在中国是从史前到清入关之前的1644年，英国考古学的下限是诺曼人的入侵（1066年），法国考古学的年代下限为加洛林王朝的覆灭（987年），美洲各国考古学的年代下限为哥伦布（约1451—1506年）发现新大陆（1492年）。中国的美术考古学研究的时间范围定在上起旧石器时代，下迄各历史时代，其具体的下限定在1900年以前。

服饰考古学的研究对象属于工艺美术的范畴而与美术考古学研究对象存在着共生关系。因此，我们认为中国美术考古学的时间范围也同样适用于中国的服饰考古学。由于传世服饰品在研究其他时代时所具有的参考价值，对它的时间下限会有所延伸，但不会超过清末民初，即20世纪20年代之前。服饰考古学所涉及的国外部分的年代范围将还以各国各地区的考古学下限为准。服饰考古学的时间范围定在古代，使它区别于服饰史。服饰史研究的是人类各时期的服饰，考虑到服饰在可预见的时期内不会退出历史舞台，所以服饰史研究的范围是只有上限（旧石器时代）而没有下限的。因此，服饰史所研究的近现代服饰史部分就不在考察之列。

服饰考古学除了要划定时间范围，还要根据自身特征结合服饰文化的分类法来划分其内容。服饰考古学研究的内容广泛，涉及所有与人类穿着有关的物质文化和由此产生的精神文化，也即服饰文化。服饰考古学的研究对象是服饰文化的具象化形式，是服饰文化的载体。服饰考古学研究的范围包括古代的服饰文化和古代服饰的分类研究两方面。

1. 古代服饰文化的价值体现

就人类学而言，文化指信仰与理解的组织体或系统，并表现在行动或器物上。这种信仰和理解代代相传，成为人群的特征。文化包括工具、武器、用具、饰品及习俗、制度、信仰、神话、思想和行为等，是人类在取食、克服环境及御敌等的凭借。文化是人群之间、异文化之间乃至人与自然环境之间互动的媒介。没有文化，人类不可能存在。

单从考古学的定义来看，服饰是属于物质文化的范畴，是一种古代"器物"。考古学对物质文化的概念做如下解释：物质文化包括加工品及人类活动对自然物的表现。加工品指人类的手工制品，举凡工具、武器、用具、衣服、装饰品、建筑物、纪念碑、城墙等均属之，甚至墓地或人类的墓葬也都属于其范畴。而服饰文化学的观点却认为服饰并不只是物质，而是与精神文化有关的物质。作为物质形态的服饰其穿戴需要借助人的思维和行为，并因习惯、社会共识和精神需求而产生风俗、礼仪甚至信仰。因此，服饰是文化的产物，又是文化的载体，而且所有的服饰都是人类物质创造与精神创造的聚合体，体现着文化的一切特征。服饰文化既包括物质文化又包括精神文化，在所有古代器物或是艺术品中，服饰都是一种很特别的研究对象。服饰文化学关于服饰文化两重性的产生做过进一步的解释。

既然服饰属于一种古代"器物"，服饰考古学的出发点首先就得是它的物质文化属性，需要采用考古学的通用方法进行研究，即出土"器物"的断代，与周围环境的关系，埋葬原因，质料的构成，与后代相类似器物的联系诸如此类。例如，在旧石器墓葬中出土的装饰类人工制品是否有加工的痕迹，以此判断原始社会发展的状况加以分析，墓葬中对尸体的处理方式，如是否使用某种颜料涂饰及推测此种行为的意义；新石器时代随葬装饰品的数量，形制及埋葬方式的含义，是否有宗教巫术的成分；史前有机纤维类服装的发现与农耕文化出现的关系，金银宝石类佩饰所反映出的工艺加工水平与社会生产力的进步；历史时期服饰品在墓葬中的作用，是明器还是墓主人生前所服用的；古代遗址中的服饰图像在多大程度上真实反映了当时服饰的基本状况等。记录古代服饰文化的物质遗留之种类繁多，为求重现历史的真相，服饰考古学会运用常见的考古学技术和解释系统，如考古层位学和类型学等。

传统的考古学致力于与史学划分界限。普遍的观点是，虽然历史学家和考古学家都是对过去的文化做研究，考古学家专注在文化的认知层面，而史学家则倾力于文化的非物质层面。另外，以文献资料做研究的史学家，其研究对象必须是所谓"文明"的精致文化；考古学家可能也研究"文明"，但主要研究对象是在历史范畴之外的未文明或文明前的社会。总之，不管是哪一方面的研究，考古学家的研究都与文化的物质方面相契合，史学家则不然。但目前最新的考古研究成果，却预示这种界限正在被打破。研究的对象决定了研究的任务，也决定了研究采用什么方法。对于像服饰这类兼有实用与审美并能成体制的古代遗物，考古学家钻研的方向很容易被引入艺术性、社会性甚至性别差异这些非物质文化上来，就如同近年西方出现的社会考古学的分支身份和性别考古学。这类考古学家的目光被古代人的日常着装所吸引，因为很清楚的是，那些美丽且贵重或是简单粗陋的服饰与社会地位和性别有关。贵重装饰品必是上层社会的表征，而有些服饰只适合妇女穿用，更重要的是，从服饰的艺术性上也暴露了古代人精神活动的轨迹。

大约 6000 年前的保加利亚的新石器晚期墓地的大量金质饰物，就显然是用以个人社会地位的象征；当有的墓葬中的女性也佩戴原本只能男人使用的饰物时，这能说明两点：该时期的妇女地位与男性相同，或是该妇女或是该社会结构下的妇女具有与男人相同的地位。这一结论可以由法国中部公元前 5 世纪的"VIX 公主"墓葬加以验证，这位贵族妇女佩戴显赫的装饰品，表明铁器时代欧洲妇女并不如过去所认为的是男性附庸。而且墓葬也能为"男女有别"这一俗语找到考古学上的证据。丹麦青铜时代的男性墓葬有以武器陪葬的习俗，妇女的墓葬则完全没有此类发现。考古学家对此所做的诠释是，"我们所见到的随葬品随时间变化的性质不仅是社会变化中性别角色的反映，而且可以获得有关这些角色本身是如何通过个人变化中的外表构建的认识

（通过着装的式样、服装的面料、个人装饰品，以及根据所有这些东西而得出的总认识），而这个人的角色就是由此而确定的。"① 女性的例子，则是由公元前 200 年到公元 600 年的秘鲁妇女们给出的。从这一时期的出土服饰图像和遗物上，可以得知当时地位高的妇女在衣服上另一种铜制的 tupu 别针，并且很多妇女以纺轮来陪葬。

以上的考古现象如果放在服饰文化学中并不难理解。服饰充当社会角色（地位象征）时，就其行为说应该属于社会学范畴，服饰发挥着物的应用性，但是它又呈现出某种人生礼仪，成为民俗事象，在工艺设计中却又要考虑物质材料的运用问题，因而又是物质的。服饰的展示功能当然属于美学范畴，这是意识形态方面的，但在营造服饰的艺术性时，又会涉及物的组合关系（材料的运用和服装的搭配）；从某种程度上，服饰也会反映个人性格、思维意识等，这些又牵涉到社会学和心理学。目前的服饰考古的发现支持了服饰的非物质文化性的一面，由此服饰考古学有必要以服饰文化学的服饰两重性理论为依托，开展对古代服饰在非物质文化方面的探索。

2. 服饰考古类别的科学性基础

服饰考古学的材料十分广泛。按照服饰文化学的分类方法，人类的服饰可以分做衣服、佩饰、随件、化妆以及早期文身等；再据位置和用途，服饰又可在以上基础上做进一步的细分。例如，服装由首服、主服、足服构成；佩饰里面又包含首饰等。除了整体形态的不同，还可具体到服饰的形制、材质、色彩和风格的不同分类。从考古学家和服饰史学家的角度出发，就需要根据自己的研究主题来对古代服饰作分门别类的研究，因为企图绕过细微和烦琐的考古材料，去一次性了解全部的古代服饰是不现实的。

面对种类繁多的古代服饰材料，服饰考古学需要运用不同的技术、方法并制定相应的目标任务。只有通过局部、个体的研究，以从小见大的方式得出有价值的结论，再将这些结果拼贴起来，才能最终勾勒出较为完整的古代服饰发生、发展及社会影响的状况。这也是当前考古学发展的主要趋势。因此，服饰考古学的研究乃是一种专门性很强的分类研究。以服饰文化史为专攻，那么服饰考古学的研究方式便不同于田野发掘式的考古学，而是类似历

---

① ［英］科林·伦福儒、保罗·巴恩著：《考古学理论、方法与实践》，北京：文物出版社 2004 年版，第 219 页。

史学，更注重对历史文献的挖掘与运用。中国古代玉器文化起始时间可以上溯到 8000 年前的兴隆洼文化，其发展过程经历了从装饰到礼器再到装饰加礼

器的过程。在这一漫长的过程中，作为一种佩饰的玉器在中国发展出一整套的礼仪制度，到战国时期以《周礼》为代表形成有文字可考的典章制度。另外，在《论语》《楚辞》《山海经》等哲学、文学和神话类历史文献中也可以查阅到大量关于古代中国人用玉及佩玉的思想、文化和习俗。因此，不管是史前红山文化的猪形玉还是汉代的谷纹玉璧，考古学家对照历史时期的文献记载来追寻玉文化发展的脉络无疑是一个常用而又有效的途径。还有些考古学家可能只对某个时代或某个地区的特定历史之艺术形式

图 8-6　红山玉猪龙

有兴趣，如唐代服饰中的宝相花纹饰，或是波斯萨珊王朝的金银饰物，抑或是对斯基泰人的兽纹牌饰等。服饰考古学在这方面所做的工作就会与艺术史的风格学或图像学研究有相同之处。（见图 8-6）

　　在服饰考古学中也有脱离人文艺术的，而以自然及社会科学的角度探讨问题的一面，常见的主题如服饰文化史的传播，中西服饰史的比较研究，服饰变化与地理环境，服饰文化与社会状况研究及服饰的科技发展史等。如此，服饰考古学也与自然科学为背景的社会科学有很大的联系性，亦属于人类学的一部分。人类学是关于从古到今的人类文化及社会的研究及知识，也是兼顾社会科学和自然科学的一门学科。在 1993 年华梅所著的《人类服饰文化学》一书里，服饰文化学便是以人类学为基本框架分成了服饰史，服饰生理学、服饰心理学、服饰民俗学、服饰社会学和服饰艺术学等六类学科。服饰考古学作为人类服饰文化学的拓展，其研究对象的时间范围上是有下限的，但仍可以属于人类的服饰文化学。

　　服饰考古学的研究人员一般会像通常的考古学家那样，受过专业的人类

学系或历史学系的专业训练，然而出于服饰考古学分科研究的需要，研究者也不必一定得是经过田野考察发掘的考古学家，也可以是来自美术、古典文学或是一般性的人文学科领域的专业人士。中国第一篇对古代服饰较为科学和可信的研究文章，是国学大师王国维通过历史文献写就的《胡服考》。中国考古学界对王国维评价，他以严谨的实证研究方法将中国传统的古物学研究推向了现代的考古学研究。由于接受研究者学术背景的多样性，再加上服饰考古材料的庞大范围，服饰考古学的研究范围是多方面多层次的，如可以是专攻中国、古埃及、古希腊、印度等几大文明的服饰文化史或是史前服饰史等，也可以就某一时代去断代研究，如西亚苏美尔早期文明时期、埃及古王国时期、中国汉代的服饰等。有些还可以进一步细化，如从工艺学或科技学的角度研究古代的服饰工艺和科技，目前已有纺织考古学的产生作为对古代服饰工艺科技全面了解的突破口。

总之，服饰考古学需要在学科内部做好分类工作，才能发挥更大的作用，做到让古代"沉默"的考古证据开口说话。显然，最好的方式是从人类服饰文化的整体性来考虑分类研究。人类最早的阶段面临的是生存而不是生活问题，在这样一种状态下，最关心的是如何适应环境以延续个体及群体的存在，因此技术系统相对地比社会与意识系统更重要。所以史前考古学家大都需要具备良好的自然科学和人类学的素养。然而晚近的时候，在依靠技术存活之外，人类已经有了更高的要求，这是精神和意识体系的萌生。无论产生服饰的动机是什么——保暖、美化、巫术，服饰从一开始就与人类的认知过程相联系，与社会的发展相联系。从这方面说，服饰考古学就必须具有更多的人文科学和人类学基础知识。事实上，由于服饰考古学研究对象的丰富性和未知性，使服饰考古学的分类研究遇到困难，但将考古材料进行科学分类的结果却是能使研究工作变得更清晰更有条理。

第二节　服饰考古学的研究对象

服饰考古学是在服饰和考古学的基础上产生的新的交叉学科，其研究对象既是考古学研究对象的一部分，又是服饰史研究的重要资料。因此，对服饰考古学研究对象及其范围的划分，要以考古学的分类方法为主线，结合服饰史的研究内容进行分门别类的研究，以便从繁杂的个体中找到隐藏在表象后面的共同规律，使这一学科从一开始就步入科学的轨道。

一、服饰考古中的遗物

考古学的研究对象主要是古代人遗留下来的实物资料，通常包括遗物和遗迹两大类。国外则习惯把古代遗存分成可移动遗存和不可移动遗存两类。前者如工具、武器、日用品器具和装饰品等器物，也包括墓葬的随葬品和墓中的画像石、画像砖及石刻、封泥、墓志、买地券、甲骨、简牍、石经、纺织品、钱币、度量衡等。后者如宫殿、住宅、寺庙、作坊、矿井、都市、城堡、坟墓等建筑和设施。服饰考古学以古代的服饰品和服饰形象以及相关工具为研究对象，有很强的针对性和专一性，其来源是由考古发现的遗物和遗迹中的实物及服饰图像，以及传世的服饰实物等。服饰图像具体是指以绘画、雕刻、塑像的形态出现于各类古代遗存中的古代人物形象或与服饰活动有关的图像。据此，服饰考古学研究对象可分为服饰遗物和服饰图像两大类。

服饰遗物一般是指古代的服饰品，涉及考古学遗物范畴中的装饰品和纺织品。从服饰学的划分有衣服、佩饰和纺织品，具体包括冠帽、衣服、鞋子、腰带、冠饰、首饰、发型、化妆等，内容十分广泛，涵盖一切在人的日常活动中制造并使用的服饰制品。另外，服饰考古学的研究对象还会包含可以提供古代服饰形象的图像遗物，主要有属于工艺美术的陶瓷、青铜器、金银器皿、玉器、漆器以及可移动的小型雕塑和绘画，如木俑、陶俑、壁画、帛画等，有平面也有立体。服饰遗物一般来自两方面，一是考古发掘，二是传世品。当然，服饰考古学研究的重点还是考古发现的服饰实物和服饰图像。

（一）出土服饰

服饰考古学是基于考古调查和发掘之上的一门有关服饰的科学，因此，考古发现的服饰品或服饰实物就是最主要的研究对象，也是最可信的研究材料。尽管考古学认为每一个考古遗存都值得关注，但从服饰考古的实践来看，是最好作为随葬品出土于古代陵墓中。

20 世纪 50 年代在苏联的一个墓葬中，发现了至少在 3.5 万年以前的石子垂饰、带孔的狐狸牙齿和其他简易饰物。这是最早发现用服饰品陪葬的墓葬。

人类有意地在墓葬中埋藏物品作为随葬，为了是让死者仍可在另一个世界里享用它们，与人类生活密切相关的服饰当然就成为最常见最主要的随葬品。考古学家认为，有意识地埋葬尸体并以物品陪葬，表明原始人对死亡有了初步认识，更高层面的精神活动和精神意识产生了，这是人类文明的曙光。当认识到死亡的不可避免后，人们产生了对死亡的恐惧进而是迷信。正如英国社会学家赫伯特·斯宾塞所指出的：最初的迷信并非对自然力量的迷信，而是对死人的迷信。相信死后重生或升天的观念，使古代各文明的帝王贵族们在料理自己的身后事时不约而同地采取了"事死如事生"的态度，这先是导致了原始社会末期到奴隶制时期殉葬制度的兴盛。《墨子·节葬篇》中，对中国周代的殉葬制度做了这样的描述："天子杀殉，众者数百，寡者数十。将军大夫杀殉，众者数十，寡者数人。"① 用活人殉葬无疑是残忍的，却为服饰考古学研究提供了有力的证据。

　　中东两河流域约3000年前的乌尔王陵中，也曾杀殉39人，其中有9名穿戴着精美服饰的侍女。尽管穿着的纺织类的服装早已腐蚀掉，但由黄金珠宝制成的精致而独特的头饰，却使我们得以窥见当年的佩饰样式、穿戴方式以及服饰的加工工艺。除了杀殉，古代的帝王贵族们还大兴厚葬之风，以生前所喜爱的或是特意赶制的珍稀物品随葬，以至每一座古代帝王贵族的坟墓都几乎是价值连城的宝藏。埃及图坦卡蒙墓中，国王以颇具神秘感的金面罩遮脸；公元7世纪墨西哥的帕尔卡大帝陵墓中的随葬品包括：一个玉石王冠、耳饰、项链、胸饰、手镯，还有每个手指上佩戴的玉指环等；中国汉代马王堆墓里陪葬着大量的丝织品和各类珍贵佩饰。这些都表明了古代不同文明在生死观上的一致性，即陵墓

图8-7　乌尔王陵殉葬想象图

① （战国）墨子著：《墨子引得》，上海：上海古籍出版社1984年版，第37页。

或墓葬不仅是用于埋葬死者，它也是重生之地，是死者在地下的生活场所。（见图 8-7）

对于考古学家而言，古代的陵墓就等同于照相机，把过去生活中一个片段原封不动地呈现给我们。考古学家和人类学家认为，规模庞大的建筑，如陵墓是人类社会复杂性的体现，而其中的随葬品则又为探明人类社会等级制度的产生、发展提供了重要线索。

考古学家唐纳德·亨利曾对 12500 年前西亚南部纳土夫（NATUFIAN）文化的墓葬进行了考察。他注意到，在纳土夫（NATUFIAN）文化早期，尸体是按不同的小群体分别埋葬的，在一些集体墓葬中发现有其他墓葬没有的牙型贝壳头饰，它们是较为贵重但没有确切的实际用途的装饰物品。他由此得出结论，早期纳土夫（NATUFIAN）社会是由不同群体构成的，他们之间存在差异并出现了等级制度，社会地位取决于个人来自哪个群体，而不是全社会都认可的，佩饰在其中起到了标明个体所属群体的作用。

（二）传世服饰

服饰考古学研究的对象并不仅仅局限于考古发掘材料，传世的服饰品也是其关注对象。无论是在服饰的考古还是在服饰考古学研究的过程中，完全寄希望于出土实物的观点既不现实也不科学。纺织品的难以保存使出土的服饰品在数量和完整性上都较差，而且另一个重要的研究对象——服饰图像也不能给出诸如样式、质地、材料、工艺等方面的详细信息。所以服饰考古学的研究还需要考察保存相对较好的传世服饰品。

传世服饰品具有一定的通过辅助或补充文献资料来追述服饰史的效应，即存在由某时代的传世品来推断其他年代未知服饰面貌的可能性。从史前到各历史时期，服饰都有其相应的时代风格，但作为文化的产物，文化的一种形式，它们都有一个共同的核心或基底，由这一核心或基底构筑成了不同文明不同民族服饰文化体系。一个文化系统内的所有因素都是内部相互联系的。文化的本质加上服饰的实用属性使服饰文化的传承一直基于这样一个原则，每一时代的风格特征的形成总以上一时代的风格特征作为条件。因此，无论一种文明的服饰文化如何发展变化，对它的探究都是有因可循的。据此，传世服饰品就为受考古材料有限性困扰的考古学家提供了另外一个了解过去的渠道。由于年代的原因，传世的中国清代服饰是传世服饰品中最多的一部分。

清代服饰中保留了相当多的明代元素，如清代女服流行的"月白裙"和"鱼鳞裙"仍是明代百褶裙的延续。因此传世的清代服饰品也是研究明代服饰的途径之一。不过，传世服饰品的作用并不能因此被夸大，因为它还是有着很大的局限性。传世服饰品的文化背景和原境已经不复存在，确切时代难以确定，而且造假的概率也很大，其自身的研究尚需要借助出土材料和文献资料，在利用传世服饰品研究古代服饰方面还是要有许多辅助工作需要做的。综合这些因素，传世服饰品的研究价值就仅限于作为参考材料来进行一定的对比研究。

传世服饰一方面来源于皇家，另一方面是民间的收藏。以中国为例，皇家的传世服饰品多是宫廷内府所藏。在古代，纺织品是实物税的一种，一些精品织物品种如汉锦、蜀锦、蹙金绣、苏绣、织金等更是直接进献给皇帝贵族。由于年年进贡，各类服饰品数量惊人，以致大多数并未使用过，而是始终积压在库房中。在朝代更替的时候，这些服饰品一部分毁于战火，另一部分仍会留存在宫廷中。相对于出土和民间传世的服饰品，宫廷传世服饰品往往具有质量好，珍稀程度高，保存状态好的特点。中国故宫博物院收藏的大量唐代以来服饰品多是以这种方式遗留下来的。沈从文先生正是通过研究这些历代的传世服饰品，才写就《中国历代服饰研究》这一服饰史学上的开篇巨作。但是对于传世服饰品的局限性，沈从文先生也有清醒的认识，在其书中多次提到有些研究成果仍需考古材料的支持和证实。比如，在《谈染缬》一文中，沈从文根据传世品曾认为古代夹缬使用的是镂花夹板，但近年据孙长初在民间的探访，寻找到原物，证实应是一种很厚的雕花板。民间的服饰实物通过代代相传的方式保存下来的已不多见，只是一些佩饰如项饰、头饰等还可能见到年代稍早的传世品。而附属于其他艺术形式的服饰图像，以及服饰制造工艺、工具，如上面所提及的印染工艺，更可能以代代相传的方式保存于民间。目前民间的传世服饰品都属有意收藏的方式，年代也以近现代为主。

二、服饰考古中的图像

服饰考古学借助考古调查和考古发掘获取的出土服饰，除了实物外，还有能展现服饰样貌和发展状况的图像资料。服饰图像大量存在于古代遗迹中，古代的建筑遗存是承载服饰图像最多的古代遗迹，还有就是刻画在非人工制品上的特别遗迹——岩画。考古学和美术史把岩画同后来出现的建筑壁画一起统称为壁画。

古代建筑有地上建筑和地下建筑之分。地上建筑包括宫殿、住宅、寺庙等。地下建筑多指陵墓、窖藏等。从考古出土的情况看，除了岩画，服饰图像更多的是以绘画、雕刻、塑像的造型方式和表现手法存留于古代建筑中。因此，作为宫殿、寺庙和陵墓等建筑附属装饰的壁画和雕塑，也成为服饰考古学所要研究的对象。

（一）绘画

墓室壁画、墓葬帛画以及早期的岩画，都是在服饰考古中重要的服饰图像资料，是研究古代服饰的途径之一。以平面的方式来表现世界，在某种程度上比三维的雕塑更具有表现力，或者说更容易表现细节。因为创作者要具有想象和分割空间的能力，才能在二维的平面里充分展现"真实"的生活。而且古代的作者显然更愿意描绘现实世界，包括尽力展示当时绚烂多彩的精美衣着。即使在墓室壁画上，我们也能看到墓主人生前衣冠楚楚的奢侈生活。古代绘画主要集中在三方面：岩画、建筑壁画和墓室壁画。岩画在世界各地都有发现，最早且艺术成就最高的岩画是西班牙的塔尔卡米拉和法国的拉斯高洞穴画。中国古代岩画，主要分布在内蒙古、甘肃、新疆、广西等省区，多与古代少数民族的活动有关，时代从史前到历史时期都有。越早期的岩画人物形象越少，而且衣着简单，佩饰居多，大多为裸体状态，个别的能看到穿兽皮的情况。通常这类早期的服饰图像用来研究服饰起源和艺术起源等发生学的课题。

古代建筑壁画，主要保存于田野考古发掘的古代建筑遗迹之中，如埃及金字塔中的壁画、克利特文明遗址中宫殿壁画、中国甘肃新石器时代房址地面绘画、安阳殷墟房址中的壁画残迹、陕西西周遗址的壁画残迹、秦都咸阳宫殿址壁画遗存等。此外，在封建社会晚期的一些寺庙壁画中，也保存有反映当时社会生活中服饰基本状况的精美画面，如中国元代的永乐宫壁画等。西方建筑壁画很早就喜欢刻画人物形象，但中国建筑壁画更多的则是以装饰寓意为主，神仙和祥瑞禽兽植物的主题比较流行，只是在某些特别的场所，才绘画人物形象。（见图 8 - 8）

古代墓室壁画，是田野考古发掘中获得的数量比较多的绘画作品，特别是在中国，主要保存于两汉至宋元时代的地下墓室之中，以绘于砖砌墓室壁面上的为最多，也有绘于石壁或土壁上的，多是先涂以灰，然后再绘画施彩。由于时代不同，壁画的题材和风格各异。唐以前的绘画作品传世极少，因此丰富的墓室壁画成为复原汉代以来中国绘画风貌的主要依据。墓室壁画还派生出两种特殊的艺术形式，即画像石和画像砖。画像石出现于西汉末年，流行于东汉时期，主要分布在今山东、河南、江苏、陕西、四川等省，是借用刻石技法的一种特殊的墓室壁画，虽

图 8 - 8 克里特岛宫殿遗址壁画

因时间先后和地域不同因而刻石技法有所差异，但基本采用减地浮出图像轮廓的办法，内容和构图与同时期的壁画相同，对服饰的刻画也精致入微。画像砖流行于东汉至南朝的江南地区，发现于南京、丹阳一带。由于江南地下潮湿，壁画难以保存，故采用先绘画稿，然后分别刻模印于砖坯上，再烧制成砖，最后依次拼镶在墓壁上成为整幅砖画。少的用几块砖，多的由几十块至几百块砖构成，画面长度达到 240 厘米。由于砖画是阴模印制，故图像由凸出的线条形成，极富绘画的线条趣味，最突出的作品是南京西善桥魏晋墓中由两幅各长 240 厘米画面合成的《竹林七贤与荣启期》，对当时宽袍大袖的服饰特点可谓作了出神入化的描绘，真实地反映出东晋南朝时期服饰形象的特色。（见图 8 - 9）

图 8 - 9 《竹林七贤与荣启期》画像砖

（二）雕塑

服饰考古学对于古代雕塑的研究，主要集中于神庙、宫殿、陵墓雕塑和雕刻四方面。用象征的形式和三维的表现手法对世界的某些内容进行重新创造，是认知领域令人惊叹的飞跃。最早的雕塑出现在旧石器时代晚期，是一种小型的便携艺术品，先是动物形象，然后是人物形象，如捷克出土的妇女泥塑，表面还浅刻花纹。不过，尚看不出是文身还是别的什么身体装饰物。新石器时代，小型泥塑雕像在近东、欧洲东南部以及中美洲已经有广泛的分布，而且通过对这些人像的分析可以展现出当时服饰的细节。早期泥塑一般被认为有原始崇拜的含义，这一含义到人类的历史时期被进一步放大成宗教形式，表现就是小型泥塑发展成大型的不可移动的雕塑。最壮观逼真的神庙雕塑是由古希腊人创造的，希腊写实雕塑在服饰考古上的意义，既完全真实地再现了古希腊简单实用但又不乏优雅的服装款式及与佩饰品的搭配形式。

陵墓雕塑有大型的古代纪念碑性质的群体雕塑，最有代表性的是中国秦代的兵马俑。不像汉代之后的雕塑艺术，兵马俑的艺术风格是非常写实的，其高度类同于真人真马。服饰、发型和人物面貌不是千人一律的程式化塑造，而是各有年龄、性格特点，刻画细致，为研究先秦时期的中国铠甲提供了形象的资料。由于雕塑艺术与当时的社会生活习俗紧密相关，因此是复原古代服饰形象的重要实物标本。（见图 8-10）

图 8-10　秦始皇陵兵马俑

第三节 服饰考古学的研究方法

服饰考古学是考古学的一个特殊分支，也是一门建立在考古学和服饰文化学基础上的新兴的交叉或边缘学科，因此，凡是考古学和服饰文化学的研究方法都能在服饰考古学的研究中得到运用和借鉴。由于服饰考古学研究的对象纷繁复杂，不同国家、不同地域服饰品都不尽相同，制作材料、工艺技术、表现手法、风格题材丰富多样，而且历史悠久。从人类认识处于初级阶段的史前时期，一直延续到各历史阶段。对它们进行研究的方法，也必定需要多角度、多学科的理论综合。例如，除了需要考古学地层学和类型学的断代研究外，还需要借鉴文化人类学、艺术风格学等学科的研究成果来推论服饰产生的根源和穿用者的审美心理；对各历史时期服饰品的研究，又要运用流传下来或考古发现的文献资料的参考作用，如记载中国古代服饰礼仪制度的文献等，对研究各民族有代表性的服饰样式、风格和纹样题材都有借鉴作用。目前，作为一门新兴的学科，服饰考古学尚未衍生出一套科学的方法论体系，但随着考古发掘出土的古代服饰品的日益增多也能总结归纳出很多有用的方法。一般来说，服饰考古学的研究方法主要来源于对考古地层学和类型学、艺术风格学与图像学、古代文献资料等研究成果或研究方法的借鉴等。

一、考古层位学与类型学的分析类比研究

考古层位学是从地质学的地层概念中借用过来的，但地质学的地层完全是由自然力量形成的；考古学的地层则不同，它是一个历史的过程，主要由人类的活动形成的（不排斥自然力量的参与），其中必须包括过去人类制造、加工过的物质或痕迹。考古学所研究的地层，主要是由于人们活动而形成的。在大多数情况下，地层是一些颜色质地不同的堆积。探讨这些堆积的时间与空间，或纵与横的关系，就是地层学或层位学。考古发掘的重点是人工制品，考古学将所有古代的人工制品统称为是"器物"，服饰是其中之一。层位学对于服饰考古学的意义在于判定年代和恢复原状，得出的结论偏重于技术体系。

古代人所遗留下的服饰遗物和遗迹（图像）都是某个特定历史时期的人

们在服饰文化上的遗留，表现的是古代人生产、生活的情况。当人类在某个特定地域定居下来，从事渔猎和农耕活动，不但创造和使用生产工具、武器、日用品、艺术品，还制作出兼有审美与实用功能的服饰品。而当这个居住地由于种种原因被放弃时，那些包括服饰在内的物质存在就形成了一个"文化圈"。若干年后，该地区可能又搬来了新的居民，开始新的物质文化和精神文化的创作，而后来又变成一片废墟，叠压在前一个"文化层"上面。这种随时间推移、文化遗迹和遗物层层叠压的规律性，为田野考古发掘过程中，按照地层的土质、土色划分文化堆积层，确定形成地层的时间早晚关系，奠定了科学的基础。考古地层学方法就是依据这一地层叠压关系的规律，即下面的地层一般比上面的地层在时间上相对要早，来确定文化层或文化层中遗物的相对年代。地层学是进行考古学文化研究的基础。它把田野考古出土的遗物和遗迹，以层位关系的形式，即时间先后的顺序，固定下来。从而为我们重现古代社会生活、生产情景提供了可能。考古层位学是服饰考古学进行断代研究的根本方法，特别用于像玉石和宝石类不易腐烂的出土饰物上。运用考古层位学的"叠加"理论，可以判断出在某一堆积中发现的装饰物是否为同一时期，以及还可能进一步排列出它们在时间上的先后顺序。一旦理清次序关系，便可不将同一时期饰物残片拼合起来，最终恢复其原先的状态。层位学可以起到防止出现将不同时期饰物错搭的错误。21 世纪，西方的考古学家发展了地层学即层位学，采用类似反推法的方法，通过尝试先对不同地层人工制品拼合，来反过来推断是否地层有被扰乱的情况。从而更精确地避免因土层关系被打乱而出现的问题。

　　田野发掘之后，古代的服饰遗留会被移入室内，做更深一步的分析类比工作。因为研究者对刚出土的服饰品首先需要的是确定它们的类型，这便会涉及另外一个考古学的研究方法——考古类型学。考古类型学来源于生物学的自然分类法，它是考古学家按照生物分类的原理确定各种器物的形状、纹饰特征而进行排比分类的方法，其主要功能是简化描述、断代和判断文化关系，以寻求其中的变化规律，并由此规律来进一步认识考古学文化的变迁和发展的一种方法。考古类型学对古代服饰的分类通常抓住三个特征进行划分：表面特征（装饰和颜色）；造型特征（外在形态及形制）；工艺特征（材质与做工）。服饰的表面装饰即服饰图案与纹饰是应用类型学研究中比较突出的例子。服饰品上一般有织物图案，为便于纺织，常用数学的重复排列方式布局，如二方连续和四方连续等。考古类型学总结排列规律，根据图案中母题纹饰的排列方向和出现频率进行归类，找出不同民族或地域服饰纹饰的独特类型。研究者从中发现一个文化选用的装饰图案组合排列绝不是随机的。文化的习俗、观念、信仰等方面是决定纹饰形态的关键因素，某些民族或文明会偏爱某种图案。比如，古希腊人的几何纹和对称式花草纹，斯基泰人的野兽撕咬纹，中国汉代的散点云气纹等。用类型学识别出不同的服饰的装饰风格之后，进一步的工作就可以是服饰文化的比较研究方面，探讨的是人类服饰文化相似性的问题。因为，服饰表现出的装饰风格不是单一的往往蕴含多种文化因素，具体的体现之一是不同区域或不同时代在纹饰形制上的"雷同"。比如，中世纪时从西方到东方普遍盛行的卷草纹正是这时期东西方服饰文化交流的结果。所以，依靠服饰纹饰的客观观察能够理解不同的古代社会和古代文明史是怎样密切相关的。

总体而言，考古类型在服饰考古学上主要用于两方面：一是对服饰品外在形态的研究；二是对附加在服饰品之上的装饰题材的分析研究。最终的目的是帮助解决古代服饰年代学及风格学的问题，这方面的工作需要与层位学研究结合来进行。另外还需要通过对大量不同时期、地域考古材料的分析、排比后，归纳出古代服饰的基本形态、装饰手法、风格发展等特征，从而揭示出服饰发展变化的规律性与联系性。

二、艺术风格学和图像学的美学研究

当古代服饰依存的背景——古代的人与社会为时间所消解后，服饰本身所包含的穿着与展示的两重性，直观上便只剩下展示艺术性的一面。一旦确定年代和类型，服饰考古学就要开展对古代服饰艺术性及美学价值的释读工作。服饰是造型艺术的一种，它承载着古代的文化，并以其独特的形态与丰富的内涵成为美术史研究的内容之一。鉴于艺术史和艺术考古学对造型艺术的研究以艺术风格学和图像学为理论基础，那么，服饰考古学的在服饰艺术性的探讨上也要以艺术史与艺术考古学的理论作为支持。

"风格"是艺术史研究的专业术语，最早由 18 世纪德国考古学家温克尔曼提出。在《古代美术史》中，他通过一个时代风格的逻辑顺序阐述一种发展模式，这种观念在其后的艺术史研究中产生巨大的影响。19 世纪末 20 世纪初，奥地利美术史家李格尔和瑞士美术史家沃尔夫林两人对风格学理论进行了发展和完善，形成了两种学派：沃尔夫林派和李格尔学派。使风格学成为当时西方美术史学界的一门显学。风格学研究者专注于艺术作品本身的形式分析（母题和母题组合即构图的分析）。沃尔夫林学派认为视觉有其自身的历史，发现构成这个历史的各个视觉层，是美术史研究的基本任务。在方法的具体操作上，它与考古学类型分析学派有非常多的相似点（两者在发展过程中逐渐趋于统一），如过分迷恋于艺术作品本身的形式分析，对于艺术题材、历史文献、社会心理等方面的因素不太重视，甚至有些排斥。李格尔学派则把艺术看成一个不受功利、社会以及文化环境等外界条件影响的自律的发展过程。在他们看来，对于创作者而言，不论是平面的还是立体的艺术作品，其创作的动机都是为了装饰。在这里，李格尔引入"艺术意志"这个概念。所谓艺术意志，简言之，就是指艺术家自有的、创造性的艺术冲动，它起源于艺术家内在的、不可遏止的创造动力。艺术意志决定作品的形式，更确切地说，艺术作品就是一种明确而审慎的艺术意志的产物。故艺术作品的风格不会衰退，只会转化为另一种新形式。虽然李格尔这种观点对温克尔曼等人的风格兴衰进化宿命论的观点是很好的修正，但他同时又把技术、社会因素等因素排除在"艺术意志"之外，从而显露出与实际情况相悖的一面。在这种情况下，一些学者陆续提出加以改进的方法，开始将图像学、社会心理学、文化史学等方法引入风格分析当中。

值得注意的是，风格学和考古类型学在实际应用到考古材料上时，逐渐趋向一致。就一般意义而言，风格学分析的内容主要包括作品的题材、形制、质地、大小、颜色、题材等方面。相比之下，风格学带有主观形制的审美判断；而类型学则更多地体现出一种带有客观形制的机械分析。不过，像古代服饰这样的考古物质也有反映人类精神生活的一面，所以单从技术层面的类型学出发并不能充分展开，因此目前考古类型学已发展成为一种两者相融的类型风格学。

另外一种考古学借用的艺术分析理论是"图像学"。"图像学"的概念是法国学者 E. 马莱于 19 世纪最早提出来的。它作为一种方法真正用于艺术史研究，则开始于德国学者瓦尔堡时期。瓦尔堡认为，艺术史是文化史研究的一部分，其研究应该借用相关人文学科的成果。出于这样的学术理念，瓦尔堡将艺术作品置放在与其历史脉络的各种联系中进行考察。就瓦尔堡图像学研究而言，他最为成功的学术实践在于利用"文化心理学"原理正确解读了斯基法诺亚宫的湿壁画。瓦尔堡图像学方法的积极意义在于，它使人们从专注于美术题材形式本身所具有的发展规律中解放出来，开始接触到形象作品背后所隐匿的"情念形式"。从这个意义上讲，瓦尔堡的图像学方法与其说是艺术史领域所发生的一次重大革命，倒不如说是对艺术考古学研究价值指向的一次全新的塑造。事实上，从瓦尔堡研究的对象看，他也不太像其他一些艺术史家那样只专注于"美"的作品，相反，他似乎更关注作为具体情景的记录的个别图像，而并非以艺术资格而论的艺术作品。这种在研究对象上的择取，也反映了瓦尔堡的图像学方法具有考古学研究的性质。

贡布里希则将视觉心理学印入图像分析之中，这是对图像学方法另一层意义上的发展。贡布里希认为，艺术家的出发点不是对自然的观察和模仿，而是关于美术作品的经验：一切再现性艺术都是观念性的，都是对一种语言的把握，即使最自然主义的艺术也是从所谓鲜艳的图式开始。贡布里希成功之处在于将作品的创作心理切入图像的本质中，摒弃了长期以来人们对图像本质所做的机械的、教条式的分析论断，为正确理解、把握形象作品在创作以及欣赏时的含义提供了有效的途径。从这个意义上说，图像心理学的分析无疑为美术考古学展开对作品形式背后所隐含的意义的分析与阐释产生不可估量的影响。就一般意义而言，图像学的研究是为了找出隐含在图像内部的人类精神文化实质，确定艺术材料的正确含义、寓意。由于图像真正的内容及画面的寓意是任何方式的风格分析所无法归纳的，故图像学方法的出现无疑是对风格学方法一种很好的补充。但是，图像学方法自身也存在一些理论缺陷，如过分夸大作品中"隐藏的意义"，过分依赖文本而导致图像解析文献化倾向，都使图像学方法沾染了研究者的主观判断而导致真实性的丧失。

以上是对艺术史常用的两种分析方法的大致介绍。它们对于服饰考古学而言，乃是一种理论上的指导，目的在于完成探讨古代服饰的技术要求和难度、分析服饰的风格样式、理解服饰品的制作意图的任务。另外，可以理解为确定这些古代"艺术作品"所隐藏的人类认识过程。普遍接受的观点是，人的思维能力可以使他在做任何事情之前做出计划并订出实施方案。所以考古学家有理由相信，古代精美的"人工制品"必然是有目的规划意识的成果。在以手工技艺为主的古代社会，即便是日常的穿戴也会被着意制作，足以让现代人以"艺术作品"视之。这种有目的创作所显露的艺术效果和创作者的艺术才能可追溯到石器时代的艺术。在莫斯科 23000 年的遗址中，出土了一串包含上千粒象牙珠子的多组项链，虽由于技术原因致使工艺简单，但仍不失为旧石器时代人类的杰作；同样的情况也出现在泰国 6000 年前的遗址墓葬中，一位被称作"公主"的女性墓主身上竟然佩戴了由 12 万个蚌珠连成的项饰，如果将项链复原其艺术效果肯定叹为观止。由此也可以联想到古代美洲文明时期，印加社会统治者所戴的复杂精美的硕大羽毛冠饰。人类历史时期服饰艺术的代表，首推中国的丝绸艺术。汉代马王堆汉墓中精美绝伦的丝绸纺织品完全可以用"精致的艺术"来形容，尽管这一概念通常指像绘画和雕塑类的"纯"美术作品。

技术可以造就艺术，但艺术绝对不是技术的产物，它是人类智慧的结晶。古代精妙绝伦的服饰艺术由上层社会享用，制作者却多来自下层的工匠或无名的艺术家。如此，研究服饰艺术性便能知晓当时整个社会人群的思维发展状况，既可以揣摩上层的审美意识，也可以考察源自下层的艺术创作理念。于是在风格学和图像学的指引下，服饰考古学对服饰艺术性的研究最终上升到精神层面的美学问题，即为何这些东西这样美丽或说为什么它们会让我们感到美丽？

三、古代文献的考证研究

古代文献指的是古代流传下来的文献典籍和考古发现的古文字资料。这些文献资料一般详细记录了古代社会的政治制度、文化传统、科学技术，以及风土人情、宗教信仰和思维观念等方面的内容，是十分宝贵的古代文化财富。对于研究古代的服饰艺术及文化来说，也是十分重要的参考资料，弥补了很多考古实物的不足。

最早的文献资料，在内容上多以反映远古神话为主。神话是人类社会处于低级发展阶段对自然界、人类自身的朦胧的、粗率的认识反映。过去认为是不值一信的，但是德国考古学家谢里曼对荷马史诗的坚定信念让他找到了特洛伊城，也让考古学家重新思考古代文献特别是神话的历史还原价值。自

20 世纪以来，根据神话传说发掘出来的古代遗址不在少数，如中世纪维京传奇为维京聚落发现和发掘提供了有价值的线索；在近东的考古发现，也参考了《圣经》。值得注意的是，几乎所有文明的神话中都有大量对于服饰的描绘，而且都喜欢将服饰神化，并与人类起源问题纠结在一起。《旧约全书·创世纪》记述的上帝造人故事，提及夏娃穿起了人类第一件衣服——系扎在腰间的无花果树叶。这暗示了草裙可能是人类服饰始创时的基本形态。另外，日本神话传说大和民族是由天神的佩饰化生出来的；希腊神话中的雅典娜一出生就穿着铠甲；苏美尔神话里战神的威力来源于她的衣服，诸如此类。这些神话不仅描绘了早期社会的着装姿态，也显示出服饰在原始社会时期与宗教礼仪的密切关系。

中国的神话《山海经》是现存中国古代神话资料最多的著作。现代学者经过研究认为，《山海经》是古代巫师口口相传，到战国—秦汉时代由文人整理而成的古籍，非出自一时一人之手。《山海经》里记录了原始巫师众多奇特的服饰形象。《山海经·海外东经》记载："雨师妾在其北，其人为黑，两手各操一蛇，左耳有青蛇，右耳有赤蛇。一曰在十日北，为人黑身黑面，各操一龟"；"奢比之尸在其北，兽身、人面、大耳、珥两青蛇"。[①] 此外，《海外西经》描写的蓐收拾"左耳有蛇"、《海外北经》描写的禺疆、《大荒南经》描写的不廷胡余和《大荒西经》描写的夏后开也都是"珥两青蛇"。除了《山海经》，记述中国古代神话内容较多的古文献资料还有《楚辞》和《九歌》，这是战国时期屈原以文学艺术形式写成的诗歌，有人说来自巫风歌词，记录了不少上古时期的神话传说，其中有不少诗句描绘了早期先民的服饰及其风俗。不过，尽管神话类型的文献资料内容丰富，想象力惊人，但确实不完全可靠，因为文本本身的主观性和宗教信仰思想会影响对考古真实性的公正评判。

随着社会的发展、经济的繁荣，服饰必然成为文明的表征。当文本资料的神话光环逐渐褪去，由虚幻的世界过渡对现实生活的真实反映，人类社会进入有文字记录的历史时期。在每个有文字的文明的早期社会里，文字都有其自己的功能和目的，最主要的是能解决实际问题。例如，当欧洲发展到希

---

① 袁珂校注：《山海经校注》，上海：上海古籍出版社 1980 年版，第 301 页。

罗多德时代，希腊人已经开始质疑《伊里亚特》和《奥德赛》的神话经验，而当时的《历史》则用很大篇幅以现实的态度来叙述希腊周边民族的着装和奇特风俗。到公元前2000年时，西亚人通过泥板来记录当时发达的贸易和经济。苏美尔神话只是神庙里的偶像，汉穆拉比法典才是社会生活的准则，法典清楚地记载了当时纺织和贸易发展的情况；历史时期的古埃及文书忙于学习记录神庙的财产，现存的纸莎草账本显示了当时神庙如何富藏金银财宝；随着玛雅文字的释读成功，看似神秘的符号铭文的内容其实与神无关，奇特的穿戴只不过是对国王日常行为的真实记录。诚如所见，各大文明进入文字社会后的反映社会状况的文献资料，解决了当代人对过去的很多疑惑。

战国末期，中国早期的宗教信仰与哲学思想汇合成了一本权威的包括服饰礼制的书——《周礼》，与之后出现的《仪礼》和《礼记》并称"三礼"，是中国传统文化礼仪的经典。《周礼》内容上是对商周以来中国社会衣着行为规范的总结。它是一部古今中外都少见的用道德、哲学写就的礼仪用书。在服饰制度和礼仪方面，不同时间不同场合不同级别都详细、严格地规定了服饰的形制、样式和应有的举止。如《周礼·春官·司服》中记："王之吉服则衮冕，享先公飨射则鷩冕，祀四望山川则毳冕，祭社稷五祀则絺冕，祭群小则玄冕。"① 三礼中最重要的内容是佩玉的制度与礼仪，是对中国史前文化用玉的总结与发展。在形制的描绘上我们能看到中国玉器及其文化的源远流长。因此"三礼"是研究前秦甚至史前玉器文化的重要文献资料。关于玉质佩饰的制度和礼仪，《周礼·春官·大宗伯》记载如下：以玉作六瑞，以等邦国：王执镇圭，公执恒圭，伯执躬圭，子执谷璧，男执蒲璧。以禽作六挚，以等诸臣："……以玉作六器，以礼天地四方：以苍璧礼天，以黄琮礼地，以青圭礼东方，以赤璋礼南方，以白琥礼西方，以玄璜礼北方。……"② 甚至在葬服上，也有一整套佩玉的制度，如《周礼·春官·典瑞》中记载："驵圭璋、璧琮、琥璜之渠眉，疏璧琮，以敛尸。"③ 郑玄的注解是"圭在左、璋在首、琥在右、璜在足、璧在背，琮在腹，盖取像方明神之也"。④ 虽然实际的

① （清）孙诒让撰：《周礼正义》第十四册，上海：中华书局1936年版，第1页。
② （清）孙诒让撰：《周礼正义》第十二册，上海：中华书局1936年版，第34-35页。
③ （清）孙诒让撰：《周礼正义》第十三册，上海：中华书局1936年版，第39页。
④ （清）孙诒让撰：《周礼正义》第十三册，上海：中华书局1936年版，第39页。

考古中发现，很难找到如此复杂森严的葬玉制度，但是，周礼对中国古代佩玉文化的影响却是深远的，随之又有《礼记》和《仪礼》等类似服饰礼仪著述的出现。这两本书都是儒家经典之一。《仪礼》的关注点是整个社会活动，项目包括士冠礼、士昏礼、士相见礼、乡饮酒礼、乡射礼、燕礼、大射礼、聘礼、公食大夫礼、觐礼等。其中，冠礼，是古代男子的成年礼，规定在 20 岁时，改童子垂髫为总发戴冠。因为是人生仪礼中的重要一项，因此在服装礼仪中备受重视。《礼记》以秦汉前有关仪礼的论著为核心内容。《礼记》中所谈到的关于玉的内容，主要是佩戴方法和君子佩玉的礼仪要求与意义。另外，强调男尊女卑也是中国礼教的特点，这一思想反映到服装上，就是所谓的男女不通衣裳，男女的衣服不能互相穿戴。同时要求"女子出门，必拥蔽其面"。①

汉代开始的中国历代史书中，也附加了《舆服志》来专门记述当时的服饰礼仪制度。这些都是我们研究古代服饰的发展变化方面的重要参考文献。

古代文献的来源一般有两个：流传下来的典籍和考古发现的文字材料。文明早期的文献资料大多来源于考古发现。例如，上面提到的古埃及纸莎草文书和西亚楔形文字泥板档案。虽然中国有悠久的记述习惯，但如果想寻找夏商周那些更早期社会有关服饰状况的文献资料，目前也只能依靠考古发掘。

文献资料无疑对我们了解未知的社会有极大的帮助，但是，我们不应当不加鉴别地根据它们的表面价值全盘接受。历史文献所存在的最大问题是，有人为之的文本可能会掺杂其自身非客观的观点，以及出现疏于保存记录的偶然性原因。如果是这样，它们就不但不能为考古学提供问题的答案，还反过来会限制或误导考古学的研究。

第四节　中国史前至南北朝服饰考古发现

服饰文化是人类文明史的重要组成部分。在中国古代史籍中，有大量关于礼仪服饰典章制度的记载，但要了解具体、生动而又丰富的古代服饰资料，

---

① （汉）郑玄注，（唐）孔颖达疏：《礼记注疏》第八册，上海：中华书局 1936 年版，第 27 页。

便只能借助考古发现。相对于历史文献上保存的稀少残缺的服饰形象，田野考古发现的服饰实物及服饰图像是最难得、最可靠的形象资料。

从 20 世纪初到现在，中国的服饰考古成绩斐然。北京山顶洞人的项饰、山西夏县西阴村的半个蚕茧、浙江钱山漾的炭化丝织物、仰韶遗址的巫祝形象、殷墟大墓中的服饰纹样、沂南汉墓画像石的各种生活场景、魏晋古墓中的首饰，这些发现基本上涵盖了史前到各个历史时期，为复原中国古代服饰面貌提供了直接证据，有助于我们廓清古代服饰的发展状况。但由于中国历史悠久，阶段性特征明显，在梳理大量考古材料的过程中，需要以年代学、风格学及文化学为依据，采用合并同类项的方式，对中国服饰考古发现进行分期、分类的研究。

在本节中，前四部分基本依照历史年代为主线进行划分，这样分成两个大段进行研究有利于我们在社会文化的大背景下去探讨服饰的成因与演化，而不单纯是在考古实物上就服饰论服饰。

一、史前服饰考古发现

在人类发展的初期，人类最基本的需求是对生存的渴望。人类想把所能接触到的一切具有威力的东西都移植到自己身上，因而被赋予某种神化意义的兽皮、兽骨、牙角、砾石以及猛兽的鲜血，都成了人类最原始的崇拜对象。人们直接拿过来将其披戴或涂抹在身上、脸上，这就出现了服饰。服饰往往可以使人们寄托一种意愿，减少一些恐惧，从而达到繁衍后代、延续生命、壮大部族的神圣目的。在这一点上，有时饰品比衣服显得更重要。原始人选取和利用大自然一切可以利用的物质，制作出了带有原始宗教性质的服饰，这正是人类与动物的最大区别，即创造了文明。这在考古发现中已得到确切而生动的证明。

（一）史前的佩饰、制作工具及工艺

虽然在中国山西朔县峙峪 28000 年前旧石器遗址中，已发现了带孔的石墨材质的装饰品，但 1931 年发现的 18000 年前山顶洞遗址中钻过孔且涂上赤铁矿粉的兽牙、鸟骨、贝壳、砾石等人工制品，是能被确定的中国人用的最早佩饰。因为，这些人工制品呈接近圆圈状的扇形排列，通过它们与遗骸的位置距离能够确定为是原始人挂在颈间的。更为有意义的发现是山顶洞人对骨针的使用，山顶洞遗址中的骨针虽针孔部分破裂残缺，但是针体基本完整。它的发现说明当时的人们已经开始将零散的兽皮加以缝缀，为研究中国服装缝制技术之肇始提供了确切的依据。据此，人们多认为"山顶洞人已经萌发了最原始的对美的追求"。① 但从文化人类学角度来看，此时人类佩戴饰品并涂上象征生命的红颜色，并非仅仅是求美，也应是为了表明一种对神力的崇拜与向往、一种部族的归属意识，或是一种对异性的取悦。这从遗留至今仍保持原始社会生产方式的"活化石"——少数民族的佩饰情况来考察，也是有根据的，如图 8－11。

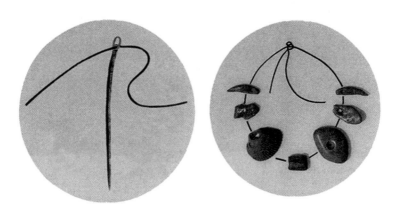

图 8－11　山顶洞人的骨针和佩饰

中国史前佩饰的出现和发展源于相关技术——磨制技术和穿孔技术的发明和使用。由此可见，艺术与技术从一开始就紧密相连，每一种新技术都促进了新的艺术形式和艺术手法的出现，这一点在以后的社会发展中被反复验证。到新石器时代，中国史前的佩饰就因为技术的进步而有了质的飞跃。在考古学上，把磨制石器称为"新石器"，区别于以打制石器为主的"旧石器"。磨制石器的目的是耕耘，新石器时代人类进入了农业时代。因此，考古学往往把这一变革称为"新石器革命"。我国的新石器革命发生在 1 万年以前。新石器革命也推动了史前佩饰革命性的进步。首先，人们能够利用磨制技术加工坚硬而且难成型的宝石，并使之成为能美化自身的装饰物以佩戴在身，有的甚至用于随葬。在 8000 年前的河南新郑裴李岗文化中，出现了绿松

---

① 杨泓、李力编著：《美源》，北京：三联书店 2008 年版，第 8 页。

石质的饰物。而在内蒙古兴隆洼文化遗址中发现的耳饰玉玦，更是将中国用玉的历史提前到了 8000 年之前。其次，不仅材质，原始饰物的样式和种类也日渐丰富多彩。其中很多饰物的形制一直沿用至今，如项链、手镯、耳环等。陕西临潼姜寨遗址的墓葬所出土的项链已不是常见的单串，而是由 4 个单串项链并在一起的成组骨珠质项链。原始人的艺术想象力和创造力在生产劳动中逐渐培养起来。六七千年前，西安半坡人的饰物中有了项饰、耳饰、发饰、腰饰等多个类别，质料则以陶质为多，也有少量的玉质。河南庙底沟遗址中的装饰品除可佩在身上的小型陶环、石环，还发现有固定头发用的发饰——骨笄，说明至迟在 7000 年前中国的原始人已经不再披头散发，而是开始有了有意识的修饰。这之后，梳理用具也出现了。距今 6000 年前的山东泰安大汶口文化墓葬中就出土了一件制作精美的象牙梳子。而此时，耳饰玉玦的形制很可能演化成一种镯类饰物。属大溪文化的湖南华容毛家村遗址出土了一只早期形制的玉镯。从未完全切断的缺口和扁圆方形断面造型上，能看出早期的镯类饰物与玦的某种联系，像是由玦发展而来。

到大约 5000 年前的时候，中国北方的原始社会文化率先达到了顶峰，其代表就是 1981 年发现于辽宁西部牛河梁一带的新石器时代的红山文化。红山文化的最大特点就是大量使用玉器，特别在积石冢式墓葬中所出土的随葬品竟全部为玉器，这在以前的原始文化遗址中是绝无仅有的，由此拉开了中国玉文化的序幕。在随葬品中，饰物占大多数，且只为玉器，基本不葬陶、石器，这说明玉器在红山文化中占据非常重要的地位。这些饰物造型独特，做工精致，风格质朴雄浑，具有浓郁的北方特点。红山文化玉器种类有动物形玉器，勾云形玉佩和其他装饰玉件等几类，其中猪龙、龟、箍形器、双联璧、勾云形玉佩等器物堪称红山文化玉器中的精品。最有特色的是背部有孔的玉猪龙，与 1984 年在内蒙古翁牛特旗三星他拉村出土的墨绿色玉龙有某些隐约的联系。从出土时在人骨架上的摆放位置来看，大部分的玉器是作为佩饰使用的。此时，佩饰的功能不仅仅是装饰美化，更重要的是被赋予了原始宗教的意喻，如求吉避凶的护身作用。以玉为祭，成组配套的葬玉方式，使红山文化中的玉质饰物具有了礼文化的特定含义。

晚于北方红山文化的浙江余杭良渚文化约为公元前 3300 年至前 2000 年，是继红山文化后，中国史前佩饰的又一个高度发达时期。其最大特点也是玉器的广泛使用。有更多的史前佩饰脱离了原来单纯意义的装饰作用，具有了巫术、宗教甚至标志等级地位的含义，并发展成一种专门的礼器，如良渚文化中璧、冠饰和椎形饰等。当然，用于人体装饰的配件在良渚文化中仍是主要组成部分。包括璜（分为半圆形、半环形、半璧形和倒置桥形四种）、牌饰（环状和面具式两种）、动物形佩饰（有鸟形、蛙形、鱼形、龟形和蝉形五种）、环、镯、带钩、珠、坠儿、管和串饰等。从瑶山墓地出土的玉龙镯上，可以发现镯彻底摆脱了早期似玦的形制，外沿断面已呈更适合佩戴的圆形。良渚文化时期的原始佩饰在以下三方面体现了高超的技艺特点：一是形制变化自如，柱体、圆形、片状等器物形式变化得心应手，表现了良渚玉匠对器物整体造型的把握能力已进入成熟阶段。二是更多更精美纹饰的出现。良渚饰物纹样的表现手法已经有较强的艺术性，象征手法与适合纹样的运用占主要地位，反映了良渚玉匠的审美能力和工艺技巧都达到了较先进的水平。三是运用了多种琢制技术，如线雕、圆雕、浮雕、透雕，有的阴线刻细如毫发，难以辨认；如透雕多用于礼仪中的冠饰，佩饰中的牌饰（特别是面具式牌饰物）、璜等佩件的雕琢上，纹样组织奇巧，雕法娴熟。总之，这些琢制技术的运用证明良渚文化时期中国玉质佩饰的制作已经形成较为完整的体系。

　　大体而言，中国的原始社会在 3000 年前走向解体，取而代之的是奴隶社会。红山文化和良渚文化反映的是中国原始社会末期的发展状况。在它们之后，中国各地也陆续发现了一些新石器时代晚期的遗址。其中出土的大多饰物在形制、造型和风格上都不出两个文化左右。如西藏昌都力咔区卡诺村新石器遗址和台湾台东卑南新石器遗址中都出土了与大陆相似的玉玦，说明中国各地文化的内在联系性。正如夏鼐先生所说：新石器时代末期，各种文化在祖国大地上争妍竞秀，并且常常互相影响，互相渗透，交织成一幅光彩流离的瑰丽图景，而且为后来独特而灿烂的中国文明打下了基础。

　　（二）史前织物

　　新石器时代的服装由于质料等因素，能够传至今日的极少。1958 年，在浙江吴兴钱山漾地区的新石器时代晚期遗址中，发现了罕见的公元前 3000 年的麻、绢织物残片。因年代久远，除一块长 2.4 厘米、宽 1 厘米的残绢片外，大都已炭化，即便如此也十分难得。这些出土物完全可认定为衣服面料和佩戴饰品，如片状丝织衣料、丝织绦带，另外，还发现缝制衣服用的丝线等。

这在中国的服饰考古中可谓具有划时代意义的重要发现。

在这之前，考古界就普遍认为商代人们已经会织出斜纹、花纹等比较复杂的纹样。当然，就商代纺织技术成熟程度而言，在它以前应该有一段发展过程。钱山漾的史前织物残片，特别是残绢的组织密度已达到每英寸 120 根。这一考古发现，为现代的学术研究提供了可信的实物证据。

1926 年，中国学者李济主持的对山西夏县西阴村遗址的发掘中，发现了用石刀有意切开的半个蚕茧以及陶纺轮等。蚕茧被认定为并非家养而是野生蚕茧。但浙江纺织科学研究所等单位对钱山漾丝织物的鉴定结果却是家蚕丝织物。由此引发了广泛的质疑。之后中国农业科学院蚕业研究所的周匡明对其进行了专门调查研究，进一步证实确为家蚕丝，并提出在那样早的时代之所以能织出具有如此密度的绢，是因为早期蚕丝纤度偏细。他以钱山漾遗址、马王堆汉墓和近代广东多化性种的蚕丝纤度来比较，说明家蚕体形和蚕型在家养驯化条件下，纤度有逐渐增强的趋向。这些基于考古而展开的研究，对于中国服装面料及中国服饰风格等方面的研究至关重要。

（三）史前陶器上的服饰形象

在新石器时代的陶器上，一定程度地保留下一些服饰形象。可以说，这种平面或立体的服饰形象与史前佩饰、衣料等共同显示出中国人早期的服饰情况。

图 8 - 12　宗日文化遗址彩陶盆

1973 年和 1995 年，考古人员在青海分别发现了两个绘有舞蹈纹的彩陶盆。其中 1973 年在大通州区上孙家寨出土的彩陶盆上绘有三组手拉手跳舞的人形。人的头部各垂一根发辫，摆向一致，衣服下摆处又各垂一件尾饰。1995 年，考古工作者在同德县巴沟乡团结村宗日文化遗址发现的彩陶盆上，也发现类似的人物形象，所不同的是衣服下部呈圆形，极像圆鼓式的裙子。甘肃辛店文化遗址出土的彩陶盆上清晰地描绘了穿贯口衫并扎腰带的人物形象。（见图 8 - 12）

考古发现的一些人形的原始陶器也显示出一些当时的服饰面貌。最有代表性的是 1973 年甘肃秦安大地湾仰韶文化遗址出土的一件人头形器口彩陶瓶。人像塑造得细致而生动，双耳也都有为垂系饰物的穿孔，而头发的式样表现得更为具体。其两侧和底部都能看出是披发，前额上留着齐眉的"刘海儿"。这表明，当时的人们已经由自然披发过渡到有意识地修剪头发了。陶瓶为细泥红陶，含有少量的白色细砂，器表打磨光滑。自腹部以上施有浅淡的红色陶衣，腹部以黑彩画三横排大致相同弧线三角纹和斜线组成的二方连续图案。图案的样式与河南陕县庙底沟文化（仰韶文化中期）的陶器花纹格式大致相同。但是两个相距千里的文化在纹样上的相同或许并不偶然，创造出这两种原始文化的史前部落可能有着共同的意识形态，或说明这两个部族有着密切的联系，而鸟纹很可能就是整个部落联盟的图腾标示。

在甘青地区由庙底沟类型基础上延续发展的马家窑、半山、马厂等文化类型中，人头形器口彩陶的人面上还画有类似山猫或虎豹之类的兽皮花纹，这或是当时部族人们的文面、文身习俗的反映。大地湾的人头彩陶瓶瓶身上的鸟纹，一方面可以认为是反映了文身的习俗，另一方面也可能与当时人们所着的衣物有关。

通过史前服饰考古，我们发现，象征生命的赤铁矿粉、表现自然崇拜的文面和展示原始审美意识的服饰品作为早期人类服饰的三种象征物，成为人类服饰演化的开端与链条，所有的服饰发展与变异，都与其存在着因缘关系。

二、商周服饰考古发现

商周时期，中国的纺织工艺日臻成熟，服饰的材质和样式也越来越丰富多彩，加之国家形式的出现，服饰也越来越多地呈现出反映社会地位的功能性。于是，服饰的礼仪性受到重视并被加强，成为中国奴隶制社会一个很重要的维系统治秩序的手段。在中国封建社会时期一直处于上层建筑的服饰礼仪制度，即形成于这一时期。考古发现的商周时代的玉制佩饰造型别致、种类繁多、工艺精湛，有着深刻的文化内涵，宗教和政治色彩浓厚。

最有代表性和研究价值的服饰考古发现包括：始于 19 世纪末发掘的河南安阳殷墟遗址、1976 年发掘的商代妇好墓、20 世纪八十到九十年初先后发现的四川广汉三星堆遗址，山西天马——曲沃周代遗址及山西晋侯墓地等。

（一）商周佩饰

在商周考古中，影响最大的当属安阳殷墟。它的发现缘于占卜用的甲骨文，发现时间甚至早于 19 世纪末期。1976 年发掘商王武丁配偶妇好墓时，出土随葬物 1928 件，其中玉器就占了 755 件，可见商代对玉的重视程度。这些玉器多为用于悬佩的形体较小的玦、璜和极具装饰性的鹦鹉形、鱼形小刻刀等。其中一件凤形佩堪称商代玉饰件中的精品。它头上的冠羽采用了透雕技法，华美富丽的冠羽造型中的透孔，成了自然的穿系孔。再加上背羽宛如浑然天成的羽毛缝隙，又形成两个紧挨着的穿孔，很显然这些都是为了便于系绳佩挂。商代这类似半圆形的玉玦上往往雕琢有生动的动物形，眉眼、四肢皆有，只是囿于玦形，琢雕时采用了概括性的装饰手法，显得图案性很强。而这种手法似乎在当时是通用的，因此也成为商代佩饰的一种有特征性的工艺模式。

周代的玉佩饰出现了明显的礼制化倾向，而且佩饰的品种、造型、组合都趋向规范化。1992 年在山西天马——曲沃周代遗址中，发现了一组十分精美和完整的多璜多珩连环玉佩饰。不过，若论西周晚期组构最精彩、用料最考究、工艺最精湛的玉佩饰，当推山西晋侯墓地出土的两件佩饰。其中一件是胸腹玉佩饰。这是极为复杂的整套玉佩饰上部的一组，由玉环下连短珩，两端以绿松石珠、玛瑙珠及玉管并列穿连成两串，各系二件刻花玉璜，另加一件玉环。另一件上为青绿色玉牌，梯形，镂空做相悖的双鸟纹。上端有小穿孔六个，系六串料管。下端有小穿孔十个，用以悬挂垂下的长串饰。整套串饰由玉牌一件，玛瑙珠管 375 件、料管 108 件，煤精扁圆珠 16 件，共计 500 件饰物组成。

观察出土遗物，再结合文献资料来分析，即可想象出《礼记·玉藻》中所说"古之君子必佩玉……行则鸣佩玉""君子无故，玉不去身"① 的服饰形象是何等的文雅华美，同时也揭示了商周时代玉文化与礼制思想的融合，佩饰不只是装饰品，更重要的是体现出"礼"的要求，体现出君子的修养。

（二）商周织物

中国织绣工艺至商周时已趋于成熟，由于织物不易保存，因此商周的纺

---

① （汉）郑玄注，（唐）孔颖达撰：《宋本十三经注疏·礼记注疏附校勘记》卷七，上海：点石斋印书局 1904 年版，第 9 页。

织工艺研究主要依据墓中出土的铜器上的织物印痕、炭化织物和纺织工具。

中国是世界上养蚕缫丝最早的国家。商周遗址中多有玉制的蚕茧出土。1953 年河南安阳殷墟遗址中发现了一枚完整的玉蚕；陕西宝鸡西周前期疆伯墓室中出土了数量众多的玉蚕。以玉蚕随葬，说明蚕桑经济在商周人的生活和心目中占有很重要的位置。

织物遗痕是商周织绣业留给后人的模糊的文化遗存。在 1929 年对殷墟的发掘中，出土了一件戈形兵器，可能随葬时曾以织物包裹或加有套装，因此上面存留有极显著的布纹。1934 年至 1935 年，在殷墟 1001 号商代大墓里出土的铜器上存有明显的丝绢（平纹）和刺绣品痕迹，如在一铜觚残片内面绿锈上有布纹一铜戈一面及刃上满布细布纹绣，另一铜戈援内两面有细布遗痕。西周疆伯墓室及其妻井姬墓中，多处发现丝织物的痕迹。由此可以看出，当年曾用丝织物包裹铜器随葬。后因年久加之地下潮湿，丝织物腐朽，但织物痕迹却保留在铜器的表面，有些织物则已与铜器黏结在一起了。

至于刺绣的遗痕，发现于墓室泥土上三层织物印痕中。这里能看到辫子股绣的针法，同时还可看到朱红、石黄、褐与棕等颜色。河北藁城县台西村商代遗址中也发掘出已炭化了的麻织物残片和纺织工具。

（三）商周时期的服饰图像

除了佩饰和织绣实物残片，商周时期的遗址也出土了为数不少的石刻、玉人及铜人，使我们对当时的着装式样与风格有较为直观和立体的认识，部分地弥补了实物不足带来的研究困境。

从出土的商代服饰图像来看，商代服饰最大的特点一个是颇为奇特的帽冠或头饰。如在殷墟小屯 331 号墓发现的玉质人形饰件头上戴圆帽，帽上有网形纹饰，帽中当头正顶处倒立一鱼形突起。形态颇为别致。商妇好墓出土的那件颇有名的小玉人也戴着一种造型怪异的卷筒式帽饰。二是青铜器花纹在服饰上被广泛应用。青铜器和陶器上典型的几何纹和动物纹成为服饰的纹样，可见当时有代表性的纹样已经发展成一种时代共享的"母题"，普遍地出现在各种艺术形式和日常生活领域中。1929 年在对殷墟的一次发掘中，出土了一件石刻：一个半截抱腿而坐的人像，膀腿均刻有花纹、图案与花骨刻纹一致。1935 年发现的一件残缺的人像石刻，此像所着之交领右衽短衣、短裙、裹腿、翘尖鞋，可见殷代一部分人之装式。衣缘、裙褶、腰带之纹饰，皆常见于铜器、陶器、室壁、仪仗之纯粹殷花纹。安阳四盘磨出土的石刻人像，头戴平顶而周部较高之圆帽。身穿无纽对襟衣，衣上刻目雷纹，胯下刻饕餮纹。这两点构成了商代既华丽又威严的服饰风格。（见图8-13）

图8-13　安阳出土商石刻像

四川广汉三星堆遗址中出土了铜人，包括立像、头像和人面像，其上的服饰样式迥异于同时代的中原服饰。例如，铜立人穿着的衣长仅及胯下的单肩披式外衣，有一种观点认为，这种服饰很可能是祭祀主持者在祭祀仪式上的特定服饰，也有可能是在温差变化大时的临时穿戴组构。但在纹饰上，还是明显受到中原商文化的浸润，如下裳用形同饕餮的怪兽纹、尖角纹、回纹、雷纹。其上衣龙纹和凤纹的图案构成的风格，一方面显示与商文化的交流关系，另一方面也与后来的楚文化有某种脉络关系。

三、战国秦汉服饰考古发现

公元前221年，秦始皇以武力统一中国，结束了诸侯争战的局面，中国由奴隶社会进入中央集权的封建社会。秦统治时间极短，秦代的考古发现除了秦兵马俑外并不多见，而有关服饰的出土遗物和图像几乎不存在。只在近年来发现的秦阿房宫遗址壁画残片上有零星而残缺的人物形象。这些人物形象在服饰样式与风格上都与战国时期差别不大。汉代遗存中，有关汉代服饰的实物和图像也显示出对战国及秦代的继承和发展。

（一）战国秦汉的佩饰

河北平山战国中山王墓出土的龙纹璜和透雕三凤的璧式佩，以及1930年至1962年对战国时期燕下遗址（今河北易县）发掘中发现的双龙、双凤联体透雕玉饰，都是玲珑剔透、工艺精湛的佩饰精品，在风格和样式上承自商周，并进一步影响了秦汉。龙凤纹成为汉代玉佩饰的最有特色的题材之一。河北满城西汉刘胜墓中的一件25.9厘米的白玉双龙谷纹璧，璧上端附镂雕二曲翼龙，龙角呈丝束形。龙与云纹组成繁复、优美的图案。璧身雕均匀的谷纹，有光束照来时，平面璧体闪闪发光。

汉代佩饰的琢制和透雕工艺更加成熟精湛，造型和图案的塑造与刻画也摆脱了之前的拘谨和朴拙，整体风格鲜明而富有朝气，尽展大气奔放的汉代神韵。广州的西汉南越王赵眜墓中出土了大量的玉器，属于服饰的有十一套组玉佩饰，58件玉具剑佩等。其中有14厘米长的凤纹牌形玉佩、3.5厘米高的玉舞人佩，以及龙虎纹玉带钩、龙凤纹重环玉舞人、双龙纹玉璜、凤纹玉瑗、龙凤纹垂环玉佩等，刻工皆玲珑剔透、玉质精美，图案构成巧妙，动物形象变形大胆，气势豪迈。据史料记载，西汉初期中央政权为安抚南越王，经常赐给他皇家御用的玉器。从考古实物上看，此说不假，这些气度不凡的精美佩饰当是汉代宫廷服饰风格饰品的典型代表。

在出土的汉代服饰品中，有一种特别的"衣服"——"玉衣"。这实际上是一种盛行于汉代，皇室贵族专有的葬服。《后汉书·梁统列传》中记载梁统之子梁竦死后被和帝追赐皇家墓地，并"画棺玉匣衣衾"，其注引《汉仪注》云："王侯葬，腰以下为札，长尺，广二寸半；为匣，下至足，缀以黄金缕为之。"[①] 葬服用玉到东汉时已形成严格的制度。目前已发现了数量不少的汉代玉衣，且分布广泛，从河北到广东都有出土。如河北定县中山穆王刘畅夫妇墓、中山怀王刘修墓出土的银缕玉衣、铜缕玉衣；江苏徐州土山汉墓出土的银缕玉衣，以及广东广州象岗山汉墓中南越王的一套丝缕玉衣等。而最著名的就是河北满城中山靖王刘胜及其妻窦绾的金缕玉衣，是西汉时期丧葬用"玉衣"最完整、最精美的。

另外有一点需要注意的是，1985年在扬州宝女墩出土了一件极具研究价值的汉代玻璃衣片葬服，是19片完整的可拼合的玻璃衣片。在此之前，扬州"姜莫书"西汉墓曾出土玻璃衣片近600片。宝女墩出土的衣片上有的还模铸阴纹，其花纹有变体柿蒂纹、云雷纹、云纹和白虎星辰纹四种。杨伯达认为"汉代玻璃器由装饰品演进到礼器、器皿和殉葬用品，模仿玉器并部分取代了

---

① （汉）范晔编撰：《后汉书》册十五，上海：中华书局1903年版，第6页。

玉器"①。这种玻璃是中国独有的，被称作铅贝玻璃，始于战国，作为玉器的替代品曾流行于汉代，汉之后就较为少见了。

（二）战国秦汉的服饰及织物

20 世纪中期以后，中国服饰考古迎来了最辉煌的时期，其标志之一就是在战国至汉代的墓葬及遗址中较为完整的织物甚至服饰的出土，填补了过去中国服饰史在这一时期的空白，或证实或纠正了史书的讹误。

1. 战国时期的服饰及织物

战国时期织绣品的重大发现，当属湖北马陵山楚墓。1982 年发掘的马山1 号墓中，共出土包括服饰和织物在内的丝织品 20 余件，绢地龙凤纹九彩绣衾、彩条动物几何纹锦面棉衾、绣罗单衣、绣绢单衣、锦面棉衣、绣绢棉袍、棕色锦面棉袍，还有棕色锦面夹袄、朱绢绣裤、绢裙、组带和大量小片丝织物等。多为平纹的绢质地，也有少量绮、锦织物。纺织技术有很大提高，出现了提花织法，而且在服装和织物上也更多地使用刺绣工艺。其中，最精美的是一件龙凤纹绣罗单衣，上面的图案是由两个对称花纹单位组成的菱形，沿四边用褐色和金黄色丝线各绣一龙一凤，中央绣有对向双龙和背向双虎。整件衣面图案布局匀称，疏密得当，龙凤形象矫健、姿态柔美，刻画精致入微，线条流畅劲健。针法以锁绣为主，间以平绣。根据构图的需要或满绣，或间绣。花纹单位都比较大，呈二方连续或四方连续式。

从马山 1 号墓中多件保存完整或较完整的衣服来看，战国至秦时期的服装除了单衣外还有袍。袍子有三种形制：第一种是正身和双袖皆斜裁，共八片，袖缘和领缘也是斜裁。下裳正裁，共八片。第二种是正裁，两袖平直，宽袖口，短袖筒，三角形领，右衽，直裾。上衣共四片，正身两片，两袖各一片，腋下各拼一块四边形衣料。第三种袍两袖奇长，袍长 200 厘米，袖通长 345 厘米。无论是衣还是袍都是右衽、直裾，与周代服式有相当多的共同点。

2. 汉代的服饰及织物

1971 年长沙马王堆西汉墓的发现开启了中国纺织考古和服饰考古的大门。而之后在新疆地区古"丝绸之路"发现的保存很好的丝织物及服饰品，也为

① 杨伯达："关于我国古玻璃史研究的几个问题"，《文物》1979 年第 5 期。

服饰研究提供了难得的实物资料。

马王堆 1 号汉墓发掘出的实物资料，不仅品种多样，而且质地坚固，色泽鲜艳。出土的丝织物及衣服数量达百余件，包括素面平纹织物绢类，如素绢丝绵袍、绛绢裙、素绢裙、素绢袜、绢手套等；平纹的罗纱类如素纱单衣；提花斜纹丝织物锦和绮罗类，如绀地红矩纹起毛锦、香色地红茱萸花锦、烟色菱纹罗、香色对鸟菱纹绮等；刺绣丝织物，如绣花丝绵袍、黄地素缘绣花袍等。图案花纹除传统的菱形外，还有各种变形动物纹、云纹、卷草纹及点线等。加工技法有织花、绣花、泥金银印花、印花敷彩等，后两种属于染缬。过去学者普遍认为染缬技术盛行于唐代，技术也成熟于唐代，但从马王堆的出土发现来看，显然染缬技术是至迟成熟于西汉。因为马王堆汉墓的印花敷彩纱，已可用朱红、粉白、墨、银灰、深灰五种颜色，印出藤本植物的变形纹样——枝蔓、蓓蕾、花蕊和花叶，线条流畅，交叉自然。泥金银印花纱则是由均匀细致的曲线云纹和一些小圆点组成，曲线为银灰色和银白色，小点为金色和朱红色，线条光洁挺拔，基本无溃版胀线情形。这两件作品绚丽精美，工艺制作已明显超过早期染缬：蜡缬、夹缬、绞缬。有专家认为，这时已采用两块阳纹版，并能做到全幅印制，花纹规整，线条清晰、匀净，有弧度。

刺绣品以表现内容和题材划分，有"信期绣""乘云绣""茱萸绣""云纹绣""长寿绣"等种类，皆具有相当高的水平。其花纹繁多，图案富有寓意，布局优美，绣法多样，用线平均，针脚整齐，并能分别采用平针绣、辫绣、锁绣等几种针法，丝线有绛红、朱红、土黄、宝蓝、湖蓝、草绿等多种颜色。飞旋的花朵、曲卷的枝叶，动静相宜，极富生气。

从 19 世纪瑞典人斯文·赫定发现楼兰古城开始，新疆地区陆续出土了具有汉代或新疆地域风格的织物及服饰品，如 1984 年对新疆和田地区山普拉战国至汉代古墓群的发掘，以及 1995 年发现的新疆民丰尼雅遗址等，都出土了大量的丝、棉、麻和毛类服饰品及纺轮等。在民丰尼雅遗址的墓葬中，男女墓主人身盖色彩斑斓的锦被，穿锦袍、锦裤、锦袄、绸衣，着红呢绣花靴、皮底花凉鞋，且均覆锦质面衣。男性头戴白绸风帽，女性额部扎一条色彩艳丽的几何纹丝质组带，耳垂一组珍珠、金叶耳饰，颈佩红绢珠形项链。尼雅出土的丝织面料花纹繁缛、色彩绚丽，其中仅织锦类就有十余种，图案题材包括虎、龙、狮、豹、马、鹿、骆驼、孔雀、鸟、舞人、辟邪、骑马武士、猎人狩猎及云气纹、茱萸纹等。间织小篆的吉祥语是尼雅出土丝织物的一大特色，如"王侯合昏千秋万岁宜子孙""延年益寿长葆子孙""广山""文大绣"等。在楼兰古城的孤台墓地发现有以文字为主题的丝织品，文字内容明显带有汉代谶纬之学的痕迹，也反映出当时此风尚之兴盛。

新疆地区发现的一些服饰品因"丝绸之路"的开通，而具有了中西文化交融的风格特征。常见的是毛织物上的西方神话人物题材。如山普拉1号墓中曾出土一件比较完整的彩色缂毛裤，一条裤腿上绘有典型欧罗巴人种特点的男子头像，虽刻画简单，但极似斯坦因得自楼兰的毛织物上的赫耳墨斯（希腊神话中的众神之使）像，而另一裤腿上的菱形格中则织有类似希腊神话的半人半马像。

（三）战国秦汉的服饰图像

始自商周的服饰礼制化，到战国秦汉时期有了进一步发展，其中上衣下裳，君王冕服及至普遍穿着深衣的着装趋势，说明中国服装发展已进入成熟期。墓葬中出土了大量的替代活人殉葬的铜人、陶俑和木俑，这也标志着社会的进步。虽是俑人，也要从容貌到服饰上塑造得像真人，这样才能起到替代活人殉葬的目的，因此俑人就为我们研究古代服饰及社会生活提供了真实的形象。另外，战国至汉代，中国的绘画艺术除了壁画还发展出一种绘制在丝织物上的帛画。墓葬中的帛画多含神话宗教的意味，在服饰刻画上比俑人更生动一些，而且也更具想象力，对战国秦汉时期服饰风格的描绘更为细致准确。到汉代时，墓室壁画衍生出一种新的汉代特有的绘画与雕塑的结合体——画像石和画像砖。对日常生活的描绘是画像石和画像砖的主要任务，为研究汉代各阶层的服饰风貌提供了有价值的影像资料。

1. 战国时期铜人、帛画上的服饰形象

河南洛阳金村战国墓出土一女子铜像。其头梳双鬟，身着窄袖衣、短裙，足登高勒靴，这被普遍认为是胡服打扮。河南三门峡上村岭虢国墓出土的举灯跽坐铜人灯，头戴小冠，系冠缨，身穿窄袖大襟右衽齐膝长衣，腰间束带。大襟右衽是中原人装束，而窄袖袍服又是胡人服饰。由此可见，西北游牧民族服饰被中原人吸收穿用，肯定早于赵武灵王推行"胡服骑射"。或说中原上层阶级本来就穿窄袖短袍，而这种袍服不一定就属胡服。（见图8-14）

河北中山王墓出土一托灯铜人，头上盘髻有巾，身穿大袖绕襟三重领深衣，曲裾垂地，腰间也束带，这应该是典型的中原人装束。如果再结合楚墓出土的木俑，会更多地见到这种穿着深衣的形象。河北易县燕下都遗址出土的托灯铜人前额头发分左右向后梳，发丝清晰可见。头顶一巾，前窄后宽垂于脑后。自头顶以带压住系于颌下，有红色八字形带结。身着袍服，窄袖但衣长曳地，大襟右衽，腰带间有长条形圆头带钩连接腰带两端。由此可见，当时服饰中袍与深衣并行，袍有二式，但袖子不一定宽肥，但深衣的衣袖一般较肥阔，然后再有紧缩的袖口，当时成祛。

图 8−14　金村战国墓女子铜像

湖南长沙楚墓曾出土两幅战国时期的帛画。在1949年陈家大山楚墓出土的帛画中，画面右下方绘一女子，发髻梳于脑后，双手在胸前做祈祷状，画面上方还绘有一龙一凤。画中女子的服装，有人认为是宽袖紧身大袍，袍长曳地，上绘卷曲纹样，是典型的深衣式样。至于画的含义，最新的研究显示其寓意着龙凤导引死者灵魂升天。长沙子弹库战国帛画则描绘一站立的男子，束发高冠，并以冠缨系结在颌下。穿着深衣，衣袖宽肥，衣裾极长。腰佩长剑，手执挽绳，驾驭一龙。关于深衣，《礼记·深衣》这样描述："制，十有二幅，以应十有二月。袂圜以应规，曲袷如矩以应方，负绳及踝以应直，下齐如权衡以应平。"[1] 两幅战国帛画上人物的服饰虽绘制得并不全面，但还是基本符合史料记载的。

2. 秦代兵马俑上的戎装形象

古代兵戎服饰形象在考古发掘中并不鲜见，但像秦始皇陵兵马俑坑这样集中而且规模庞大的，目前还是绝无仅有的。

---

[1]　（汉）郑玄注，（唐）孔颖达疏：《礼记注疏》第十四册，上海：中华书局1936年版，第4页。

关于中国戎装的考古发现，最早的应是 1935 年河南安阳侯家庄 1004 号墓南墓道中出土的商代皮甲残迹。与皮甲残迹同时出土的还有约 140 顶铜胄。关于甲的产生时期，《史记·夏本纪》司马贞所做的索隐称夏朝第七代君主帝杼是"作甲者也"。① 但是并没有考古实物来证明这一说法。

西周时期的甲胄目前已发现几处，如 1974 年在山东胶县西庵遗址发现的一组铜铠甲，胸甲分左、中、右三片，估计是钉在皮甲上的。1975 年在北京昌平西周木椁墓出土一件铜胄。1978 年，在湖北随州曾侯乙墓出土了大量皮甲胄。经过清理，复原了其中 12 套。这些皮甲由甲身、甲袖、甲裙组成，甲身又分成胸甲、背甲、肩甲、肋甲、大领。甲片的编缀方法，横向均为左片压右片，纵向均为上排压下排。胄也是用甲片编缀起来的。不少甲片出土时，孔内还残留着丝带，说明甲是用丝带组编的。甲片的表面均涂漆。先秦时期的皮甲胄和铜甲胄制作精美，显示出高超的铸造技术和装饰艺术水平。如 1972 年在云南江川李家山古墓发现的青铜甲片上，就有用阳线铸成的异常精美的花纹。除皮甲和铜甲胄外，战国时期还发现有木甲和铁甲胄。木甲是以木为胎，两面贴革片，表面髹黑漆。1965 年，河北易县燕下都遗址中，发现了件由 89 片铁甲编缀成的铁兜鍪。

秦始皇陵兵马俑的军戎服饰形象是迄今发现的最全面、最详尽的古代戎装实物。陶俑所穿着的石铠甲以真实铠甲为原型，形制上可分为四型六种。第一型仅能护胸腹，应是较原始的铠甲。第二型可分为两种，一种前身下缘呈三角形，长度至小腹下。有的加以正片皮甲做成的护髆。铠甲的甲片比一、三型显得薄小，很可能模拟的是铁甲片。甲片的表面，铠甲的胸前，两肩和后背，都有彩带做装饰，据称为将军所用。另一种前身下缘平直，及膝下，披髆也是用甲片编缀而成。这种铠甲的甲片比前一种略大，也可能是模拟铁甲片，但铠甲上没有彩带装饰。考古界人士认为穿这种铠甲的人官职比将军低，但比步兵、骑兵高。第三型铠甲发现数量最多。骑兵俑和步兵俑都穿此类铠甲，甲片略大略厚，很多研究者都认为是模拟皮甲。第四型是驭手用甲，甲身形制与第三型差不多，但甲片较小，甲身要长得多，有高高竖起的盆领和长及手背的甲袖。仔细观察这些铠甲，发现都是在右侧腋下开襟。甲片固定不用绳带，而是用甲

---

① （汉）司马迁撰，（唐）司马贞索隐，张守节正义，（宋）裴骃集解：《史记》，上海：上海集成图书公司 1908 年版，第 213 页。

钉。模拟铁甲的四周都有包边，而模拟皮甲的则没有。这些兵俑的铠甲里面，是絮夹袍，这从厚厚的翻卷起来的衣领、袖口和袍服衣纹处可以看出来。有三分之二兵俑中是只穿袍而无铠甲的，也可能穿的是一种软甲。

兵俑头上有的戴巾帻，有的戴帽，有的戴冠，有的索性露着发髻，发髻则有多种梳法。鞋也有四种：高筒靴、方口翘头履、方口齐头履、方口翘尖履。另外，从穿袍服的俑上可以看到，戎服外一般都束腰带，腰带用皮革制成。陶俑最初出土时有的是着色的，其中袍服主要有紫、浅紫、朱红、粉红、绿、粉绿、蓝、浅蓝、黑等色；铠甲主要是赭色，上面的甲钉及编缀的绳带和包边有白、中黄、橘黄、朱红等色。第一、二型铠甲的领口、胸前和背后的束带还绘有几何花纹，鞋面则有赭黑、赭和橘红等几种颜色。

在秦代戎装基础上发展起来的汉代戎装，在增强防护能力的同时，制作更为精致，结构亦更为复杂，基本是铁铠甲，样式上较为简便。从1965年在咸阳北郊杨家湾传为汉代周勃墓附近发掘出的2500多件彩绘兵马俑上，可以看到中国古代铠甲的发展情况。汉代兵马俑较之秦代兵马俑形体为小，但着色鲜艳，并以黑色来代表玄甲，即铁甲。将官的铠甲用更为精细的鱼鳞状的小甲片编成。显然考虑到打仗的机动性和灵活性的重要性，兵士铠甲比前代有所简化，仅在胸背部位有甲片，并在肩部用带系连。为了轻便，骑兵铠甲下摆也仅及腰。

《尚书正义》引《经典》说："甲胄，秦世以来始有铠、兜鍪之文。古之作甲用皮，秦汉以来用铁。铠、鍪二字皆从金、盖用铁为之，而因以作名也。"[①] 通过考古发现的实物证明，古籍记载相对来说还是不甚准确。因为从出土物中发现战国时已使用铁甲，而兜鍪则更早，如在安阳侯家庄商墓中即有兽头铜盔顶出土。

3. 汉代绘画和雕塑上的服饰图像

汉代较之先秦在文化上有很大发展，其中服饰形象在绘画、雕刻、塑像等遗物上被保存下来，如帛画、壁画、画像石、画像砖、木俑、陶俑、铜俑（包括执器铜人）等。汉代服装款式比较单一，深衣是男女均穿的一种基础服装，其他主要是各种袍服及下层的短裤等。而且，汉代厚葬之风大兴，贵族

---

① （唐）孔颖达等撰：《尚书正义》，北京：中华书局1986年版，第162页。

的丧葬制度也更加礼制化。

（1）帛画上的深衣与袍

汉代帛画在长沙马王堆1号、3号墓和山东临沂金雀山9号墓都有出土。马王堆汉墓彩绘帛画，发掘时覆盖在内棺上，被认为是葬仪中引魂升天用的旌幡。画中主体部分描绘的贵妇人，也即墓主人和身边的侍女皆身着宽袖紧身有三重领的深衣，但墓主人的深衣上绘有华丽精美的花纹，形象与色彩效果都同于墓中出土的"乘云绣"和"云纹织锦"，其脑后梳髻，髻上插有首饰，头前发间戴簪钗步摇。

画面上其他人物，包括神话人物人首蛇身的伏羲（或女娲），披发无冠，上身为袍。守天门的两位帝阍，是头戴冠，身着袍。除双手托大地的力士为裸体外，其他人均为戴冠着袍，与汉墓壁画及陶俑等反映的现实人物的服饰形象一致。

（2）壁画上的袍服与乐舞服

西汉晚期兴起的以彩绘壁画为装饰的砖石结构墓，到东汉时期流行开来。墓主多为大庄园主和高官显贵，壁画内容中有表现墓主人庄园内生产活动场面的农耕、蚕桑、放牧、狩猎等；有表现墓主人仕官经历和身份的车骑出行、任职治所、属吏、幕府等；再有就是表现墓主人享乐生活的燕居、庖厨、宴饮、乐舞百戏等，还有的是宣扬儒家伦理道德的历史故事以及道家的神话传说、天相星座等类题材，大部分人物服饰取自当时的生活，因此涉及汉代社会各阶层服饰面貌。

1952年、1955年在河北望都先后发掘了两座东汉晚期墓葬，均属大型砖室壁画墓。两位墓主人都是当时为任一方的朝廷大员，两墓壁画内容大同小异，表现墓主人生前的仕官经历与显赫地位。除了两人的服饰形象，壁画也刻画了很多下层官吏的服饰形象，如"门亭长""贼曹""主记史""门下功曹""门下小史"等，为研究汉代公服的等级差异提供了可信的证据。不过，总体而言，汉代官吏的着装式样基本相同，皆着袍服、戴冠帽，文官袍长及地，武官为直裾袍略短，齐膝露出长裤，并似有裹腿，脚登布履。壁画图像结合汉代《舆服志》的记载，汉代官员的等级差别更多在冠帽上，如"门下小史"这样的低级小吏只能戴介帻，而不可戴冠。当然服饰的质地、华美程度和颜色也是区分的要素，只是在壁画上反映得不明显。（见图8-15）

图 8 – 15 河北望都东汉墓室壁画

对于服饰研究来说，内蒙古和林格尔汉墓壁画最有价值的一部分是墓中的乐舞百戏图。杂技与歌舞表演，古称"乐舞百戏"。画上多数杂技艺人上身赤裸，下着肥腿裤，束发或仅裹巾帻，而那些奏乐的艺人着袍，还有人戴冠，似乎演奏者的地位要高于杂技舞蹈表演者。壁画着重表现艺人的惊险动作和优美身姿，对服饰却未加细致刻画，但赤裸着上身的杂耍艺人的服饰形象还是很有代表性的，这在画像砖和陶俑上也可以看到。

（3）画像石、画像砖上的专用服饰

西汉晚期至东汉末，达官显贵和庄园主的墓葬中大量使用绘画与雕塑的结合体——画像石、画像砖来装饰。

山东沂南画像石墓是迄今发现最完整的画像石墓。画像石上人物形象表现十分细腻，服饰亦大都刻画得细致入微。除了最常见的士大夫及官吏形象，还因为刻有祭祀场面，因而出现了描绘清晰的"冕冠"。冕冠之制始于夏商周三代时，为帝王、诸侯、大夫专有，到西汉时此制消失，至东汉晚期又依旧制重新制定冕冠制度。另外，汉代另一个重要的表明等级地位的服饰制度——佩绶制度，在沂南画像石上也有具体的描绘。沂南汉墓画像石上杂技艺人与和林格尔墓壁画上艺人一样，也是赤裸上身，所不同的是这里的艺人穿的是套在双腿上的短裤。

四川多处汉墓出土画像砖，区域集中在成都平原地区。画像砖上对劳动人民的描绘颇多。如成都汉墓出土的东汉盐场画像砖中的盐工形象。头挽髻，身穿短袍，露出膝和腿，腰束带。而其他一些在成都出土的画像砖，如桑园图、酿酒图、渔猎收获图等也在一定程度上反映了巴蜀底层劳动人民生产劳动时所穿的"短褐"服饰。

舞衣、舞鞋等在四川汉墓画像砖上屡有发现。彭州市汉墓出土的东汉画像砖上有对舞画面，二舞女头梳分髻髻，身穿长袖袍服，婆娑起舞。四川曾家包汉墓出土的画像砖上有清晰的舞鞋图像。画上四名杂技歌舞艺人均穿着无后帮的舞鞋。古人称此鞋为靸鞋。

（4）塑像上的服饰形象

汉代的塑像主要为陶、铜和木质的俑人，另还有人物造型的日用品。除了前面讲到的穿铠甲的成组陶俑，汉代俑人更多的是呈服侍、待命、劳作或乐舞的形象，穿着的多为平民、侍者或舞者服饰。如陕西咸阳汉墓出土的戴帽、穿曲裾袍的彩绘陶男俑。陕西汉长安城遗址出土戴头巾、穿深衣的陶女俑。江苏徐州铜山汉墓和陕西西安红庆村汉墓均出土站立的着三重领深衣的陶女俑。有的陶俑上的饰品细部描绘细致，如广州汉墓出土的陶舞女俑，头梳高髻，髻上插满珠翠花饰，是比较典型的东汉舞女戴花式样。长沙马王堆汉墓出土的木俑分别为彩绘木俑和着衣木俑，前者为木雕彩绘，绕襟深衣上所绘的花纹酷似墓中出土的织绣品。后者则在木上雕出扁长的向后伸出的冠，谓"长冠"，俑身附着真丝绵制作的深衣。著名的河北满城汉墓的长信宫灯，造型为一个优美的跽坐执灯侍女，穿着三重领的深衣，肥大的袖子显得优雅端庄。

中国西南地区的云南等地，出土了很多具有独特服饰风格的汉代铜俑及铜饰品，为研究古代西南少数民族的服饰提供了有价值的图像和实物资料。1955 年至 1960 年，对云南晋宁石寨山滇人墓地先后进行了四次发掘，取得了丰硕的成果。汉代时，云南滇池一带仍处于奴隶社会，这在出土的一件贮贝器上有所反映。贮贝器盖上铸有顶物、抬舆和前行的奴隶铜像，男性在头顶梳髻，女性在脑后梳髻。大多数人穿竖条纹的齐膝上衣，双腿裸露。只有舆夫和少数人穿长袍，腰间束带。另有一人披条纹毯。条纹上衣在今日傈僳族人常穿的蓝细条衣服上尚可觅到踪影，而披毯则可追寻到今日独龙族仍视为传统的独龙毯上。

另外还有一执伞女铜俑，耳垂上戴多圈耳环，左手腕部有钏饰，铜俑取似汉人踞坐的跪姿，衣着对襟，里有圆领，不是汉装式样，而是西南部族的服饰特点。石寨山出土的鎏金乐舞铜扣饰、鎏金获俘扣饰及鎏金双人盘舞铜扣饰、滇人骑士铜扣饰上的人物服饰，都有鲜明的少数民族特色。被俘武士戴兜鍪、穿盆领铠甲，铠面上有方格花纹。而双人盘舞铜扣饰上着紧身短衣长裤，同时腰间佩剑，这样的形象在汉人中极为少见。至于头上缠着包头的骑马滇人，更与今彝族等西南少数民族的缠头样式一致。

四、魏晋南北朝服饰考古发现

魏晋南北朝时期是中国历史上一个十分特殊的时期，在长达 360 年的时间里处于割裂状态，战争频仍、社会动荡、政局错综复杂，经济常处于崩溃的边缘。然而，在文化和艺术上却又是个异彩纷呈的时代，并造就了日后唐代的辉煌盛世。中国历史上第一次的民族大融合和佛教的传入，成为这一文化艺术大发展的主要推动力，而民族的融合正是以北魏孝文帝的服饰改革为标志开始的。因此，这一时期的服饰受外来民族文化（如西域甚至中亚、西亚以及外来宗教——佛教艺术）的影响，一改商周以来单纯的汉式风格，呈现多元化面貌，在样式、面料和工艺上继承汉代基础的同时，又有很大的发展。墓葬与遗址中的服饰实物和其他艺术品、生活用品上的服饰图像，展现了魏晋南北朝服饰的文化融合与技术进步。

（一）墓葬出土的服饰及纺织品

从汉到唐绵延五百年、跨越欧亚大陆的"丝绸之路"上，留下了大量珍贵的服饰实物资料。当地干燥的沙漠气候条件，让许多魏晋时期的考古发现具有时间最早和保存最完整的特点。如 1959 年，新疆于田的屋于来克城出土的北朝时期的蜡缬毛、棉植物，是这类织物中现知较早的实物。新疆巴楚西南脱库孜萨米来古城相当于北朝时期的遗址中，发现了中国最早的缂丝织花毛毯，显示了当时中国西北地区毛织物技艺已达到的水平，为研究中国缂丝工艺的起源提供了重要线索。

在新疆地区的服饰考古中，最具价值的墓葬遗址有两个：一是吐鲁番东南高昌古城北阿斯塔那村附近的遗址和墓葬群；二是民丰尼雅遗址和墓葬群。它们都是从 20 世纪 50 年代就开始陆续发掘的，直到 21 世纪初都有新的发现，遗址时间从东汉到唐代跨度很大。两个遗址的共同之处是出土物丰富多彩，而且也体现了各种文化的交融共生。服饰实物包括从帽到鞋全套的服装及佩饰、配套的随件等。以民丰尼雅一座前凉时期墓葬为例，墓中的男性穿毛质长袍，右衽，腰扎宽彩丝带，内衣为白绢套头衫，下着裤。袍子的领、缘用汉式锦缝缀。女性墓主也穿长袍，右衽，袍内为棉套头长裙，戴风帽，面部及上身覆盖绢质面衣，贴身为黄绢套头长袍。双手戴绀地织锦手套，足穿系结的黑面勾花皮鞋。墓内还出土有带扣、料珠及珊瑚等装饰品，以项饰或头饰形式出现。男女墓主人身上都戴有随件，有装胭脂线团的锦袋和装梳子等杂物的袋。震惊世

图 8 – 16 "五星出东方利中国"锦护膊

人的"五星出东方利中国"锦质护膊就出土于此墓。(见图 8 – 16)

纺织品实物在阿斯塔那遗址中发现最多，也最精美，还有很多中国纺织品的最早发现，如绞缬和蜡缬绢。在织造水平和纹样图案上比汉代时期更加精湛和丰富。出土的纺织物以织造方法分为汉式的平纹经锦、经斜纹绮和西北少数民族特有的斜纹纬锦。以图案纹样来分，大致有祥瑞兽纹和植物纹两类。

总结分析阿斯塔那的纺织品遗物，可发现有两大特点，这也可以视为当时的服饰特色：一是汉代风格的延续，表现为对汉代传统织造工艺和纹样图案的继承和发展。平纹经锦用色更为复杂，提花准确，锦面细密，质地更薄，牢度也大为提高。经斜纹绮的纹饰即较汉绮复杂，质地又更加细薄。如北朝墓中出土的用赭、宝蓝、黄、绿、白五色丝线织出的夔纹锦等，用绛、宝蓝、绿、淡黄、白五色丝线织出的树纹锦，用褐、绿、白、黄、蓝五色丝线织出的方格兽纹锦。另外在南北朝时期的墓葬中也发现了许多具地域特点的四川蜀锦。例如，出土于公元 5 世纪北凉墓葬中的藏青地禽兽纹锦，公元 6 世纪的树纹锦、联珠"胡王"锦和狮象锦等。二是吸收了外来文化，出现并采用了新的纹样和织造工艺。上述方格兽纹锦与高昌章和十一年（541 年）文书同出的化生纹锦、高昌重光元年（620 年）文书同出的天王化生纹锦，皆织

出了狮象形象和佛教艺术中的化生、莲花等中亚、西亚地区常见的花纹，而且连织花技法也改用了中国西北少数民族所惯用的斜纹纬线起花。阿斯塔那出土三类有祥瑞兽纹样的丝织物，瑞兽锦、狮纹锦和兽纹锦。瑞兽锦取材汉代瑞兽纹，属汉式风格，而狮纹锦和兽纹锦则取自中亚和西亚一带的流行纹样，非中原特有纹样。汉式风格的瑞兽锦到公元6世纪时逐渐消失，取而代之的是散装遍地、散点连续或植物图案，其中就有后来盛行唐代的忍冬纹和卷草纹。从这之后，受波斯萨珊风格的影响，瑞兽纹样演变成一种在圆珠内的动物图案。此类花纹织锦最早出土于高昌义和六年（619年）墓葬中，共有11种样式，其中一种是在直径约10厘米的小珠圈内有相对成双的祥瑞鸟兽，如龙马、鹿、鸳鸯等；另一种是在直径22～26厘米的大珠圈内有衔绶的鸾鸟、鹿、骑士等，如联珠"胡王"锦和狮象锦等。这两种纹样对后世的影响极大，如衔绶鸾鸟纹发展至辽金时期已成为一种具时代特点的纹样。

（二）北朝墓葬出土的鲜卑风格饰物

魏晋南北朝时期的饰物，在辽宁北票地区有较为丰富的出土发现，这一带是北朝十六国时期慕容鲜卑族政权的遗迹。从1957年起至1997年，共发现66座墓葬。鲜卑族是魏晋时期我国北方的少数民族，曹魏初年入居辽西大凌河流域。公元四五世纪，先后在朝阳地区建立了前燕、后燕、北燕三个地方政权。

这些墓葬出土的饰物有金牌饰、金步摇冠饰、金钗等，具有十分鲜明的北方民族特色。以金步摇冠饰的造型最为特殊，起源最为复杂。辽宁北票市房身村2号前燕墓出土了一大一小两件金步摇冠，基座都是透雕的金博山，并在上面起十几根枝条，金枝上系金叶，呈花树状。此类步摇冠在后来又有发现，与这里出土的金步摇十分相似。如内蒙古乌拉察布盟达茂旗西河子北朝墓出土过的两套金冠饰，其中一套为马面形，另外一套为牛面形，均镶嵌有各色料石。它们都是从基座上伸出分叉的枝条，看起来像是鹿角，与其底部的动物面形非常协调，枝上也垂系有金叶。

另外，北票西官营子北燕冯素弗墓中也出土过一件与上述略有不同的金冠饰。它是在两条弯成弧形的窄金片的十字相交处，固定扁球形叠加仰钵形的基座，座上伸出六根枝条，每根枝条上以紧环系三片金叶。虽然基座有所不同，但从风格、年代，基本造型来看仍是同一类型的不同衍生形式。

"步摇"是中国传统的一种头饰，在古籍中关于步摇的记载不少，《后汉书·舆服志下》载："皇后谒庙……假髻、步摇、簪珥。步摇以黄金为山题，贯白珠为桂枝相缪……"① 现代学者就此推测"步摇应是金博山状的基座上安装缭绕的桂枝，枝上串有白珠，并饰以鸟雀和花朵。……既然枝上缀有花朵，则还应配有叶子，花或叶子大概能够摇动"。② 从文献记载和学者推测来看，辽宁北票出土的金冠饰确与中原的步摇有相似之处，可能源自中原地区，但中原较早期步摇并无实物出土，因此具体样式还不能确定。不过，汉刘熙的《释名·释首饰》中说的步摇似乎没这么复杂："步摇上有垂珠，步则摇也。"③ 只是垂珠而已。宋玉在《风赋》中也提道："主人之女，垂珠步摇。"而且考古材料也证实了这一点，长沙马王堆西汉墓帛画上女主人就戴着这样垂珠的步摇。再结合南朝梁沈满愿《戏萧娘》的诗："清晨插步摇，向晚解罗衣。"可知步摇应是插在发髻上的钗类首饰，而不像三燕古墓中的冠类头饰。（见图 8-17）

图 8-17　冯素弗墓出土步摇冠

《晋书·慕容廆载纪》对鲜卑慕容族来历的记载，提供了一个不同的探索金冠饰起源的思路。"莫护跋，魏初率其诸部入居辽西，从宣帝伐公孙氏有功，拜率义王，始建国于棘城之北。时燕代多冠步摇冠，莫护跋见而好之，乃敛发袭冠，诸部因呼之为'步摇'。其后音讹，遂为'慕容'焉。"④ 这段描述，透露了两个信息：一是北朝时期的步摇冠饰并非为女性装饰物，很可能是北方民族男性武士或男贵族的帽冠，这与汉文化很大的不同。二是在鲜卑慕容族形成之前，步摇冠饰已经在北方地区流行一时，但

① （南朝宋）范晔编撰：《后汉书》第九册，上海：中华书局 1903 年版，第 11 页。
② 孙机："步摇、步摇冠与摇叶饰片"，《文物》1991 年第 11 期。
③ （汉）刘熙撰：《四部丛书初编经部释名》，上海：商务印书局 1922 年版，第 13 页。
④ （唐）房玄龄等撰：《晋书》，上海：上海集成图书公司 1908 年版，第 131 页。

汉族统治的南朝地区则未有发现。体现在对汉代之前和南朝时期的考古发现上，是既无相似的冠饰也无类似风格的饰物出土。由这些信息可以推测，鲜卑风格金冠饰的起源可能与中原的汉文化无关，它们可能是自生的，是北方少数民族狩猎文化的反映，模仿猎物的角如鹿角；或者其背后有更遥远的历史及文化渊源。比如，可以推测北朝鲜卑风格的金冠饰也许源于西亚文明。金冠饰的造型以树状出现，而同一时代波斯的对树纹正影响着整个中亚、西亚乃至中国的北方地区。但波斯文化也许是表面上但不是实际上的影响者。波斯的对树纹样已被西方的学者考证出是来源于中亚更为古老的斯基泰人艺术。更值得注意的是，中国北朝鲜卑风格的金冠饰在造型和材质上与西亚乌尔王朝墓中出土的树叶形金冠饰的相似性，而斯基泰人与 4000 年前乌尔王朝的同源关系，让人相信这种相似也许并非偶然。当然这些只是假设，还需要更多相关的考古和文献资料来加以证实。

（三）墓葬遗物上的服饰形象

1. 拼镶砖画上士人着装风格

画像砖有各种表现形式，拼镶砖画为其中一种。这种砖画是由模印画像砖组合而成的大幅砖画，在南京一带六朝墓葬中曾多次发现。

1958 年，江苏南京万寿村的东晋永和四年（348 年）墓中出土的拼镶砖画，是较早发现的实物。南京西善桥南朝初年墓中发现了嵌砌有巨幅"竹林七贤和荣启期"图像的拼镶砖画。魏晋南北朝时期，道家的"谈玄"之风盛行，对中国社会的影响至深，反映到衣着上就是士人阶层追求仙风道骨的效果，本已宽松的袍衫至此时更发展成著名的褒衣博带。《宋书·周朗传》中记载："凡一袖之大，足断为两，一裾之长，可分为二。"[①]"竹林七贤"为当时的名士，奉行道家"出世"的人生理念，在穿衣上洒脱出位，不循儒家的传统礼仪。从这幅拼镶砖画上可见，这些魏晋名士穿衣宽松随便到了衣冠不整的地步，荣启期披着头发，嵇康、王戎、刘伶则梳着儿童的丫髻。儒家礼仪中有冠礼之规，即男性成年要束发加冠，不可再披发或梳髻。向秀更是光着一肩，一派自我世界的风范。拼镶砖画上士人的服饰形象很符合鲁迅所说魏晋"尚通脱"的时代风格。

---

① （梁）沈约撰：《宋书》卷八十，上海：五洲同文书局 1903 年版，第 29 页。

2. 画像砖上的南北朝服饰

河南邓州市南朝墓画像砖上的人物造型显示出的服饰风格，也是这一时期美术的典型风格——秀骨清像。其皆小冠，穿大袖衫，下裙曳地，腰带与袖、裾随风飘舞。这种配套服饰即是当时从北到南流行而来的裤褶装的一个变种。因为，裤褶本来自北方游牧民族的衣装，后传至中原以至南方。陆翙《邺中记》载："石虎皇后出，女骑一千为卤簿。冬月皆着紫纶巾，蜀锦裤褶……"① 真正的裤装是上为短袍，下为有裆长裤，主要是为了骑马方便。而传至中原及中原以南后，裤褶装虽仍是上袍下裤的形式，但受汉族传统文化影响，袍和裤都变得肥大起来，袍发展成了衫，下身有的仍穿宽大的长裙。

邓州市画像砖也对当时女性流行的一些发髻如环髻和丫髻有较为详尽的刻画，与古籍中的记载相吻合。

3. 壁画上的各阶层服饰

魏晋时期的墓室壁画在风格和题材基本上是汉代的延续，如宴饮、仪卫出行、生产生活、乐舞百戏、经史人物图像等，但在后期无论是绘画方法和壁画中的服饰样式都有了新变化，画法朴实大胆，既概括又写实，使画面显示出浓郁的生活气息。服饰也呈现出向隋唐风格演进的趋势。嘉峪关和酒泉之间的戈壁滩发现有大量的魏晋时期墓葬，酒泉丁家闸 5 号墓墓室正壁（西壁）的墓主燕居图则较多地保留了汉代传统。如头戴三梁进贤冠身穿红色宽袖长袍的墓主人，周围环绕着头戴黑帻，身着黑色宽袖长袍的侍从等。

山西太原北齐娄睿墓的壁画画法较为细腻，人物身份也较高，衣饰考究。需要重点关注的是，墓室壁画中门吏服饰和出行图中的武士服饰。娄睿墓中的门吏服饰与邓州市画像砖墓墓门上绘的受门装束十分相似，也是头戴进德冠，身穿广袖朱衣，外罩裲裆铠。但前者的绘画水平显然高于后者，对服饰的刻画也清楚细腻。出行图中的武士头戴巾帻，巾尾在脑后随风飘拂，身着圆领或鸡心领袍衫，脚登乌皮靴，腰间佩剑。整体服饰形象接近唐代。

4. 陶俑上的裤褶装和冠帽

魏晋南北朝墓中出土的陶俑，比起汉代具有朴拙细腻的特点。俑人的服饰也就增加了许多细部的表现。

---

① （宋）李昉撰：《太平御览》，上海：上海古籍出版社 2008 年版，第 230 页。

　　1986 年河北省磁县东南部发掘出东魏北齐时期的皇族陵墓及其陪葬墓。至 21 世纪初已发掘墓葬 10 余座，其中著名的有北齐文昭王高润墓、茹茹公主墓和湾漳村 106 号墓。除了墓室壁画，大批的彩绘陶俑是其中引人注目的随葬品。

　　湾漳村墓陶俑中最精彩的是两件大门吏俑，高达 124 厘米，是继秦俑之后体量较高的陶俑。他们头戴黑色巾帻，身穿裤褶，外罩裲裆，拱手于胸前，双手倚扶仪剑剑柄，服饰与姿态均同于此期壁画上的门吏形象。武士俑则头戴兜鍪，兜鍪两侧垂下护叶，身穿盆领明光铠，手扶兽面盾牌。文官俑多头戴巾帻或进德冠，身穿宽袖裤褶装，外罩在肩上系襻的裲裆，裤很长，仅能露出鞋头，其他俑有的戴小冠，有的梳髻裹巾，有的戴漆纱笼冠。后者是一种很高的帽子。东晋顾恺之在他的《洛神赋图》中对此有具体的描绘。这是当时最为流行的冠式，只因受制于陶制材料，陶俑上不能表现出纱笼冠隐约透明的感觉。

第五节　中国隋唐至明代服饰考古发现

一、隋唐服饰考古发现

　　隋唐时期，特别是唐代，政局稳定，疆域广阔，经济发达，中外交流活跃，服饰文化发展达到了一个新的高度。有关唐代遗存中的服饰，既有"丝绸之路"古墓和遗址中的实物，又有长安城皇族墓葬中的服饰图像，加之外来宗教艺术进入唐所形成的中国风格，大唐在中国古代服饰史上留下了辉煌的篇章。

　　（一）"丝绸之路"及西安发现的唐代服饰及织物

　　新疆吐鲁番阿斯塔那—哈拉和卓，保留下一批唐代西州时期（公元 7 世纪中叶至 8 世纪中叶）的服装与织物。由于此时该地区已在唐王朝控制之下，因而在文化上显示出更多受中原汉文化影响的特点。此外，21 世纪初在西安法门寺地宫也发现了众多盛唐时期丝织品。这些盛唐时期墓出土的大量精美的丝、棉、毛、麻、织物保存较好且种类繁多，成为研究隋唐服饰的重要实物资料。新疆除了吐鲁番以外，巴楚以及甘肃敦煌一带也发现了许多有价值的唐代织物。

1. 吐鲁番发现的服饰及织物

吐鲁番墓葬中发现的丝织物，特别是织锦，无论织法还是纹饰，都可以说是极为考究的。这里既有传统的平纹经锦，又有织造较粗的属于平纹经锦的龟甲"王"字纹锦，还有技艺高超且组织细密的联珠禽兽纹类斜纹纬锦，如联珠对马纹锦、联珠天马骑士纹锦、联珠对孔雀纹锦等。

这些联珠鸟兽纹斜纹纬锦是该地区墓葬中最常见的纹锦，发现的数量比同时期其他纹锦的总和还要多，具有典型中外文化交融的隋唐时期风格特点。如隋朝初年墓葬出土的球路对雀"贵"字锦，唐代墓葬出土的大窠马大球路锦、真红地菊花球路锦、球路斗羊纹锦、球路对马纹锦、球路对鸭纹锦等。根据文献记载和考古证据可知，这种纹锦一方面是向西方输出的畅销品，同时其非中原传统的图案纹样，当时在中国内地也十分流行。出土量仅次于上述纹锦的，是在经斜线上织出类似莲花的花朵和四出的忍冬相间的团花锦，它的图案、地色和锦背面纹样清晰度等都和相传的"蜀江锦"近似，是这时期的一种新产品。公元 8 世纪流行的宝相花斜纹纬锦，在这时期的墓葬中有实物发现。如出土于唐神龙三年（707 年）墓葬的真红宝相花纹锦和唐开元三年（715 年）墓葬的海蓝地宝相花纹锦。

大历十三年（778 年）墓葬中出土的一双云头锦鞋的鞋面也是用宝相花平纹经锦织就，属于四重经丝织成的经斜纹提花织物。图案的基本样式为多色丝线在锦面上织簇八中心放射状图案花纹，被认为是放射式雪花的变形。唐《大历禁令》提到的"瑞锦"，应当是指此种锦。瑞锦纹样的含义，应是取"瑞雪兆丰年""雪花献瑞"之言。宝相花纹可能与魏晋以来盛行的金银珠宝镶嵌的细金工艺有关。在金银细器上，常见一些珠宝镶嵌的花朵，在中心花蕊及花蕊和花瓣交接的地方嵌以珍珠或宝石。在图案纹样上则利用佛教艺术的退晕设色方法，以放射对称的格式，把盛开、半开、含苞的花与花叶等组成富丽堂皇的团花，人们一般称其为"宝相花"。这是唐代工艺装饰中极为流行的装饰纹样，在铜镜装饰中尤为常见。

云头锦鞋鞋里用属于"经二重织物"的晕涧花鸟纹锦，这是目前所知唐代最绚丽的一种晕涧锦。鞋尖用的是由八色丝线织成花鸟石树的斜纹纬锦，整幅锦面构图繁复，形象生动，配色华丽，组织也极为致密。一双鞋即采用了三种最精美的织锦、三种最杰出的织造工艺，反映了公元 8 世纪时中国丝织工人在染丝、配色和牵经等方面高超的设计能力和艺术水平。（见图 8 - 18）

图 8 - 18　唐变体宝相花纹云头锦

2. 莫高窟、法门寺发现的服饰及织物

发现于 19 世纪的敦煌莫高窟除了大量石像，也有很多丝织品展露于世人面前。在 1965 年清理发掘出织物 60 余件，其中有一顶帷帽，虽残破严重，但在服饰考古中却是非常珍贵的资料。这种帽子在莫高窟初、盛唐壁画中可以看到很多例子，可能就是吐谷浑服饰中的"长裙缯帽"。

总体来看，在敦煌莫高窟发现的丝织物以绢和彩绢为最多，其次为纹绮，纱和锦最少。主要用途为佛教发愿用的幡。莫高窟纹绮的纹样可分为两类：一类是柿蒂纹、菱形纹、方点纹等散点纹样；另一类是连续的人字纹、菱形纹、回纹、龟背纹、宝相花纹等。其中人字纹绮是过去所未见的。纹样精美的染缬绢在莫高窟中也有实物发现，如绛地灵芝花鸟蜡缬绢，绿地团花蜡缬绢，夹缬绢、拓印联珠纹绢等。另有一件烟色地印花缥裙，织物表面有清晰完整的花版印痕，显然采用的是夹缬染法。染缬方法有蜡缬、绞缬、夹缬、拓印四种。蜡缬和夹缬在唐代丝织物中的广泛运用，为染缬技术的发展开辟了新的天地。

需要说明的是，中国古代高级丝织品除了皇室贵族享用，还常被赐给寺庙用以包裹经书、发愿宣传以及礼佛的供奉品。如法门寺地宫中出土的有武则天敬献的蹙金裙等。因此，佛教遗址中发现的丝织品往往能代表当时最高的工艺水平，也

图 8 - 19　法门寺出土唐代蹙金绣半臂

是研究古代服饰的一个重要参考。（见图 8 – 19）

（二）墓葬遗物上的服饰图像

唐代墓葬中出土的壁画、绢画以及陶俑很多，包括帝王、贵族、官吏、武士、仕女或侍女、舞女等形象，为我们勾勒出唐代绚丽多彩的服饰风貌。

1. 壁画、石刻、绢画上的人物服饰与面妆

墓室壁画发展到唐代，风格为之一变，神仙题材完全为世俗题材所取代，服饰上的中西交流痕迹也十分明显。唐代墓室壁画发现于全国已发掘的 29 座壁画墓中。这些壁画墓主要分布在陕西的西安、咸阳和山西的中南地区及新疆的吐鲁番地区，以陕西咸阳地区最为集中。唐代墓室壁画中皇室、官吏的服饰礼仪制度成为表现的主要内容。这说明，中国服饰制度至唐代才真正以绘画形式渲染。唐代的皇家墓葬，如唐代早期淮安王李寿墓、章怀太子李贤墓和懿德太子李重润墓等皆以大量精美壁画装饰，题材涉及唐代皇家的行猎、仪仗、礼宾、游乐等活动。由壁画中可见，唐代各级官员服饰的典型形制是沿自隋代旧制的圆领窄袖衫，着靴，束腰带。文官头戴幞头和巾，武官则戴红或白色的抹额，腰佩弓箭及箭囊。唐代的皇家墓室壁画除了展现唐代皇家仪仗制度外，还通过描绘唐代普通官员和武士井然有序、整齐划一的着装形象，来尽显唐代等级森严的服饰制度。章怀太子李贤墓中的《礼宾图》也完整精细地画出了唐代朝服、公服的式样，与唐代《舆服志》中记载完全相符。另外，唐代的墓室壁画对当时妇女服饰的典型式样也做了如实记录，唐代初期永泰公主李仙蕙墓室壁画中的《步行仪仗图》，画侍女环髻高耸或为螺髻，或为盘恒髻，或为惊鹄髻，或为半翻髻，肩披帛巾，上身穿罗襦，下穿绛裙。陕西章怀太子墓壁画、唐阿史那贞墓壁画、唐李爽墓壁画等，绘有大

图 8 – 20　永泰公主墓室壁画

量穿半臂的侍女画像。还有就是对西域"胡服"的描绘，在陕西永泰公主墓、

新疆阿斯塔那唐墓、西安唐韦顼墓等处的石刻、壁画、绢画上也有描绘得很精致的胡服女子画像。其中阿斯塔那唐墓绢画上胡服女子的前额上还涂有当时流行的鹅黄妆和斜红妆。斜红的化妆方式也出现在西安郭杜镇唐执失奉节墓壁画中的舞女脸上。（见图8－20）

2. 陶俑上的戎装与女服

隋唐墓葬出土的陶俑，一般衣着华丽，尽显当时富丽堂皇的服饰样貌。隋代陶俑上的服饰以显露出向初唐过渡的特点。1957年发掘的隋李静训墓中，随葬的甲胄武士镇墓俑，身披明光铠，手按兽面盾牌，胸前开始出现盛行唐代的纵束甲襻。女俑服饰造型呈现出广袖长裙，且将条纹长裙高束于胸的新的穿着方式。

唐墓出土的俑人大多服饰华美，璎珞满身。1973年陕西唐初李寿墓出土的俑群，有贴金的甲骑具装俑、骑马鼓吹俑、女骑马俑及仆侍仪仗俑等。女俑多为长袖短襦，长裙及地，裙腰束至胸际。长乐公主墓中出土的女俑衣饰体态都与李寿墓女俑相同。镇墓俑依然是身着甲胄，左手按长盾的武士形象，胸前有纵束的甲襻。但在懿德太子墓中，甲骑具装俑已不是实战军队，而是皇家仪仗队列。其华丽的衣着、绢甲细花、马面帘贴金等，处处显示出富丽堂皇的皇家气派。文官镇墓俑盛装，头戴巾帻，身穿圆领袍衫；武官镇墓俑威严，头戴冠，身着明光铠并有绣花甲裳。

唐俑中有相当一部分是三彩俑，即唐三彩。一些唐三彩俑的服饰反映了当时中外文化交流的状况。西安公元8世纪唐右领军卫大将军鲜于庭诲墓出土了一件三彩骆驼载乐俑，骆驼上共乘五人，三个为胡人，两个为汉人，都着汉装，但手里都拿着来自西域的乐器。（见图8－21）

墓葬中的壁画、石刻、绢画及陶俑等，使人们对古籍中关于服饰的记载有

图8－21　唐三彩骆驼载乐俑

了感性的认识。早在 20 世纪 80 年代初，就有学者对此加以总结，认为出土遗物证实了古籍对唐女服饰的记载。例如，唐代女装的基本构成是裙、衫、帔，并常加半臂。半臂是短袖的上衣，因此又名半袖，最早出现于三国时期。《宋书·五行志》载："魏明帝着绣帽，披缥纨半袖，尝以见直臣杨。谏曰：'此礼何法服邪？'"① 至隋代，半臂已逐渐流行。到了唐代，男女皆穿，但以妇女穿半臂的居多。《新唐书·车服志》载："半袖、裙、襦者，女史常供奉之服也。"② 永泰公主墓壁画中所绘的侍女，其身份当与女史相近，正是在衫襦之外又加半臂。

唐代女性的着装自由程度是中国封建社会其他朝代所无法比拟的。除了穿汉式襦裙，还常穿胡服与男装。如阿斯塔那墓绢画上穿翻领胡服的唐代女子和彩绘女骑马俑上似西方宽檐礼帽式的帷帽，周围还垂着齐肩的纱网状帽裙。在初唐时，唐代妇女就已喜穿男装，如高宗时的太平公主。而服务于内廷的女官也多穿男装，称裹头内人。裹头，即男子戴的幞头。永泰公主墓前室壁画就绘有裹幞头的着男装女子。另外三彩陶俑中也有骑马女子裹幞头者，身份应与裹头内人相当。

（三）佛教遗址中的服饰图像

宗教艺术中的服饰风格，往往体现出一种"入乡随俗"的特点。佛教在东汉末年传入中国，南北朝时期的佛教人物形象，还带有浓郁的佛教原发地南亚及中亚的服饰特点。但是到了唐代，佛教人物已基本上演化为中国人的形象了。具体表现为佛的服饰开始倾向于汉式的褒衣博带，其中龙门石窟的卢舍那佛表现得最为明显。

相对于佛的简朴着装形象，菩萨的着装样式上多少保留着外来的影响，但整体风格显得世俗化，极尽奢华，很有大唐的富贵气象。敦煌莫高窟 194 窟西龛内南侧盛唐时期的一尊菩萨像服饰极为精美。身着色彩绚丽、花团锦簇的大袒领抹袖衫，腰束带，长裙垂地。裙裾层层叠叠，较短处露出赤足。柔软绮丽的披帛垂于身前。衣服面料上的团花和卷草纹饱满生动，洋溢着生命的活力。显示了唐代人对色彩的独特选择视角，以及盛唐纺织面料的织造水平。

① （梁）沈约撰：《宋书》卷三十，上海：上海集成图书公司 1908 年版，第 8 页。
② （宋）欧阳修，宋祁等撰：《新唐书》册三，上海：中华书局 1922 年版，第 190 页。

佛教中的天王是佛的护法神，来源于印度一些地方保护神，穿着上是非常典型的印度服饰。但传入中国后，天王形象也被逐步汉化，由印度佛教中的三个改成符合中国习惯的四个，而他们护法的身份作用又同中国传统的镇墓武士俑有相似性，所以便被改造成穿铠甲的中国武士形象。唐代石窟、寺庙等佛教遗址中的天王形象，几乎是以唐代武将为创作蓝本的。如山西五台山南禅寺大殿内的泥塑彩绘天王，身高 280 厘米，带有中唐的雕塑风格，注重细节表现，鱼鳞甲塑造的得非常认真，成为研究唐代戎装的重要资料。西安大雁塔石刻及敦煌莫高窟彩塑中的天王所穿盔甲都是唐代有代表性的戎装，如戴兜鍪、穿铠甲，着披膊，佩臂钏，腰下左右垂甲裳，胫间置吊腿，脚登革靴。甲裳上花纹繁密，衬托着铠甲肩头立体的猛兽头形"吞口"，再加上铠甲上的"明光""圆护"，显得极为威猛。

佛教遗址中大量的供养人图像是中国佛教艺术的特色之一。敦煌莫高窟及甘肃安西榆林窟佛教壁画及雕塑上的供养人形象，大多颜色丰富艳丽，刻画手法细腻，特别是女子面妆更是弥足珍贵的资料。男子戴幞头，着圆领袍服或花衫、短裙、长裤、浅鞋，佩鱼袋；女子头梳高髻，髻上遍插饰件，身穿花锦绫裙，妆饰已将面庞敷尽描满，盛唐遗韵犹存。这或许就是后蜀欧阳炯词所说的"满面纵横花靥"，为研究古代服饰提供了色彩和细节上的资料。

二、宋明服饰考古发现

将宋明放在一部分，主要是因为这两个朝代同为汉族政权，因而在服饰制度乃至整体文化上有着很多的一致性。宋代服饰虽然具有鲜明的时代风格，与唐服有诸多差异，但不可否认宋与唐存在传承关系。而明代从开国伊始，即严禁胡语、胡姓及胡服，极力恢复唐宋旧制。所以，从服饰发展的脉络来看，宋代服饰是中国服制蓝本，明代服饰更是汉族服饰文化的集大成者。宋明两代完整地保留了汉族服饰的特点。

（一）墓葬出土的服饰品

1. 宋墓出土的民服与官服

宋代墓葬中出土的服装和纺织品实物很多，这主要得益于发现的宋墓封闭较好，如 1975 年福州南宋黄昇墓出土了完整服装 201 件，整匹丝织品及零料 153 件，梳妆用品 48 件，保留下大量完整的衣物。宋代墓葬中出土的纺织品除了丝织品也有很多棉麻织物，衣物种类有袍、袄、衫、裙、鞋、帽及各种随件等，面料有绫、罗、绢、纱、绉、绸、花绫、麻、丝绵、棉及缎等。其中，黄昇墓出土的缎织品，是南宋的新品种，之前没有发现缎织品，是研究宋代妇女服饰的珍贵资料。

墓中发现的广袖袍、窄袖袍、夹衲衣、丝绵衣以及背心等上衣，除背心无袖外，款式上皆是长袖直领对襟开衩，加缝衣领，衣长过膝，襟上无纽襻或系带。这种款式当是南宋男女皆穿的基本服装样式之一——背子。在1975年江苏南宋周瑀墓中出土有对襟大阔袖，宽身开胯，身长过膝，前襟有一对系带，两腋下各垂一带。这种直领衫又称合领衫，也就是南宋士人常穿的长背子。背子来源一说为由唐代女装的半臂演化而来。宋高承《事物纪原·衣裘带服部·背子》记载："《实录》又曰：'隋大业中，内官多服半臂，除却长袖也'。唐高祖减其袖，谓之半臂。今背子也。"① 另一说，是起自北宋兴于南宋。《文献通考》一百十三卷《王礼考·君臣冠冕服章》云："长背子古无之，或云近出宣政间。"② 宣政间即北宋徽宗时期的政和与宣和年间。除直领衫，墓中还发现有交领单衫和圆领衫。圆领衫后襟自腰部以下施一夹层，可以使衣服穿起来挺括周正。这就是《宋史·舆服志·诸臣服下》所说的襕衫，"圆领大袖，下施横襕为裳"③。

宋代佩饰出土不是很多，制作工艺上秉承了唐代的精工细作，风格沿自唐代的富丽，一些唐代特色的纹样，如卷草纹、狮子纹等仍是主要的表现题材。如江西北宋易氏墓出土的半月形卷草狮子纹浮雕花银梳，浙江永嘉北宋遗址出土的一枚镂空卷草纹地金簪等。随着时代的发展，宋代佩饰逐渐摆脱了唐代的华丽装饰，通过大量使用浮雕、高浮雕、镂雕的工艺技法，以写实的手法刻画鸟纹、菊花纹和婴戏纹等，取代了唐代具装饰感的卷草纹和兽纹，从而使佩饰风格呈现宋代特有的雅致写实。例如，南京幕府北宋墓出土了一件胆形金坠，坠身镂雕繁美的穿花纹。陕西扶风宋代窖藏中的一副革带银质大銙，上由九块方形浮雕婴戏纹银銙组成。

① （宋）高承撰：《事物纪原》，上海：中华书局1989年版，第320页。
② （元）马端临撰：《文献通考》，上海：上海集成图书局1901年版，第70页。
③ （元）脱脱等撰：《宋史》卷一百四十九，上海：五洲同文局1903年版，第200页。

2. 明墓出土的皇族及平民服饰

1956 年至 1958 年，北京文物调查组与中国科学院考古研究所发掘了明定陵。明定陵是明代万历皇帝及两位皇后的陵寝。定陵中出土了大量的服饰品，成为迄今为止中国发现的最完整、最详细的皇家服饰实物，使我们对明代皇家服饰的样式和服制有了直观和清楚的了解。

在这批皇家服饰中，最为珍贵的是万历皇帝的金冠与皇后凤冠。万历皇帝的金翼善冠通高 24 厘米，全部用细金丝编成，并堆出二龙戏珠的立体图案，重量为 826 克，整体呈现乌纱帽的效果，表现了明代高超的掐金、焊接工艺。而孝靖皇后的凤冠，使文献记载中的凤冠形象得以真实地再现。冠的顶部有九条金龙，每条金龙的口中衔有珍珠。下面为点翠八凤，另有一凤在最后，当取九鼎之意，象征着九州之最高

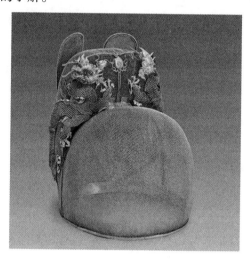

图 8 - 22　明定陵出土金翼善冠

统治者的夫人。冠后底部左右悬挂着翠扇式翘叶，点翠地，嵌金龙，冠通体镶嵌有各色珠宝花饰，集中体现了明代服饰制作中镶嵌金银细工工艺的高超水平。（见图 8 - 22）

墓中还出土了万历皇帝的衮服。衮服即绣着十二章纹的袍服，自周代以来即为帝王所穿着的礼服，主要用于祭天地、宗庙及正旦、圣节等大典。定陵的这件衮服是唯一的一件完整的古代衮服实物。

除定陵出土的帝后服装外，上海潘允徵墓出土的乌纱帽，是保留较为确切的官员冠帽。江苏扬州西郊明墓中出土的儒巾、高筒毡靴等，则可以显示出明代生员"皂绦软巾垂带"[1] 的典型装束。另外，江苏泰州东郊明张盘龙墓出土一件抹胸，是完全靠纽带系结的式样。一件腰下有折裥的女裙，据说最早在裙上设计出折裥的是汉成帝宫中的嫔妃。东汉以后，裙上施裥已成通

---

① （清）张廷玉等撰：《明史》卷六十七，乾隆四年武英殿刻本 1739 年刻本，第 65 页。

例，并以细裥为美。隋唐以后，裙幅增加，于是又出现了百褶裙的样式。据《扬州画舫录》卷九《小秦淮录》载，明末清初的妇女裙式，曾一度"以缎裁剪作条，每条绣花两畔，镶以金线，碎迳成裙，谓之凤尾。今则以整条缎折以细缝，谓之百褶"。①

定陵出土的佩饰也是相当丰富，式样讲究，多镶嵌贵重金属宝玉石。有代表性的是孝靖皇后的玉兔捣药金耳坠。玉兔立于宝石镶嵌的黄金彩云之上，手持玉杵捣药，形象写实生动，制作精巧。明代佩饰品以写实性为主并兼有向装饰性发展的倾向，造型简单大方又利落干净，纹样自然生动，刻画精细但绝不繁缛，制作工艺复杂精湛，种类繁多。例如，北京西郊董四墓村和江西南城、兰州西郊上西圆等地出土的明代累丝金凤钗，凤作举首振翅翘尾姿势，活灵活现。江西明益庄王子朱厚烨墓出土累丝仙人楼阁金钗九种，其上楼台层叠，飞檐升空，小桥画栏，弯曲幽径，仙人悠游其中，周围环绕奇花异草。明代服饰风格的一大特色是使用有寓意的纹样图案，中国传统的吉祥纹样在这一时期形成，如定陵出土的白玉嵌"寿"字宝石或"万"字镶宝石金簪等都是有代表性的作品。

（二）墓葬中的服饰图像

宋代白沙墓葬保留下较为完整的壁画，是迄今为止考古发现的结构最完整、壁画内容最丰富的仿木建筑雕砖壁画墓，为现今宋代平民服饰形象的研究提供了珍贵的形象资料。白沙宋墓壁画同其他的出土发现如河南偃师北宋画像砖，和北宋巨鹿城址出土的木板画一样，以女性形象为多。女性服装的款式变化不大，基本上都是穿着背子，但对宋代妇女的发型和头饰描绘却很多也很有特色，这也说明宋代服饰的特点，发型复杂多样但服装上却简单素雅。壁画上人物描绘有花冠、高冠和各式的发髻等，伎乐人物中则有不少戴着男用幞头。由于是彩色壁画，因而能看出衣服的丰富色彩。仅在颜色效果保存较好的壁画上，我们就能看到紫红、深红、土红、赭石、浅赭、湖蓝、深蓝和白色等单色衣服。另外，也有托盘侍女穿着小团花上衣。虽然以素色为多，但领缘却多有变化，以不同颜色的搭配造成反差或显出层次感，减少素色带来的单调呆板，如紫红衣上浅红领缘，白衣上的蓝色领缘，土红色上

---

① （清）李斗撰：《扬州画舫录》，济南：山东友谊出版社 2001 年版，第 231 页。

衣的蓝色领缘等。这种领缘在宋孟元老《东京梦华录》中称为"领抹"，当时市场上有成品售卖。墓室壁画在明代开始走向衰落，基本上没有什么有价值的发现。（见图 8－23）

图 8－23　宋代白沙墓室壁画

宋代开始，中国的丧葬习俗发生变化，特别是焚烧明器习俗的兴起，墓中随葬俑骤然减少。宋代俑以石俑为多，明代俑也有列队形式，显示墓主人的身份地位。如蜀王朱悦墓中的釉陶俑和山东鲁荒王朱檀墓中的木俑。除王陵外，明代上海大族潘允徵墓也出土有木俑。明代仪仗俑服饰形象比较单一，基本上是衙役装。

明代地面建筑遗址石窟、壁画上的佛教服饰已出现明显的程式化倾向，基本以宋代服装为主，天王服饰固定为唐宋戎装，不再随时代而变化。

三、辽、金、西夏、元服饰考古发现

虽然辽、金、西夏、元是中国历史上的少数民族政权，但在服饰制度上还是一部分以华夏古制为正统，一部分沿用本民族礼仪规程。例如，在国家祭祀大礼上的着装，就以周代服制中的礼服为依据，甚至非常严格地执行周代服制，因为这些民族都认为自己是华夏子孙。在日常生活中，一般仍保留本民族服饰习俗的同时，也大量吸收汉民族的服饰特点。元代时，服饰的礼仪制度则比较混乱，包括制度的制定和执行情况。

因契丹、女真等民族崇尚火葬，所以留下的墓葬不多，保留较好的则更少。而且有关这几个朝代状况的史书所述甚简，且多有纰漏。所幸有几座墓的出土遗物，以及敦煌莫高窟等处壁画中的人物形象，为今日的服饰研究提供了珍贵的实物资料，也起到了证经补史的作用。

（一）墓葬出土的服饰品

1. 辽墓出土的皇族服饰与丝织品

1986 年在内蒙古发现的辽代陈国公主与驸马合葬墓中出土的服饰实物，是辽代服饰考古的一项重要发现。这座墓的墓主身份和下葬时间都非常明确，随葬物品亦极为丰富，而且保存完好，多为罕见的珍品。整个墓中的随葬品多为金银、玉石、玛瑙、琥珀、珍珠、水晶等贵重材料制成，共用黄金 1700克，白银 1 万余克。随葬有两套完整的规格很高的服饰。这些对于了解、研究契丹贵族服饰及葬俗有着十分重要的意义。

陈国公主（1001—1018 年），辽景宗皇帝孙女、祖母是人所共知的萧太后。公主死时年仅 18 岁。驸马都尉萧绍矩，辽仁德皇后之兄，为泰宁军节度使、检校太师，死时年仅 35 岁。

墓葬中，公主和驸马头部上方各置一鎏金银冠和一高翅鎏金银冠。两冠形制不同，但皆精工镂雕，其精致程度在辽代冠中极为少见。两冠系用银丝将大小不同的镂雕錾花的鎏金银片连缀而成。20 世纪 50 年代以来，各地辽墓中也曾出土一些冠，如库伦旗 5 号墓出土的鎏金铜凤冠，建平张家营子辽墓出土的二龙戏珠鎏金银冠，朝阳前窗户村辽墓出土的银冠等，但与此墓所出之冠皆不同类。驸马冠之后檐形状与莲瓣相似，但比实际莲瓣要大。这

图 8 - 24　辽代高翅鎏金银冠

种冠在《辽史》《契丹国志》中均无记载。但宋孟元老《东京梦华录》中提道：“正旦大朝会，大辽大使顶金冠，后檐尖长如莲叶。”① 可见此种冠式极有可能是辽大使“金冠”。（见图 8 - 24）

公主、驸马皆戴有金面具，身着银丝网络的衣服。契丹贵族为求保护死

---

① （宋）孟元老撰：《东京梦华录》，上海：商务印书馆 1936 年版，第 98 页。

者的面容、尸身不致腐坏，有使用面具、网络等物的习俗。公主夫妇脚部网络外还各套金花银靴。靴用薄银片锤成，分作靴、靴底两部分。靴式与辽墓壁画中契丹人的靴基本相同，但银制的靴子当是一种丧葬服饰。

陈国公主戴有金耳坠、金戒指、臂钏和珍珠项链等佩饰，最有特色的佩饰是公主、驸马均戴琥珀璎珞。项链与璎珞都是颈部的装饰，契丹贵族佩戴璎珞的习俗应是受到外来文化的影响。璎珞传入契丹时间当在辽建国以后。五代时，耶律德光遣史向唐明宗"为父求碑石，明宗许之，赐予甚厚，并赐其母璎珞锦彩"。① 另外，公主和驸马双手各握一龙凤琥珀圆雕饰件，用金链挽于手背。这与法库叶茂台辽墓墓主手握水晶珠的葬俗相同，明显受到汉族葬俗的影响。

自太宗会同元年（938 年）以后，契丹受汉族文化的影响逐渐加深，原来简朴的葬俗渐为豪华奢靡的厚葬之风所取代。这在契丹贵族墓葬中表现较为普遍，陈国公主、驸马合葬墓内丰富的随葬品即为明证。

关于丝织品，陈国公主夫妇墓中也出土了包括织、绣、描等工艺的丝绸，但真正有价值的考古发现还是得益于 1992 年在内蒙古发现的耶律羽墓。墓中发现了大量的丝织品，品种齐全，图案精美。尤以团窠和团花图案的丝织物数量为多。有团窠卷草对凤织金锦、绢地球路纹大窠卷草双雁绣、黑罗地大窠卷草双雁蹙金绣、罗地凤鹿绣、描墨团莲花纹绮、绫地描金团窠仕女、卷云四雁宝花绫、簇六宝花花绫等，辽代丝织品上对团窠和团花图案的大量使用甚至超过了宋代。很显然，辽代建国后对唐代的文化艺术多有模仿和继承，在诸如纹样等方面其与唐代的传承关系比宋代更为直接、明显。不过，辽代丝织品上的主题纹样，表现内容也融入了本民族的喜好，有了新的变化。唐代团窠或团花的主题纹样多以鸾凤、孔雀和衔绶鸟为主，而到了辽代则更多用凤凰和大雁。特别是造型简洁写实的大雁纹样，在辽代丝绸图案中所占比例很大，几乎凡有丝绸出土的墓葬中都能发现。环形卷草比唐代卷草团窠环更加自由生动，气势更大。此外，团窠环与窠内纹样的界限也模糊不清，这可能是受到唐代晚期丝绸花鸟图案中穿花式样的影响。

除传统的团窠排列形式，辽代丝织品上的团窠和团花图案也特别多地采

---

① （宋）薛居正撰：《旧五代史》，上海：五洲同文局 1903 年版，第 12 页。

用主题纹样直接两点错排的排列方法。包括有素地上主题纹样两点错排，如素地卷草对凤织锦；在满地球纹上布置两点错排的主题纹样，如绢地球纹大窠卷草双雁，及墓室室门彩绘的球纹团窠双凤，这种形式应是后世"锦地开光"图案的源头；在含主题纹样的间隔中布置写生式的宾花，如簇六宝花花绫。这种形式的图案多见于宋元时期的丝绸品，目前在辽代耶律羽墓中是最早的发现。

2. 金、西夏墓出土的男女服饰

1988 年，黑龙江阿城金代齐国王完颜晏夫妻合葬墓出土了多件男女服饰，在当时金人尚火葬习俗的情况下，这些出土发现成为一批罕见的实物资料。服饰的面料种类有绢、绸、罗、锦、绫、纱等，图案主要为夔龙、鸾凤、飞鸟、云鹤、如意云、团花、忍冬、梅花、菊花等，服饰种类有袍、衫、裙、裤、腰带、头巾、冠帽、鞋、袜等。其缝制针法灵巧多变，颜色富丽多彩。除服装外，还有玉天鹅、金项链、金锭、金耳环、金鞘玉柄刀、竹杖等。这些服饰品和服饰随件被考古界称为孤品，填补了中国金代服饰实物的空白。

关于西夏的衣服面料实物，1975 年宁夏银川西郊西夏陵区 108 号陪葬墓中曾出土一些丝织品残片，其中有正反两面均以经线起花、经密纬疏的闪色织锦，有纬线显花空心工字形几何花纹的工字绫，还有新品种异向绫。异向绫摆脱一般绫织物单向左斜或右斜的规则，而为左斜和右斜对称地结合起来，巧妙地织成隐约的S形斜纹。工字绫是在斜纹的组织上起空心工字形的几何图案花纹。这座墓中的工字绫表面还残留有敷彩和印金粉的痕迹，可以设想当年曾在花纹上印制金粉图案，因而更有一番斑斓绚丽的效果。茂花闪色锦是将不须染段用物包扎，用线绕紧，再浸到染液里染色。两端染液渗透比较慢，形成由浅到深逐渐显色的自然花纹。虽工效很低，但由于色调层次丰富，极具装饰效果，当时产量可观。

3. 元代窖藏和墓葬中出土的服饰及织物

1976 年在元代集宁路故城，今内蒙古集宁东南一带发现一处窖藏，内有服饰及残损丝织品等。这批服饰及丝织品中很多是加金织物，主要采用印金、拍金及销金等工艺。印金织物均为提花绫和纱罗组织，而且都是先在织物上印就金花，而后裁剪缝纫的，如出土的印金夹衫、印金绢残带、印金素罗残片等。

在织物上加金始自唐代，到辽、金、元时期已成为当时服饰的一大特色。赤峰应历九年（959 年）辽代驸马赠卫国王墓及法库叶茂台辽墓都发现有金锦。此风也影响了宋代服饰，《续资治通鉴长编》中就有记：宋代有禁金服饰之令，但织造和穿着者仍然不少。金代帝后服饰已有间金、销金和缕金等多种工艺。到元代加金织物更多采用金线与丝线合编，就是《元典章》所称的金缎匹。到后来更发展成一种名贵的织金锦——纳石失，叶子奇《草木子》称："衣服贵者浑金线为纳石失。"[1] 所谓浑金线，也就是说，全部用金线织成，故又可称金锦为浑金缎。由它所制的衣服即史书所说的金质孙（汉语为一色服）、金锦纹衣、金织文袍、织金服和金绮衣等。集宁窖藏的一件为命妇用的金花提花绫长袍，使用拍金工艺在衣服上装饰块状金花。这种整匹有块状金花的织物，史籍上称为金答子。

另有一件保存完整的绣花夹衫，其刺绣手法，似现在的苏州刺绣针法，以平针为主，并采用打籽针、稀切针、辫针、抢针、鱼鳞针等。夹衫上刺绣的花纹图案多达 99 个，花型大小不同，内容丰富，制作工艺水平高超，是元代服饰的精品。

在新疆天山发掘的一座元代墓葬中，发现了一件黄色油绢织金锦边袄子。袄子即元代的特色服饰辫线袄子，是中国古代东北、西北少数民族的传统服式。河南焦作金墓中曾出土着辫线袄子、戴瓦楞帽的陶俑。这一配套服饰到元代时已成为普遍的穿着。

就佩饰品的出土情况来看，这一时期也是收获颇丰。例如，辽宁张家营子出土的辽代凤形金耳环、辽宁法库叶茂台辽墓出土的錾花金手镯、辽宁朝阳辽墓出土的鎏金银质浮雕婴戏图金带、黑龙江金墓中的花叶形金耳环、江苏无锡元墓中的银叶镶琥珀耳坠、江苏苏州元墓出土的龙首金手镯等。流行于唐代的口衔绶带的鸟纹到这一时期成为佩饰上的主要题材。如陕西临潼金代窖藏出土的金步摇钗，顶端用锤撲和掐丝法制成一只口衔绶带的飞凤。北京丰台金墓的海棠绶带鸟透雕玉佩，黑龙江哈尔滨金墓出土的透雕绶带鸟穿花纹玉佩。黑龙江阿城金墓出土金带一副，全部带饰（銙）均以金片模压而成，分圆形、长方形、半月形，上有宝相花纹。在圆形銙下饰有扁环，是鞢

---

[1]　（明）叶子奇撰：《草木子》，北京：中华书局1959 年版，第 61 页。

带向金銙带过渡的形式。

（二）遗迹及遗物上的服饰图像

辽墓壁画的数量虽然不及汉唐墓壁画多，但几处墓葬壁画由于保存得完好，倒也愈显珍贵。1994 年文物工作者对内蒙古宝山辽代壁画墓进行抢救性的发掘，发现了重要的壁画遗迹。壁画内容主要为诵经、寄锦等。壁画上的女性服饰形象酷似唐代晚期发式衣着，当然也有发展变化。如发式较高，遍插饰件。这种头饰曾出现在敦煌莫高窟、榆林窟五代壁画上。宝山墓壁画虽人物众多，但服饰大致相同，主要为窄袖或宽袖衫，交领，领有缘边。下装为长裙，裙腰比唐代时低，又比五代时略高。宝山墓的时间为辽太祖天赞二年（923 年），是目前有纪年的辽墓中最早的契丹贵族墓葬。多少反映了辽代建国之初，服饰正处于对晚唐服饰模仿的阶段，因此宝山壁画墓中的服饰图像并不是辽代的典型服饰形象。（见图 8 - 25）

图 8 - 25　内蒙古赤峰宝山辽墓壁画

相比之下，河北宣化辽代墓葬群中的壁画则较为清晰地记录下许多契丹服饰。墓中壁画以展现现实生活为主，内容丰富，有出行、散乐、备经、备茶、宴饮、听唱等。人物的衣着既有汉装也有契丹装。如男子都穿圆领长袍、头上裹巾帻或戴高脚、软脚、花脚幞头。女子所穿中单和长袍都是少数民族特色的直领左衽，头戴高装巾子。其中最与众不同的是契丹人的髡发习俗。髡发、直领左衽等服式特点在宝山墓之前的辽代皇家墓葬群——辽庆陵内已有发现。辽圣宗的陵寝内绘有一大群穿着不同服饰的文臣、武将、侍从和伎乐。人物的衣饰也是有汉服有契丹服。着契丹服的皆髡发，方式是剃光颅顶而保留周围的头发。随着契丹考古的深入，发现髡发是契丹人必需的习俗，但是发式还是有很多变化的。如内蒙古察哈尔豪欠营辽墓中的女尸是前额边沿部分剃去，其余头发保留。

女真人的服饰形象在河南焦作金墓壁画上也有发现。如外穿大袄子（亦可称长袍），里面上为左衽衫，衫下穿底摆宽大的多褶裙。黄能馥认为这种裙有可能是《大金国志》中所讲的"用铁条为圈，裹以锦帛，上以单裙袭之"①的褶裙。党项人的服饰，在甘肃莫高窟壁画、安西榆林窟壁画及木板画等中的人物形象上保留了不少。以莫高窟西夏王及王妃供养像为例。西夏王高167厘米，头戴白毡帽弁，穿皂地圆领窄袖团龙纹袍，腰束白革带，上系鞢七事，脚登白毡靴，手持香炉。王妃鬟发蓬松，头戴桃形金凤冠，四面插花钗，耳戴珠宝大耳环，身穿宽松式弧线边大翻领对襟窄袖有祛曳地连衣红裙，手执供养花。这种衣裙与回鹘女装几乎完全相同。表明西夏与回鹘在军事、经济、宗教、文化方面关系密切。安西榆林窟元代壁画中也有戴顾姑冠、冠后有披幅、穿交领左衽袍行香的元代贵族妇女形象。山西沁水元墓出土的骑马俑的服饰也是典型的元代样式，如头戴折檐笠，身穿辫线袄子，腰带上挂巾帕，脚穿络缝靴等。

考古发现的辽金元服饰品，显示出中原汉族的服饰文化与少数民族服饰的融合与渗透。而无论战国时推行的"胡服骑射"，还是盛唐时的窄袖袒领，也使少数民族服饰对汉族服饰产生了影响。这种融合使多民族的中国成为"衣冠大国"在统一的大文化背景下各放异彩。历史上的该时期所有出土遗物上能够体现出这种共同风格。

总之，古代少数民族的生活起居、衣冠饮食，都有自身的独特之处，原仅见于文字记载，而20世纪的大量考古发现，则为相关研究提供了珍贵的实物资料。

第六节　中国以外国家服饰考古发现

世界传统考古学一度迷恋于宏大的古代遗址和墓葬，相信可以凭此建立一个完整的古代社会研究模式，但不是所有的古代遗址都可以保留下来，也不是所有的遗址都可以重现古代社会最细枝末节的情景。显然，宫殿与神庙只是社会表象，垒起社会的是人群和他们的衣、食、住、行。考古学在当代

---

① 黄能馥、陈娟娟著：《中国服装史》，上海：上海人民出版社2004年版，第240页。

的新发展便基于考古学家在考古材料利用观念上的重新认识，即恢复服饰这类古代遗物的本来面目，不只将它们当成供欣赏的古代艺术品，还要关注其在展现古代生活的一面。

在越来越多的考古学投身于过去被忽视的考古资料之后，一直是考古发现中常见的考古材料——服饰所包含的价值与意义，已经成为诸多新兴的考古学分支，如社会考古学、民族考古学和认知考古学等最重要的研究对象之一。而服饰考古学更是希望通过对世界范围内的服饰考古发现，从细节来推演出全貌，摒弃传统考古学的宏大叙事方法，重建人类过去社会最一般的生活面貌，因为这些才是人类社会的本源。

一、西亚、北非的服饰考古发现

因为地缘的关系，西亚、北非早期文化的考古发现具有关联性和传承性的特征，以建筑遗迹最为突出。而另外发现的大量有代表性的重要古代遗物——服饰品，则从社会生活的角度，为我们勾勒出西方文明及文化的传播交流过程，这一过程展现了这样一个西方文明的发展变化趋势：从最早开始进入文明社会的西亚半岛的原始文化向非洲的埃及和中亚游牧地区辐射扩散；稍晚时期，西亚文明又接受了非洲和中亚文明的文化反馈。这三个地区共同孕育了世界四大文明中的两大文明，直接影响了印度文明，并间接影响到另一大文明——中国文明。具体地，就服饰文化而言，这三个地区相关的考古年代范围从 1 万多年西亚半岛的纳吐夫原始文化起到公元 4 世纪的波斯帝国和埃及托勒密王朝时代，见证了西方各文明服饰文化的形成、融合和发展历程。

（一）西亚的服饰遗物与服饰图像

西亚是人类文明的发祥地之一。考古材料显示西亚文明的萌芽始于 25 万年前的旧石器时代。公元前 1 万年至前 8000 年左右，西亚中石器时代的纳吐夫文化时期，酋长的墓葬以简单的装饰品陪葬，社会等级意识初现。在有陶新石器时代，西亚成为世界上率先进入生产经济阶段的地区之一。属于该时代的土耳其西南部的哈吉拉尔遗址中发现了纺轮，说明纺织出现。值得注意的是，土耳其科尼亚城东南的洽塔尔休遗址，墓葬中妇女儿童有随葬装饰品，男子则随葬武器。服饰开始具有了区别性别的功能，时间约为公元前 7000 年到前 6000 年。在公元前 5300 年到前 4800 年的萨迈拉彩陶时代，纺织业有了更大发展，遗址中普遍发现陶制纺轮和纺织品的痕迹。

有陶新石器和铜石并用时代晚期，西亚文明的私有制萌芽产生。在哈苏纳文化和萨迈拉文化遗址中发现有大理石和陶制的印章。考古学家认为，这说明当时的人们已经形成所有权的观念。在公元前 4400 至前 4300 年，美索不达米亚南部（又称巴比伦尼亚）地区则迅速发展，成为西亚文化最先进的地区。约前 4300 至前 3500 年，这一地区开始进入欧贝德文化时期，世界最古老的古代文明开始产生了。欧贝德时期以神殿为中心，开始出现初期的城镇。发展到欧贝德的后续文化——乌鲁克文化时期（前 3500—前 3100 年），神殿规模越来越大，以神殿为中心形成的聚落向城市发展。公元前 2900 年乌鲁克文化发展到捷姆迭特·那色文化阶段，有坚固城墙的城市环绕着规模宏大的神殿建筑群周围，完整的城市体系形成。

1. 乌鲁克文化遗址中的印章佩饰

乌鲁克文化和后续的捷姆迭特·那色文化遗址中出土了为数不少的有价值的服饰实物与图像。新石器晚期出现的印章到此时得到更广泛的使用。随着社会经济的不断发展，贸易往来的增多，印章的制作更加精致小巧，有的甚至能系挂于身上，以便携带，因而印章成为此时一种有实际功用的新佩饰。有纽扣形、珍珠形和动物形状的平面印章，也有呈圆柱形的印章，以阴刻的方式刻绘动物、狩猎、战争、战车图案和宗教崇拜等场景，题材多取材于原始的狩猎生活，但后期则出现捆缚俘虏的场景，表明其起初可能是用作护身符或符咒，后来则作为财产的标记。文化层中出土的许多贮藏酒类、粮食等容器的陶盖上，曾留有这些印章图案，估计是作为私人财产的标记。印章最重要的意义是促成了楔形文字的发明，其次是印章因古埃及人的改造而演变成图章戒指，标记私人财产的功能被引申为权力象征意义，直到欧洲中世纪时期，戒指的这一地位标示的功能都未消失。（见图 8 – 26）

原始宗教奉行的是多神制的偶像崇拜，因此雕刻是神殿建筑的主要装饰形式。同时为了拉近与神的距离，宣扬统治阶层权威地位的神圣性，神殿除了神像和神的世界，也是展现世俗生活和世俗观念的场所。出土的雪花石瓶浮雕上的服饰图像也部分地记录了当时的服饰发展状况。乌鲁克文化的雪花石膏上的雕像十分精致。其中在最为著名的一高 92 厘米的雪花石膏瓶上的浮

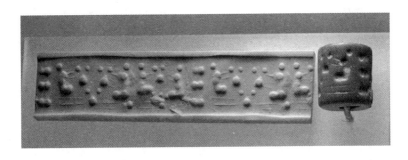

图 8-26　乌鲁克晚期印章

雕中心部分，出现一行裸体者的队伍，手捧一筐筐祭品奉献在穿袍的神、祭司和贵族的面前，说明当时服饰已经有了标明身份等级的作用。

2. 苏美尔—阿卡德城市遗址与乌尔王陵中的服饰遗存

公元前 2900 年开始，两河流域南部苏美尔地区出现了最初的城市国家，进入了苏美尔早王朝时期。这个时期，先后出现的国家有基什、乌尔、埃利都、拉伽什、乌鲁克等奴隶制的城邦。经考古发掘的重要城市遗址，有基什、拉伽什、马里、海法吉等。乌尔遗址发现有规模庞大的王陵区。

苏美尔早王朝时期文化，主要有城市建筑遗迹和公共墓地。同时也出土有大量服饰品遗物和展现当时服饰样貌的服饰图像。服饰遗物以金银首饰为多，做工精美很有代表性。

拉伽什遗址位于伊拉克南部，遗址中出土的早王朝时期的服饰遗物，有基什王梅西林姆的一件权杖头，上面有双狮和狮头鹰的浮雕及拉伽什的附属王公卢加尔沙真格尔的名字。出土的服饰图像有在通安那吐姆鹫碑，高 1.8 米，宽 1.3 米，正面雕刻着宁吉尔斯俘获敌人的场面。还有许多大小不一的雕像，原料绝大多数为闪长岩，也有雪花石、冻石、辉绿岩及花岗岩。雕像姿态各异，但风格雷同，通常为身披长袍，右臂探露，属于典型围裹式袍服，对后来的古希腊服饰产生了一定影响。叙利亚境内的马里遗址的神殿中出土了一尊高级官吏埃比·伊尔的座像，该官员所穿着的是古苏美尔人最著名的服饰发明——流苏裙，一件裙边为穗状的筒裙，但从雕像上无法看出何材质，服饰史学家推测为羊毛质地。

西亚服饰考古中最为有名的是乌尔王陵墓葬群的发现，是世界考古史上的重要发现之一。其中出土的大量精美的服饰品也在世界服饰考古发现中占有重要的地位。

　　乌尔王陵位于伊拉克南部，巴格达东南约 350 公里处。公元前 5000 年左右，苏美尔人已在乌尔定居，约在前 4000 年开始形成城市，至前 3000 年，乌尔已发展为西亚地区强大的城邦国家。苏美尔早王朝时期，在乌尔主要有王陵发现。乌尔墓群位于城址的东南隅，目前已发掘墓了 2000 座以上，分属于 4 个不同时代：一是苏美尔早王朝时期；二是乌尔第一王朝（约当早王朝时期的末期）；三是乌尔第二王朝；四是萨尔贡王朝时期。其中早王朝时期的王陵，拥有豪华的随葬品和众多的殉葬者。随葬品上，有的刻着国王或女王的姓名。如吉布·阿托女王陵，墓室分为主宝印随葬墓室，出土器物有黄金、银、玛瑙及琉璃制成的发饰和首饰，在女王的右肩部位，发现了刻有女王姓名的圆筒印章，亦为琉璃制成。墓室内殉葬者达 20 人，其中 5 人手执短剑、小刀或陶制器皿，守护在入口处；西南有一女琴师，以演奏竖琴的姿态殉葬于墓内；其后面为两列并排对坐、头戴发饰的女性殉葬者，共 9 人；墓内还葬有用骡马牵列的梯形二轮车以及 4 名马夫、1 名侍从。

　　乌尔第一王朝的陵墓随葬品极为丰富，以国王的服饰品为主，有珠宝、镂孔金杯、竖琴、带琉璃的剑柄和带黄金剑鞘的短剑、头饰、首饰，琉璃制作的圆筒印章，以及用贝壳、黑曜石、红石等为材料镶嵌、黏合而成的各种饰物等。这些器物中著名的有执政者梅斯卡拉姆沙尔的金盔；舒巴特女王的黄金头饰和呈贝壳状的粉盒，粉盒中尚残存有各种颜色的化妆品。还有一件装饰金牛头的竖琴，达到了极高的工艺水平。墓葬中出土的短剑鞘，用金银丝细工制成，也是非常出色的。此外，陵墓中还出土一件被考古学家称为"旗柱"的贝壳镶嵌图案，可以称为这个时期镶嵌艺术的典范。它是在两块长方形的板上，用天青石、贝壳、肉红石髓镶嵌成色彩绚丽的图案，分为若干层，表明战斗时肉搏的场面、军队的凯旋情景，还有欢呼和俘掠的奴隶与贡品等活动场景，贵族和战士为着衣形象，而奴隶则是裸体形象，表明服饰在当时已经是身份的象征。

　　3. 巴比伦和亚述时代遗址中的服饰图像与实物

　　公元前 18 世纪，古巴比伦第六代国王汉穆拉比统一了西亚两河流域的南部。由此至公元前 12 世纪加育特巴比伦王朝灭亡，历史上属于古巴比伦王国时期。重要的考古发现有巴比伦第一王朝时期（约前 1792—前 1595）汉穆拉比统治时代的城市遗址，包括巴比伦城址和阿苏尔城址。巴比伦城址著名的考古发现为《汉穆拉比法典》碑。这是古代世界第一部较为完备的法典，是了解和研究古巴比伦社会最重要的资料。碑的顶部为 71 厘米高的浮雕，表现了国王汉穆拉比正从太阳神与司法神沙玛什那里接受权杖，象征着神祇把权力托付给人间的统治者。浮雕上汉穆拉比的服式与公元前 22 世纪苏美尔人的衣着相比并无太大变化，仍是西亚早期文明中比较典型的围裹式服装式样。《汉穆拉比法典》中也记述了当时的织布行业已经相当发达。

亚述帝国位于两河流域北部，底格里斯河中游地区，东北靠扎格罗斯山，东南以小扎布河为界，西临叙利亚草原。约在公元前 3000 年年末，亚述开始兴起，发展过程可以分为古亚述、中亚述、新亚述三个阶段。古亚述在文化上十分近似苏美尔文化。公元前 15 世纪时，亚述为外族的米坦尼所控制，一度成为其藩属国。到约公元前 1400 年，米坦尼为赫梯人所败，亚述国王亚述路巴里特一世趁机摆脱米坦尼的统治，其后继承者又进行了多次征服战争，亚述重新崛起，史称中亚述时期。这一时期的考古资料，主要发现于阿苏尔城址和利马遗址。中亚述之后，由于受到阿拉美亚人的入侵，亚述国家陷入分裂。经过一百余年，亚述又在西崛起，并形成了版图庞大的亚述帝国（前 1000—前 700）。这一时期的重要遗址，有尼尼微、霍尔萨巴尼、尼姆普德、阿苏尔等城址。

在留下的有当时国王服饰形象的雕塑和浮雕艺术品上可以看到，亚述国王的服饰呈现尚武的精神特征。萨根二世国王身着短袖紧身服，衣边有流苏，衣料的图案为正方形。围巾缠绕身躯，各角均由双肩下垂悬到前胸，围巾的整体是一个蔷薇花图案。国王苏尔巴尼乘坐在战车内，戴着一种高高的王冠，这是权力和地位的绝对象征。在高高的、无檐、红色的王冠上，有一排排长条花纹图案，每一条图案中间由空白带相隔。王冠顶上饰有一个锥形体，使王冠显得更为高耸。其他雕塑图像中，还可看到人物的头上有几条飘带式的彩幅，同时戴有粗犷的耳环、手镯以及结实的臂钏，再加上佩带的剑等武器构成了亚述人英武的服饰形象。

4. 波斯、安息和波斯萨珊朝遗址中的服饰图像

波斯兴起于伊朗高原西南部。波斯帝国以前，伊朗高原西部曾先后兴起埃兰和米底。公元前 550 年，波斯贵族氏族阿契美尼德的居鲁士二世，在反

抗米底的斗争中灭亡米底王国，建立了波斯帝国。其后在大流士一世在位期间，国势鼎盛，其疆域横跨欧、亚、非三洲，前4世纪后走向衰败。此时马其顿兴起，亚历山大大帝率马其顿希腊军东侵，波斯帝国阿契美尼德王朝终于在公元前330年灭亡。这一时期，又称为"阿契美尼德时代"。重要的遗址，主要有波斯波利斯城址、帕萨加第城址以及苏萨城址等。

波斯波利斯城址中建筑物的表面常饰以大理石和琉璃砖，门楼、门厅、树柱、石阶均以石雕或石像装饰，承重的圆柱础、台基等常做成负重的动物形象，尤以人面兽身像及狮子雕像最为突出，建筑物的石柱柱顶也均以石雕装饰。这一时期造型艺术的特点，是在吸取埃及和两河流域艺术成分的基础上，进行了独立创造，被认为是波斯文化的代表性作品。人面兽身像及狮子雕像后来发展成波斯服饰文化中有代表性的兽型染织纹样，如对兽纹等。对印度、中国的服饰装饰艺术影响颇大。

安息王朝时代可以划分为两个阶段：

公元前247年，来自米底以东的游牧部落的首领阿尔萨息从塞琉古王国中独立出来建立了阿尔息斯王朝，因初建于提亚地区（今土库曼斯坦共和国南部和伊朗东北部），故又名帕提亚王朝。中国史书称之为安息，位居中国与西亚交通——丝绸之路的要冲。这一时期的主要遗址，有尼萨城址、哈特拉要塞、弗拉斯帕等文化遗存。

公元3世纪，帕提亚王朝内外交困，224年，安息的波斯候阿尔达希尔起兵灭亡帕提亚，建立了新的中央集权的波斯帝国。由于阿尔达希尔的祖父名萨珊，故称萨珊王朝，为古代波斯的最后一个王朝，至公元7世纪被大食所灭。这个时期的重要遗迹，有泰西封城以及非鲁扎巴德城等。

普遍认为，萨珊艺术是波斯艺术的顶峰。萨珊时期织造的波斯锦在阿拉伯和中国的文献中颇有美誉，被称为世上稀有。如隋朝大业年间，"波斯尝献金绵锦袍，组织殊丽"。[①] 但遗憾的是，目前考古发现的属于萨珊王朝时期的纺织品非常少见，比较可靠的是来自埃及的一小块刺绣纺织品残片。从图像学分析可确认，残片的纹样是典型的伊朗系的萨珊艺术风格，上面有4个人物穿着萨珊浮雕上常见的锦袍，中心的骑马人物画得较大，其他3个侍从较

---

① （唐）魏征撰：《隋书》，上海：五洲同文局1903年版，第104页。

小。中心人物系腰带，所穿长袍上满身缝有珠宝。侍从们的锦袍上装饰有各色联珠纹。收藏于伦敦维多利亚和阿尔伯特博物馆的晚期萨珊的丝绸残片，时间相当于 6 世纪至 7 世纪。残片上中心人物右手上举，在他肋旁，有一悬挂物，可能是空箭袋，装饰有植物纹样。可惜人物头部已毁，脑后飘带在右肩膀后的部分所幸可见。据推测，他应该头戴王冠。

萨珊遗址中，壁画是非常常见和重要的建筑装饰，提供了很多萨珊服饰状况的宝贵资料。以波斯波里斯的壁画在服饰研究上最有价值，时间在安息末代大臣的阿尔达希一世篡位，开创萨珊王朝不久。人物皆以波斯艺术中典型的侧影手法描绘，或站立或骑马，个个大胡子，身穿锦袍，其随身物品都无疑是典型的萨珊风格，锦袍上有网格

图 8-27　波斯宫殿遗址浮雕

装饰，肩上有圆形首饰。上述两例中，国王执有圆环，环上饰有飘带，象征着帕提亚和萨珊艺术，即拜火教主神阿胡拉马兹达所授予的荣光。飞扬的飘带是萨珊艺术的一个标志，结在王冠、鞋子和御马的腿上。马头上表现了萨珊艺术的另一特点，垂下的穗子是独一无二的，用来专门装饰王中之王的坐骑的（包括马、骆驼、大象）。（见图 8-27）

萨珊时期的出土遗物以金银器最多，包括金银首饰。萨珊金银首饰使用刻画、锤揲等装饰手法，并大量使用贵重宝石，对中国隋唐时期的同类首饰加工工艺影响很深。

（二）古代埃及遗存中的服饰艺术

稍晚于西亚文明的古埃及文明是世界上最古老的文明之一。埃及的历史时代是从第 1 王朝开始，时间是公元前 3000 年，一共经历了 31 个王朝。从第 3 王朝开始到第 5 王朝，古代埃及由早期王朝时期进入古王国时代。公元前 2133（或 2040）年的第 11 王朝时期，埃及重新统一并进入中王国时代。从第 14 王朝开始，进入第二中间期，这时，亚洲的游牧民族"喜克索斯人"入侵并占据了下埃及地区，建立了自己的政权。从第 18 王朝开始，进入了新王国时期。此时

的埃及在政治、经济和文化等各方面都发展到了顶峰。大规模的对外战斗，也使埃及成为北非及西亚的第一强国，拥有殖民地和保护国，故这时亦被称为"帝国时代"。第21王朝至马其顿的亚历山大大帝征服埃及为止的700多年间，为后王朝时代。这一时期的政治特征是王朝分立，外族入侵，土著王朝逐渐走向衰弱。在文化方面，后王朝时代也仅停留在传统之上，缺乏创造性。在第25王朝时期，土著文化曾一时复兴。这时埃及进入早期铁器时代。亚历山大大帝征服埃及后，确立了托勒密王朝的统治，古埃及王朝的历史结束了。

漫长的历史让古埃及的考古遗迹、遗物十分丰富并有其独特的风格。由于居民的居住地一般是在尼罗河畔或与绿洲相接的倾斜的沙坡面上，尼罗河涨水的破坏，泥土的堆积和水的侵蚀以及风力的破坏和砂石的移动，使大部分古埃及遗迹很难保存。当时人们最主要的建筑材料是不能耐久的泥砖，因而现有的遗址几乎全是石造的岩窟、神殿和墓葬。从古王国时代开始，古埃及的墓葬趋向宏大精美，各地建有大规模的金字塔，所以此时又称为金字塔时代或孟菲斯时代。除墓室外，还建有外庭、附室等设施。墓葬遗物大部分是雕像和小型随葬品。古埃及盛行"灵魂不死"观念，在其信仰者看来，墓是为保证死者死后的生活而建造的，正像他们把墓称为"美好永恒的家"那样，在构造及其随葬品上与日常生活保持了一致，很多皇家贵族墓葬中都发现了墓主人生前使用的化妆器物。古王国时代后期，墓室的壁面上多刻绘精美的浮雕和绘画，其内容有日常生活、供奉神灵等场景。在新王国时代，墓室壁面上布满了祈祷祝福含义的葬礼文和图画。包括墓葬在内的古埃及建筑遗址中，二维（壁画和浮雕）和三维（雕像）的古埃及艺术作品是十分重要的装饰形式，这为研究古埃及的服饰文化提供了大量形象资料。一些服装、纺织品和装饰品也作为王室贵族的随葬品埋葬于各王朝的皇家陵墓中，而且由于气候干燥，这些古代埃及的服饰遗物很多能够保存下来。（见图8-28）

图8-28 古埃及陵墓壁画

　　从考古发现来看，虽然古埃及历史悠久，但服饰的发展变化却不大。这主要是由埃及炎热的气候条件决定的。古代的埃及居民衣着简单，材质多为凉爽透气的亚麻，造型也以简单实用的围裹式和贯口式两种样式为主；纺织工艺由最初的染织发展到印花，纹饰图案有埃及地域特色，以尼罗河常见的禽鸟和植物为主题纹样，布局并不复杂。

　　古埃及的纺织工艺比较发达。埃及地区盛产亚麻，这为纺织业提供了丰富的原料。在埃及先王朝时代（原始社会时期）的法尤姆 A 文化时期，便出现了亚麻制的布片，但这种布片很粗糙。早王朝时代，纺织制品才逐渐走向精美。保留至今最早的织有图案的纺织品，是从公元前 1420 年至前 1412 年在位的图特摩西四世陵墓中发现的三块麻布。用织锦技术织造的这些麻布，织有莲花和纸莎草花纹，其间描绘着阿曼泰普二世的肖像。在另一件织物上，织有涡卷装饰纹，其中也织有图待摩西三世的肖像。埃及早期王朝坟墓中没发现过印花织物。纺织印花的历史一般认为以印度为最早。但埃及早王朝时期的服饰图像所描绘的人物服装上却带有花纹，明显像印花织物。贝尼·哈柔第十二王朝墓葬的壁画上，阿麦奈哈德王妃赫提普特的裙子上描绘着印花形式的菱形星纹图案. 他们的儿子齐内赫泰普的衣服上可以看到山形纹和雷纹图案，毛纺织物在阿马尔奈遗址中有出土，但很罕见，学者们推测这可能是由于宗教的禁忌造成的。

　　古埃及男子的最基本着装样式是胯裙，这是一种围裹式的服装，指的是围裹胯部的胯裙。埃及各历史时期出土的壁画及雕刻中，都可见穿着胯裙的男子形象，古王国之前并无贵贱之分。在耶拉孔波利斯遗址中发现得早王朝时代的文化遗物中，有一块非常有名的调色板，有学者认为这是上埃及战胜下埃及的象征图。图中上埃及国王戴着高耸的上埃及王冠，上身袒露，下身围裹着有埃及特色的短胯裙。古王国早期的拉赫特普和诺夫勒特夫妻像，国王下身围裹着胯裙，王后穿着紧身衣裙。埃及贵族与平民的区别在于服装材质与做工精美华丽的佩饰，如上、下埃及国王所戴的高冠，王后的金银珠宝佩饰等。不过大约从古王国开始，只有下层人民仅穿膝以上的短胯裙，贵族则更多地以全身遮盖的贯口式服装为主要日常装束。除了舞女之外的埃及女性穿着多是曲线毕露的紧身贯口衣裙。这种类似紧身筒裙的女性贯口装一直穿到古埃及历史时期的末期，希腊人统治的托勒密王朝时期。

目前作为衣着用的织物发现很少，保存下来的一般是用于包裹木乃伊和陪葬品。不过，在 20 世纪以来对图坦卡蒙墓随葬品的整理工作中，考古学家发现此墓另外的财富是过去为人忽视的大量纺织织物，这为复原古埃及的纺织与服装史起了相当大的作用。

二、欧洲大陆的服饰考古发现

（一）欧洲的早期服饰

欧洲大陆经历了漫长的原始社会时期，服饰的产生是以原始社会生产力的提高为前提的。大约在 10 万年前的后期旧石器文化奥瑞纳时期，欧洲原始居民开始显现有意识地装饰身体的行为。后期旧石器文化的特点是：旧有的石斧和石片工具为长石片（石叶）工具所代替；兽骨和象牙被广泛利用；发明了鱼叉、骨针、标枪、投矛器和弓箭等新工具；出现了造型艺术别致的洞穴壁画、雕塑、线刻画等艺术品。人们建造的住所、某些宿营地的布局表明，当时人们的社会生活已取得了前所未有的进步。奥瑞纳是后期旧石器文化中最早的一期。因最初发现于法国的奥瑞纳克山洞而得名。奥瑞纳文化的艺术，代表着人类艺术史上第一个完美的阶段。这个时期最早的艺术品，是在西欧发现的一些刻有简单动物形象的小石头，后来发展为在骨片和象牙上雕刻动物。在东欧还出现了真正的立雕艺术，创造出造型简单但栩栩如生的小型泥塑动物，以及造型非常一致的体态丰满的孕妇小塑像，即所谓维伦多夫妇女小雕像，据推测这是丰产女神。在西欧的一些石灰洞穴中，发现了该文化末期的数以百计的绘画和雕刻，法国西南部拉斯科洞穴中的野马和野牛壁画就是这方面的代表作。这一时期人死后也进行埋葬，曾发现以红土将尸体染红的情况。装饰品有穿孔的兽牙和贝壳。

稍晚出现的梭鲁特文化三期和马德林文化时期都发现有穿孔小骨针，这说明人们已用它来缝制皮衣。这一时期的装饰品很多，手镯、串珠项链、垂饰等均有出土，原料选择美丽的石头，如彩色石英、碧玉及丰富多彩的燧石等。到后期旧石器文化的末期，艺术品和装饰品明显增多，小件艺术品达到一个新的高峰，最杰出的成就则是晚期的洞穴雕刻和彩色壁画。原始艺术家们着力于形象本身的描绘，巧妙地展示出各种姿势以及复杂的构图。西班牙北部的阿尔塔米拉洞中，即保存有当时绘画的部分作品，被认为是旧石器时代人类的艺术杰作。在这些洞穴壁画中，有一些描绘了原始社会披动物皮戴动物角的着装形象，这些原始形象的刻画被认为有很强的巫术象征意义，为服饰起源中的巫术说提供了有力证据。

　　约在公元前 6000 年时，欧洲进入新石器时代，以前南斯拉夫的斯培尔切沃前期文化和保加利亚南部的卡拉诺沃前期文化为代表，是现今所知最古老的早期农耕文化。斯塔尔切沃文化中发现了骨制的纺锤，纺织开始出现。直到新石器时代晚期——温查文化时期，早期农业文化才真正取得飞跃式的发展，温查遗址中发现有红铜，欧洲金属冶炼工艺初步产生。东欧南部草原地带是欧洲青铜文化中心之一。主要文化按时间早晚有：竖穴墓文化、洞室墓文化、木椁塞文化。上迄公元前 3000 年下至公元前 12 世纪。从墓葬的埋藏方式和随葬的服饰品来看，青铜器时代，欧洲已进入父系社会时期。青铜器晚期的木椁墓文化时期的窖藏中出现了无实用性的金银宝石类装饰品，表明个别人已积累大量财富。

　　铁器时代，欧洲内陆比较重要的服饰发现来自对黑海沿岸斯基泰文化的发掘与研究。目前对斯基泰文化的理解和斯基泰文化的分布范围尚无定论。一般指公元前 7 世纪至公元 3 世纪黑海北岸斯基泰人的早期铁器时代文化。它晚于青铜器时代晚期的木椁墓文化，以前 3 世纪末为界，分前后两期。后期斯基泰王国在萨尔马泰人的压力下，疆域缩小到克里米亚及第聂伯河、南布格河下游一带，公元 3 世纪后半叶被哥特人摧毁。形成斯基泰文化特征的三个基本要素为武器、马具、动物图案。"斯基泰"

图 8-29　斯基泰人的佩饰

一词，是希腊人对该文化所有者的称呼。斯基泰动物图案的装饰艺术对世界服饰发展的影响非常巨大，被认为是服饰图案中类似兽形纹样的滥觞。该图案用以装饰弓筒、剑鞘、剑柄、马具、首饰和饰牌。它以金属、木、骨等为材料，用锤凿、铸造、雕刻等工艺，表现各种形态的野兽、怪兽及动物撕斗场面。图案多为浅浮雕，动物造型注意写实性和装饰性密切结合。到前 4 世纪和前 3 世纪，装饰性日益加强。从欧洲到中亚乃至中国北部地区都有受该文化影响的痕迹。（见图 8 - 29）

（二）爱琴海地区的古代服饰

古希腊文明开端于爱琴海文明，后者属于古希腊的早期文明。考古学将爱琴海文明定义为以爱琴海为中心，从公元前 3500 年至前 1100 年，在地中海地区繁荣的青铜器文化。这一地区是欧洲最早进入文明的地区。希腊克里特岛先后出现的米诺斯文明和迈锡尼文明，在爱琴海文明中占据着中心地位。克里特岛因地处欧、亚、非三大洲之间，成为交通中枢，海上贸易也很发达，与埃及、小亚细亚、叙利亚来往密切，文化上互相影响。

米诺斯文明也叫克里特文明，约始自公元前 1900 年，至前 1450 年左右，克里特岛为迈锡尼人占领而结束。克里特文明的主要特征是装饰华美的王宫和气势恢宏的城市建筑，重要的发现有费斯托斯王宫遗址、马利亚王宫遗址、古尔尼亚遗址以及锡拉古城遗址等。希腊考古学家以王宫建筑为标志将克里特文明分为王宫以前时期、旧王宫时期、新王宫时期和王宫以后时期四大阶段。王宫以前时期尚处于原始社会向奴隶社会过渡阶段。此期之末约公元前 2200 年至前 1900 年，原始公社制已经瓦解，遗址中发现有相当数量标示身份地位的私人印章和豪华金银饰物，私有制与贫富分化已成定势。

公元前 1700 年，克里特文明开始进入最鼎盛的新王宫时期。在各王宫中克诺索斯王宫最大、最豪华。王宫内部遍施爱琴海文明中最为精彩的壁画浮雕装饰，现存壁画有国王出行、海豚戏水、斗牛竞技及宫廷舞蹈等，以贵族生活场景描绘为主，辅以花草纹饰，形象生动，色彩鲜艳。壁画中反映出来的克里特人的服饰风格也具有强烈的装饰性，女性衣裙饰以花草纹和几何纹。而米诺斯贵族妇女露胸紧身裙更是创造了世界服装史中独特的性感而又优雅的风格范式，在 1871 年发现的同期的"持蛇女神"陶俑，对此有立体直观的展示，其大胆程度让现代人看了都为之惊讶。王宫壁画是非常重要的追溯欧洲服饰文化发展史的珍贵资料。总体而言，鲜艳的色彩和密布的纹饰，以及米诺斯贵族袒露的服装样式，都使米诺斯的服饰艺术非常明显区别于后来单纯质朴的希腊古典文明。在面对描绘米诺斯贵族生活状态的壁画时，我们感觉到的竟然不是一种遥远神秘，而是扑面而来的现代气息。

迈锡尼文明是指希腊本土青铜器时代晚期文化，主要分布在希腊南部和爱琴海区域。与米诺斯文明相同，迈锡尼文明偏爱使用金银质地的佩饰。其精美绝伦的金银服饰品对西方服饰艺术产生了很大影响。1876 年德国考古学家谢里曼在小亚细亚发掘了迈锡尼故城。在城堡内的王族墓葬中发现了极为丰富的金银服饰品。年代约在公元前 1550 午前后的迈锡尼城堡内墓圈 A 出土有丰富精美的随葬品，包括金面具、金额带、金指环、金印章以及金银镶嵌的青铜短剑、金环等。这些金银工艺品的风格，以仿米诺斯文明为主，表明在以武力征服米诺斯人的同时，迈锡尼文明也吸收了米诺斯文明的因素，但金银装饰品风格有迈锡尼文明自己的特色，米诺斯文明的装饰性被写实主义风格所取代。例如，"阿加门农"金面具便是对墓主人脸部的写实刻画，甚至可见唇部的胡须；图案的内容也由米诺斯享乐的和平生活变为激烈对抗的狩猎、战争场景，显露出迈锡尼文明本身的好武特征。最先出现于陶瓶上的称为"王宫式"的对称花草图案形成迈锡尼文明独具的风格特征，后来又被移用到服饰纹样上，成为经典植物图案之一。

希腊的古典文明是由小亚细亚西岸伊奥尼亚的爱奥尼亚人于公元前 7 世纪时期创造的。不久便迅速影响到希腊、埃及、塞浦路斯地区。最后，乘罗马帝国扩张之势遍及整个罗马帝国和其周围地区，后又于公元 6 世纪末，在最先进的罗马帝国东部与中世纪文化交接。这以后的罗马帝国一般叫拜占庭帝国，中世纪罗马帝国的文化叫基督教文化。

古典时代是以城市为中心的时代，在继承西亚与埃及古代城市文明的优良传统之上，古希腊和罗马的城市文明开启了一个建筑、雕刻和绘画的伟大时代。相关的遗址有希腊卫城，古罗马的庞贝城等。相比之下，他们的服饰文化却黯淡了许多。考古发现的古典时代服饰实物很少见，只是古希腊、罗马对雕像、浮雕和花卉纹饰的热爱，弥补了实物的不足，再加之古希腊、罗马时代的服饰造型、色彩和装饰都刻意简化，这一时期的服饰便成为诸文明中最好复原的古代服饰样式。

古希腊艺术以雕塑艺术为代表，艺术风格学将古希腊雕塑艺术分成三种风格类型，这就是多利安式、爱奥尼亚式和科林斯式。而雕像上也刻画了当时流行两种基本的服饰样式：多利安式和爱奥尼亚式。其基本形制有不开襟式围裹式长衣和围裹式长衣两种。围裹式长衣后来成为罗马人最基本的着装式样，一直流行到中世纪拜占庭时期。随着基督教文化的兴起和与东方文明的交流发展，罗马时代后期到欧洲中世纪时期，服饰的样式由宽大逐渐走向适体。（见图8-30）

三、亚洲地区的服饰考古发现

（一）印度古代的染织工艺与服饰图像

从公元前2500年或者更早，到前1500年，印度河流域受以农业为主的西亚文化影响，形成独特的城市文明，这是在雅利安民族侵入之前的文化。由于印度河文明是依赖在农业和贸易中获得的财富而发展起来的，所以其范围并不仅限于印度河流域。1922年发现的摩亨佐达罗城址是印度河文明的典型遗址之一。哈拉帕城址发现于1921年，是印度河流域最古老的城市之一。根据哈拉帕城址文化层的连续

图8-30 古希腊爱奥尼亚式服装

性，一般也把印度河文明叫"哈拉帕文化"。公元前1500年，印度河的哈拉帕文化突然衰落，到大约公元前1000年，外来的雅利安人占据了印度河流，在吸收先前文化的基础上建立了新的印度文明。

根据发现的考古材料，印度有着历史悠久的染织工艺。在对摩亨佐达罗遗址发掘过程中，发现了距今已有5000年的染过色的棉布残片，表明早在公元前3000年，印度次大陆的人们就已经开始种植棉花，纺织棉布，并将棉布染上颜色，这为印度赢得了"世界染织始祖"的美誉。该文化遗址也出土了缝衣针、纺纱用的原始纺车以及穿着刺绣花纹衣裳的人物像等。同一遗址中还发掘出用陶土烧制的染色用印板（压印刻板），更说明了当时已经使用印染法染制花纹了。但因为并没有花布实物的发现，需要依靠考古发现的相关服

饰图像，如岩画、雕刻和壁画等去加以验证。不过历史学家通过文献资料证实，印度在公元前 1400 年左右，印花产品已经非常盛行，而且曾向中国贩运和销售。甚至进一步认定，印度就是印花工艺的发源地。

从早期文明到印度各历史时期，宗教一直左右着印度文化的发展，各类艺术形式充分反映了宗教的影响，从中也能看出印度服饰文化在宗教和多民族文化交融下的发展状况。这之后，在印度次大陆上先后产生了婆罗门教、佛教、印度教并传入了伊斯兰教及古希腊的多神教。宗教的发展，促进了艺术的兴盛，典型的艺术形式是用于宣传的雕塑与壁画。公元 1 世纪佛教造像在犍陀罗地区始现。从佛教造像提供的服饰图像来看，犍陀罗早期，从造像风格到人物穿着风格都有浓重的希腊和罗马的影响。释迦牟尼及其弟子和菩萨的服装样式多是希腊式的。稍晚时候，马图拉地区的佛教造像则明显保留印度的艺术传统，服装的表现也是印度化的，如戴着各类佩饰的成道前的佛与菩萨像等，身着体现南亚热带气候的绵制贴身薄衫。当佛教艺术达到巅峰后，佛教的造像趋于世俗化。考古发现的公元 4 世纪笈多时代的佛教雕刻中，菩萨形象几乎就是当时帝王贵族的真实写照，头戴华丽的宝冠，身上佩戴各种宝石镶嵌的璎珞等。同时期开凿的著名的阿吉他石窟出现了印度风格强烈的大型壁画。印度教艺术也开始出现。（见图 8－31）

图 8－31　印度笈多风格佛造像

无论是佛教还是印度教，其女性雕像的服饰都是极为细致且具有相当艺术性的。出土于阿喜制多罗的赤土陶制女神像，有两件是表现印度教的康迦和雅姆娜河神。这两件雕像及其身旁的侍从，都穿着宛如水纹的衣服。上衣以围裹的方式部分地遮住胸部，只露出乳头。头上、耳部、手臂、足踝甚至脚趾上都戴有饰物。又如出土于菩提迦亚的公元 2 世纪的药叉女立像等，颈间戴着数圈项饰，上臂带着凸花的臂钏，而小臂都戴着几乎与小臂等长的数圈手镯，腹部和臀部围着花围腰，脚踝处则有两圈脚镯。

伊斯兰教不同于佛教和印度教，它绝对禁止偶像崇拜，所以不表现人物与动物图像，只以阿拉伯传统的几何图形和植物纹样来作服饰纹饰。但是在现存的伊斯兰教艺术作品细密画中还可以看到对人物形象的描绘。相对其他宗教，伊斯兰教对世俗生活的影响显然是巨大的。在吸收了伊斯兰教服饰的特点之后，印度服饰的样式由印度传统的裸露式向保守的封闭式发展。

（二）日本的古代服饰

东亚的日本因与中国在文化、地源上的接近与交流，因而更多呈现出与中国文化的相似性。特别是在公元6世纪和7世纪时，服饰上几乎完全模仿中国唐代的风格。当然，自身的民族特性与习俗也使其服饰有自己的风格特点，这主要集中在史前或早期历史时期。

日本服饰大约形成于新石器时代。绳纹时代为日本的新石器时代，称为绳纹文化，因当时使用绳纹式陶器而得名。从1877年发掘大森贝冢以来，绳纹文化的遗址大量发现，其分布遍及从北海道到九州的日本全境。出土的装饰物主要为耳饰、腕饰、腰饰和发饰等。耳饰多为玦状，一般有玉石制的和陶制的，通用于男女老幼。腕饰主要是用贝穿制的镯，大多用于女性，很普遍，据墓葬发掘，有两腕共戴26个之多的。腰饰都为骨制品，多用于男性。发饰有骨制的笄和栉，多为女性所用。中期已有大型的椭圆形玉珠，其分布中心位于中部地区。最具日本民族特色的勾形玉珠亦在各地晚期的遗址中被发现。

弥生时代为日本古代使用弥生式陶器的时代，被称为弥生文化。弥生时代在绳纹时代之后，古坟时代之前，约相当于公元前3世纪至公元3世纪。弥生文化是在绳纹文化的基础上，受到大陆（包括中国和朝鲜半岛）文化影响而产生的。它首先出现于九州北部并向东发展，到了后期基本上遍及除北海道以外的日本全境。弥生时代的前期，铁器由大陆传入，后期本土开始出现冶炼术。随着铁质农具的逐渐使用，农业有了很大发展，纺织业亦在此时出现。织物是手织的麻布。普遍发现陶制和石制的纺轮。从奈良县唐古、爱知县瓜乡、大分县安国寺和静冈县登吕等遗址出土的木制织机来看，当时使用的是一种单综的原始织机。佩饰常见的是手镯和项链。手镯主要是用贝壳制成的，也有铜制的和玻璃制的，后两者的形状仿自前者。项链由各种不同形状的珠饰组成，其材料有玉石、玛瑙、琥珀等。玻璃手镯和勾形珠等原料可能由大陆输入，但是在日本当地制造。福冈县须玖遗址和三云遗址的瓮棺墓出土的玻璃璧，形制、纹饰与中国大陆的相同，当是从中国大陆输入的。

古坟时代是日本古代继弥生时代之后的时代，因当时统治阶级大量营建"古坟"而得名。古坟文化的分布基本上遍及除北海道以外的日本全境，年代从公元 4 世纪开始，迄于 7 世纪。从 8 世纪初开始，火葬流行，古坟迅速衰落。日本最早的史书《古事记》和《日本书纪》也于此时相继编成，从而进入日本考古学上所说的历史时代。因此，古坟时代是日本的原文时代。这一时代铁器进一步发展，在生产工具、武器、铠甲上完全取代了石器和青铜器。铁铠甲分"短甲"和"挂甲"两种，前者主要流行于前期，适用于步战，后者流行于中期以后，适用于骑马战。战马亦披有铁甲的，和歌山县大谷古坟的发现可以为证。

这时，铜镜仍被视为珍贵而神奇的器物，一方面继续从中国输入，另一方面就地制造。古坟中随葬的铜镜，有许多是前代流传下来的。其中包括各种中国镜和大量的三角缘神兽镜。本地制造的"倭镜"种类很多，大体上系模仿中国镜而作，但有的铜镜如大阪府紫金山古坟出土的"勾鱼纹镜"、奈良县新山古坟出土的"直弧纹镜"，群马县八幡原出土的"狩猎纹镜"，奈良县佐味田宝冢古坟出土的"房屋纹镜"等，花纹具有浓厚的民族风格。后期流行的"铃镜"，花纹虽仿中国镜，但附有响铃，是日本特有的。

佩饰用的装饰品主要为金银和玉石两大类。金银饰品有指环和耳饰，前者是金质的；后者有金有银，但大多数为铜质鎏金。玉石装饰品，以手镯和项链较为常见。手镯有所谓"锹形石""车轮石"和"石钏"，多系碧玉制成，石钏也有不少是滑石制的，二者形状各异，溯其渊源，都系模仿前代的贝镯，但真正的贝镯在当时已很少见。项链由钩形珠、管状珠、枣形珠、菱形珠、圆形珠等纽成，质料有硬玉、碧玉、玛瑙、水晶和玻璃等类，其勾形珠是最具民族特色，制作亦最精美。

四、美洲大陆的服饰考古发现

美洲大陆的服饰考古发现，集中于人类遗址上的服饰图像和墓葬中的服饰遗物。重要的古代遗址分布在北美的墨西哥、中美洲的危地马拉、洪都拉斯、萨尔瓦多和南美洲的秘鲁、智利等地。这一地区分布广泛的岩画，提供了人类早期生活的状况，在研究原始社会的衣着、纹样、妆饰等人体装饰技术与原始巫术、宗教的关系方面有重要的意义。

美洲大陆被发现之前，一直都处于原始社会和奴隶社会时期。原始社会时期的考古发现以服饰图像，如岩画等为主，画面表现出与原始宗教的不可分性。近年的研究使考古学家和文化学家越来越达成共识，即远古时期的人类绘画等艺术产生的动机源于巫术和迷信。而美洲大陆大量巫术仪式类型的岩画中的原始服饰，也指明人类穿衣行为有着原始崇拜的动因。新大陆从南美的巴塔哥尼亚到加拿大的西北沿岸一带是世界上最丰富的岩画艺术宝库。加利福尼亚州科斯山脉中凿刻的祭祀形象，据分析是一些化妆的首领，体现了一种绵羊崇拜。看上去人像身上涂有颜料，裙子上缀有流苏，头饰上插有羽毛，有些人手持弓箭或标枪、飞镖。

在以现代墨西哥城为中心的古代墨西哥地区，考古学家发现了11000年前的人类化石。约在公元前1500年，墨西哥湾亚南的大平原上和丛林中出现了被认为是美洲大陆第一个主要文明的"奥尔麦克文化"。奥尔麦克人喜欢用绿玉、蛇纹石、花岗石为原料，制作一些小石像。这些石像可能是具有宗教意义的神像。这些神像上的服饰简单，多以佩饰为主，反映了早期社会服饰初步形成的大致状态。有一件出土于拉卜塔墓地的绿玉女性坐像，表面上涂有朱砂，脖子上挂有一件醒目的饰物，由磁铁矿磨制而成。奥尔麦克德陶偶或是石偶，很多是戴着一件前檐方正的头饰。有件祭司坐像身上披有美洲豹的毛皮。

特拉提尔科文化主要兴盛在公元1世纪至9世纪。当时的特拉提尔科城是古代墨西哥地区最兴盛的城邦和宗教文化中心。它位于现今墨西哥城北面的一个山谷之中。特拉提尔科人讲究做一种石制的镶嵌面具，据考证可能是富有者死后所戴的面具。这一地区出土很多着装戴冠的女性陶偶。其中有件头发梳理得很整齐，戴着一顶较大的上缘宽阔的帽子；两耳处除了戴着圆形的耳环外，还有两条垂饰，像是帽子上的垂饰；女偶颈与锁骨交接处有一个浅色的镶嵌圆环，或为某种项饰。她穿着有褶的宽裤子，裤褶的地方就是装石子或陶土球的袋子，以便跳舞时发出声音。这件女偶人可能塑造的是当时一个舞者的形象。另外还有一件面具是用陶土做成的，有着一对硕大的耳环，嘴部以一梯形板盖住，寓意防止死者的灵魂从口中逃出，表现出这种文化的典型特征。一部分偶像也展现了特拉提尔科的祭司形象，戴着让人印象深刻的巨大头饰，身穿斗篷，衣冠整齐，显现出祭司在社会中不寻常的地位。

公元7世纪至8世纪，墨西哥东南部和中美洲一带的玛雅文化达到全盛期，在玉器、金银器、染织工艺和陶器上创造了辉煌的成就。从出土发现来看，玛雅文化与中国文明一样偏爱玉器，而且在造型、装饰风格甚至用途上与中国古代文明有很多相似之处，只是手法上更为写实，所表现出的艺术水准也很令人惊叹。1952年，墨西哥考古学家阿尔伯托·鲁兹·卢利耶在墨西哥帕伦克发现了公元7世纪的帕尔卡大帝的陵墓。墓中的随葬品包括：一个玉石王冠、耳饰、项链、胸饰、手镯，还有每个手指上佩戴的玉指环。一个用玉片拼成的面具盖在死者脸上，他两只手里还各握一块玉，双脚旁各放着一尊玉雕像，而棺盖上则有一条刻着三个面具的玉腰带的残余。更多玛雅人的服饰形象还是来源于玛雅遗址中的壁画和陶塑。这些服饰图像的最大特点是生动详细地刻画出玛雅人那令人眼花缭乱、构造复杂的佩饰。1946年，人们在"波南巴克"神殿的密室中发现了从未见过的极为高超的玛雅人的彩色壁画。分别表现了征战、凯旋、庆典等宏大场面，记录了玛雅各种身份的人的不同着装样式，有穿着皮革戎装和头饰羽毛的战士，有盛气凌人戴着鹰鼻面具的首领等，色彩鲜艳夺目。

约公元1200年至1521年的后古典时代晚期，位于现在墨西哥瓦哈卡州的古代墨西哥国家的居民米克斯特克人，在金属制作和小型石质工艺品的制作方面是无与伦比的。15世纪时，米克斯特克人被阿兹特克人征服，并向阿兹特克征服者进贡黄金小铸件、镶嵌绿松石的面具、岩石晶体雕刻品和其他一些精美的工艺品。事实上，在许多博物馆中陈列的标有阿兹特克人所制的艺术品，大多数可能出自米克斯特克人之手。墨西哥考古学家阿尔方索·卡索在1931年至1948年指导了奥克萨卡前哥伦布时代最大的一座城市蒙特阿尔班的发掘。1932年他发掘了美洲人所知的最壮观的墓葬——蒙特阿尔班的7号墓。墓中保存着中美洲所发现的金属器中最精美的作品。黄金被制成器皿和个人饰品，如胸饰、指环、耳环、手镯和坠饰等。黄金坠饰是使用失蜡技术铸成的。7号墓中保存最完整的一具骨骼是一位地位很高的米克斯特克妇女。她身边有几十件用鹿骨和鹰骨制成的纺织工具，包括梳子、夹子、纺锤、转碗、顶针和 34 件罕见的微型织布筘座。这位墓中女子所受的豪华礼遇与折叠书中所记述的米克斯特克的历史相符，即妇女在社会中具有突出的作用。

美洲大陆的古代文明都崇尚对羽毛饰物的使用，近年来的考古证实这种戴于头部、独具特色的羽毛饰物与美洲文明的宗教信仰密不可分。1917 年至 1922 年，墨西哥考古学家曼努尔·加米奥对兴盛于公元 100 年至 750 年的特奥提华坎展开了大规模的发掘。发现了有七层平台的羽蛇庙，每层的侧面都有一块贴在低矮斜墙上的直立面板。这些面板上反复出现羽蛇形象——一条长满羽毛的蛇，羽毛蛇像用涂了明亮色彩的石头雕刻而成。现在人们已知道这个蛇头代表一种军队的头饰，玛雅贵族在因金星的位置变化而发动的战争中就佩戴着这种头饰。阿兹特克人把羽蛇同金星联系起来，表明羽蛇庙将金星战争崇拜的各方面因素都结合到了一起。因此，我们可以把羽蛇庙看作曾在中美洲后古典时期流行的羽蛇战士形象的原生地。

南美洲安第斯山著名的早期文明是得名于秘鲁查文·德奂塔遗址的查文文化。该文化的艺术作品描绘了长着獠牙的凶暴人类和在该遗址东部亚马孙森林中的动物，表明这可能是一种发源于亚马孙的宗教崇拜。查文遗址在 17 世纪早期开始为人所知，但直到 20 世纪二三十年代，考古学家朱里奥·C. 泰罗才意识到这里是一个重要的早期文化的中心地带。查文神庙群的建造大约始于公元前 800 年。在大约公元前 400 年，这座神庙经过了一次修缮。这个时期此处的最重要石刻可能是一个戴着精美头巾的人像，人像的双臂垂在身旁，双手各握着一根节杖。这种人像被称为"节杖神祇"。

公元元年至 750 年，莫齐文明在秘鲁北部的沿岸地区繁荣兴盛。1987 年，人们从一个泥砖小金字塔中发现了一系列壮观的陵墓。这一发现，使人们重新了解了这个文化以及该文化的统治者所掌控的权力。希潘的统治者之墓是新大陆所发现的葬品最丰富的墓葬。墓葬中整齐地排列着令人惊异的人工制品，包括羽毛头饰、饰有金属的王家服装、王家旗帜、贝壳珠胸饰，还有宝石、黄金头饰。另外有用黄金和绿宝石制成的圆形小耳饰，还有花生状珠子穿成的金银项链，是迄今发现的前哥伦布时代最精美的珠宝之一。

第七节　古代服饰的修复与保养

　　服饰考古学的研究工作，除了通过田野考古来发现各类服饰品，还需要对发掘出的成果以及流传下来的古代服饰品进行持续深入的分析研究，如此，古代服饰作为服饰考古学要研究的对象和内容，其保存状态如何必然会影响到考古研究的结果。很显然，古代服饰品的保存状态越差，其研究价值也就越低，因此古代服饰的保护也是服饰考古学要面对的课题之一。

　　服饰保护隶属于文物保护范畴，其具体的保护技术根据服饰构成材料的不同，分别涉及了文物保护技术中的纺织品文物保护技术、金属文物保护技术和宝玉石文物保护技术。纺织品文物保护技术所要解决的是有机质地的服装和织物的保护问题；金属文物保护技术主要针对无机质地的服装和饰物；宝玉石文物保护技术则指的是对宝玉石类饰物进行的保护措施。有机质地的服饰品，包括以植物和动物纤维等构成的服装和织物；无机质地的服饰品，包括金属材料构成的服装，如金缕玉衣、铁铠甲等，以及玉石、宝石和金属等材料组成的各种身体装饰物；另外还有有机质地与无机质地相结合的服饰品——复合质地的服饰品，主要指的是各种随件，如扇子、革带等。在服饰保护中，尤以有机质地的服装和织物保护也即纺织品的保护问题最为突出，纺织品保护历来是文物保护中的难题。有机物质中的化学成分具有不稳定性，在自然界中易被分解，因此纺织品的内在因素即它的自然属性使其不可避免地出现老化、劣化现象。除此之外，外在因素如光、温度、湿度、生物（微生物）等自然因素加之人为破坏等，也是造成由植物和动物纤维构成的服装和织物保存困难的重要原因。虽然其他无机质地的服饰也会出现风化问题，但程度远不如纺织品类的服饰严重。长期以来，考古发现的古代有机质地的服饰品比较其他古代艺术品的出土发现，如石刻、石雕、金属工艺品、陶器、瓷器、玉器等都是最少的，所以服饰保护很大程度上是针对有机服饰的保护。

　　有机质地的服饰最常出现的问题是变硬发脆、糟烂褪色和霉变虫蛀等。无机质地的服饰会有腐蚀生锈等问题。这些问题的实质是服饰品在自身和外在因素的作用下，产生的风化现象。那么，如何阻止服饰品的风化，如何使已经风化的服饰品能够长久保存，以及如何较好地保养收藏出土和传世的服饰品，就成为服饰保护所要重点解决的问题。

另外，由于构成各类服饰品的材料结构和特性不同，使它们的保存状况及风化状况也不同；又由于服饰品本身存在的环境不同，相同质地的服饰品也会出现不同的风化状况。因此，需要具体问题具体分析解决，要针对不同质地、不同种类、不同风化状况及不同用途采取相应的、切实可行的保护措施。保护技术的研究与运用，需要传统方法与现代科学技术的相结合，同时还应具有考古学、艺术学、历史学、服饰史学的基本知识。但是对现代科学技术的运用，不能违背服饰保护的基本原则，否则可能会适得其反，造成古代服饰品无法弥补的毁损。

一、古代服饰品保护技术

（一）相关概念

古代服饰的保护技术从属于文物或艺术品保护技术范畴，但又有自己的特点。服饰保护技术主要研究各种材质的古代服饰品在自身和外界因素影响下的质变规律，并运用传统的手段和现代的科学技术，防止或减缓其病害和风化，维护古代服饰品的质量，尽可能地呈现古代服饰的原貌。

服饰保护技术涉及很广泛的自然基础科学领域和专业技术知识、如用于分析材料成分的化学、物理学；用于分析自然环境的环境科学、地质学、生物学等。也就是将其他学科的技术成就运用于服饰保护中，充实和完善服饰保护技术。需要注意的是，虽然现代科技在服饰保护中发挥着越来越重要的作用，但古代服饰有不同于其他古代艺术品之处，这就是其自身具有的自然（天然有机材质）及人文（艺术，伦理、审美等）相结合的特性，使一些传统的修复手段和天然保护材料，如手工织补工艺、装裱工艺以及用于加固丝绸的天然丝胶等，仍是现代科技手段和人工材料所无法替代的。因此，服饰的保护技术是现代与传统并重的应用技术，不能像其他文物或艺术品保护技术一样简单地归入自然科学。

服饰的保护包括服饰修复技术和保养技术两方面。修复是对已受损的服饰品进行技术处理，使其消除病害，劣化、老化现象得到控制，破损得以修补，同时按原样复制的工艺过程。修复的前期工作如材料构成的分析、风化程度的调查以及保护材料的分析与研制等多运用现代科学技术，而具体的修复工作则是需要传统手段与现代技术的结合，以期保持与古代服饰制作工艺的一致性，唯此方能不违背服饰保护原则，重现古代服饰品的历史应有之貌。至于保养工作，则要以预防为主，维护服饰品质量，最大限度地减少毁损，主要与日常的预防保护有关。服饰品的修复是被动行为，而保养是主动措施。

（二）研究内容与对策

服饰品中的服装和织物是由各类纺织品所组成的，各类纺织品在构成材质上有丝、棉、麻、毛等不同种类。而无机质地和复合质地的服装和饰物构成材质更加繁多复杂。不同材质具有不同的性质，也有不同的受损原因。这就需要在进行保护之前，对构成材料性能进行分析；需要对其风化机理进行研究；需要了解它所处环境的影响及应保存的合适条件；需要选择合适的保护材料和保护技术；需要对保护材料的性能有深入的了解等。因此，艺术品保护的研究内容有下列几方面。

1. 分析服饰品的构成材料

服饰品的构成材料不同，决定了不同服饰品的劣化、老化状况以及抵抗外界风化能力的不尽相同。因此在应用保护技术之前，需要掌握服饰品构成材料的元素组成、化学结构和物理性能。这必然离不开各种化学和物理手段的运用。如用于分析构成材料元素组成和化学结构的色谱分析法、质谱法、红外光谱法、核磁共振波谱法等；用于了解纺织品物理性能的电子显微镜等。在弄清内因的基础上，才有可能研究出切实可行的服饰保护技术。除了保护技术的需要，构成材料的分析还能给予艺术家、历史学者、服饰史专家及考古工作者在了解未知服饰品的风格、工艺及年代确定上重要的帮助。

2. 研究服饰品的风化机理

服饰品的风化是指它发生质变、腐烂、损毁、损坏的现象。如金属饰物的腐蚀矿化，宝玉石饰物的风化受沁，服装及织物的褪色变暗、黏结腐烂，皮毛的硬结脱毛等。由于服饰品成分、性质的不同和外界自然因素的差异，所发生的劣化变质现象也各自有别。从理论上阐明不同质地的服饰品在不同自然因素影响下质量变化的物理、化学规律，掌握藏品的风化质变机理，对采取相应的保护技术措施十分重要。

3. 考虑服饰品的保存环境

古代服饰在地下长期处于相对稳定的封闭状态，考古发掘时，突然转入大气中，环境骤变，会引起服饰品质量的急剧变化，造成出土时的劣化变质。如纺织品的变硬脆化、服饰上的色彩褪落等。地下土壤和地下水的酸碱度、地下环境的温湿度、墓室气体组成等环境因素，也影响着地下服饰品的质量。如金属质地服饰的锈蚀。

为揭示服饰遗物在地下期间保存环境的奥秘，以便出土后的长期保存，需在发掘前和发掘过程中，采集墓室内外和遗物周围的土壤、水及气体试样，进行分析测定，获得地下环境的原始资料。发掘出土时还应详细记录服饰遗物的保存状态。

4. 强化服饰品的保护技术

服饰品保护技术的使用要根据服饰品自身的特质和实际状况而定，不同的服饰品会有不同的保护措施和保护技术，即使同一质地的服饰品也会使用不同的保护措施。服装和织物的保护技术包括揭展、加固、表面封护保护等。揭展是在出土纺织品黏结糟烂的状态下，所进行的保护性的揭起展开技术。加固保护用于已经糟朽断裂的纺织品，可采用传统的托裱法加固，或传统材料天然丝胶加固，也可以用涂有高分子材料的丝网连接固定。常用的高分子材料有聚乙烯醇缩丁醛、羟甲基尼龙等。表面封护是为了防止外界环境对出土服饰品的进一步破坏，而在其表面施以能隔绝空气的保护材料的保护手段。表面封护一般用含有高分子材料的溶液喷于纺织品表面，使其表面形成薄膜来达到隔绝空气，防风化的目的。对于珍贵的古代纺织品则会使用惰性气体如氮来加以封护。金属和宝玉石材质的服饰保护技术，包括清洗、加固等，这种材质的服饰的保护相对简单些。

5. 注重服饰品的日常维护

对出土后和传世的服饰品所进行的日常维护，是一种为了阻止或延缓服饰品劣化变质而采取的防护性措施。具体有避光、清洗、控温、防虫菌等。

避光主要用于纺织品保护中。可见光及不可见光对纺织品都有影响。紫外线的破坏性最大，能使织物褪色，破坏有机物的碳链，降低机械强度。古代服饰在保存过程中，应注意使保存地如库房和陈列室防止光线直射，减少曝光时间和降低光照度，最好不要超过50勒克司（Lux）。珍贵纺织品不宜拍照，必要时需严格控制摄影用的照明。为消除光源中的紫外线，库房最好无窗或设小窗。目前，已有使用含有紫外线吸收剂的高分子材料做成的"吸紫"薄膜和"吸紫"有机玻璃，用它们包裹文物或制成标本盒、展柜或用于窗户上、套在日光灯管上等，其阻挡光线中的紫外线效果很好。

清洗保护包括水洗和干洗。古代纺织品洗前要仔细检查，验定纺织物原料，记录损坏情况，试验染料牢度，识别污染类别，然后确定洗涤方法。洗时切忌揉、搓、拧、晒。洗涤后的纺织品应平放在竹帘或塑料网上，放在阴凉通风处晾干。更要注意理顺织物的经纬方向，防止变形。收藏时尽量平放，不要折褶，以免受到机械损伤。水洗的水温在35℃左右，或加入少量中性洗涤剂。水洗前要做纺织品掉色试验，如不能水洗，则干洗。干洗用丙酮、石油醚、四氯乙烯、四氯化碳等有机溶剂清洗。混合洗涤剂配方为：乙醇9份、醋酸乙酯6份、丙酮1份、三氯乙烯2份、醋酸1份、中性洗涤剂10份。

清洗古代纺织品必须慎重选用洗涤剂，严禁用市售加酶或加荧光增白剂等洗涤剂，也不要用碱性洗涤剂，否则会使古代纺织品失去其原有的特性。

如控制温湿度。库房内温度过高，容易使纺织品纤维中的原有水分蒸发，造成干裂、发脆。温度剧烈变化，纤维热胀冷缩，会产生相互摩擦降低强度。湿度过高，纺织品易生霉、生虫，受到蛀蚀和污染。

博物馆收藏服装和织物的库房的温度最好能控制在14～18℃。夏季库内温度不能高于25℃。一天温度变化不超过2～5℃。相对湿度控制在50%～65%。相对湿度变化不超过3%～5%。

再有是防止虫菌损害。霉菌在纺织品上形成菌落，产生霉斑，很难去掉，并使纺织品变色。霉菌腐蚀分解纤维过程中，会产生二氧化碳和水。因此，发霉的纺织品较潮湿并发黏。毛衣虫及皮蠹是纺织品的主要害虫。皮蠹幼虫对织物危害最大。在5-7月虫卵变为幼虫时，毒杀效果最好。要严禁已被害虫或霉菌感染，未经杀虫、灭菌处理的藏品入库。对已入库的藏品要经常检查，定期放防菌、防虫剂。保持库内清洁。使用杀虫灭菌的药物，对文物要无副作用。杀虫灭菌剂按性质及作用大体分为三类：接触杀虫灭菌剂；胃毒杀虫剂；熏蒸杀虫灭菌剂。还有用气体熏蒸消毒的，常用的熏蒸剂有环氧乙烷或溴甲烷。

6. 提升服饰品的修复水平

服饰品的修复技术包括服饰品的修复及复制两方面。服饰品的修复技术是对已损坏的服装和织物所进行的抢救性保护措施。一方面运用化学的、物理的修复方法，对已损坏的服饰品进行修复处理，可使服饰品的病害消除，毁损得以恢复，劣化现象受到控制。另一方面也要对传统修复技艺，进行系统的发掘、筛选，取其精华。同时需移植引进新技术，因物制宜地研究、试验不同质地、不同损坏状况服饰品的修复方法。服饰的复制技术则是要对服饰品原件的原状进行重新制作的技术手段。复制品必须忠于原物，复制工艺应确保服饰品安全无损，这也是衡量复制技术优劣的重要标准。

（三）服饰保护技术运用的原则

保护服饰品的实质是利用现代科学技术和方法保持它的历史价值、艺术价值和科学价值。只有保存服饰的本来面貌，才能保持它的这三种价值。因此，在保护技术的运用中，要遵守相应的基本原则，如保持原状、尽量少干预、保护材料可逆等原则。

1. 保持原状

原状包含未经改变的制作时的原状（始状）和历经千百年的沧桑后的状态。我国古建筑学家梁思成先生曾就古建筑的整修提出"整旧如旧"的基本要求。这一要求也适用于服饰品保护。"旧"一般是指原有的基本状况，是服饰品的原质、原状、原貌。"旧"和"原"主要是指服饰品处于能够保持其自身质和形的状态，使赋予其上的历史文化信息能完好存在。所以，保持什么样的原状必须具备现实的必要性以及可靠的历史考证和充分的技术论证。要求保护处理及所用技术基本不改变艺术品外貌特征，要求在对历史、艺术和科学价值进行充分评估的基础上，尽量采取对服饰品少干预的方针。

2. 消除隐患

对那些濒临危险的服饰品中的有害因素，应采取措施予以消除。消除隐患与保持原貌之间要相互统一，在消除有害因素的前提下，应尽力不改变原有状态。不能因清除病害而使古代服饰面目全非，也不可片面强调保持原貌而使服饰品焕然一新，而要经常保养、消除隐患。所以新技术新材料的运用应不带来任何新的隐患。

3. 保护材料的可逆性

文物保护中规定，一切保护材料及实施措施应该是可逆的。所谓可逆，是指使用上去的材料，在必要时能除掉而不影响文物本身。因为在保护古代服饰品的过程中，需要研究和引进新技术、新工艺和新材料。而使用新材料会与保持服饰品原材料相冲突，所以，只有在原材料已严重劣化变质，传统的保护材料无法发挥作用时，而需用新材料的充填、加固和连接方能保存的情况下，才使用新材料来保护原材料。同时无论是使用现代技术及人工合成材料还是传统工艺和传统的保护材料时，都应遵循使用的范围尽量小、具有实际操作的可逆性、不给服饰品带来不利影响等基本保护原则。可逆性也被理解为可再处理性，即采用的技术和材料也可以被以后更好的技术和材料替换掉，当前的保护应不妨碍后人取得进一步的保护措施。当然，保护技术和保护材料还是要兼具有效性和持久性，毕竟，频繁地使用新技术新材料也会给脆弱的有机质地的服饰带来损毁。在选择保护材料的同时，还必须符合生态要求。

二、古代服饰品保护实践

古代的服饰按来源出处不同分为出土服饰和传世服饰，对于服饰的保护也分成出土服饰的保护和传世服饰的保护。这样区分是根据二者不同的保存状态。出土服饰因长期埋藏于地下，直接暴露于外界环境，易发生质变，完整性较差。传世服饰因是代代相传，在此收藏过程中人们会对服饰品做有意的保护，除非意外或人为破坏，传世服饰品的保存状态一般都相对较为理想。针对保存状态的不同，服饰保护中的出土服饰多采用抢救性的保护措施，而传世服饰的保护则属于一种日常性的维护措施。需要探讨的是出土服饰的修复和保护情况。

中国是丝绸的发源地，丝绸服饰是中国传统文化的重要组成部分，可以说中国的服饰文化也就是丝绸文化。然而丝绸材料不易保存的特性，使很多精美的丝绸服饰在考古发掘出土时，就已很残破，在起初保存时也仍会受外界影响而损坏下去。20世纪以来，对破损丝绸服饰的保护性修复已越来越受到文物保护单位和专家们的重视，并逐渐开展探索研究，一方面吸取国外应用的方法，另一方面根据破损的实际现状研究与之相适应的保护修复方法，在这方面取得了一些成效。在这一部分中我们将以丝绸文物的修复和保护为例，来介绍中国文物保护专家所取得的进展和成就。

文物的材料属性决定了破损的状态。在对出土丝绸服饰进行保护之前，需要先分析丝绸服饰出土时的保存状况。我国的文物保护专家根据自己的实践经验总结了三种出土丝绸的保存状况：

其一，西北干燥地区。古代随葬丝绸是干燥入土，干燥埋葬，又干燥出土。例如，新疆沙漠地带民丰尼雅、吐鲁番阿斯塔那、楼兰遗址所发现的汉唐丝绸服饰，质地、强度、颜色保存大都较好。这类丝绸织物经除尘清洁，长久保存不成问题，修复某些地方也易上手，对于研究使用也有相当好的耐受力。

其二，长江流域等高温高湿地区。从考古发掘来看，东周时，人们就懂得如何使尸体保存长久。当时的大小贵族多用"白膏泥""青膏泥"，将棺椁上下四周厚筑封层，又用木炭在内吸附气体，过滤渗入的水分。死者和随葬品埋入不久即产生甲烷气，消灭了一切微生物，也终止了生物酶的活性，耗尽了氧气，使整个墓葬处在密封、无光、恒温恒湿中。在绝氧又无生物侵蚀的状态中，墓葬历经两千多年竟不腐，随葬的麻、丝织物以及毛皮制品也都能保存下来，甚至在填土中还能看到当年的红花绿叶。著名的长沙马王堆汉墓便是其中一例。

其三，华北、内蒙古、辽西黄土地带。这一地区墓葬封闭很难严密，往往随着大气候时干时湿，有的进水，有的还透点气，丝绸遗物多已朽败，保存质量不一。有时看到的织物结构完好，但起取难度大，触手即塌落，形同灰烬。还有一类，在遗址或墓葬中已被大火烧成灰烬或虽未成灰却已严重炭化，这种织物如未曾扰乱，会留有清晰结构。

以上三种情况，一是古丝绸干入干出，保存处理都容易；二是干埋入，湿埋葬，强度降解很大，出土后要重新干燥，处置得法也可以取得完好实物；三是不干不湿，时干时湿埋藏的丝绸，其保存状态最差。在第二种和第三种情况下，古丝绸常呈现糟朽、黏结、老化、脆化等状态，需要采取揭展保护和加固处理等措施。揭展保护是通过使用高分子材料的揭展剂恢复老化黏结的纺织品的柔性，再将其剥离开来并展平，其中重要的是揭展剂的研究和使用。西安的文物保护工作者在对陕西白水出土的宋代丝绸的揭展保护中，通过研究并使用新的可逆性的揭展剂，取得了良好的效果。为了能长久保存下去，还需要对丝织品进行加固处理。加固处理中最关键的是加固材料的运用。加固材料有化学材料和天然材料。20 世纪 50 年代时，曾用聚甲基丙烯酸甲酯加固处理定陵出土的明代丝织品。70 年代，用聚乙烯醇缩丁醛丝网和天然丝胶加固过长沙马王堆汉墓出土的一些丝绸服饰。80 年代，又采用过硅橡胶来加固保护焚烧过或炭化的古代纺织品。不论是化学还是天然材料，在服饰保护上都起了一定作用，但它们也存在不足之处。

丝绸服饰的保护还有一个更重要且复杂艰辛的工作，就是对它的修复。苏州丝绸博物馆的保护工作者在丝绸服饰保护和修复研究方面做了大量工作，获得了很多有益的宝贵经验。在对一批出土的明代破损丝绸服饰进行修复的过程中，根据破损状况，采用传统的手工衬补缝合法，运用不同的针法技能，完成了破损百褶裙，素缎广袖长袍等的修复工作。而且修复后的服饰仍能保持真丝柔软特性。对这批明代丝绸服饰的保护和修复具体有三个步骤：一是分析服饰破损情况；二是研究保护方法；三是研究和运用修复及加固技术。

这批明代服饰出土于高温湿地区，丝织品情况比较复杂，损坏的程度相当严重。经过专家的分析将丝绸破损的状况大致汇总了五种：破裂、撕裂、破洞、脱线和残缺。

在了解破损情况之后，专家们开始研究具体的丝绸服饰的保护方法。用科学的方法对文物进行有效保护是文物保护范畴中的实质性工作，在此过程中需依照服饰保护技术原则，即在尽量恢复丝绸服饰原貌的基础上消除隐患，同时确保保护材料的可逆性。目前，国内外文物保护工作者和专家也已就丝绸文物的修复和加固方法做了探索，如丝网加固法、树脂黏合法，传统的手工衬补缝合法等。苏州丝绸博物馆的专家们经过对比研究，认为丝网加固法和树脂黏合法都有一定的局限性，而手工衬补缝合法通过针法技能的应用，可以起到有效的修复和加固作用，虽然是传统的方法，但实践证明它是最为适宜的方法。

服饰修复着重在两方面：一是款式的复原修复，二是破裂破洞、残缺、脱线部分的加固修复。因是对明代丝绸服饰的修复，首先就要了解明代服饰的款式特征，然后再研究相关的修复技术，最终达到修复后的服饰可以陈列展出，还其本来面目，恢复真丝服装的高贵风采的目的。为此，需要就不同的破损状况采取不同的方法。

破裂和撕裂的修复。破裂和撕裂统称为裂痕。主要表现是经线和纬线整齐地断裂，一般采取在裂痕的背面衬托一块与原件质地和色彩近似的真丝补片，先将补片四周用行针与原件缝牢，再在裂痕处用细针和相近色彩的真丝线将裂口缝合。而采取怎样的针法是一个操作上的技术技巧问题。通过专家们的反复尝试，最后采用两边交叉穿引缝合的方法，有效地缝合了裂痕又显现较好的外观效果。

破洞的修复。形成破洞的面料一般物理性能都很差，已经无法再承受外力的拉扯，有的甚至是破洞连绵。对于这种情况，加固原件的面料是首要的，因此必须在背面衬一块补片，然后再在破洞处用缝线将洞口边缘与补片缝合起来，针法采用的是小而稀的明操针，又称板针法，这种针法在传统缝纫中一般多用于固定服装的贴边，其优点是正面线迹短而整齐，反面线迹大，一方面使原件与补片缝合，另一方面缝线可揽住洞口边缘的毛边，因而比较理想。

脱线及衣制的复原。原件脱线后严重地损坏了服装的衣制结构，有些甚至无法辨认。对这类情况的破损修复，不仅仅是缝制技术问题，关键的技术是要研究了解明代的衣制形式，并将破损的结构状况作仔细观察分析后将结果结合起来，才能在核实复原的基础上将脱线缝合复原。

残缺及衣制的复原。残损严重的服饰因腐朽而造成局部缺损，特别是关键部位的缺损，会造成复原时的误差。为此，专家们通过多角度的分析观察，并应用相关的专业知识，结合该时代的服饰特点，最终做到准确的衣制复原。在复原"素缎广袖长袍"前，它的残损和残缺的程度是相当严重的，专家们依靠自己的耐心和信心加之精湛的技术，采取整平一片，修补一片的方法，及时地抢救修补，使之得到有效保护不再受损。

对破损丝绸服饰的修复研究工作，专家们做了三点归纳：一是查阅资料，了解历史。每个朝代的服饰款式和缝制工艺都有其时代的特征，在原件破损、残缺、脱线的情况下，唯有通过有依据的考证，才能做出正确的分析，才能用科学可行的方法进行保护和修复。二是分析原件面料的质地和色彩。服饰面料破损事实文物残损的主要症状，修复材料的选择只有依据原件面料的织物结构和色彩，才能保证修复后的外观效果。三是修复手段。服饰的款式不同，面料不同，破损状况不同，采取的修复方式就应具体情况具体对待。如"衬补"法比较适应于丝绸服装的修复，其最大优点是能够使真丝绸缎制成的服饰仍保持柔软的特性。

总之，对丝绸服饰的保护和修复是一项系统工程，它涉及历史、文化、艺术、纺织工程、古代服装史、服装工艺及传统手工缝制等多方面的领域，它要求保护和修复工作者不仅有较高的专业水平，还需要懂得相关的历史、文化和艺术，更需要善于综合应用多种学科和多种技艺，才能制订出正确的、行之有效的保护修复方案，并取得较好的效果。

第九章

服饰传播学

第一节　传播学与服饰传播学

一、传播学概念及研究历程

（一）传播的定义及影响传播的因素

1. 传播的定义

在中国古代，汉语中的"传"与"播"最早是分开使用的，它们在用于人类信息交流时与"布""流""宣""扬""通""递"诸字同义。其义位相同而义象各异："传"表示纵横的传播，"播"表示广泛的传播，"布"表示伸展的传播，"流"表示连续的传播，"宣"表示庄重的传播，"扬"表示宏大的传播，"通"表示言语的通达，"递"表示物件的沟通。据考证，"传播"一词在中国出现于 1400 年前，即可能最早见于《北史·突厥传》中的"宜传播天下，咸使知闻"一语。当时，使用"传播"一词不太广泛，大量使用"传播"概念是近现代才出现的。

"传播"一词由日常用语演变而来。传播学中所使用的"传播"一词，是英语 communication 的对译词。据考证，这个词起源于拉丁语的 communication 和 communis，14 世纪在英语中写作 comynycacion，15 世纪以后逐渐演变成现代词型，其含义不下十几种，包括"通信""会话""交流""交往"

"交通""参与"等。19世纪末，该词已经成了日常用语。通过这些日常用语，人们基本上可以了解"传播"一词主要指的是人类传递或交流消息、观点、感情或与此有关的交往活动。

"传播"一词最早作为理论语言使用起于何时尚待进一步的考证，不过根据现有文献可以判断，至20世纪初，一些学者已经自觉地将传播作为学术考察的对象，如美国社会学家库利在1909年出版的《社会组织》中为传播下了这样一个广为人知的定义：传播指的是人与人关系赖以成立和发展的机制——包括一切精神象征及其在空间中得到传递、在实践上得到保存的手段。它包括表情、态度和动作、声调、语言、文章、印刷品、铁路、电报、电话以及人类征服空间和时间的其他任何最新成果。

另一位美国学者皮尔士也在1911年出版的《思想的法则》中设了一个题为《传播》的短章，其中有这样一段论述：直接传播某种观念的唯一手段是像（icon）。即使传播最简单的观念也必须使用像。因此，一切观点都必须包含像或像的集合，或者说是由表明意义的符号构成的。

从20世纪40年代信息科学诞生以后，许多传播学家在界定传播概念之际都突出强调传播的信息属性。如著名传播学者施拉姆在《传播是怎样运行的》一文中写道：当人们从事传播的时候，也就是在试图与他人共享信息——某个观点或某个态度。

传播至少有三个要素：信源、信息和信宿。另一位传播学者阿耶尔则更明确地指出：传播在广义上指的是信息的传递，它不仅包括接触新闻，而且包括表达感情、期待、命令、愿望或其他任何什么。

将社会学视点和信息科学视点加以结合。人们可以为传播学中的传播概念下一个基本定义了，这就是：所谓传播，即社会信息的传递或社会信息系统的运行。

2. 影响传播的因素

施拉姆认为传播至少要有三个要素：信源、信息和信宿。但是，仅有上述三个要素尚不足以构成一个现实的传播过程，也就是说，还必须要有使这三个要素相互联结起来的纽带或渠道，即媒介。但这对考察人的社会互动行为的传播学来说，这个过程仍然不完整。还应该把受传者的发音和反馈包括在内。综上所述，一个基本的传播过程，是由传播者、受传者、信息、媒介和反馈构成的。

（二）文化与传播的关系

文化是传播的文化，传播是文化的传播。没有文化的传播和没有传播的文化都是不存在的。一方面，文化的形成和发展受到传播的影响。传播促成文化的整合、文化增值、文化积淀、文化分层、文化变迁和文化"均质化"。传播对文化的影响不仅是持续而深远的，而且是广泛而普遍的。反过来，文化对传播也有着十分重要的影响，这种影响体现在传播者对受传者的文化意义，同时还体现在传播媒介及传播过程之中。传播与文化的互动表明：文化与传播在很大程度上是同质同构、兼容互渗。从这个意义上可以说，文化即传播，传播即文化。二者是互动的、一体的。

（1）文化的传播功能是文化的首要的和基本的功能，文化的其他功能都是在这一功能的基础上发展起来的。如果没有文化的交流与传播，任何文化都将是一种"死文化"而不是一种"活文化"；如果没有文化的交流与传播，把自己同外界封闭起来，把"本文化"与"他文化"割裂开来，任何文化都不会葆有生机和活力，最后都将终结和消亡。所以说文化的传播功能是文化的首要的和基本的功能。文化的传播功能是指文化活动所具有的传播能力及其对任何社会所起的作用或效能。

（2）传播是促进文化变革和创新的活性机制；传播是文化的内在属性和基本特征；文化不是一个被凝固的尸体，而是一个发展变动的过程，是一个"活"的流体。文化不是"静态"的而是"动态"的；文化既是"名词"又是"动词"。说到底，人类文化是一个不断流动、演化着的生命过程，文化一经产生就有一种向外"扩散"和"传递"的冲动。

（3）一切文化都是在传播的过程中得以生成和发展的。

（三）文化传播

尽管人们在对文化的理解上还存在许多歧义，但在基本问题上还是一致的。具体而言，文化由表及里包括物质文化、人类行为模式和意识形态三个层次。物质文化是指作为人类行为产物的物质财富，以及物化了的精神财富的全部总和，是人类对象化了的劳动，人类创造的"第二自然"。人类行为模式指社会制度、社会组织和风俗习惯等。指导人类行为的模式即意识形态，包括民族性格、思维方式、价值观念、道德情操、审美趣味、宗教情绪等。

1. 文化传播的定义

文化传播是指人们社会交往活动过程产生于社区、群体及所有人与人之间共存关系之内的一种文化互动现象。如果从作为人的社会活动过程的一方面而言，文化传播就是社会传播，是人对文化的分配和共享，沟通人与人的共存关系。

由于作为主体的人的生活条件、经验、心理、价值观及对文化信息理解的不同。既受社会集团共同意识的制约，又受个人心理、思想意识和价值观念的影响。有无数个人根据不同文化要求相互交错、相互作用。

文化传播学是研究社会文化信息系统及其运行规律的科学。

文化传播学把社会信息系统及其运行规律作为研究对象。通过对系统及其各部分结构、功能、过程及其互动关系的考察，探索、发现和克服传播学障碍和传播隔阂的科学方法，找到社会信息系统良性循环的机制，推动社会健全发展。

作为社会科学，文化传播学研究的焦点始终是人及人在社会信息系统中的主题活动，信息技术发展的社会影响，如新媒介、新技术的出现和普及对政治、经济和文化的推动作用以及与人的价值观念、生活方式变化之间的关系等。文化传播学为发现和解决社会传播问题提供合理方法，引导人们从信息系统角度考虑问题，从微观到宏观对社会事件和社会发展都具有重要意义。

2. 文化传播的特征

文化传播的特征主要有：一是社会性。文化是一种群体性的存在。文化传播是人与人之间进行的一种社会交往活动，离开了这个传播的社会主体，传播活动就不能进行。二是目的性。人类的文化传播总是在一定的意识支配下的有目的、有指向的活动，这与动物本能性的机械生成传递有着本质的不同。三是创造性。文化传播是文化创新与发展的动力系统，在文化传播活动中，人类对信息的收集、选择、加工和处理，处处都包含着人类的智慧，彰显着人类文化的创新。四是互动性。文化传播是双向的，是传播者与受传者之间信息共享和双向沟通与交流的过程。五是永恒性。文化传播生生不息，绵延不断。超时空、跨种族，贯穿人类社会发展过程的始终，是恒久长存的人类活动。从文化传播的特征可以看出："文化传播是人类特有的各种文化要素的传递扩散和迁移继传现象，是各种文化资源和文化信息在时间和空间中的流变、共享、互动和重组，是人类生存符号化和社会化的过程，是传播者的编码和读者的解码互动阐释的过程，是主体间进行文化交往的创造性的精神活动。"①

文化传播还具有开放性、多元性与融合性。文化传播是以文化积淀为基础的。文化的形成，都与它所处的特定的经济发展阶段、当地的人文地理环境及历史传统相适应。在传统的界限里，人们往往只有机会接触自己赖以生存的民族文化，久而久之，人们也慢慢满足于那种稳定且自足的文化氛围并自得其乐。面对突如其来的现代媒介所提供的广阔、新奇、多元的文化空间，人们失落过，也犹豫过，但是终于抵挡不住其诱惑，纷纷从文化比较和文化竞争的角度来重新评价各种文化的价值。因而，在现代传播中，开放性、多元性、融合性成为时代的潮流。

二、服饰传播学的学术定位

（一）服饰文化传播的功能

1. 服饰文化的人际传播功能

加拿大传播学者麦克卢汉认为，服饰也是一种媒介，服饰是人的皮肤的延伸。服饰不仅为一个人挡风遮雨，保身暖体，更重要的是，服饰作为一种媒介，既是个体信息本身，又是个体信息的传播载体。服饰作为一种符号系统，在非语言交往过程中，传递着各种无须言传的信息。

不同的穿着不仅体现着穿衣人自己的兴趣特征，也向周围的人传递不同的心理特征。一个人可能与你素不相识，但他却可以从你的外表对你做出以下十方面的推断：经济水平、受教育程度、可信程度、社会地位、个人品行、成熟度、家族社会地位、家庭教养情况、是否成功人士等。服饰覆盖了人体近90%的面积。因此，服饰和语言及其他符号一样，成为人际传播的重要媒介。

当问及人们为什么穿衣，可能第一反应就是需要保暖。人猿揖别以后，人作为自然动物的一面逐渐退化，而作为社会人，其社会的属性越来越得以强化。人们需要穿衣保护自己，并且这种保护已经不仅仅是生理的保护，还

---

① 庄晓东：《文化传播：历史、现实和未来》，北京：人民出版社2003年版，第197页。

有心理的保护。《圣经》中讲述了人第一次穿衣是在伊甸园，始祖亚当和夏娃原本是裸露的，但是偷吃了禁果之后，方知羞耻，便拿无花果的树叶遮掩身体。

"羞耻"在生理上的动机始于自我和他人的相互依存性，是在一种合乎"礼"的行为条件下所形成的自我心理。显然这种羞耻心理已经是人的社会性的一部分了，它不仅约束穿衣者本人，也传递着一种社会规范，很多公共场所标示的"衣冠不整者谢绝入内"就是体现。

作为媒介，服饰和其他符号一样，帮助穿衣人传递着观点和信息。这在中国魏晋南北朝时期表现得尤为明显。魏晋士族是个特殊的阶层，他们思想活跃，行为放达，不仅体现在思想上，在行动上"越名教任自然"，往往借助特殊的服饰仪容来表达他们的人生观、道德观和社会观。魏晋文学大师刘义庆的《世说新语》，就记载了汉末到魏晋间士族的言行举止，逸闻趣事，其中不乏当时士族服饰的内容。比如，那时的士族阶层很喜欢用各种葛布或丝织物做成的各式巾子来束发。其实，这种巾子在汉以前是庶民戴的，士族阶层之所以喜欢戴巾子，是因为他们认为这是放达的标志，可用来表达一种不拘礼法任情肆意的心理，从而实现向世人传达自己对当时乱世的观点和看法。(见图9-1)

服饰在政治家个人的政治活动中也起到了非常重要的传递信息的作用。美国前国务卿奥尔布赖特可

图9-1　《竹林七贤和荣启期》砖印模画

以说是一个将服饰文化用到极致的政治家。她在不同的场合总是精心挑选佩戴不同的胸针。在1999年5月，《参考消息》曾以《奥卿胸针，代言心声》为题，长篇列举在公开场合感情很少冲动的奥尔布赖特所佩戴的胸针在工作

中的作用。比如，为了缓和俄罗斯对北约轰炸南联盟的怒气，她在会晤俄罗斯外长伊万诺夫时佩戴着一枚"金属蝴蝶"胸针，因为她喜欢引用拳王阿里的名言："像蝴蝶一样示美。"在 2000 年 6 月俄美首脑会晤期间，奥卿胸前佩有图案为三只猴子的胸针，其中一只猴子用爪子捂着耳朵，另一只捂着眼睛，第三只将指头伸向嘴边，白宫对此解释为："不见恶、不听恶、不说恶。"分析家也以此认为是"好的兆头"。

在阶级社会，尊卑贵贱的等级，使服饰成为一个人身份地位无声的外在标志。特别是服饰和政治有着极为密切的联系，服饰依附于政治，政治左右着服饰发展。"贵贱有级，服位有等，等级既设，各处其检，人循其度。擅退则让，上僭则诛。建法以习之，设官以牧之。是以天下见其服而知贵贱，望其章而知其势，使人定其心，各著其目。"[①] 从贾谊《新书·服疑》中就可见一斑。

据说从舜时开始，衣裳就有"十二章"之制。按汉代大儒孔安国的说法，十二章就是十二种图案，即日、月、星辰、山、龙、华虫（雉）、宗彝、藻（水草）、火、粉米、黼（斧形）、黻（两兽相背）。天子之服十二种图案齐全，诸侯之服用龙以下八种图案，卿用藻以下六种图案，大夫用藻火粉米四种图案，士用藻火两种图案。上可以兼下，下不可以兼上，界限十分分明。

春秋战国时礼崩乐坏，楚国令尹公子围参加几个诸侯国的盟会时，擅自用了诸侯一级的服饰仪仗，受到各国与会者的指责。鲁国的叔孙穆子说，楚公子美极了，不像大夫了，简直就像国君了。一个大夫穿了诸侯的服饰，恐怕有篡位的意思吧？服饰，是内心思想的外在表现啊！穆子预料得不错，公子围回国就弑了郏敖，自立为君，也就是楚灵王。后来，历朝都把服饰"以下僭上"看作犯禁的行为，弄不好会丢脑袋。有的朝代惩罚轻些，如元朝律令，当官的倘若服饰僭上，罚停职一年，一年后降级使用；平民如果僭越，罚打五十大板，没收违制的服饰。

2. 服饰文化的组织传播功能

马斯洛的需求层次理论认为，当生理和安全的需要得到基本满足时，人就开始追求和他人建立友情，让自己归属于某个社会团体，或者得到某个社

---

① （汉）贾谊著，于智荣译注：《贾谊新书译注》，哈尔滨：黑龙江人民出版社 2003 年版，第 41 页。

会团体的认同。其实，认同和归属也是人类非常重要的一种文化心理。在人类几千年的文明发展史中，服饰往往是表示认同和归属感的主要方式，成为群体中组织传播的主要媒介之一。

服饰是民族文化的重要载体。人们一般把风格不同的民族服饰视为不同民族的重要标志，甚至当作某种意义上的"族徽"。特别是那些别具风格的少数民族服饰，在维系该民族的文化认同、文化传承方面有着不可替代的作用。在古代和现代不少民族的自称和他称中，常常可以看到以服饰命名的风习。如傣族在古籍中被称为"白衣"，这与傣族妇女喜欢穿白衣有直接关系。

民族个性特征的形成，在其特定区域内的群体中，是随着最初服饰的个体表达被不断推进的。当群体中某些个体的服饰被周围的人们接受，它就会被普遍认同，进而作为一种地域文化的表现形式被承传，而后在不断选择那种能够明确表示本民族文化个性的服饰过程中，使其成为一个民族特有的外部表征与符号被长久地固定和保留下来。一个民族服饰文化一旦形成，就对该民族的所有成员有着强大的影响力。他们不但会身体力行去体现这种文化，而且还会代代相传，将民族文化有效传承。比如，在没有文字的鄂温克族，因为没有文字，所以，穿什么衣服就直接代表着一种信息。从他们的服饰就可以了解这个民族的婚姻、丧葬、节日、信仰、礼仪等习俗。

另一个具有标志和强化认同归属感功能的服饰是现代社会中各类职业、团体、组织的服饰。这一类服饰在设计中往往首先考虑的是它所蕴含的团体价值观、精神文化等内容。这类服装是对着装者社会角色的认同，是关于"团队精神"的一种无声的教化和训导。职业服装可以给予一个公司以辨认的公开身份，而且暗示着效率和稳定。现代企业也正是通过服饰文化所能体现的意义，积极营造自己的企业文化，对外，通过显著的服饰特征让社会更好地认识自己，使服务对象更好地了解自己、认可自己，对内培养和增强员工的责任感、义务感、集体荣誉感和价值认同感、情感归属感。显然，服饰文化已经成为现代企业文化的重要组成部分。

（二）服饰文化传播的同化与异化

服饰是人类文化的显性表征，在民族识别和民族研究中，作为重要的依据——服饰占据着重要的地位。在西双版纳的贸易集市上，人们可以给你指出谁是傣族，谁是哈尼族，谁是布依族，谁是拉祜族，谁是佤族，谁是基诺族，谁是克木人等，其依据就是他们的穿着打扮。这是因为，服饰是一个民族最鲜明的标志之一。它不仅体现着一个民族的审美情趣，而且体现着一个民族心理活动的倾向性。

服饰代表着民族文化的形象。着装是民族思想的象征，如中国云南纳西族少数民族妇女"披星戴月"，既是妇女起早贪黑、辛勤劳作的反映，也是妇女地位崇高、母权至上的象征。

中国汉民族的服装中，最具视觉冲击力的个性服饰要数福建惠安女的服饰，造型美观、色彩协调，堪称奇而不俗、艳而有韵，被誉为"现代服饰中的一朵奇葩"。在描述惠安女的服饰时，常用到几个形容词："封建头、民主肚、节约衫、浪费裤"。其实，这样的穿着有着特殊的意义，它以适应生活和劳动为基调，并严格遵循其自身的审美观念，以"称体、入时、从俗"为追求目标。她们一是讲究色彩与环境的协调和谐；二是注重尺度比例适合，适应劳动生活的需要。她们的服饰与故乡的大海、田野融为一体，黑色裤子衬托出其稳重，蓝色上衣渲染其大海般的深邃与天空般的清澈。这种追求与自然的和谐美，源于她们对周围环境和色彩的感知，是一种体悟四季交替、阴晴风雨变化的朴实艺术。

服饰文化传播的民族性显然具有两面性：一方面是积极捍卫自己的民族特征，因为人的智慧、信仰等民族之美，民族的优良传统，文化底蕴是所有艺术家、设计师创作灵感的源泉，是他们表现个性风格的灵魂。但是，服饰文化传播的民族性的另一方面在于，还要不断地和外来文化、异质文化相互交流沟通，取长补短，同化外来文化而不被外来文化所异化，只有这样的文化才能保持不断发展，才能够有长久的生命力和广泛的社会影响。

自公元前221年以来，中国秦汉时期，开辟了著名的"丝绸之路"。丝织品通过贸易进入欧洲。十字军东征促使西欧人广泛地了解东方的古老文明。从此，东方文化大大影响了欧洲中世纪人们的服饰。中国织物光泽华丽的外观、豪华的金银线刺绣与欧洲人对信仰和对神的崇拜心理一拍即合。尤其在13世纪，随着西方与东方贸易的不断加强，更激起欧洲人热烈追求东方服式的热潮，女装衣服的领、袖、衣边均出现模仿绣花的形式。因此中国袍装和装饰，对后来西欧服装的演变和革新产生了巨大影响。

第二节　服饰文化的传播符号学

一、传播符号学

（一）传播符号学的产生

显现着现代文化特征的社会，从某种意义上说是各种符号系统通过传播而构筑的社会现实。没有符号的处理、创造、交流，就没有文化的生存和变化。美国人类学家怀特指出"全部人类行为起源于符号的使用，正是语言符号才使我们的类人猿祖先转变为人并成为人类。仅仅由于符号的使用，人类的全部文化才得以产生和流传不绝"。①

人们对于符号的认识，可以追溯到人类文明的古代。古罗马哲学家塞克斯都·恩彼里柯最早提到符号相关的知识。最早一本有关符号的著作是古希腊医学家希波克拉底的《论预后诊断》，他把疾病的症状看作符号，作为他诊病的一个依据，世人称他为"符号学之父"。古希腊著名哲学家亚里士多德对于符号也有研究。亚里士多德有一句名言"口语是内心经验的符号，文字是口语的符号"。② 在他看来，人们的语言和文字都是符号。同样，中国古代的学者们也讨论到符号问题，有着诸多的有关符号的言论，向我们传达着先辈们对客观世界理性的认识和概念化的过程。老子说："道可道，非常道；名可名，非常名；无名天地之始；有名万物之母。故常无，欲以观其妙；常有，欲以观其徼。"③ 实际上指出万物有了指示它们的名字符号，人们才能将它们更好地加以区别和研究，甚至才可能形成可以流传的文化，已备后人使用。中国古籍《尚书》的注释者说："言者意之声；书者言之记。"④ 也就是说，语言是表达意义的声音，而文字则是语言的记录。庄子的"象罔"说；王弼

---

① 特伦斯·霍克斯：《结构主义和符号学》，瞿铁鹏译，上海译文出版社1997年版，第83页
② 《古希腊罗马哲学》，商务印书馆1969年版，第371页。
③ （春秋）李耳著，李存山注译：《老子》，郑州：中州古籍出版社2004年版，第1页。
④ （唐）孔颖达等撰：《四部丛刊三编经部尚书正义》，上海：上海书店出版社1935年版，第9页。

的"尽意莫若象，尽象莫若言"说；刘勰的"意象"说；刘禹锡的"境生于象外"说等，都很精彩地阐述了现代符号学的思想。

现代符号学之父索绪尔 1894 年提出符号学概念，在索绪尔的符号学体系中，他把符号定义为由能指和所指构成的统一体。也就是说，符号是一种二元关系：包括能指和所指，它们的结合变成了符号。能指是符号的形式，即符号的形体，可以简单称之为符形；所指为符号内容，即思想，是符形所表示的意义或符号使用者所做的解释，可以称之为符意或符释。与索绪尔几乎同一时期，美国哲学家皮尔斯从整个符号世界的角度提出了关于符号的三元关系，即他认为符号是由符号形体、符号对象和符号解释构成的三元关系。其大体意思是说，符号是一事物表征另一事物，以传达一定的信息或意义。所谓"表征"，包括"代表""表示""象征"等含义。1938 年，美国哲学家 C. 莫里斯在前人研究的基础上，出版了符号学专著《符号理论基础》，对符号学做了进一步的精细区分，把符号学分为语形学、语义学和语用学三部分（主要针对语言符号），并对其各自的内容与功能进行了明确的划分：语形学研究符号在整个符号系统中的相互关系；语义学研究符号对事物的关系；语用学则研究人们对符号的理解与运用规律，从而为符号学的发展做出了很重要的贡献。

（二）罗兰·巴特与服饰符号学

关于专门的媒体服饰符号学的研究始于 20 世纪 60 年代法国符号学大师罗兰·巴特。罗兰·巴特是符号学研究史上里程碑式的人物，他突破了符号学的语言研究的框架，将符号学的分析思维广泛应用于社会生活的各个领域。他应用他在语言学和符号学方面的专门知识，将流行服装杂志视为一种书写的服装语言来分析，并将这种书写的服装看作制造意义的系统，也即制造流行神话的系统。其功能不仅在于提供一种复制现实的样式，更主要的是把服装视为一种神话来传播。

按照一般符号学理论，任何符号都将由能指和所指两种要素构成。其中能指是指对某一具体事物或行为的代表，是一种可给予受众心理印象或感知的符号化形式。如对于图像符号而言，能指指的是图像的视觉形象；而所指则是指符号所代表的意义或所指代的事物，即符号所代表的内容。罗兰·巴特在《流行体系——符号学与服饰符码》一书对服饰符号的讨论中，把服饰的能指称为母体，并认为能指由三个基本要素组成：对象物、支撑物和变项。其中对象物和支撑物为物质性的实体，变项代表着某种文化或品质。比如，从衣服的整体角度来看，领子作为支撑物是外衣的一部分，包含在对象物（衣服）之中；但从局部或加工技术角度看，领子作为支撑物则和变项（服装整体款式）的变化紧密相连。由于流行对支撑物和变项有着不同的支配，因此流行在能指组件上的操作变项是丰富多变的。但支撑变项作用的原型则并未改变，如裙子的基本形式是固定的，而其长度则可上下变化移动，这就使流行群体不断地发布"新趋势"的来临成为可能，但由于其基本原型并未变化，因此并未新到不能辨识，这就对为什么流行体系既具有不断变易又具有永恒回归双重特性的问题做出了很好的解释。罗兰·巴特的符号学理论对于服饰文化的分析尤为适用。服饰、人、社会、社会的人这四者的关系是密不可分的，服饰作为人区别于动物的精神与物质产品，必然强烈地反映出当时的社会文化和人的精神思想，所以服饰可被看作人类文化和精神思想的符号。我们不仅要认识到服饰符号是人类社会文化与精神思想的反映，更重要的是要对最基本的服饰符号语言进行分析与研究，更深入地认知和了解它为何是承载社会文化与精神思想的符号。

但囿于当时的社会文化背景，巴特只是对杂志中流行服饰的文字评述进行了分析研究，他所谈的衣服，只是时装杂志中对服饰的文字描述，并不包括图片和其他传媒方式。随着社会物质与文化的飞速发展，传播媒体的多样化发展，新兴信息媒体的出现，社会背景与媒体格局相较于罗兰·巴特时期都发生了较大的变化，就算是巴特当年的研究对象时装杂志也呈现出新的面貌和新的特点。再者，大众文化，消费社会理论的兴起也使服饰符号学有了新的背景依据与新的联系条件，从而呈现出新的特点。

（三）传播符号学的分类

在不同的传播媒介中，媒介符号以不同的能指形式按各自的规则进行编码，并通过符号的能指传达出所指意义。其传播符号大体上可以分为语言和非语言符号两类。

语言符号：以文字为中介，传播者通过语言规则、句法规则和编辑原则，对各种意义内容进行编码，受众则以自己的认知结构和图式对符号进行解码，并由此接受符号意义。

非语言符号：包括传播情境中除言语外的一切由人类和环境所产生的刺激，这些刺激对于信息发出者和接受者都具有潜在的消费价值，可进一步划分为声音符号和图像符号。

现代媒体常常综合运用语言或非语言符号向大众传达特定的形象与意义，如电视就是通过图像符号辅以语音、音响符号来传递信息，对意义内容进行编码，受众则通过视觉和听觉，在直观和具象的能指形式下，对符号所代表的意义进行直接的综合性理解。又如，时装杂志在运用语言符号的同时也运用了时装摄影等图像符号，并且在很多时候，时装摄影照片作为服饰的重要呈现方式，甚至比文字更具说服力。在发达摄影技术的支撑下，媒体采用更多故事性、梦幻性的意象和语言方式来表现时装并使其具有了前所未有的诱惑力。

（四）符号的编码与解码关系

信息的传播是通过发信人的编码和收信人的解码共同来实现的。"编码"是在特定的符号对象领域里，应用某种规则把能指和所指结合起来，并在能指和所指的关系上体现符号的意指作用。编码是一个系统，是关于符号和符号之间联结规则的系统，符号必须在系统中才能发挥它的意指作用。

同编码相对应的是解码。发信人把思想感情编成代码，也就是运用符号传达某种信息。收信人在接收这一信息之后必须读解符号，尽可能准确地解释发信人发来的信息，这就是解码。解码是通过代码来重建意义，从而理解发信人所要表达的思想感情，因此可以说，解码是编码的逆过程。

在不同的传播媒介中，媒介符号以不同的能指形式按各自的规则进行编码，通过符号的能指传达出所指意义。报纸等印刷媒介，以文字为中介，传播者通过语言规则、句法规则和编辑原则，对各种意义内容进行编码，受众以自己的认知结构和图式对符号进行解码，由此接受符号意义；广播代码通过声音符号对所指意义进行编码，以线性传播的方式传递信息，受众通过听觉接受和想象，把听觉符号转化为意义内容；电视代码通过图像符号辅以语音、音响符号来传递信息，对意义内容进行编码，受众通过视觉和听觉，在直观和具象的能指形式下，对符号所指意义进行直接的综合性理解。在大众传播活动中，通过传播者对符号的编码，媒介对符号意义的传递，受众对符号的解码和意义重构，从而完成符号信息的编码、解码及传播过程。

（五）"消费社会"与符号消费理论

1. 消费文化与大众传媒文化

消费社会是一个被物所包围，并以物（商品）的大规模消费为特征的社会，这种大规模的物（商品）的消费，不仅改变了人们的日常生活，改变了人们的衣食住行，而且改变了人们的社会关系和生活方式，改变了人们看待这个世界和自身的基本态度，所以消费文化随着消费社会孕育而生。确切地说，消费文化是为消费行为寻找意义和依据的文化，是刺激消费欲望或制造消费欲望的文化。消费文化就是伴随消费活动而来的，表达某种意义或传承某种价值观念的符号系统。约翰·费斯克在《理解大众文化》一书中说"每一种消费行为，也都是文化生产行为，因为消费的过程总是意义生产的过程"。消费文化的形成，符号地位的上升及其表意功能得到的普遍认可，是大众传播和市场营销中广泛运用符号作为说服手段的前提和背景。

消费文化在消费过程中的特点是指出与以往不同的社会身份机制——人们对于商品的享用，只是部分地与其物质消费有关，关键的还是人们将其用作一种标签，通过商品的使用来划分社会关系。又因为现代社会是大众媒介支配的社会，人们感知的对象世界绝大部分是大众传播媒介用符号描述的现实世界，大众传播系统及广告声像作为消费文化的载体和符号正充斥着人们的生活空间，操纵着人们衣食住行乐的消费方式，无论是潜移默化，还是强势的宣传，它们在当今社会生活中的作用已无可取代，作为流行旗帜的服饰文化的传播尤其如此。在这种社会文化背景下，符号体系和视觉形象的生产对于控制和操纵消费趣味与消费时尚发挥着越来越重要的影响。现代传媒在当代文化实践中是一种强大的整合力量，它不再是普通意义上的信息传递，而是通过与欲推销的商品有关或无关的形象来操纵人们的欲望和趣味。更有甚者，形象自身也变成了商品，而且是最为炙手可热的商品。鲍德里亚因此提出，在当代社会，人们消费的已不是物品，而是符号。

消费文化与大众传播文化的关系密不可分，社会消费系统的运作与媒体文化的发展相辅相成。符号和媒体之间的关系，或者说符号形态和媒介方式从来就是不分家的，它们是一体的，浑然天成。依据鲍德里亚与杰姆逊等后现代主义者的观点，我们生活在一个"仿真"的世界，一个由符号包裹的世界。杰姆逊说文化是"消费社会本身的要素，没有任何其他社会像这个社会这样为符号和影像所充斥"。由于大众电子传媒的迅猛发展,今天的生活环境越来越符号化,它越来越像一面"镜子",构成现实幻觉化的空间。可以说,大众传播媒体的符号化宣传或诱引是消费主义文化得以大众化的关键,它使商品及其品牌具有更多的象征与符号意义,正是媒体的反复宣传与强化,巩固了产品在人们心目中的符号化特征。消费被观念化的同时,消费就不再是在消费某一物品而是更多地在消费某种符号,"实用"的观念渐渐退位,取而代之的是意义的消费和价值的消费。虽然所有的定位和品牌特征都是市场运作的结果,但由于在消费者心目中已经赋予这些产品或品牌以明确的身份、地位等特征,所以大众不能不受其影响。因此,消费主义尽管是由生产经营者创立的,但它是由大众媒介推动和扩散的,正是大众传播媒介赋予其越来越丰富的符号含义,并把越来越多的人(不分等级、地位、阶层、国家、贫富)都卷入其中,使它成为一种大众化的消费生活观念与消费方式。这种生活方式不是经常地表现为与个人或一国的经济条件相联系,恰恰相反,它经常表现为脱离个人或社会的经济状况,从而更多的是一种社会和文化现象。所以从某种意义上来说,消费文化是大众传媒文化的同义语,因为当前消费文化是通过媒体来体现的,这也是消费文化区分与以往社会的一个重要特点。

2. 消费社会的标志——从物的消费到符号的消费

"消费"consume 是现代商品社会的一个概念,《大不列颠百科全书》卷4对它的定义是"指物品和劳务的最终耗费"。从词源学来考察,consume 来自拉丁文的 consumere,consumere 由 cn + smere 两部分组成。cn 后来演变成了前缀 con –,意指一种集中的或者强化的程度,smere 则意指一种获取的趋向。从这一意义上讲,消费可以被理解为一种对外物所具有的强烈的获取欲望。这一理解由"两方面组成:第一,消费首先是一种欲望。作为一种主观性的欲望,消费不可避免地带有个体性和偶然性的特征,这就决定了其必然具有一定的意义性维度。第二,消费是对外物的欲望。作为一种欲望的消费,不是面向自身的,而是朝向外物的。"一个消费的社会,就是一个受消费所规定的社会,也即一个对消费品赋予过分意义与价值的社会,它趋向于把消费品不仅作为最大的利益之所在,而且还当作一切经济活动的最终目的。如此一来,物的本性被遮蔽,失去了自身的规定性。

鲍德里亚从符号学的角度对消费进行了全新的诠释"要成为消费的对象,

物品必须成为符号"。从本质上讲，就是消费社会的消费对象再也不是物品的功能和使用价值，而是其象征价值或者是符号价值。也就是说，在消费社会中，物不仅是作为使用价值被消费，而更多的是作为受某种规则支配，表达某种意义的符号而被消费。消费不仅是物质性的消费，而更多的是一种符号的消费，一种系统化的符号操作行为或总体性的观念实践。物从其自身的功能当中分离开来之后，它本身成了一个符号，再根据符号的差异性原则使符号被分成各种不同的属性、阶层，这样被构建出了整个社会的差异、等级。显然，消费过程不仅仅是对物品的性能的发挥和使用过程，而且也纳入了社会交流的系统，充当了个人和社会信息传递的"信使"并成为个人塑造自己的社会形象和社会认同的"面具"和"道具"。而物品的使用价值，不过是意义和信息的承载工具。在这种氛围下，商家不再是提供给商品而是制造货品的符号价值进行销售。潜移默化中使消费者形成对这种符号不自主的价值认同，陷入消费文化的"圈套"，符号价值就成为消费文化的伟大功绩。消费领域是一个富有结构的社会领域，其特有的编码解码系统必定对消费者的意识形态有着隐形的控制和改变作用，人们所消费的是一种对象不在场的信息内容和符号，这种消费得到的是潜移默化的意识形态改变。

"今天，物品已变得比人、物之间的行为更为复杂。物品越来越分化，我们的手势则越来越不分化……物品几乎成为一个全面性程序的主导者，而人在其中不过扮演一个角色，或者只是观众。"按照鲍德里亚的理论，以前的"消费"是对货物的享受和服务的使用，是对购买、使用和占有这些基本需要和愿望的满足，但在消费社会中，需要和渴望已经超越了人最基本的需求和身体的渴望了，消费者是盲目的或是被操纵的，消费者个性或消费者主权和自由选择实际上是一个骗局。在消费社会，被消费的不再是物品自身，而是人物之间的结构本身，是一种处于差异和意指中的"符号——物"，当主客体全部都被纳入符号体系中后，便产生了新的社会组织原则，这就是"符号社会"。因此，鲍德里亚的"消费社会"理论在一定意义上也可以称为"符号社会"理论。

符号消费是同商品的符号属性相联系的。具体来看，消费的意义性、符号性的凸显必然导致符号和意义的无限扩张，扩张的结果促使物必须以符号化的方式展现自己。商品不仅具有使用价值和交换价值，而且具有符号价值。

商品的符号价值在于其示差性，即通过符号显示与其他同类商品的不同。

消费社会的关键之点是人们日常生活中那些不可或缺的物品获得了某种文化符号的意义，从而使消费与商品的使用价值相脱离，使购买行为与真实需求相脱离，因此，消费社会就由以前的商品拜物教变成为符号拜物教。把物虚化，抽象为一种形式符号，这是当代消费社会的重要运作方式，也是符号拜物教的具体体现。人们对于日常生活基本需求满足之后，也即在追求使用价值的消费之后，越来越多地把消费兴趣转移到商品的符号层面。物品，被融入符号意义体系结构中，通常有两个层次：第一是商品的独特性符号。即通过设计、造型、口号、品牌与形象等而显示与其他商品的不同和独特性，如柒牌服饰广告中突出男性的形象的现代阐释——个性、成熟、超然；第二是商品本身的社会象征性。商品都有与此所对应的意义和功能，这是"物体系"的作用，也是购买者所需要的：购买者需要通过物，即自己所购买的商品来体现自己的喜好、性格、修养、个性等自身内涵，也要通过商品来体现自己的社会地位、生活品位和社会认同等的符号由于"符号——物"的这种一一对应特点，你消费了什么样的商品，便会被赋予与之相对应的意义内涵。比如，"黄金——富有""化妆品——美丽"等，对于此类商品，人们对其所代表的意义耳熟能详。对于生活中常用的某些商品，我们随处可见，大部分人都需要使用，它们的种类势必很多，即便是同类产品也会进行不同的编码产生不同的意义，同样是车，奔驰传达的是一种霸气，炫耀的是一种气派，而宝马表征的是一种时尚、一种精致富裕的私人生活；同样是牛仔，LEE 表现的是经典、复古、简约，而 Levi's 则表现自由反叛、有个性；同样是化妆品，欧莱雅表示时尚、浪漫、奔放，而资生堂则表示追求艺术、魅力和完美……正是这种意义创造并依托的符号体系，形成了消费主义的编码规则，构筑起商品消费的"符号帝国主义"。因此，消费者对商品的消费也烙上了符号性和表征性，成了一种"符号消费"，以实现消费的社会表现和社会交流功能。

3. 传播媒体的诱导

消费社会的一个大特征则是视觉消费，在视觉消费发展的过程中，媒体便充当了催化酶的作用。

随着流行报纸杂志的迅猛发展，以及影视网络和音像的洪波涌起，每天人们从一睁眼就面对着无比丰富的形象世界，人的心里接受着各种的信息刺激，既有日常生活中平面、立体的各种形象，也有影视作品中声像同步的动态形象；既有诸多人们被动接受的形象，也有人们通过上网、玩游戏等方式而主动选择的对象。

电视是视觉文化最主要的构成部分。电视的出现使电子影像取代了印刷文字成为主要的大众传播符号，由此整个社会迅速地步入一个空前的大众传媒时代。

在空间维度上，整个人类进入了一个被麦克卢汉称为"地球村"的时代。在时间维度上人类迅速快捷地传输或者收纳信息的同时，逐步走向了"速度消费"。在这个意义上，电子影像媒体可以说是"新时代的福音书"。电子影像媒体通过大众传播制造了大量的赝品，因而对视觉形象的消费达到了从所未有的高度，视觉形象消费大量地涌入了人们的消费行为。

社会由生产型社会向消费型社会转型，现代媒体作为一种重要的社会设置，在资本主义社会文化特别是消费主义文化的建构和形成过程中发挥着不可替代的重要功能与作用。正如道格拉斯·凯尔纳认为，现代媒体"推动了经济的发展，带来了集团资本的消长，同时也将高消费生活方式的种种符号迅速扩散……"① 媒体以报纸、电视、网络等方式传播信息。媒体在这种信息传播的过程中，充分掌握了话语权，可以说，消费符号传播的效果、广泛与否都离不开媒体的作用。

"我们所看的动态图像，我们所读的书刊，我们所到的公共场所，全都充满着精心的策划，用以激起我们欲望的商业信息。这些商业信息包裹在一种让人心动的美轮美奂的生活方式之中，铺天盖地的广告，即使不能推销出某种特定的产品，但通过反复强调购买什么可以解决生活中的问题，甚至是获得幸福的保证，实际上已经有效地兜售了消费主义的信念。"②

"大众传媒对大众——集体或者个体——想象力施加的可怕的影响力。屏幕上无所不在的、强有力的、'比现实更加真实'的图像，除了为使活生生的现实更加如意而制定激励标准外，它还定下了现实的标准和现实评价的标准。

---

① ［美］凯尔纳（Kellner, D.）：《媒体奇观》，史安斌译，清华大学出版社2003年版，第183页。
② 成伯清、李艳林：《现代消费与青年文化的建构》，《青年研究》，1998年第7期。

人们渴求的生活往往就是'和在电视上看到的生活'一样。屏幕上的生活，剥夺了现实生活的魅力，使现实生活相形见绌：使现实生活看起来不真实，而且只要它没有变成和屏幕上的生活一样，它就还将继续看起来都是不真实的。"①

　　飞速发展的大众传媒作为消费时代的鼓噪者，从它最初形态开始，就担负着为消费社会摇旗呐喊的角色。基于"生产过剩"基础之上对消费的关注，使消费在经济社会中的作用越来越明显，同时，对消费者的培育和消费行为的引导也成为媒介不可推卸的责任。传媒与商业的结合由来已久，一方面，通过传媒发布的信息，影响受众消费心理和方式；另一方面，媒介还要培育自身消费者，促进文化产品的消费。消费者既是消费文化的实践者，也是媒介产品的消费者。首先传媒利用其强大的社会覆盖功能和舆论引导功能以及煽动性的影像文字的表达，使人们通过感官的刺激和联想的隐喻听从媒体轰炸诱导的物质饕餮大军之中，社会通过媒体无休止地复制出符号、影像和仿真品，大众传媒这样做的目的是使大众生活脱离现实的"模拟"世界。当人们越来越习惯于从大众媒体传播的海量信息中寻找安慰时，他们就逐步地成为消费的机器，他们的生活观念和行为准则不可避免地受到一定程度的控制；再者，大众传播不仅表现消费主义的消长起伏，其自身也成为当代大众消费文化的一个有机组成部分。我们不妨视媒体为生产商，无论是报刊强调的发行量，还是电视强调的收视率，以及网络强调的点击率，都是为了吸引最大可能的广告投放，生产欲望，影响和刺激受众的需求，反过来又通过受众进一步影响媒介生产，这和普通商品追求销售额之间并无本质的区别。

　　从中国当代大众媒介的内容构成来看，电视综艺频道与都市生活频道的流行，消费类报纸和时尚杂志的繁荣，淘宝、卓越亚马逊、易趣等大型购物网站的兴盛，媒介文化整体消费性的特征十分明显。一部电影或一本杂志的问世可能一夜之间赋予服饰时尚的流行以新的象征意义，因此媒体在服饰时尚流行上具有近乎"点石成金"的魔力。正如麦奎尔所说，大众传媒在现代社会是影响、操纵、改变社会的重要力量，是形成塑造社会生活意识形态的主要方式，是获得声望、地位对生活拥有重要影响力的关键途径，是提供经

---

① 〔英〕齐格蒙特·鲍曼（ZygmuntBauman）：《流动的现代性》，欧阳景根译，上海：上海人民出版社2002年版，第129页。

验性、批评性的标准来帮助建构社会规范性的公共意义体系，并能对偏离此体系的行为进行揭示和修正。

媒介在消费主义价值观的形成和影响中起到了十分重要的作用，是这种观念和意识形态传播的主要载体。根据"议程设置"和"沉默的螺旋"理论，媒介在信息的制造和选择中占有话语支配地位，由于担心处于孤立状态因此持有不同意见的人会逐渐减少。

二、服饰传播符号研究

（一）大众传播与大众传媒

大众传播是一种信息传播方式。根据 GerhardMaletzke 的定义，大众传播须符合以下特征：①公开的（受众不为人际交往范围所囿）；②利用科技发送手段；③间接的（在发送者与受众之间存在时间空间距离）；④单向的（在发送者与受众之间不发生角色互换）；⑤面向分散的群体（受众是匿名的，无阶层和群组之分）。

所谓大众传播，就是专业化的媒介组织运用先进的传播技术和产业化手段，以社会上一般大众为对象而进行的大规模的信息生产和传播活动。传播模式是利用文字和图表构筑的功能型模式，表示我们已经确实存在但无法看到的传播中的联系。也就是说，传播模式在理论上抽象的把握了传播的基本结构与过程，描述其中的要素、环节以及相关变量的关系。在传播模式的研究中，传播过程通常被认为由六个基本要素组成，这就是所谓的传播要素。传播要素是任何一次完整的传播活动都必须包含的因素，这些要素相互作用、不断变化的过程构成了传播过程。这六个基本要素是：信息源、传播者、受传者、信息、媒介和反馈。即对应传播模式中所说的控制研究、受众分析、传播内容、传播渠道及反馈因素。

"大众传播"是由英文"MassCommunication"一词翻译得来。"大众传播"的概念首次出现于 1945 年 11 月在伦敦发表的联合国教科文组织（UNESCO）的宪章中，有关这一概念的界定很多。著名的传播学家威尔伯·施拉姆认为"大众传播是指职业传播者使用机械媒介广泛、迅速和连续的传播信息，以期在大量的、各种各样的传播对象中唤起传播者预期的意念，试图在各方面影响传播对象的一个过程"。

而大众传播媒介，"massmediaofcommunication"，广义地讲，就是指这个过程中运载和传递信息的物体，是连接传播者和受众双方的中介物。从大众传播的角度来看，大众传播媒介指的就是在传播路线上用各种中介以传达信息的载体，如报纸、书籍、杂志、电影、电视、广播、音像制品、网络等形式。

（二）服饰传播的起源与发展

1. 服饰传媒的起源

有证据表明，流行服饰在 14 世纪的欧洲已引起广泛关注，尤其是法国，15 世纪，有人甚至建议国王设立一个时装部。到 17 世纪，法国成为欧洲的经济和文化中心，第一批时装商店出现在巴黎，引领着世界服饰消费的时尚，巴黎作为世界时装中心的地位开始确立。1627 年，在路易十四的鼎力支持下，德·维塞（DeVisa）在巴黎创办了世界上第一本时装杂志——《风流信使》（*Mercure Galant*），及时向世界各地传播时装中心巴黎及其凡尔赛宫廷的时装信息，1714 年更名为《法兰西信息时报》（*Mercure De France*），成为法国最早的定期大众刊物之一。（见图 9 - 2）

上流社会王公贵族的穿着打扮或出于炫耀或社交礼仪的需要

图 9 - 2　*Mercure Galant* 杂志封面

开始定期通过刊物向社会民众广泛传递，时装刊物成为传递流行信息的主要载体。由此可以看出，流行服饰传媒产生的最初目的是满足上流社会相互炫耀模仿的需要，并且主导流行服饰传媒的也是社会少数精英阶层。这一时期服饰传媒形式以报刊为主，在制作和印刷质量上都相对粗糙，内容也较单调，局限于表现穿着打扮，形式上以简单线描图配以少量文字说明，并且这种风格一直延续到 18 世纪末。

18 世纪中上叶是服饰史上洛可可样式的全盛时期，对奢华的极度追求和炫耀心理使服装款式层出不穷。作为传递流行款式信息的时装报刊在社会上尤其对上流阶层而言显得越来越重要。王公贵族们出于模仿或炫耀，定期请画师将显示其地位与荣耀的新样式绘成图画，以供出版或相互传阅，可以算是最早的时装杂志。到 1759 年，英文周刊《妇女杂志》（*The Lady's Magazine*）创刊，它打破了之前时装杂志的单一形式和单调风格，以综合性的内容面世，成为大众类时装杂志的先驱。

2. 服饰传媒的近代发展

19 世纪是欧洲资本主义发展的黄金时代，也是科学技术加速前进的时代。造纸和印刷的革新使信息的复制能力大大提高，从而迎来了报刊出版业的繁荣时期，铜板印刷术的发明也使时装报纸和杂志走出了完全简单线描的形式，版面设计也日趋多样化。随着妇女解放运动的蓬勃兴起，以女性读者为对象的新女性杂志盛行一时。这类杂志大多以报道女性流行时装为主，兼及美容、化妆及与女性有关的趣味探讨等，内容丰富、版式灵活，可读性强。到了 19 世纪下半叶，作为

图 9 - 3　*Harper's Bazzar* 杂志封面

经济增长、社会流动性加强和工业生产大规模化的重要反映，妇女杂志数量更是迅速增长，从 1867 年到 1900 年有 50 种新妇女杂志在英国出现。这一时期创刊的并且至今仍在刊行的著名杂志，如 1867 年在美国创刊的 *Harper's Bazzar*（《时尚芭莎》）以及 1892 年在美国创刊的 *Vogue*（《时尚》）等，这些杂志已经开始通过内容的组织来细分具体读者群。（见图 9 - 3）

20 世纪初由于世界服装贸易的发展，时装报刊对于国际交流服装信息的

作用越来越重要。许多时装杂志纷纷创立几个国家的版本，以方便交流。1912 年，富有开创精神的 *Vogue* 的出版人 CondeMast 率先在英国创立 *Vogue* 的英国版本，1920 年又创立了德国版本。

近代时装传媒的形式以印刷媒体为主，并且传播方式依然延续早期时装报刊的精英模式，以上流社会间水平流动或自上而下的传播方式为其特点。

（三）服饰传媒的现代化与新趋势

20 世纪 20 年代和 30 年代，社会的高速发展使人们的生活经历了越来越快的变化，时装报刊亦无论从形式到内容都日新月异。20 世纪 30 年代对于时装报刊而言是个重大转折期。从技术上来说，彩色复印技术推广了时装摄影，尽管这一技术在当时仍是一种复杂、昂贵的先进技术。彩色照片由于其写真性而成为时装摄影的通用语言。第一张彩色照片于 1932 年出现在 *Vogue* 杂志上，标志着时装报刊开始走上现代化历程。电影与广播电台等电子媒体的诞生与兴起，也加速了流行的传播。电影作为当时最大的娱乐，在很大程度上影响着人们的着装观念和生活方式。

20 世纪 50 年代后期，电视的出现使时装传媒又进入了一个新的领域，以更为快捷而直观的方式传递着有关流行的信息，传统的印刷媒体时装杂志从此有了强有力的竞争对手。

90 年代由于电脑信息技术的发展，互联网以迅雷不及掩耳之势大肆侵占传统媒体的空间，以其快捷的传播速度、互动的传播方式和多媒体的传播形式对传统媒体形成了极大冲击。而大量时尚网站的建立在加速了时尚信息传播的同时也使传媒大战愈演愈烈。

（四）消费文化影响下的服饰传媒系统

1. 传播内容及主体形象

现代服饰符号是全开放的，符号意义绝不限于符号本身，正是由于传播学的符号化特征的出现，使它所传播的内容就具有更多的符号化特点。例如，今大众媒体的服饰文化传播已从具体到抽象，从实用性、知识性介绍逐渐变成理念性、观念性的推销。媒体常常以自己的方式将服饰的符号意义强化、引申，甚至赋予全新的意义。怎样赋予意义？最好的方式，无非是将这种商品与现有社会结构的优势群体建构关联，或让上层人士将其作为身份标识物来实现。所以当消费逐渐取代生产，成为人们日常生活兴趣的中心时，服饰传媒的主体形象也已悄然发生变化。各种各样的明星，包括歌星、影视明星、体育明星、成功人士甚至政治家的形象出现在各种时尚媒体的显要位置，暗示着社会大众的芸芸众生也可以用时装大师重塑好莱坞明星的方式来塑造自己。流行文化的范围也从单纯的时装延伸到佩饰、化妆、家居装饰、旅游购物、休闲娱乐等一切时尚领域。传媒界利用大众心中的偶像崇拜，不是仅仅告诉人们什么样的商品值得购买，也不是说这些商品能给你带来什么样的实用和方便，而是从建构"新形象"的立场出发，认为"新形象"必须有这样或那样的气质和与之相匹配的消费习惯，这可能包括从服饰到家居、从工作到休闲、从高档消费品到日常用品等一系列的行为选择。说到底，这就是以"生活方式的消费"来取代以往的需求消费或者说"动机"消费，后者往往被看成受"推理的、理性的和社会规范"影响的消费，而"生活方式的消费"则是指从整体的"情绪上和感觉上"来把握社会的变化并来决定自己总体的消费行为的举动，这是"一种更能为一代高级消费者接受的方式"。因此，生活价值、生活方式成为媒体兜售其服饰符号价值的重要法宝，瞄准"生活方式的消费"而不是仅仅盯着某一种类的消费品，成为当今营销策划和传媒研究的对象。

例如，某时尚杂志上描述的一位中产阶级父亲形象：丹顶发蜡、大男子主义、555香烟、美好挺衬衫、35年历史功力士腕表、舒适牌刮胡刀、三船敏郎、硫克肝、米色风衣、007邦德女郎、花花公子笑话选辑。白花油、派克钢笔、野狼125、都彭打火机、兰记豆腐乳、那卡西。资生堂百朗仕——即使跟父亲再少交谈，他的一举一动仍是我们心头对男子汉的永恒形象。

这样的描述让人不自觉地把具体的消费品同人的形象与生活方式联系在一起，这种以国外发达国家的生活方式为核心的内容传播在引进最先进的消费文化、消费行为方式的同时，也在客观上诱导并刺激了人们对各类物质享受的欲望。

2. 流行服饰文化的主要载体形式与传播方式

在符号学与大众传媒结合的研究中，符号的分类原则就要让位于媒体和传播手段的分类。虽然说到底符号系统的差别也是媒介手段的差异，但是人们在前者那里更多关注的是符号系统背后的种种深远的含义。而在后者，我们才渐渐发现文化在一定意义上是由媒体生成的。不同的媒体方式产生不同的文化，只要有了新的媒体手段和媒体文化，新的意义总是会被源源不断地生产出来。从这种意义上说，正是具体的传播功能决定了服饰传媒文化的生产和发展。

（1）杂志

在传播流行服饰的媒体中，时尚杂志大概是最活跃的媒体之一，也是流行时尚工业实现市场推广和营销的首要渠道。从传播范围看，杂志的触及面虽然不是很广，但却具有明确的目标阶层。随着杂志从综合性向专业化、细分化方向发展，时装杂志成为最具专业影响力的时装传媒。从传播效果看，杂志的注意率较高，可反复阅读，所以时装杂志适合刊载有深度的时尚评论性文章，其文章具有资料性和长久性。目前国内的时尚杂志琳琅满目，在此我们将它们大致分为综合型、专业型和策划型等几类。

从传播特性看，杂志的印刷品质精美、彩色复制技术好，特别适合刊载时装摄影及时装广告。时尚杂志以美轮美奂的广告画面和精心设计的文案给大众强烈的视觉、心理刺激，使他们特别是她们沉迷于广告所提供的各种时尚的资讯以及所做的允诺之中。杂志媒体与时装的视觉特性非常契合，其视觉效果超过报刊，在时间的延续性和内容的专业性上又超过电视和电影。著名时尚杂志 Harper's Bazzar、Cosmopolitan 和 Vogue 都创刊于 19 世纪末，那时候的大众传媒只有报纸、杂志和书籍，时尚比较单一地表现在服装服饰的变化上，在摄影技术和印刷技术的结合下，杂志成了发布时装信息的最好媒介。如 Vogue，这本杂志的主要内容就是时装信息发布，至今在全球已有十多个版本，其美国版是世界上发行量最大的时尚杂志。现在的内容涉及时装、化妆、美容、健康、娱乐和艺术等多方面，一直是时尚媒体先锋，为社会培养和举荐了大量的时尚人才，包括知名的设计师、模特、摄影师和编辑等。Vogue 有句知名的口号："在其成为时尚之前，它首先出现在《时尚》。"

现代都市时尚杂志的目标受众是拥有相当数量的经济文化资本的"白领"阶层，他们的消费能力和独特的消费品位是都市报刊定位的经纬线。中国现在发行量比较大的几种主要服饰及时尚杂志有《时尚》《瑞丽》《世界时装之苑》《上海服饰》《新娘》《风采》《国际服装动态》《时装》《流行色》《现代服装》《服装设计师》等。

（2）报刊

报刊是面向大众并连续发行的印刷媒介，传播速度快，传播能力也很强。从传播效果看，报刊属于即时媒介，虽然被阅读的时间不长，但被阅读率高，适合时效性强的时装信息发布，也可刊载较有深度的时装报道与评论。除了综合性报刊中的服饰信息外，服装专业报刊主要是以刊载流行报告、行业动态、服装文化、时装新闻、时装评论等为主，如《中国服饰报》《服装时报》《服饰导报》等，其特点是论述深入、受众稳定，但专业性报刊的受众范围有限。报刊所载的时装评论写得深入透彻，受众均是文化层次较高的人士，传播的针对性强。但是由于报纸的反复阅读性差，其对时装广告的传播效果也较差，最大的弱点是印刷品质有限，远不及杂志图片印刷精美，也不及电子图片逼真。

（3）电视

20世纪50年代后期，电视的出现使时装传媒又进入了一个新的领域，是集文字、图像、色彩和音响等诸多功能于一体的多媒体艺术。这种传播特性具有特别强的现场传真感和时空的特效性，使人们可以在地球任何一个角落同时收看巴黎和米兰的最新时装发布。从传播范围看，随着卫星传播时代的到来，电视已成为传播能力强、覆盖面极广且传播速度快的强势媒体，以更为快捷而直观的方式传递着有关流行的信息，其强渗性与综合性特征使之成为社会最易接纳、最强有力的传播方式从而具有最广泛的大众性。从传播效果看，电视的被注意率较高，形象直观，与时装艺术作为视觉艺术的特点相吻合，具有形象示范作用，且理解度高，在流行的普及阶段具有强大的推广作用。

（4）电影

电影和电视一样是一种具有三维空间的多媒体艺术。从传播范围看，电影的目标消费群体相对比较定向，因而不具有电视的最广泛大众性。但是由于电影作为一项文化产业的独特运作产品，尤其是成为全球娱乐的商业电影，把电影发展成包括观众定位、品牌观念、经营销售、宣传发行等一整套完整体系的文化工业，因而它在制造明星的过程中也同时成就了流行，成为传播时尚和流行服饰的强势媒体。例如，马龙·白兰度在《欲望号街车》中的西部牛仔形象直接导致了 T 恤牛仔的风靡；而奥黛丽·赫本在《蒂凡尼的早餐》中身着小黑裙的形象至今被看成简洁优雅的典范；在观看电影《花样年华》时，大众更是无不关注张曼玉所频繁更换的 20 几款绝美旗袍。从传播效果看，电影的注意率较高，它集文字、图像、音响于一体的特性同时调动起受众的多种感觉器官，成为流行传播的最好示范。但从传播时效看，电影的时效性不像电视那样能及时地传播时装流行信息。

（5）广播

广播虽然也属于立体媒体的范畴，但它只通过声音符号传播，没有画面，整个传播效果大幅减弱。从这个角度看，广播较不适合进行时装信息的传播，现代服饰传媒也较少采用这种方式，只是间或在广播的时尚节目中加入时装评论或设计师介绍等内容。从传播范围看，广播与电视相比，在时空上更具随意性，如在公共班车或开车过程中可收听广播，对于某些不涉及形象与技巧的时装品牌告知的广告传播效果较好。

（6）网络

数字化的大众传播带来了一个前所未有的传播方式——网络化传播。互联网是一个数字化信息平台，代表一种新的传播形态。它与传统的传播方式相比，既具备了现有传播媒体的一切表现形态和特点，同时也有许多它们不具备的鲜明特征。而这些特征都源于数字技术和网络技术的基本特征——数字化、交互性以及多媒体技术。网络化传播最大的特点是使人们的中心身份模糊化，发送者与接受者、生产者与消费者、引领者与被引领者之间的绝对界限已不复存在，交互性与参与性大大加强。当今许多著名的设计师服装作品展示都能在互联网上向全世界直播或提供视频资料，这无疑扩大了其影响力与权威性。

（7）T 型台

现代 T 台展示，即由经专门训练和特别筛选的真人模特穿着服装，以特定音乐、灯光、艺术场景为烘托，在 T 型舞台上以猫步行走和表演来展示与演绎服装的形式。T 型台是颇为特殊的媒体，它的功能似乎只有一种，就是传播服饰文化，是服饰文化特有也是独有的传播媒介。T 型舞台上有奇装异服的争奇斗艳，有风格与风格的比拼，有款式与款式的较量，有梦幻与梦幻的角逐，还有个性的展示和张扬，成为服饰文化的一种最令人兴奋和最具戏剧性的传播方式。T 型舞台尽管有完全独立的价值，但是它能与其他传媒构成最完美的组合，如电视摄像，使服饰的每一个侧面，每一种微妙的细节展示无遗，与网络结合，又使传播面大大扩张。

（8）专业展会

这是一种以展会或大型博览会为交流平台，将橱窗展示与 T 台展示、服装彩车或花车表演车队穿插结合的服饰商业文化的特殊的传播方式。这种从早期的集市贸易发展到现在的大型专业博览会的形式，已逐渐成为当今国际服饰文化交流和促进服装及相关产业发展的重要手段。当前服饰展览日趋国际化、专业性和细分化，如细分为针织服装展，婚纱展，泳装展等。之所以把服装展会作为一种单独的传播方式，是因为它本身在服饰文化信息传播上的独特性，但展会要想扩大影响，更好地兼获商业与文化效益，还须很好地与其他传播方式，如电视传媒、网络传媒相结合。

第三节　印刷媒介与服饰传播

一、早期服饰媒介传播

（一）18 世纪欧洲服饰流行传播

从文字的出现到 18 世纪电子媒介的产生之前这一阶段，人们一直生活在以文字组成的报纸、杂志、书籍等信息交流手段为主的印刷媒介时代，这个阶段的服装流行形式显得比较单一而有些乏味。例如，当时的流行趋向多是以上层社会的宫廷服装为代表，高贵与奢华通常是被作为当时流行参照的时尚审美标准，通过将画册、杂志等送发到上流社会人群中的传播形成流行，只有上流社会的人们才具备了追逐流行时尚的资格。其主要显示了着装者的官级、尊严和权贵的特征。

18 世纪欧洲工业社会初期法国末代皇后 Marie – Antoinette 在位时，仅在1784—1786 年两年内，据说妇女的帽子就出现了 17 种样式的变化；在拿破仑统治时期，巴黎服饰款式几乎每个星期就变化一次，此时的《潘多拉盒子》服装时尚杂志则在每五天便出版一期，以提供最新的品种和款式。服饰的不断变化是人们追求流行的产物，流行在其时期大行其道，现在流行什么款式和流行什么饰品是当代妇女的不变话题，如果有人还再穿以前的流行服饰，则会被传为笑谈。

（二）中国早期服饰传播

1. 民国服饰广告

近现代时期的天津，报纸已经成为主要的传播媒介之一。随着报纸的迅速普及，阅读人数的激增，报刊广告也应运而生，这其中就包括报刊服装广告。当时，天津在贸易、商业、金融、工业等方面均是北方最重要的城市，洋人和洋货的大量涌入，对北方乃至全国的服装潮流和时尚都产生了十分重要的影响，而这一点在当时天津报刊中的服装广告上得到了充分的体现。在其所发行的大量的报刊中，以《大公报》和《北洋画报》最为有名，发行量也较大。而且，这两种报刊中的服装广告不仅数量多，内容也非常丰富。

报刊服装广告的定义是指服装经营者或社会成员有偿的利用报刊这一媒介向公众传播服装信息，以达到自我表现目的的宣传表现形式。从体系上看，报刊服装广告是服饰展示的一个重要组成部分。以下以民国时期在天津发行量较大的《大公报》和《北洋画报》等为例来说明服饰展示手段在当时人们生活中的重要作用。

（1）报刊文字广告

近现代时期的报刊在当时的综合式广告创意中往往被选用为主要媒介。"云裳"是诗人徐志摩与他的志同道合者合资创办的高级定制女装公司。其广告创意有"中"有"西"。属于中国本土文化的广告创意是其店名"云裳"，来自李白"云想衣裳花想容"之清平调；属于西方外来文化的广告创意有电影片头广告、沙龙式的茶会与新诗格调的广告赞美诗："要穿最漂亮的衣服，到云裳去；要配最有意识的衣服，到云裳去；要想最精美的打扮，到云裳去；要个性化最分明的式样，到云裳去"。

文字是服装经营者利用纯粹的文字来向读者描述服装，虽然没有图片直观，但可以给读者以很大的想象空间，而且成本相对较低，是最常见的一种服装广告形式。根据介绍服装产品内容的详略，还可将告白式分为详尽型和简单型两种。

详尽型：不惜笔墨的对其服装产品的款式、质地和适穿人群等各方面均进行详细描述的一种服装广告类型。如1931年11月27日登于天津《大公报》上的广告所示，就是一幅典型的文字类详尽型报刊服装广告。（见图9-4）

图9-4 《大公报》服装广告

特别加粗、加大和加黑的标题"很值得注意"和"国产绸缎女大衣"几个字，十分引人注意。再看内容，服装经营者很巧妙地用一条虚线将内容分成了左右两个部分。虚线右边的部分，"世界最繁华的巴黎女士，无论贵族平民，咸以穿中绸缎大衣为华贵为摩登，无者即不能显耀其风头。"很好地介绍了这种"国产绸缎女大衣"之所以是"一九三一年巴黎最新式"的原因。"各报曾为文以记评，实以一、光泽润目。二、伸缩自如。三、不沾灰尘。四、棉皮皆宜。"则介绍了这种绸缎所具有的优良性能。虚线左边"本庄曾托友人近由巴黎寄到、最新式样本多种、另聘精细工师、研究仿做、现已成就多件、式样别具其致、缝工非常坚牢、本庄为推销起见、定价更为低廉、各界女士、闺阁名媛、参观选购、皆所欢迎。"从大衣的样式、做工、价格和适穿人群四方面，都做了说明，可谓十分地全面和详细。言及周到，又让人感到诚恳，虽然没有图样，但从广告中足可以使读者对大衣有了深刻的印象，同时又对大衣产生了好奇，达到了商家"推销"的目的。

图9-5 《大公报》服装促销广告

简单型：一般仅仅言简意赅地交代其服装店减价的天数或服装的款式和材质等基本要素，行文往往直奔主题，不做铺垫。这种报刊服装广告一般是服装商家在进行促销时使用的。

以刊登在1931年5月11日的天津《大公报》上的一则为例。广告的内容很简单："元隆"是服装店的名称，"大减价"是广告宣传的目的，"由国历四月二十五日起"和"三十天"是减价的时间和期限，"估衣街中间"是店址。可见，广告的内容虽然简单，但是方方面面都介绍到了，再加上醒目的"大减价"三个字足以激起读者的购买欲。（见图9-5）

（2）图案式广告

绘画是服装经营者利用绘画来表现产品的一种广告形式。这些绘画大都与产品的实际形态相同，但也分写意与抽象风格两种类型，形式各异，图画精美，直观，在报刊服装广告中较为常用。

先看这张刊登在1931年3月5日的天津《大公报》上的"陈嘉庚公司"的"平底鞋"的报刊广告。"陈嘉庚公司"是民国时期一家主要生产橡胶制品的企业，它所生产的"平底鞋"是一种胶底帆布鞋。如果是白色的，即称为"白力士鞋"，这在当时属于新生事物。在这张广告中所画鞋子的样式，与实际所卖的鞋子的样式是完全一致的，而且画得很仔细，对鞋面和鞋底都做了细致且真实的再现。而后，这种鞋便逐渐在女学生和女职员等群体中流行起来，体现了广告轰炸的效果。因为这种广告真实、可信度很高，因此广告效应强，在民国时期的报刊服装广告中很常见。（见图9-6）

刊登在1931年6月9日天津《大公报》上"敦庆隆夏布"的广告，则是写意风格的手绘画。"敦庆隆"是民国时期，在天津估衣街上一家较有名气的绸缎庄，主要经营就是绸缎，也制作衣服。在这则广告中，广告的大半都被图画占据，文字

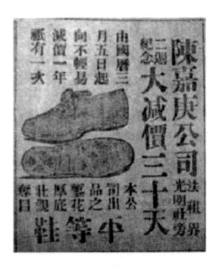

图9-6 "陈嘉庚公司"的

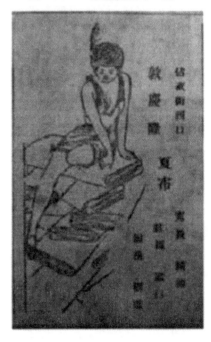

图9-7 "敦庆隆夏布"广告

少而精，画面所表现的也不仅仅是布料，而是在层层的布匹之上坐着一位时尚女郎，好像是在暗示着只要穿上用"敦庆隆夏布"做的衣服，就能走到"时尚顶端"一样。这则广告的画面精美，构思巧妙，线条流畅，可谓绘画的报刊服装广告中的一个代表。（见图9-7）

（3）照片式广告

照片是经营者将服装产品摄影后向人们介绍、展示的一种广告形式。由于受到技术条件的限制，这种服装广告在当时并不常见。有时为了弥补当时的技术缺陷或强调服装的细节与轮廓，还要在照片上手绘勾勒衣服的线条，因此在大多数情况下，所谓摄影大都是手绘与照片相结合的产物。

刊登于1930年4月7日天津《大公报》上的一则"华竹"服装店的广告中，所用的是真人作为服装广告模特，这在当时的北方乃至全国的报刊服装广告中，都是开先河之举！虽然图片并不是非常清晰，但是模特的形态、服装的款式以及面料上的图案仍是隐约可见的。由于照片非常的直观，真人模特的姿态也十分优美和自然，所以从这之后，报刊中用照片的形式来介绍服装的广告，逐渐多了起来。

另一张比较有代表性的是登于1932年7月22日天津《大公报》上"三友实业社"的服装广告。这则广告主要介绍的是其生产的"长袖反（翻）领衬衫"和"短袖反（翻）领衬衫"两种产品。其中"长袖反（翻）领衬衫"是用手绘画的形式表现，而"短袖反（翻）领衬衫"则用了真人作为模特介绍。由于技术所限，再加之衬衫本身是白色的，所以商家为了强调"短袖反领衬衫"的款式结构，特意在衬衫的照片上"手绘"上了结构线。这在民国时期报刊服装广告中并不多见，但也是报刊服装广告中的一个重要的表现形式。（见图9-8）

图9-8　"三友实业社"服装广告

彩色摄影广告在近现代并不常见，服饰题材的彩色摄影广告就更罕见了。

但为了表现"环球奇异手帕"的奇异色彩，还是动用了彩色摄影。所谓"随类赋彩"也。但当时的所谓彩色摄影，是在黑白摄影的"形"的基础上，再由人工着色添加上去的"色"。

（4）现代服饰广告雏形

"振兴洋服店"的 L. Tom 洋服广告采用了一位着西装、领结、礼帽，携风衣、雨伞的男子形象。这些看似复杂的服饰与人物都经过提炼概括，去除了细节而只保留了特质，从而形成了一个符号式的英国绅士形象，实际上也就是一个十分接近现代商标的形象。（见图 9-9）

图 9-9　L. Tom 洋服广告

女士的服饰古代末期基本形制变化不大，因而可以讲究"传代"。但民国之后，城市妇女带头翻起了日新月异的时髦行头。随之服装广告也闻风而动——"美亚绸缎"的画面人物就采用了改良旗袍、西式外套、烫发与高跟鞋的装束，这是20 世纪三四十年代的时尚；作为背景的一辆小汽车，暗示了一种新潮高级的生活方式；尤其是作为文

图 9-10　美亚绸缎服装广告

案策划而特别强调"新型出品，每月一种"，以显示其新产品的层出不穷，来应对时尚"流行"的不断更迭出新。（见图 9-10）

微观上，广告创意本身的艺术与逻辑支撑也已相当西化。"皇后牌"绒线的皇后头像是金发碧眼，"敦庆隆"的标志形象居然是有翅膀的天使。大名鼎鼎的"美亚绸缎"还在《墨梯》年刊上发布了英文版的广告，另一家专营"女饰商店"则干脆起了英文店名"Beauty Shop"。

20 世纪初期上海电影业的繁荣造就了一大批电影明星，他们的一举一动、一招一式均备受关注。于是利用民众对其关注和仰慕的心态来做广告，是民

国时期一种新的广告类型。"金爵牌"麻纱汗衫请出了两位著名的喜剧明星来担任模特，瘦小者为韩兰根，胖高者为殷秀岑。韩兰根于 1934 年与王人美合演《渔光曲》而一举成名，因其诙谐的表演而被当时的影人评为"东方的劳莱"。殷秀岑 1935 年后开始与韩兰根合作。在这则广告中，就是以这对名人的体形特征来突出汗衫的"肥瘦咸宜"，真是恰当生动极了。而"无敌牌"蝶霜则是取当时头号红星胡蝶之名，并用了胡蝶的两张照片作为对照。此后"使用前"和"使用后"的相片对照成为半个多世纪以来屡试不爽、乐此不疲的经典。

　　这两种服装广告的创意是对传统服装广告创意的重大突破。以往的服装广告无论从古代沿袭而来的招幌，还是伴随着报纸的发行而出现的平面印刷广告，其广告创意都是单一的直白型。尽可能用简洁明了的语言文字或符号标记来告知服装经营的相关内容，这是广告创意类型中的"大路货"，其艺术寿命是长久的，但是其吸引人的效果都较一般。所以，悬念型、名人效应型服装广告的诞生，在民国时期是属于超前的、时髦的，既吸引了社会时尚人士的注意，又丰富了报刊广告的创意内容与形式，在中国服装广告史上具有里程碑式的意义。

　　在民国时期的大都市中，与服饰相关的商业区往往采取集中布局。比如，上海的南京路、霞飞路，天津的估衣街，各种服装商店云集。一方面聚拢了商家最看重的"人气"，另一方面也加剧了商家彼此的竞争。于是保持自己的产品或经营特色是立于不败之地的保证。构成这个特色的一方面就是广告的标新立异，或者是商标的特立独行。

　　文字、绘画和照片分别是三种重要的广告途径，各有各的长短特点。文字细致，绘画与照片直观，用得好、用得巧，就可以发挥其优势，用它们的特点来表现服装与服装经营的各个不同的层面。这也就是说，服装的内容与形式是丰富多样的，那么表现、传播它的广告的内容与形式也应当是丰富多样的。近现代的服装广告在其发端之初就已拥有了一个很高的起点，值得今人研究与借鉴。

　　2. 宣传海报与政治的关系

　　政治运动对服饰的影响非常明显，在中国 20 世纪 60 年代及 70 年代的宣传画中，被政治影响的服饰形象表现得非常充分。在"文革"十年中，可以用"全民皆兵"这个词语来形容当时社会的服饰形象。宣传画上无论男女都是身着一身绿色便装，表情严肃，手执《毛主席语录》。"全民皆兵"的服饰形象是受到当时社会政治思想的影响，同时也由于宣传海报而迅速传遍全国。其他一些服饰如西服、长衫、旗袍、风衣等则被视为"封""资""修"。

卡纳瓦莱博物馆藏有一张 L. 布瓦利 1792 年绘于巴黎的表现法国大革命时期的绘画作品《革命者的装束》。在绘画中，有一位男青年头戴红色无檐软帽，上身穿大翻领带金属扣的短夹克，下穿裤筒肥大的直筒裤，脚穿一双笨拙的木鞋，手举法国国旗。18世纪末，国王路易十六统治下的封建制度极度腐朽，导致了 1789 年法国大革命的爆发。雅各宾正式下令废除封建所有制，在服饰上也做出了规定，要求所有人穿着平民化。法国王室贵族服饰因此销声匿迹，传统的假发、称箍裙、紧身胸衣等都被视为批判对象。此画作上的人物着装形象便是典

图 9 - 11　绘画上"革命者的装束"

型的法国人民革命装。人物所穿的潘塔隆长裤通常用毛织物制成，臀部宽松，小腿部稍窄，有的印有象征法国革命的红白蓝三色条纹。大翻领带金属扣的短夹克被称为卡曼纽拉，由工人服装得来。这种着装风潮通过宣传画和画作迅速传遍全国，逐渐成了代表着革命的服饰形象。（见图 9 - 11）

二、时尚杂志

（一）时尚杂志对服饰流行的导向作用

早在 20 世纪 20 年代，女装设计师已经意识到杂志对服饰流行的导向作用，他们支持流行杂志对他们设计的宣传，尤其一些有影响力的杂志对他们的宣传。因为追求时尚的人士通常会购买时尚杂志，然后按照杂志的指导，选择适合自己的服饰。例如，英国女人们艳羡着美国杂志《时尚》和《哈佩

市场》上的服装，她们羡慕那些美国生产的名设计师的服装。中国的时尚人士会比较信赖《瑞丽》和《时尚·芭沙》上推荐的流行服饰。

而最早期服饰的流行，是一些贵族妇女找裁缝师做衣服，然后穿着参加派对，一些好的裁缝师就会被她们推荐给彼此。先在上流社会形成一种服饰流行风，然后这种服饰风格才在普通大众中流行。而现在媒体对设计师的宣传，对服饰的流行认可也起到很大的作用。有影响力的时尚杂志经常提及的设计师，他的价值在无形中就会得到提升。曾经很长一段时间，克里斯汀·迪奥的名字一直占据着新闻的头条，所以她的成功除了她卓越的设计才能外，很大程度上得益于杂志媒体对她的大力宣传。大众对设计师的认可，会使他们跟随设计师所倡导的流行风格。

杂志的语言功能也是一个不能忽略的重要因素。由于杂志对语言的巧妙组合，会使原本极其普通的事物产生极大的吸引力。例如，"一件毛衣，淡紫色"，不会挑起人的购买欲望，而"像春天草地上盛开的紫罗兰一样可爱的毛衣"效果将有很大不同。杂志通过它语言功能，来引导流行趋势。

（二）时尚杂志现状

1. 国外时尚杂志发展概况

1867 年，世界上最早的时尚杂志《时尚芭莎》诞生于美国，1892 年，被誉为"20 世纪最具影响力的时尚杂志"，《VOGUE 服饰与美容》在美国面世，1921 年，欧洲的第一本时尚杂志《巴黎时尚潮》出现在巴黎。它们最早都是以时装为主，逐渐发展成包括时装、美容、休闲等多方面的所谓引领生活时尚的杂志。

由于时尚杂志与市场相融合，并不断地满足着受众需求，它渐渐成为受众感知和追逐时尚潮流的指南，也日益受到了人们的欢迎。欧美的时尚杂志逐步走向规模化发展之路，数量逐渐增多，影响也渐渐扩大。这在客观上也带动了日本等发达国家的时尚杂志的产生和发展。随着现代工业的形成，时尚杂志成为文化产业的组成部分。20 世纪下半期，一批知名度高的大传媒集团，如美国的赫斯特（Hearst）、康泰纳仕（Conde Nast）、法国桦榭菲力柏契（Hachette Filipacchi）和玛丽嘉儿（Marie Claire）等都把触角向海外延伸，在世界各地发行其海外版本。

2. 中国女性时尚杂志发展概况

在中国进行改革开放之前，并没有产生过真正意义上的时尚杂志。1980年2月，中国内地最早的一份关于时尚潮流信息的期刊读物《时装》诞生，可以称为中国本土的第一本时尚类杂志，但实际上它仅仅是一本专业性比较强的时装类杂志，并不能称为严格意义上的时尚杂志。中国第一本真正意义上的综合类时尚杂志开始于上海译文出版社与隶属于法国桦榭菲力柏契出版集团（Hachette Filipacchi）《ELLE》的首次联姻，这本名为《世界时装之苑——ELLE》的时尚杂志于1988年正式诞生。这是时尚杂志与境外传媒集团的第一次版权合作的尝试，也标志着中国的时尚杂志从此开始崛起。1998年4月，《时尚伊人》开始与美国赫斯特集团（Hearst）旗下的《Cosmolitan》合作，合力推出《时尚·COSMO》，完成了一个由本土杂志向国际巨刊的转变。1995年，中国轻工业出版社与日本主妇之友出版社合作，中国版的《瑞丽》诞生，以清新活泼细致实用的风格出现在世人面前。至此，中国女性时尚杂志三足鼎立的局面形成。

到了今天，市面上的女性时尚杂志已多达几十种，既包括与国外传媒集团进行版权合作的，也包括完全诞生于本土的杂志。这其中又以几本与国际知名时尚媒体有版权合作的时尚杂志最让广大读者瞩目，如《时尚·COSMO》《瑞丽》《世界时装之苑——ELLE》等，这些与境外媒体实行版权合作的杂志无论是发行量、广告数额、影响力，都在时尚类杂志以及整个期刊市场的排名中名列前茅。这其中重要的原因，正在于它们较其他非版权合作杂志而言，具有更高的"国际化"或者是"全球化"程度。

（三）时尚杂志传播模式

根据杂志中文章内容的传播意图来看，女性时尚杂志的文章部分又可以分为以下几类：

（1）展现时尚生活方式，宣扬时尚观念，培育时尚消费群体。这类文章一般从大处着眼，不局限于某个产品或品牌，通常以宏观的视角来讲述时尚的生活方式或时尚观念。传播学中介绍的传播效果，根据其发生的逻辑顺序可分为认知层面、态度层面、行动层面三个阶段。这类文章的目的就在于达到认知和态度层面的改变。例如，各类时尚杂志每期的卷首语、编辑物语等专栏。

（2）以"美丽"的名义介绍时尚消费品。这类文章通常会虚设一些情景作为串起文章内容的背景，也会以美丽顾问的角色为读者"美丽支招"，让读者及时掌握流行风向。这类文章一般采用微观的视角，不惜笔墨突出某些特定商品的品牌和功用，具有明显的广告痕迹。其传播意图就是刺激消费某些特定商品，在传播效果上深入行动层面。例如，各类时尚杂志在"时装·美容"栏目中很多文章都可以归为这一类。

（3）以明星、白领为主角，呈现时尚生活方式或时尚界盛宴，让她们为时尚产品说话。这类文章介于前两类文章之间。其中不仅能看到相对完整的故事情节，还能了解到主人公的时尚品位、品牌偏好，甚至能得到一些实用的"时尚心经"。这类文章对商品的凸现比第二类文章隐蔽，读者一般是在接受主人公故事的同时认可了这类商品。从传播效果上来看，它包含了认知、态度、行为三个层面。好比在每本时尚杂志都要做的明星访谈及专题等栏目。

根据传播学者诺依曼提出的"沉默的螺旋"理论假设，人们在发表意见时非常在意他所处的环境，出于对孤立的害怕，对不受尊敬或不得人心的担心和对一致的需求，一般人就会屈从于环境压力而转向沉默或附和，形成一方越来越大声疾呼，而另一方越来越沉默下去的螺旋式过程。因为几乎所有与消费意识形态相关的法则都由传媒发布和制定，所以大众无力摆脱螺旋对自己意见的引导或强加，大众或心甘情愿或无可奈何地随波逐流，而沉默者的意见在螺旋外逐渐衰减，最终消失。

时尚杂志的表象和内里之间存在一对矛盾。因为从表象上看，它有许多精英文化的象征：杂志上的消费主体一般都是以有钱有闲的中产阶级为蓝本，追求精致和高品位的生活，消费既贵又好的商品，展现的是普通人可望而不可即的生活画卷。但时尚杂志归属于纯粹的大众文化。从阅读元素来看，时尚杂志的文本所占比例较小，内容侧重日常生活的审美体验和消费体验，文字优美不艰深；大量的图片迎合了现代社会的快节奏，阅读者无须费力思考便获得信息，图片上的俊男靓女又可以使人心情愉悦。从读者成分来看，女性是时尚杂志最庞大的消费群，时尚杂志不仅是白领女性的生活指南，也为越来越多的普通女性把握时尚、培养审美情趣提供参考。这种表象上的精英血统和深层次的大众归属之间实难相融，时尚杂志强加给普通百姓漂浮于生活之上的时尚螺旋，他们在担心被时尚抛弃的妥协中接受时尚观念，并在想象中找寻属于他们自身的时尚杂志，也因此在市面上会出现不同种类、不同风格的时尚杂志。

　　消费社会的成员拼命地追逐时尚，他们身上会呈现出某些集体趋同的特征，这些特征被鲍德里亚称为"范例"。范例规定了"类"的人，它为分散的消费社会成员提供了一种归属感，人们会为被一个高贵的范例（如白领阶层）接受而自豪，也会因不属于任何范例而怀有人在边缘的恐惧。时尚杂志就是一台传播和复制范例的机器，它构成一个巨大的范例螺旋，其强大的影响力让人在进行消费选择时被范例左右，不知不觉陷入。范例强大的控制力不止体现在对个人，目前全球人们的消费意识形态也被来自西方的范例整体统治着，属于本民族和本国的特色呈现越来越式微的趋势，这也是为何当今中国时尚杂志要急于找出属于自己的发展之路。对一部分阅读者来说，时尚杂志用符号建立起了幸福生活的"理想国"，广告用火辣语言描绘的一切都是他们消费的绝对参考，他们的生活理想就依附于这些抽象的符号。这些符号形成一个幻象的螺旋一直笼罩于他们的消费意识形态之上，他们的消费意识大多来源于媒体符号信息的感官刺激，而疏于体会生存需求。

　　时尚之所以能成为现代人的生活形式反映表现并构建着现代人的日常生活形态与其精神世界，离不开现代传播技术的力量，这种传播技术在时尚领域内就是时尚杂志。时尚杂志及其他的时尚传播方式，是现代时尚的核心要素之一，如果没有时尚杂志，时尚就绝不会成为一个公众现象。从传播学的角度讲，时尚杂志已经形成我们时代的"沉默螺旋"。只有通过现代传播技术的转换与表现，时尚的形成、传播、商品化以及流行周期的构成，才能引导消费，使消费成为消费社会最大的时尚。

三、畅销书籍

　　在20世纪80年代，弗朗西·豪蒙森·伯内特的畅销书《方特罗伊小王子》在少年中引发了另一种时髦，就是方特罗伊套装——一件天鹅绒束腰外衣和一条灯笼裤，白蕾丝领延伸至肩膀，一条带蝴蝶结的宽腰带，腰带头就垂在另一侧臀部之上，配上卷曲的长发可谓完美至极。因为伯内特先生是美国人，所以这种时尚首先在美国兴起，但它很快流行至其他很多国家。

第四节　电子媒介与服饰传播

一、电影电视与服饰传播

许多服饰流行的形成，是从影视的热播和影视明星的穿着开始的。根据人们喜欢模仿权威人物的心理特点，利用名人、明星大做广告，使他们率先领导潮流，引起众多人的崇拜。再利用人们模仿的心理特点，制造一批又一批"追星族"。在相当一部分人接纳了"流行"的内容之后，再利用社会从众心理，迫使那一部分尚未进入流行行列的人"随大流"。至此，流行正式形成，媒介传播达到了预先设想的目的。传播者还利用青少年儿童、妇女更具有从众性和模仿性的特点，在这些社会群体中制造流行，掀起一波又一波购物热潮。例如，现在十几岁的青少年非常喜欢周杰伦的音乐，周杰伦成了许多青少年心中的明星，他代言的美特斯·邦威也成了青少年的最爱。所以对一大部分青少年来讲，美特斯·邦威倡导的休闲运动风，就是最流行的，穿上它的服装，就是跟上了潮流。

（一）新闻报道中的服饰文化

21 世纪末的中国，社会经济不断发展使国家地位不断攀升，民族化服饰作为一种文化财富在现代社会已被十分广泛、十分深入地传播和吸收，一些属于不同时空的服饰之间的嫁接与交融也已经成为现代时尚中司空见惯的现象。近年来，世界服装界刮起了一阵阵"中国风"。中国传统的服饰文化为世界各国设计师提供了无限的创作灵感。特别是在 1929 年以后兴起的改良旗袍，一直被认为是代表东方中国的正规礼服，不但得到国内人们的认可，也博得世人的交口称赞。法国著名设计大师皮尔·卡丹说过："在我的晚装设计中，很大一部分作品的灵感来自中国的旗袍。"我们所见到的皮尔·卡丹的时装作品，大多是在保留旗袍特色的基础上，运用夸张手法，结合西方生活方式，在胸、腰、背以及下摆部位进行较大变形，将中、西方文化融为一体。1997 年，西方时装 T 形台上演绎了一曲"外国人眼中的中国服饰"。他们将中式立领、开衩、大襟、盘扣以及花卉纹样、刺绣工艺和 20 世纪 30 年代的发型、化妆组合在一起。传统的衣着与20世纪90年代的新观念相交，立刻形成最时髦的流行趋势。近年来，在巴黎高档时装店的橱窗中，处处可以见到中国服装的身影，以领边装饰图案的改良旗袍最具代表性。在美国、澳大利亚、日本等国的时装杂志上，有不少鲜明的版面刊登着受东方神韵启迪而设计的时尚新装。我们常常从加拉瓦尼·瓦伦蒂诺和伊夫·圣·洛朗等设计大师的佳作中，感受到"风从东方来"的温暖气息。

　　尽管现代旗袍与中国传统旗袍有不小差别，但不可否认的是，正是这样的相互吸取与滋养，才使得旗袍获得如此长久的生命力。因此，不重视服饰文化的对外传播，任何孤立的民族文化都不能得到真正的发展。相反，只有伴随着本民族与其他民族的种种关联，才能让古典获得新生。

　　2001年，亚太经合组织领导人非正式会议（APEC）上，各国领导人的一袭中式上衣令世界为之兴奋和动容。这种国际社会非正式的着装现象具有服装国际惯例的常规性，但代表中国文化的衣装却令人刮目相看。中华服饰的文化底蕴在这里得到充分的展现。从设计到制作，从外衣到衬衫，从面料到包装，无不体现出继承与创新的结合：东方人喜闻乐见的六种代表性色卡、纯天然环保型的织锦缎料、镶嵌"APEC"字样的金丝牡丹团花、传统工艺的绳边盘花纽、真丝衬衫上"APEC"与"福、禄、寿"祥云的互应、银色包装盒与红色织锦衣带的组合等，奇妙的服装向人们展示了中华民族文化的深厚底蕴。不难看出，在全球化趋势推动趋同性的同时，也为更多地参与主体提

图 9-12   2001年亚太经合组织领导人非正式会议（APEC）

供了发言的机会和展示自己特点的条件。这也正是民族化服饰得以存在与发展的强大基础。（见图9－12）

（二）影视中的东方服饰文化

东方原本只是一个相对的地理概念，在历史上处于不同地理位置的国家，其所指称的东方是不同的。近代以来，人们逐渐形成一个约定俗成的共识，即把欧洲以东的地区称为东方，如中国、日本、印度，以及东南亚、阿拉伯等国家和地区。地域环境、传统文化的不同等因素造成了东西服饰的明显差异，相比于西方服饰注重形体美的审美习惯，东方服饰更追求内在气韵的含蓄、内敛，如中国的袍服、日本的和服等。

早在默片时代的好莱坞电影对东方世界的态度就带有很强的猎奇性，总是着力夸大东西方文化的差异。1894年，美国就拍摄过一部近半个小时的无声片《华人洗衣铺》（ChineseLaundryScene），以闹剧的形式展示了一名中国男子如何想方设法摆脱一个爱尔兰警察的追捕。而1919年的影片《破碎的花朵》（Brokenflowers）算是严格意义上的好莱坞电影，其中，格里费斯塑造了的黄面人"程桓"这一东方人物形象，从图片中可以看出他的服饰是清末民初时的长袍马褂、瓜皮帽，与西方男式西服贴身、合体的特性有着明显区别。

1960年的电影《苏丝黄的世界》由华人女星关南施出演，片中她身穿旗袍、长发披肩的东方女子形象深入人心，但她所穿的沙漏型高衩小旗袍已显露出受迪奥"newlook"影响的痕迹。同样是她主演的曾获第34届奥斯卡最佳艺术指导、摄影、服装设计、配乐、录音5项提名的《花鼓戏》，讲述唐人街里几代人的矛盾和代沟的喜剧故事，开始有了东西方思维方式与生活方式上的反思。从图片中可以看出女主角除了帽子及手中的折扇极富东方特色外，身上短及大腿的旗袍已经设计得符合西方人的审美趣味。

"在两次世界大战以后，由于美国族群的变化、民权运动的兴起和国际形势的推动，美国文化转向多元文化主义。这种多元文化的共生与发展自然催生了美国文化的包容性。"[1]

这种包容性在好莱坞电影中体现得尤为明显，越来越多的东方面孔在好莱坞电影中出现，如李小龙、成龙、巩俐等，而电影服饰中的东方文化的表

---

[1]　［美］玛丽安娜·卡尼·带特斯曼等：《美国文化背景》，陈国华译，世界图书出版社2006年版，第179页。

达也愈加细腻。获得奥斯卡最佳服装设计奖的影片《艺伎回忆录》，以其华美的服装色彩让世界见识了亚洲文化的魅力。由好莱坞服装设计师柯林亚特伍德设计的剧中和服，并非单纯对日本传统服饰的临摹，而是在尊重传统的基础上对服装的色彩、面料和款式等多方面，进行了针对现代人审美需要的改良，营造出耳目一新的视觉效果。

电视剧《金粉世家》演绎了北洋军阀统治时期的富家少爷金燕西与平民女子冷清秋从恋爱、结婚到婚变的悲剧人生。剧中的旗袍领、蓬纱洋装、绅士型西服、斜襟镶色绲边、学生短发和短波浪烫发等各具 19 世纪 20 年代服饰装束特点，同时也定位着不同人物的身份地位。在具体人物服饰造型设计上，男主角金燕西（陈坤饰演）梳着整齐的三七开分头，以白衬衫配黑色或灰色西服，并搭配领带或领结，绅士型的西装革履体现他作为金家的少爷身份和奢华显赫的地位；白秀珠（刘亦菲饰演）是富家千金，具有小资情调，崇尚西方现代生活方式，因而在全剧中都身着缀满蕾丝装饰的蓬纱洋装，戴着珍珠项链和耳坠，梳着西式鬏发，新派而时髦的服饰造型与她高贵的富家小姐身份十分吻合；而女主人公冷清秋（董洁饰演）是一名家境贫寒的平民女子，质朴的学生装搭配学生式齐耳短发是她前期的主要装束，而她嫁入金家后，则换上了素色旗袍，符合小家碧玉的身份，也与地位的变化相一致。

（三）影视中的西方服饰文化

西方国家指美国、西欧几国、加拿大、澳大利亚、新西兰等，由于这些国家大部分集中在欧美，所以有时也称作"欧美国家"。就服装的发展而言，东西方在最开始的阶段形式差别并不大，都是平面式的、非合体的，但是蕴藏其间的审美差别却是从一开始就存在。从希腊时代开始，西方就表现出对人体的崇尚，到了 13 世纪哥特式时代，发明了省道这种立体裁剪法，西方服饰才开始向着立体结构的合体型方向发展。这种合体型的服装是基于北方日耳曼民族的紧身型服装逐步发展起来的，北方的日耳曼民族属于高原游牧民族，当他们取代了希腊、罗马为代表的南方文化，在欧洲占据统治地位之后，所带来的是游牧民族的生活习惯和民族特性。它的文化以及反映这种文化的服饰也对其他的民族和国家产生了影响。这种影响有时是潜移默化的，有时候是强制性的。例如，16 世纪的西班牙政府强制命令推行西班牙风格的服装，最典型的服装样式就是拉夫领、紧身胸衣和裙撑的使用，还有无论男女都在衣服里加进大量的填充物塑造出僵硬机械的外形。

电影作为人类文化生活的组成部分，直接反映了一个民族、地区的文化。好莱坞电影对西方服饰特别是文艺复兴之后的巴洛克、洛可可风格的服饰有着别样的喜好，《绝代艳后》《莎翁情史》《伊丽莎白——黄金时代》等无一不浓墨重彩地再现了当时服饰的繁华瑰丽。索菲亚·科波拉执导的《绝代艳后》（Marie - Antoinette），根据安东尼娅·弗雷泽的书作改编，讲述了一位风华绝代的女性——法国王后玛丽·安托瓦内特的传奇一生。虽然出生于奥地利皇室，贵为法国王后，锦衣玉食，但她却是历史上受非议、误解和谩骂最多的女性之一。片中的服饰奢华精致，具有浓郁的洛可可风格。

美国文化也是美国电影主要表达的内容之一。美国人有着强烈的自我中心观念，信奉个人主义，崇尚个人奋斗、冒险，崇尚不屈不挠的抗争精神，他们主张个人以自己喜欢的生活方式去生活，不喜欢受到外界的干预和限制。因此，美国电影中极力宣扬以自我为中心的个人主义和英雄主义。这一点，在电影《第一滴血》《生死时速》《真实的谎言》等动作片中都有所体现，而《第一滴血》《真实的谎言》中出现的 M65 野战风衣、《生死时速》中的背心 T 恤等都彰显了这种个人英雄主义精神。

美国从 1776 年通过《独立宣言》至今只有两百多年的历史，其中对于南北战争时期的服饰文化在一些电影中会有所显示，且往往具有浪漫主义色彩。例如，拍摄于 1939 年的《乱世佳人》的影片背景便处于南北战争时期，当时的服饰被认为是典型的浪漫主义时期，其特点是细腰丰臀，大而多的装饰的帽子，注重整体线条的动感表现，使服装能随着人体的摆动而呈现出轻快飘逸之感。影片中美国南方女子斯嘉丽向心爱的人表达爱意时穿的裙子是白底绿花的花色，可以表现出她的天真。而社会的变迁使得原本拥有衣食无忧生活的斯嘉丽不得不为生计奔波，而没有漂亮衣服去见白瑞德，于是，她把窗帘扯下来做成了一套风格独特的裙装出现在白瑞德面前，这一银幕形象已成经典。

（四）影视服饰符号的编码与解码

在影视传播过程中，传播者会通过一定的文字、声音和图像符号来传播意义，这些影像符号的表达方式都必须遵从一定的规则，这种通过一定的规则组合起来，并能够表达特定意义的符号群就是符码，而媒介工业生产信息的过程就是一个"编码"过程。受众在传播过程中也同样使用一定的规则来解读这些文字、声音和图像符号，并了解它们所传播的意义，这一过程就是"解码"。对影视服饰的"解读"，可以视为一种社会活动，一种社会协商的过程。霍尔曾批判美国学派对传媒过程的经验与行为的解释，提出传播不仅仅是一个传播者到接受者的直线行为。信息的发出不能保证它的到达，在传播的过程中，从信息的原始创作即编码到被解读和理解即解码，每一过程都有其自身的决定因素与存在条件。信息生产的权力关系与消费的权力关系不完全吻合。"因此，大众文化是一个为争夺控制权而斗争的场域。支配意识形态既然是斗争、协商和妥协的结果，当然就可以争论，可以被颠覆。"① 对于不同的文本，受众的"解码"的方式也有所不同，对于影视服饰符号的"解码"首先就是通过影视观赏对其表面结构进行直观的视觉处理，然后对看到的影视服饰图像进行意义的转换，这种意义的转换过程也就是对影视服饰符号的理解和解读过程，这种理解和解读是一种主观能力，因此"解码"即破译符号，发掘符号指代形式和表达意义之间的联系。

1. 影视服饰符号的传者"编码"意识

影视作品的生产首先要经过传播者的"编码"，对于影视服饰符号来说，其"编码"过程即影视剧导演根据自己的表现风格和传播意图对服饰款式、色彩等的选择运用，以及影视服饰设计师根据导演的要求和自己的设计理念对服饰的具体设计。毕竟影视是一种通过集体合作而最终体现导演个人风格的艺术，在影视发展史上导演的中心地位是随着影视艺术的逐步形成和影视创作内部分工的不断加密而确立和巩固的。服饰设计师是影视服饰的最终创造者，他们在设计中既符合导演的要求，同时也结合自己的设计理念，在协作中共同打造出理想的影视作品。因此，服饰作为影视艺术中重要的道具和视觉元素，在塑造人物形象的同时也必然传达着导演的创作理念和艺术风格。

（1）影视剧导演的风格表达

影视艺术是由多个艺术部门集体参加创作的综合艺术，导演是这个创作集体的决策者和指挥者，组织并领导着整个影视艺术创作，导演作为影视艺术创作的灵魂，贯穿于影视创作的始终，没有导演则无法创作出风格协调、

---

① 陆扬、王毅：文化研究导论，上海：复旦大学出版社 2007 年版，第 330 页。

统一的艺术作品。可以说，一部影片的质量在很大程度上取决于导演的文化素养；一部影片的风格，也往往体现了导演的艺术风格。作为影视创作中各种艺术元素的综合者，导演同时运用画面、光线、镜头、声音等影视造型元素创作影视作品，将某个剧本呈现于影像屏幕上，从而将整个剧本其及思想理念传达给观众。而服饰作为影视艺术中重要的道具和视觉元素，在塑造人物形象的同时也在传达着导演的创作理念和艺术风格。在一部影片中，服饰永远不是孤立的艺术元素，我们应当把它看成同某种导演的风格有关的表现手法，因为它能增强或削弱效果。每个导演的知识理念和审美情趣不同，他们在进行影视作品创作时会确定属于他们的艺术风格。在这些风格各异的影视作品中，影视角色的服饰也不是随意设定的，它往往受到导演创作意图的影响，与导演的创作风格相统一，并体现整部影视作品的风格。

张艺谋导演的影片富有鲜明的个性和风格，他以叙事和抒情表意为主线，注重对浓烈色彩的运用，注重服饰色彩与整部影片色调的协调，关注服饰在影像画面中的整体效果和表意功能，并体现着传奇性、写实性与唯美性特征。在所有色彩中，张艺谋偏爱红色，他说这跟我是陕西人有关。陕西的土质是土红色的，陕西民间就好红。秦晋两地即陕西和山西在办很多事情时都会使用红颜色。他们那种风俗影响了我，使我对红颜色有一种偏爱，然后我又反过来表现这种红颜色。红色是炽热的，宜于张扬个性，表现人性中的狂放，鲜明地体现张艺谋导演的个性风格。电影《红高粱》中，女主角的红衣裤、红鞋子、红盖头等全身服饰均打上了鲜红的烙印，与影片中被刻意渲染为红色的高粱，名为"十八里红"的酒以及与日本人抗争时喷洒的热血形成了色调的高度一致，从而渲染了一种视觉奇观。而在纪实性影片《一个都不能少》中，女主角的暗红色上衣在色彩上依然显得比较突出，从而完成了导演对红色的又一次运用。在电影《我的父亲母亲》中，母亲与父亲初次见面时，身着红色棉袄，在秋日映照下宛如绽放的花朵，流露出少女的娇羞，在这种情景交融的表现手法下，优美的景色与纯真的爱情相映成趣，使人倍感诗意般的恬淡与温馨。电影《英雄》就是用服饰色彩制造出来的视觉盛宴，影片将具有夸张性和象征性的红、黄、黑、白、绿等多种服饰融为一体，使服饰符号的表意功能发挥到极致。张艺谋的影片打破了观众对色彩的视觉通感，制造主观色调参与影片的表意过程，绚丽色彩似乎成为其标志性特征，强烈地体现着导演的艺术风格。

徐克导演致力于发掘主观感性世界，创作风格大胆而自由，在他的影视作品中，服饰往往既彰显历史面貌，蕴含传统意味，又流露出颠覆性和前卫性，极具时尚美感和独特风格。他说："我一直觉得拍电影是你想把电影用什么方式拍出来最好，就用这样的方式进行就行。我觉得还是要主动，根据我们创作人本身的感性经验跟美学上的追求进行创作，电影出来的效果可能会更好。其实，我觉得创作还是在发掘自己的感性世界。"徐克曾经在一次的访谈中谈到他拍片的窍门之一便是"老曲新唱，在古老的题材中挖掘新意，从而与现代观众产生共鸣"。① 徐克导演的武侠电影《蝶变》，被誉为香港电影新浪潮的代表作。该片在人物造型、拍摄手法、影片风格等方面对传统武侠片有所改进甚至颠覆，其中部分人物服饰造型带有西方枪手与东洋忍者特色，甚至出现身着牛仔布的侠客与武装着全身盔甲的杀手，充满着颠覆性和前卫性。电影《蜀山传》中，玄天宗的造型就像机械战警的装束，充满科幻色彩；孤月大师的服饰造型与敦煌莫高窟中的唐代飞天十分相似；而蝴蝶小妖的服饰色彩艳丽，多了几分现代时尚感；峨眉真人的服饰款式近似于西方中世纪传教士的罩袍，象征着为维护意念而不惜以身殉道的意念精神。这些看似风格迥异的服饰没有确切的历史定式，就像后现代艺术，在重组与颠覆中打破界限。而在电影《狄仁杰之通天帝国》中，徐克则为了将自己的创作理念和艺术风格完全融入影视服饰，曾亲赴敦煌寻找灵感，他说："为了《狄仁杰》，我去敦煌看了唐朝很多壁画，也到许多博物馆里去看他们的收藏，以奠定筹备唐朝服装的资料基础。唐朝的审美标准与现代不一样，我需要把唐朝的基本美学线条放在现代的演员身上。"② 该片的造型指导余家安则介绍说：徐克导演希望通过这套练兵场的造型，呈现武则天的"威"，因此，我们需要将她做得很巨大，很威武的感觉，但衣服又不能太厚。因此我们想到，只用给她加上四层衣服，而每层都另加四层材质，让衣服有一种厚重感，于是影片展现了一个既"潮"又"威"的女王形象。

---

① 徐克："重要的是与观众分享电影的体验——徐克访谈录"，《当代电影》，2007 年第一期。

② 狄仁杰：[EB/OL] 武则天造型曝光，刘嘉玲为戏漂眉，http://ent.sina.com.cn/m/c/2010-08-24/20183063074.shtml，最后访问日期：2010 年 8 月 24 日。

导演李少红擅长唯美写意，讲究影像造型，注重美感追求。她的电视剧作品在美的营构中，冲淡意识形态，在"唯美风格"的追求中，淡化道德批判的意义，而切入的是人生的本真意义，挖掘人性的深层内蕴，特别是女性的生存与命运。李少红的电视剧给人以

图9－13　《橘子红了》剧照

耳目一新之感，从服装、道具的运用，对白语言的设计，到影像与造型，乃至气氛的营构，都力求精致，给人以美感，这也是李少红自己不讳言的"唯美风格"的追求。这种风格造就的服饰形象带有女性特有的细腻情感体验。电视剧《大明宫词》和《橘子红了》秉承她一贯的艺术风格，剧中缠绵跌宕的爱情，戏剧化的台词对白，美轮美奂的服饰造型，打造着唯美动人的视觉盛宴。无论是瑰丽华美的宫廷服饰，还是江南小镇温柔朦胧的清朝裙袄，都淋漓尽致地展现着导演浪漫唯美又略带哀伤的女性视角。《大明宫词》中华美飘逸、浪漫雅致的服饰将唯美风格发挥到极致，剧中的服饰既带有中国古代历史上唐朝服饰的风格，又融入现代时装的韵味，此外，服饰的款式、色彩、面料等因素都与角色的地位、年龄、心境、环境息息相关。《橘子红了》中，女主角的每一套服饰上都有精美绝伦的刺绣，她们在宽袍大袖的服饰衬托下给人一种娇羞的美感，宛如油画中的仕女，娇羞、细腻、惹人怜爱。这些唯美的服饰不仅营造了人物的诗意美，同时也增添了影像画面意境的美感。在影视画面造型方面，李少红导演追求的是一种诗中有画、画中含诗，一切景语皆情语的唯美意境。《橘子红了》中，橘园送别的场景更是如诗如画、如梦如幻，新娘子的一袭红装点缀在如烟似雾的橘树叶中，再加上橙黄色橘子若隐若现的剪接变化，暗示了年轮的变迁和时光的飞逝，美人美服美景之外，略带有伤感的分别。（见图9－13）

（2）服饰设计师的理念传达

根据导演的意图最终进行服饰造型设计的是服饰设计师，影视服饰设计给设计师们提出了更高的要求，他们与演员们共同塑造了一个个形象生动的

角色，也为明星梦工场打造了更多光彩夺目的偶像。设计师也应像电影导演一样，立于创作中心，并结合自己的设计理念、审美取向和独特个性，在统筹规划中使服饰达到最完美的视觉效果和表意效果。总之，影视服饰设计师应将自身的设计理念与导演的风格、演员的表演完美结合，共同创造出优质的影视作品。

叶锦添，是第一个获奥斯卡最佳美术设计奖的华人艺术家，《大明宫词》《夜宴》等影视人物服饰造型设计，使他在服饰设计界倍受肯定，声名远扬，尤其是电影《卧虎藏龙》，荣获了"英国皇家影艺学院最佳服装设计"和奥斯卡"最佳美术设计"大奖，使他荣获国际声誉。叶锦添善于运用传统元素表达时尚理念，创意于东西方艺术之间、古典与前卫之间的造型世界，他曾说："我觉得我自己是在前卫和传统之间游走的人，这也是我可以把那些传统的和现代的东西分开呈现给观众的原因。"[1] 一方面，叶锦添的服饰设计实现了东西方审美思想的融合。他在探索东西方文化的精髓后，开始寻求两种文化融合转化的创作方式，尝试以新形式体现传统精神。在电影《夜宴》中的皇后加封大典上，婉后阔达的长袍、变化的眉形等整体造型呈现西方歌剧气势，但服饰图案采用了中国传统的云纹；《无极》中满神的服饰造型夸张飘逸，富有超现实的希腊神话意境，但服饰门襟和发饰造型采用的却是中国传统元素，东西方元素在创作上相得益彰。《无极》的服饰设计，杂糅各种艺术元素，在复古视觉上打造时尚盛宴。叶锦添谈道："因为这个戏的剧情是完全虚无缥缈的，因此对于服装来说也是这样。我可以动用各种大胆的想象，又有一点点戏曲的味道加入，风格化的表现很突出。"[2] 另一方面，他将古典美学时尚化，在看似传统的服饰中融入一丝前卫性和现代感，将传统与时尚结合，由时尚嫁接传统，以传统演绎时尚。《卧虎藏龙》《大明宫词》等影片中，那些华丽繁复、浓墨重彩和气势雄浑的创意服饰，并不是历史服饰的还原，而是建立在历史背景基础上，通过重组和杂糅各种艺术元素，在复古视觉上打造时尚盛宴。《大明宫词》中的服饰采用唐朝传统底色，融入时尚感设

---

① 叶锦添：《在前卫和传统间游走》，http://ent.sina.com.cn/2004 - 11 - 23/1100576306.htm，最后访问日期：2004 年 11 月 23 日。

② 叶锦添：《在前卫和传统间游走》，http://ent.sina.com.cn/2004 - 11 - 23/1100576306.htm，最后访问日期：2004 年 11 月 23 日。

计，突出纷繁华丽的特色。太平公主宽衣博带的唐装造型层次丰富、华丽飘逸，正体现了"风吹仙袂飘飘举，犹似霓裳羽衣曲"的古典风尚。可以说，叶锦添对中国传统文化的深刻理解，对西方现代艺术和时尚潮流的敏感，形成了传统而前卫的服饰设计风格，不仅提升了影视作品内涵，也为观众带来了丰富的视觉享受。

奚仲文，曾为多部经典影片担任服装设计和艺术指导，从影多年来屡获殊荣，由他担任服装设计的影片《满城尽带黄金甲》，入围了第 79 届奥斯卡金像奖最佳服装设计，并夺得美国电影业服装设计公会奖历史类最佳服装设计奖，备受国际业界推崇。奚仲文曾说："很多时候我没有一个明确的设计理念，只是配合具体影片的题材和导演的想法。和不同的导演合作，就可能有不同的设计构思。"电影美术的风格和造型特点如同电影的类型多种多样，设计的关键问题是如何配合具体影片体现出视觉质感从而进行叙事表意。奚仲文在服饰设计上致力于体验多样风格，追求完美细节。细数他的作品，无论是古装造型还是时尚装扮，无论是历史题材还是现代题材，无论是华丽的唐朝宫廷服还是破旧的清朝难民服，他都能在游刃有余的设计中给人新奇感。在《满城尽带黄金甲》中，奚仲文运用了中国最华丽的色彩和服饰面料——金色与丝绸，使演员的服饰耀眼夺目，尽显皇室气派，其中每一位主角的服饰设计都极其精致，刺绣图案精美华贵，再现了唐代服饰的瑰丽。不同于《满城尽带黄金甲》的奢华风格，《大灌篮》中周杰伦的破棉袄、雷锋帽和雷锋包的服饰造型设计，以及"四大高手"的破烂棉袍装凸显的则是"破烂"特色。《投名状》中也是清一色的破旧服饰，没有一件华丽光鲜的衣服。虽然这些服饰的破旧样式类似，但为了在大场面中突出人物的差异性，每个士兵的服饰在细节上却有所区别，尤其为了让影片中的李连杰充满身经百战之感，让他穿上了沾满血渍、异常破旧的盔甲，真实再现了战争的血腥与残酷。奚仲文用实力证明了他多样化的设计风格，他的服饰设计可以展现中国王朝最奢华的一面，也可以展示市井街民最落魄的一面，并透过这些浮华与破旧的景象思索人生。

和田惠美，曾先后与黑泽明、张艺谋等多位影视艺术家合作，创造了影视服饰设计的奇迹。1980 年，她凭黑泽明导演的《乱》成为首位获奥斯卡最佳服装设计奖的日本女性。和田惠美这样描述她的设计理念：每当我在进行电影或歌剧的服饰设计时，如何在设计中体现人物的性格是我思考的第一件事。她非常注重影视服饰对人物性格的表现，致力于使服饰真正展现人物个性与内心灵魂，为塑造人物形象服务。在影片《乱》中，有一个女性角色，性格如蛇一般，于是和田惠美选取了一种亮闪闪的银色纱质面料作为她的服饰材料，以衬托这个角色的内心阴险。当这个角色被杀害时，和田惠美又在其服饰色彩上运用了黑色和金色的搭配，以代替以前白色和金色的搭配，营造死亡般的沉闷、压抑气氛。和田惠美坚持设计无止境，面对挑战，永远创新，具有无限的创造力，尽管在缺乏史实资料的情况下，她也能根据导演的要求，结合自己的想象，设计出与剧情相符的服饰。在电影《英雄》中，导演对服饰的要求，是以西安兵马俑样式的秦国服饰为参照，而当时却没有任何资料涉及赵国的服饰式样，给创作设计带来了较大难度，但和田惠美解决了资料短缺的难题，独立设计创作了赵国的服装、佩饰和发型。在服饰款式和材料上，她特意把动作场面所需要的服饰设计成类似舞蹈的样式，使人物角色的动作更显唯美飘逸；在服饰色彩上，她独自在北京的手工作坊中完成了所有服饰的染色，而其中的染料也是她千里迢迢特地从日本和英国精挑细选的。在电影《十面埋伏》中"牡丹坊"的服饰体现出典型的晚唐风格，和田惠美以个性化的唐朝纹饰作为服饰图案，以蓝、绿两色作为基本色调，以花朵的颜色作为配色；在"竹林"场景中，她用捕头服饰的竹绿色和墨绿色形成对比；在"花海"场景中，将服饰的唐朝图案和自然景色相结合，营造出天人合一的意境，实现了人物服饰和影视场景的完美融合。和田惠美说："只要我对一部剧本感兴趣，就能在很短的时间内完成其中所有人物服饰的设计。"她无疑是一个将现实与灵感结合的优秀服装设计师。

2. 影视服饰符号的受众"解码"心理

从接受角度来看，影视文本其实并不能提供最终的意义，而是随着受众的不断阐释而产生新的意义，而受众的读解只是一种话语建构，他们结合自己的生活阅历、文化水准、观影经验和审美风尚，建构自己所"理解"或"偏爱"的文本，在影视服饰的观赏过程中体验到一种思想的浮想和情感的流露。受众对影视服饰的解读收到自身的审美体验心理、情感共鸣心理和模仿从众心理等"解码"心理的影响。

（1）审美体验心理

审美是人们在一定的审美观指导下对事物美做出判断、评价的过程。从狭义来说，审美通常又被称作"美感"，是专指审美感受，即人们在对美的事物的欣赏、享受或创作活动中所产生的一种特殊的心理感受。影视欣赏也包含一种审美活动，影视画面的光影、色彩、构图、线条、布景等都具有审美特性，都能给观众以视觉、听觉的审美享受，唤起观众的审美经验，即人们欣赏着自然、艺术品和其他人类产品时所产生的一种愉快的心理体验。这种心理体验是人的内在心理生活与审美对象之间的交流或相互作用的结果。

在传播信息的接受过程中，受众具有选择性心理，其中的选择性接触是指受众对媒介信息有选择地指向和集中，即习惯接触与他们现有观点、兴趣和态度相一致的信息内容。传播心理研究证实，受众对于影视节目的兴趣和偏好，常常来自最初的注意力。这种注意力就是心理活动对一定事物的集中呈现，它使人们的心理活动具有一定的指向性和目的性。这种现象反映在影视欣赏上，就是受众经常只会注意那些能够深深吸引他们注意力并使之心动的影视画面。对影视观众而言，服饰艺术就具有极大的吸引力和感染力。在影视剧中，服装设计师通过款式、面料、色彩等手段尽情展示影视服饰的艺术魅力，使观众在光与影的变换中达到审美体验的艺术享受。对影视服饰的审美，是观众对影视服饰美的评判及其所获得的特殊心理感受，它既是感性的、直觉的，又是理性的、知觉的，既愉悦人的感官，又愉悦人的性情。观众在这种审美体验与艺术欣赏活动中，满足了审美需求，在获得审美愉悦和精神享受的同时，得到身心的放松、心理上的快感、思想的感染和熏陶。

华美的服饰从来都是宫廷片里的一大看点，尤其是在欧洲宫廷影片《公爵夫人》中，迭迭华衣，翩翩裙裾，层层褶皱，将具有古典气质的女主角衬托得更加靓丽耀眼。影片中的公爵夫人乔治·安娜在婚礼上，穿着奶黄色真丝结婚礼服，以镶钻的胸衣配以单独的衬裙，尽显新娘的华美。安娜参加公众集会时，身着维多利亚礼服，上衣的主体颜色为蓝色和青铜色混交的色彩，下摆部分主要以棉布质地的围裙配以杏色透明硬纱，头戴杏色羽毛装饰的蓝色礼帽，尽显高贵气质；安娜遇见公爵和贝丝时，身穿绿色大礼服，其款式是当时很流行的丝质双层披肩外套，上衣是绿色丝质面料，下裙是橙色加粉色的绸缎面料，以丝带蝴蝶结为装饰，再配上高耸的宽边帽。安娜出席酒会

时穿上最抢眼、最震撼的
"买醉服"，这套独特的酒红
色蚕丝服装，以精致蕾丝和
白色黄蕊的玫瑰做点缀，使
安娜在嬉戏打闹中尽显娇态
与迷情。影片中的华美服饰
无不带给观众独特的审美体
验和心理感受。（见图9 –
14）在电影《27套礼服》
中，值得一提的是，经典奢

图9 – 14　《公爵夫人》剧照

华的婚礼场景和时尚多样的礼服设计，异彩纷呈的礼服令人眼前一亮、目不
暇接。凯瑟琳·海格尔饰演的简是一位"职业伴娘"，经历了各式婚礼仪式，
并在多次伴娘体验中收藏了27套款式各异的礼服。片中令人记忆犹新的场景
是记者凯文"误闯"简的衣橱，无意中发现了那27套伴娘礼服，于是简在几
分钟内更换了27套礼服，将这些款式各异、别具风情的伴娘礼服展示在凯文
面前，换不停的锦衣华服也让观众大饱眼福。其中，海底世界式礼服展示了
"水中娇娃"的独特魅力，粉橙色"乱世佳人"款连衣裙配以蕾丝遮阳小伞，
充满欧洲古典韵味，印度纱丽装、紫色丝绸和服和牛仔女郎式白纱礼服则带
来异域风情，这一系列款式新颖、色彩丰富的礼服营造了目不暇接的视觉效
应，吸引观众的审美注意，激发观众的审美想象，使他们获得隽永的审美体
验和独特的审美认识。

（2）情感共鸣心理

美学家朱光潜说过："心感于物（刺激）而动（反映），情感是人对外界
或自身反应的一种特殊生理和心理流露，贵在自然、贵在真挚。"所谓情感，
指人对事物的态度的体验，是人的需要得到满足与否的反映。情感有别于认
识活动，它具有特殊的主观体验、显著的生理变化和外部表情行为。影视以
具有动态物象性的艺术形象，以连绵不断的影视画面诉诸观众的视、听觉器
官并直接作用于人的器官，从而引起观众情感上的波动，造成所谓"情感的
暴风雨"和"智力的眩晕症"，使观众情不自禁地走进银屏的天地之中，从而
产生情感共鸣。影视观赏中的共鸣，是一种情感活动中的精神现象，是指观

众的思想感情与影片所表达的思想感情的相同或相近。影视观赏中的共鸣是普遍存在的，影视艺术打开了透视中外文化的形象窗口，既能再现历史和社会生活，又能创造典型人物和环境，提供最普遍、最真切的生活体验。影视中的服饰既能反映历史背景、时代变迁和社会发展，同时又能展示人物外部形象、揭示人物内心世界，使观众在影视欣赏中，跟着作品形象神游于艺术天地，并强烈地被服饰形象传达出来的思想感情所打动，产生"移情"心理，将自己的主观情感投射到影视人物身上，喜怒哀乐应境而生，协情而发，进而在影视服饰展示的大千世界中寻觅情感的诉求，心灵的归属。

电影《色·戒》中，女主角汤唯身着传统旗袍，手提古典手袋，把观众带回了旧时的上海，旧上海的风貌似乎都印在了她那立领、侧衩、盘扣、绲边旗袍上。每一款旗袍都是她个性特征和心理情绪的真实写照，无不透露着复杂的情感。冷艳深蓝旗袍的蓝底白花图案，衬托出女主角的淡雅幽静、温柔似水，贴身的剪裁勾勒着身材曲线；妩媚明蓝旗袍以体现少妇特有成熟韵味的底色、搭配如少女般含苞待放的碎花图案，交织着内心的复杂情绪；若隐若现的天蓝色旗袍，肩部的透视效果与裙摆高开衩设计，暗含性感的挑逗意味，间谍身份亦潜伏其中。比起蓝色系的妩媚性感，纯美素色旗袍则显得内敛雅致，平添几分清秀儒雅的气质，透薄的麻料流露着恬淡的情感；杏色大衣与典雅旗袍在中西混搭中则体现出独特韵味，硬朗的大衣下藏的却是妩媚的旗袍，如此强烈的对比效果，衬托出女主角的刚柔并济，也使观众感受到她冷艳面孔下那颗火热的心。观众在不断变换的服饰中欣赏她的绰约风姿，从由此引发的旗袍情结中感受复杂情绪、体验坎坷经历，并和女主角产生强烈的情感共鸣。

电影《山楂树之恋》演绎了"史上最干净的爱情故事"，讲述了漂亮的城里姑娘静秋与英俊善良的军区司令员儿子孙建新（也称"老三"）的爱情故事，虽然没有轰轰烈烈的海誓山盟，却在生活的点滴琐碎中体现着深切而纯真的爱恋，影片中的服饰也凸显着这种情感意识。影片故事发生在中国20世纪70年代前后那段贫穷而充满理想的时光，当时的服饰特点款式单一、色调沉闷，蓝色卡其布工装和绿色军装成为那个年代的着装写照。影片中，姑娘们在排练革命舞蹈时身着军装，头戴军帽，腰扎皮带，头扎小辫，足蹬解放鞋；知青下乡时身着绿军装、身背黄挎包、胸前佩戴大红花，这些场景无不引发着观众的怀旧情绪，把思绪和情感带回往昔，引领观众重温纯真岁月，体验纯美爱情。女主角静秋在生活和劳动中常穿素色白衬衫、暗蓝色外套和长裤，脚穿解放鞋，体现着她的纯洁质朴的个性和因家庭成分而自卑忧郁的心理。但是当静秋和老三约会时，她换上了白底小碎花衬衫、蓝色及膝裙、白袜子和黑布鞋，这些服饰符号含蓄地流露出少女的羞涩，使观众也能因此同时感受到静秋对爱情的憧憬正如衬衫上的小碎花一般微微绽放。而在片尾，静秋与病危的老三告别时，一向素净的她换上了红色外衣，因为老三曾对静秋说"你穿红色好看"，在这最后的时刻，她特意穿上了新做的红衣裳。而且红色本是喜庆之色，但此时此刻，却成为女主角极度悲伤心境的反衬。当观众看到身着红衣的静秋面对心爱的人即将离逝，泣不成声的画面时，心中同样会涌动着火一般浓烈的悲伤和痛苦之情，产生强烈的情感共鸣。（见图 9 - 15）

图 9 - 15 《山楂树之恋》剧照

（3）模仿从众心理

模仿与从众都是群众性的着装社会心理现象。模仿是人类的本能，从心理学角度说，模仿是指没有外界控制的条件下，个体受他人影响而仿效其言行，并使自己的言行与之相同或相似的过程，是社会生活中人际影响的重要形式之一。模仿是个人受非控制的社会刺激而引起的一种行为，其行为与社会上其他人的行为相类似。它主要是指社会生活中榜样的示范作用，从而主观上产生学习榜样的愿望而引起的。所谓从众，是一种"随大流"的个人行为，即在某种程度的社会压力或流行诱导下，放弃个人的意见而采取与大多数人一致的行为。出于从众心理，当某种服饰款式、发式、装束等流行时，人们为了与社会、团体或周围的人表现出一致，也就顺从这些流行趋势。观众在影视欣赏中也满足了模仿从众的心理需求。影视的视听形象，为观众的模仿提供了对象，不仅是影视人物的言行，甚至影视人物的穿着打扮，也常常被观众所模仿。

在电影《蒂凡尼的早餐》中，奥黛丽·赫本高耸发髻，身穿小黑裙，佩戴蒂凡尼镶黄钻缎带项链的优雅形象，深入人心。赫本的小黑裙营造了一种清纯、典雅的感觉，堪称史上最经典的银幕扮相之一。人们永远难忘这部经典影片中的那条小黑裙，永远记得奥黛丽·赫本那无人可及的美丽优雅，她用过的香水，穿过的小黑裙，戴过的墨镜和珍珠项链，都成为经典和时尚的代名词，成为人们模仿和追逐的风尚。影片放映后，无论是名媛淑女，还是普

图 9 – 16 《蒂凡尼的早餐》剧照

通女性，都以能够拥有一条小黑裙为荣。《Vogue》杂志中文版编辑顾问、台湾资深时尚评论家黄薇曾评论说："赫本对服装的见解与选择，至今仍是全球女性模仿的对象，是现代人智慧衣橱的参考。"

（五）影视服饰传播的消费主义意识

在经济学上，"消费"作为一个与"生产"相对的概念，指对使用价值的占有，消费主义注重的不是商品的使用价值，而是商品的附属文化意义。在某种意义上，消费主义指的是一种价值观念和生活方式，它不在于仅仅满足"需要"，而在于不断追求难以彻底满足的"欲望"，它能够煽动人们的消费激情，刺激人们的购买欲望，"消费主义"代表了一种意义的空虚状态以及不断膨胀的欲望和消费激情。消费主义对当代社会日常生活的侵袭，不是在抽象的理论层面上实现的，而是通过兼具市场和观念两大特征的大众消费文化潜移默化地渗透，以电视和电影为代表的大众传媒在消费主义的传播扩散方面发挥着至关重要的作用。影视艺术集视听觉于一体，给观众以强烈的现场感、目击感和冲击力，带给受众艺术享受的同时，也释放出大量的商品信息，使受众的消费选择受其影响。影视服饰是导演塑造影视人物形象和传达影视艺术氛围的重要表现元素，也是服装设计师精心编织的艺术品，其本身就形成了一道独特的影视视觉景观。影视传播者利用服饰的表现力设置视觉景观，引领消费时尚；凸显符号价值，培养消费意识；构建神话意义，引导消费方式，从而使影视服饰也打上了浓郁的消费主义色彩。

1. 设置消费景观，引领消费时尚

"议程设置"理论由美国学者麦考姆斯和肖提出，其核心观点是，大众传播媒介在一定阶段内对某个事件和社会问题的突出报道会引起公众的普遍关心和重视，进而成为社会舆论讨论的中心议题。该理论认为，大众媒介在传播文化的同时，也在建构一定的价值意识形态，从而使受众感觉到那些大众传媒所关注的传播内容便是主流的或是值得肯定和效仿的。大众媒介种种不同的陈述方式，其目的都在于企图扮演流行权威形象。在影视作品中，吸引观众的不仅仅是剧情本身，跟随情节和角色的变化而波澜起伏的服饰因其本身的美感也成为一道亮丽的风景线。导演和设计师通过服饰的款式、色彩、面料等元素设置视觉景观，尽情展示影视服饰的艺术表现力，使观众在光与影的变换和美的享受中，被影视服饰的魅力深深吸引。根据议程设置理论，影视剧中对服饰的突出表现自然会引起受众的普遍关心和重视，感觉到这些被突出表现的服饰便是值得肯定和效仿的流行时尚元素，从而产生效仿的欲望。在许多影视作品中，款式多样、造型别致的服饰成为立体视觉影像，带来强烈的视觉冲击力在吸引观众眼球的同时引发了广泛关注，从而引领了消费时尚。时装与电影结合的佳作《穿普拉达的女王》展示了一场奢华时装秀，影片中如普拉达、香奈尔、爱马仕、古驰等奢华的世界级品牌成为影片的一大亮点，女主角米兰达一人的服装就多达 60 多套。该片于 2005 年 9 月拍摄，随后在世界各地放映，掀起了人们对于时尚的关注。该片 2 月 27 日起在中国上映，首周即在全国获得近千万元票房，成为各大城市妇女节包场的首选影片。由于影片中时尚元素众多，《穿普拉达的女王》受到都市白领的热捧。影片中大量时尚潮流元素也为女性在办公室这个大竞技场争奇斗艳提供了相当多的借鉴，成为一部引领风潮的影片。紧随其后，电影《27 套礼服》呈现给观众的，不仅仅是华丽浪漫的婚纱礼服和王子公主式的甜蜜婚礼，更透过这些美妙的场景激起观众中待嫁"灰姑娘"们内心深处的共鸣。

韩国偶像剧中，服饰更是成为视觉化的时尚元素，构成消费主义的重要因素。在韩剧《浪漫满屋》中，韩智恩（宋慧乔饰演）在家常穿的鲜艳卡通图案 T 恤，李英宰（Rian 饰演）的短版外套和绑带式小罩衫；《冬季恋歌》中，李民亨（裴勇俊饰演）飘逸的金发，时尚的围巾，知性的眼镜，羊绒双排扣长外套；《对不起，我爱你》中恩彩（林秀晶饰演）的多彩毛衣、可爱裙子和雪地靴；《我的女孩》中，朱裕玲（李多海饰演）的短装上衣、平底长靴、艳丽彩袜和可爱头饰等，随着电视剧在中国的播出，刮起了"哈韩"风潮，推动了时尚潮流。韩国古装剧《大长今》则营造了鲜艳柔美的韩国传统服饰的视觉景观，越来越多的女性观众开始痴迷于剧中优雅的大长裙和高腰设计的服装款式，韩国传统服装成为众多服饰店的主打服饰，影楼纷纷推出韩服主题摄影。

2. 凸显符号价值，培养消费意识

美国传播学者格伯纳等提出的"培养"理论认为，一个人看电视的时间越长，所形成的对社会现实的认知和态度会越接近电视所呈现的景象，这就是媒介环境。在现代社会，大众传媒提示的"象征性现实"对人们认识和理解现实世界发挥着巨大影响，这种影响是一个长期的、潜移默化的、"涵化"的过程，它在不知不觉中制约着人们的现实观。大众媒介所提供的符号现实成为影响人们主观现实的决定性力量，当以电视为核心媒体的消费文化生产出大量的符号和形象，创造出拟态环境时，长时间地浸濡其中的消费者，往往失去对现实的把握，其价值观念和生活方式也会受到消费主义的涵化。

影视媒体在凸显视觉元素的符号价值方面具有独特的表现作用。符号价值这一概念的提出者法国社会学家鲍德里亚认为，符号价值是附着于商品上的文化意义，一件普通商品正是因为符号价值而变得令人心醉神迷。"一件商品，无论是一辆汽车、一款大衣、一瓶香水，都具有彰显社会等级和进行社会区分的功能，这就是商品的符号价值。一件商品越是能够彰显它的拥有者和使用者的社会地位和社会声望，它的符号价值也就越高。"① 消费的符号象征意义是消费主义的一个重要特征。影视作品对服饰意义的表达凸显了服饰的符号价值和象征意义。影视艺术将身份、地位、品位、风格以及有关"美好生活"的影像，赋予在影视剧中的服饰上，通过凸显服饰的符号价值，培养消费意识，刺激消费欲望。久而久之，观众在影视欣赏中逐步脱离现实而迷失于"符号价值"的海洋里，形成了消费主义的消费意识。

高跟鞋是女子的最爱，女子穿上高跟鞋后臀部紧翘，双腿紧收，身材更显绰约修长，即使摆放着的高跟鞋，那细长的跟也令人想到女子摇曳的身姿。

① 罗钢、王中忱：《消费文化读本》，北京：中国社会科学出版社，2003 年版，第 32 页。

影视艺术的表现力使高跟鞋的性感魅力深刻地凸显，性感成为高跟鞋的符号价值，似乎拥有一双动人高跟鞋的同时也就拥有了性感魅力。影视艺术迎合了女性喜爱浪漫、性感、奢华的梦幻心理，也培养了女性观众对高跟鞋的消费意识。电影《红磨坊》中，妮可·基德曼穿着的那双金色高跟鞋，也让许多女性观众念念不忘。还有直接以高跟鞋命名的电影《高跟鞋》《偷穿高跟鞋》《粉红色高跟鞋》等。

如果说高跟鞋是对女人性感意义的演绎，那么西服则是男人风度魅力的表现符号。在经典影片中，身着西服的男士们总是优雅地过着令人羡慕的生活，他们通常身穿一件轮廓鲜明的西装外套，搭配雪白的衬衣领子，儒雅、深沉。或者从容悠闲地坐在高档餐厅里，或者不疾不徐地走在街上，身边常常还有一个优雅美貌的女人陪伴。于是，在影视艺术赋予的诸多意义中，西服严肃而矜持地存在着，成为男人风度魅力的符号象征。

可见，影视艺术在这些服饰的展示中提供了一个"象征性现实"，即高跟鞋和西服就是性感女人和魅力男士的优雅生活的一部分，使这两种服饰不再仅仅是遮体御寒的工具，而成为一种表现品味气质或突出身份地位的符号，其符号价值得到凸显和张扬。这种"拟态环境"潜移默化地制约着人们的审美观，使人们的生活方式和价值观念受到消费主义的涵化，不知不觉中培养了消费意识，激发了消费欲望，从注重服饰的使用价值转向注重其精神价值和情感意义，倾向于通过服饰表现身份或地位象征性，形成身份认同。

3. 构建神话意义，引导消费方式

法国学者罗兰·巴特在其著名的《神话学》中以"神话"的概念来解释通俗文化，他说，"神话是一个交流的系统，是一种信息"，"是一种意义的模式，一种形式，"由一种话语传达的一种说话的类型。神话不是由其信息的对象来确定的，而是由它说出这些信息的方式确定的。① 符号学家罗兰·巴特告诉我们，神话其实是一种传播体系，是一种经过媒体"装饰"的讯息，并且"适用于特定类型的消费"。比如，人们在生活中看见红玫瑰就会马上联想到爱情，这就意味着红玫瑰的转义常常被直接视为本义，这种被当作本义的转义就构建了一个神话。在巴特看来，"意义就是神话本身"，"神话的意义，从

---

① 转引自［英］多米尼克·斯特里纳蒂：《通俗文化理论导论》，阎嘉译，北京：商务印书馆2001年版，第126页。

来不是任意的；在某种程度上它始终是被促发的"。影视服饰也通过神话附带了美好、奇异、浪漫、自由、风韵等文化意义，引导着观众的消费方式。

电影《花样年华》以20多套旗袍将女人的风韵诠释得淋漓尽致，这些花色布料各异的旗袍，以纤细合体的剪裁衬托着张曼玉玲珑有致的身材，立领包裹着人物含蓄与复杂的心绪，张曼玉的内敛、矜持与优雅完美地诠释了人物的情感，并且以非凡的气质与表演为旗袍做了最美的注脚。影片播出后，媒体对《花样年华》进行了极为细致的文本分析，大量的影评反复强调着旗袍与女人风韵的联系，又对旗袍的历史、种类及其逸闻等做出解释，使受众沉溺于旗袍的魅力之中。旗袍对于女人风韵的指代作用，正是通过《花样年华》这部影片构建起来的。旗袍本是一种中国传统服饰，而在影视艺术的展现中被赋予了新的意义和文化内涵，构建了神话体系，成为女人风韵气质的代名词，似乎穿上了旗袍也就穿出了女人的风韵。随着电影在内地各大城市上映，刮起了阵阵旗袍风，激发了很多女观众的"旗袍情结"，旗袍成了一时最流行的时尚服饰。继《花样年华》后，上海有人开始陆陆续续收藏老旗袍，老旗袍也成了收藏新宠，身价倍增，行情看涨。《花样年华》不仅在内地掀起了复古风潮，而且在海外也引起了阵阵旗袍热。当电影在英国首映时，英国人举办了多场旗袍展，欧洲甚至出现了一批"曼玉旗袍迷"，还有不少日本人专程来上海寻觅老旗袍。

如果说旗袍构建了中国女性风韵的神话，那牛仔服则构建了美国精神的神话。西进，是年轻美国的历程，西部拓荒精神是美国精神的雏形，西部牛仔独立自由、百折不挠、奋发向上的精神正是后来人们所津津乐道的美国精神的根源所在。西部小说带动了西部电影的发展，西部片使硬朗的牛仔形象成为美国集体神话中的英雄想象，西部牛仔精神最终成为美国精神的象征。拍摄于1903年的影片《火车大劫案》就是美国西部片的代表。1939年，约翰·福特执导的有声片《关山飞渡》因聚齐了所有西部的经典元素而被公认为西部片的里程碑之作。此后，《红河》《正午》《原野奇侠》《与狼共舞》等一系列描绘西部生活的经典影片中，西部牛仔形象令无数人着迷，他们头戴牛仔帽，系着牛仔巾，身穿牛仔衣，脚蹬牛仔靴，挎着六响枪，拿着套索，骑着骏马，身形矫健，枪法精湛，见义勇为、劫富济贫又豪放不羁、自由自在。西部片鼓舞了美国人对英雄的崇拜和向往，牛仔服饰也在这一神话体系的构建中与自由、勇敢、个性、英雄主义等文化意义相联系，西部片使西部牛仔服饰成为时尚元素，并带来了新的消费热点。20 世纪 60 年代以后，牛仔服更加普及，受到不同阶层、不同职业人们的广泛欢迎，并长盛不衰，历久弥新。美国前总统卡特、里根和小布什都以"牛仔总统"的形象示人，著名的"盖茨装"也不过是一条磨白了的牛仔裤和一件随随便便的 T 恤衫，脚上穿一双蒙了尘的旧皮鞋。随着美国文化的对外传播，牛仔文化伴随着好莱坞影片逐渐流行于全世界。

二、时装发布平台

时装季节指时装变换的周期，它受流行变化客观规律的影响，也是厂商营销策略的结果。中国人向来有按季节更换衣服的习惯，所以有四季衣裳之说。国外的时装界却有不同的做法。法国巴黎的高级时装界有一年两季的传统。成名和想成名的设计师每年都要举行发布会——春夏时装发布会和秋冬时装发布会。会上由设计师独立或在时装厂商的支持下推出一个时装新系列，售予来自世界各地的零售商。时装从设计室流传到大街小巷大约要八个月时间，所以这一季的发布会闭幕之日，就是准备下一次发布会的开始之时（半年六个月），其余两个月花在发布会的设计、进行工业化生产和打通销售渠道上。

美国纽约或洛杉矶时装界则有"一年六季"之说。设计师一年要开六次发布会——春季、夏季、秋季、冬季、豪华旅游季和节日假日季。例如，1 月举行春季发布会，4 月举行夏季时装流行发布会。"豪华旅游季"发布会一般在 11 月初开。北美人见到秋风萧瑟严冬将至，就想南下去墨西哥或危地马拉等地旅游，而且往往乘坐豪华客轮，享受船上的游泳和日光浴等种种游乐设施。囊中羞涩而游兴不减的人也可坐飞机或自己开车去，到了南美海滩照样嬉水或躺着晒太阳。这季发布会的规模较小，主要是泳装和旅游时装等。

目前中国的时装品牌发布会也逐渐丰富发展起来，涌现了许多有才华的设计师，他们的作品发布会无疑带动了中国服装业的发展，引领了中国的服装流行趋势。

三、流行音乐

在如今的视觉营销时代，流行音乐不仅要求歌曲本身的词和曲符合大众的口味，而且对演唱者的形象设计、舞台展示设计也有极高的要求。音乐的流行无形中带动了服饰的流行。如弗里斯所言：流行音乐"控制表达、包装情绪、售卖情感"，流行音乐的大部分吸引力在于音乐和音响以外的特征：歌词、明星形象、现场演唱和与明星身份相关的各种小商品等。因此，流行音乐带动了服饰流行，因为喜欢流行音乐，而模仿它的服饰风格。服饰要与音乐完美地结合，才能达到好的整体效果。

（一）朋克音乐与服饰的"朋克风格"

"朋克"（Punk）这个字眼由"性手枪"（the Sex Pistols）乐队于 1975 年在圣玛丁（St. Martins）艺术学校的一场表演中所提出；在 10 月后的 1976 年 9 月 20 日，性手枪与冲撞、Subway Sect、Siousie Andthe Banshee、Stinky Toys 等乐队在位于伦敦闹市区牛津街口的"100 俱乐部"（100Club）共同演出。这次演唱会一般被舆论界认定为朋克音乐降生的宣言。

1. 朋克音乐的文化特质——反叛

朋克音乐的根源是 20 世纪 60 年代车库摇滚和前朋克摇滚的各种尝试。朋克乐队以 the Velvet Underground、the Stooges、New York Dolls 等乐队的简单风格作品为蓝图，试图通过简单的三和弦还摇滚乐质朴的本性。朋克反对美式摇滚的单调乏味，企盼将摇滚乐带回到 50 年代的风格，并且唱出准确表达现实的歌词。从音乐本身讲，它是一种反叛形式，它反叛 70 年代的所有其他音乐形式。反对既定的规则，真实地表现自己的观点是朋克的魅力所在。作为一种艺术风格，朋克在青年人中获得了异乎寻常的成功；而作为一种文化现象，它的影响更是超出了音乐本身。

2. 怀旧和张扬的服饰风格

在服饰领域，朋克乐手的形象在当时成为最受欢迎的复制对象。英国著名的服装设计师维维安·韦斯特伍德（VivienneWestwood）被称为"朋克教母"。她所设计的集拉链、碎布、锁链、色情和口号式文字于一身的服饰，随着"性手枪"们一起登台，成为朋克运动的标志，进而成为朋克时尚的领军人物。她的"新浪漫主义服装"的主张正是来源于她对朋克文化的个人解读。

朋克文化更直接影响乐手们的服饰：大金属项链、大且夸张的戒指、军用背包、皮衣上堆砌的金属拉链和饰牌等。广义上说，"朋克"已经不仅仅是一种音乐形式，它更是一个包括生活态度、服饰风格的文化共同体。"朋克"一词成了服饰界的一个术语，它规定了一种明显的风格。布满金属钉的皮质腕饰、腰带，造型粗犷的金属挂坠，夸张的金属戒指，暗扣式或拉链式的佩戴方式都是朋克首饰的内容和特征。在今天，新的朋克迷们可能已经不再需要也不能理解当年朋克音乐的动机，但是对关于朋克服饰的种种却能如数家珍，娓娓道来。时至今日，朋克风格的服饰设计依然活跃在现实生活中，它或者表达了一部分消费人群的某种怀旧情绪，或者表达了一种根深蒂固的朋克立场，表达一种怀旧和张扬的价值观。

（二）哥特音乐与服饰的"哥特风格"

清脆的曼陀林风格的半音吉他、沉稳的单音符贝斯线条、简单但快速的节奏、浓重的合成器效果和阴暗的演唱用来描述音乐和文化是在 20 世纪 70 年代末 80 年代初，那时正是朋克运动落幕，哥特音乐登场之际。

1. 哥特音乐的文化特质——沉郁厌世

包豪斯（Bauhaus）乐队在 1979 年推出的作品《Bela Lugosis Dead》是最早被贴上"哥特"标签的作品，它们充斥着沉郁厌世的情调，将中古世纪的阴暗情调从历史脉络的墓穴中挖掘出来。音乐往往冰冷刺骨，既带有精细的美感，同时又在音域层面上大量使用偏离旋律线的不协调音。哥特乐手对于一切传统音乐极端地蔑视，他们在歌词与表演概念层面，展现着生命与爱欲的荒凉。包豪斯的主唱彼特·墨菲（Peter Murphy）把自己打扮成冶艳无常的双性吸血鬼等。这种对性别的颠覆与反转，还表现在对神学概念的狂热迷恋上。哥特音乐作为朋克音乐的一种后续事物，逐渐地成为一种由视觉艺术、文学、音乐和服饰等构成的一整套美学和思想体系，并逐步由一种地下状态浮上表面，进入流行。哥特乐队不光在音乐上，也在视觉造型上，给人以前所未有的情感体验。中性化的身份造型，浓妆艳抹的打扮，说明它是"新浪漫主义"背后黑暗病态的一面。

2. 视觉展现的"另类"

哥特音乐文化系统具有自己独特的视觉特色，具体包括：苍白的皮肤——这可能是因为他们需要一种"僵尸"式的外表，更有可能是因为他们想体现"维多利亚"时代关于"苍白的皮肤是贵族的标志"这一审美原则；服装颜色必须是暗色——黑色最好，其他如海军蓝、深红也属于"哥特的色彩"，服装的面料要透而不露，薄尼龙或渔网状面料为佳，首饰偏爱银饰，形式元素主要以 T 形十字章（古埃及关于永恒生命的标志）、太阳神之眼、六角星（犹太信物）、十字架（基督的象征）等为主，具有泛宗教的倾向；黑发、漂白过的极浅的金发、红发或紫发；黑白化妆——主要是白色粉底加黑唇膏、黑眼影、黑色细眉线；皮革、PVC 橡胶都是必不可少的面料，中世纪的束腰也极为常见；领带、带钉子的项圈或紧紧系在脖子上的丝绒绳饰品以及刺青；歌剧风格的披肩、斗篷和长手套；锁链和铁钉；身体穿孔的癖好——一般情况下舌头是首选部位，其次是鼻子，甚至包括私密的肚脐和乳头。这种视觉特色非常贴切地符合着哥特音乐的理念——要表现黑暗的欲望、死亡的悲伤、禁忌和无望的爱、彻底的痛苦带来的美感。哥特看破一切，朋克认为白天也是黑夜；哥特只喜欢黑夜。朋克喜欢黑色；哥特喜欢黑色和白色。朋克以身体强壮为美；哥特以讲究曲线为美。哥特的服装一般是较宽松的艳色，如紫、暗蓝、颓废黑，哥特不爱在衣服上打钉，而是喜欢加些金属制品，或者是在嘴上打钉。

同朋克服饰一样，哥特式的服饰风格后来还跨出了乐手服饰的界限进入时尚界和大众服饰领域。在这个更加广泛的领域，哥特风格被做了较为宽容、温和的解释。我们可以称之为"新哥特""后歌特"或"流行哥特"风格，它描述一种带有维多利亚特色的，经历"新浪漫主义"洗礼的"新古典主义"服饰。这种广义上的服饰风格继承了狭义哥特风格的束身、黑色调和网眼袜，抛弃了它原有的皮革面料、鸡窝发型、触目惊心的体环和扎眼的金属钉，取而代之的是高高束起的马尾和轻盈的雪纺、柔软的锦缎、奢华的皮草。更为主要的是抛弃了狭义哥特风格的死亡意味和泛宗教气息，取而代之的是唯美的气质和略带伤感的高贵品味。

（三）嘻哈音乐与服饰的"嘻哈风格"

嬉皮士文化是一种半地下式的文化形态，只能算得上"准流行文化"，因为它的流行性是潜在式的，不是完全及时发生作用的。它更为突出的贡献是为朋克们提供了继承的根源和讥嘲的目标。

1. 嘻哈音乐的文化特质——暴力之"美"

Hip – Hop 最早作为指称一种音乐形式的术语出现，这种音乐源于 20 世纪 70 年代美国黑人的一种街头说唱文化，中文译为"嘻哈"。跟所有黑人音乐一样，嘻哈乐也是城市贫民区的产物，它诞生的地点正是纽约布鲁克林与南布朗克斯区。嘻哈音乐诞生的环境逐渐使乐手们对暴力的态度由描述、控诉演化为沉醉和迷恋。暴力不仅是他们音乐的灵感所在，也是他们魅力的源泉。当"斯诺普小狗"在 1993 年因涉嫌谋杀被捕后，他的追随者反而多了，他的首张专辑"小狗风格"也登上了 MTV 音乐排行榜，甚至还和丹泽尔·华盛顿共同出演了电影"训练日"。

中期嘻哈音乐的暴力倾向迎合了年轻人的叛逆本性，于是它作为一种商业契机被商家看中。譬如知名运动品牌耐克公司推出了多款大裤裆、半截腿的运动裤发行了式样花哨但并不实用的运动鞋和棒球帽，还生产了一批色彩鲜艳的运动套装。这种追逐嘻哈风格的表现是因为一贯坚持年轻人策略的耐克，发现了嘻哈的商业力量。耐克所做的努力比当年"李维斯"刻意装扮成朋克形象的策略更为成功，它的产品也更为流行。商家的参与虽然使得嘻哈音乐变成一个充满灵性的非裔美国音乐与贪婪的跨国商业资本的杂交产物，但也是商家利用强大的媒体力量使得嘻哈文化的其他方面内容得以发扬光大、广为流传。这些内容最早包括打碟、说唱乐、街舞、涂鸦 4 个基本元素，后来又加入了滑板、街头篮球、特技单车和单排轮滑等表演性质的体育运动，形成青年文化的新风格。"嘻哈服饰"特征包括安鼻环，佩戴一溜数个的耳环，穿着宽大的印有夸张 logo 的 T 恤或者鲜艳的短袖衬衣、板裤或过膝运动短裤、印大 logo 的运动靴，佩戴粗大的银质耳环、项链、手链，戴墨镜、棒球帽，配 MD 随身听、双肩背包等。这些特征加上小辫儿发型、雷鬼发型或者光头就是最正宗的嘻哈形象。

2. 冷酷和挑衅的风格设定

当嘻哈乐手走出地下，凭借其专集发行和演唱会收入大发其财的时候，许多出身中产阶级家庭的年轻人也参与其中，他们有能力也的确做到了对嘻哈风格服饰的推广。因为嘻哈来源于黑人社会，他们的偶像或者生活轨迹的榜样往往是黑人体育明星，体现在首饰上就是多以著名黑人体育明星姓名的首字母作为设计主题之一。成名的嘻哈乐手将自己名字的首字母以夸张的尺寸加入各种钻石或者锆石的首饰中佩戴，他们的歌迷自然忠实地佩戴这些顶礼膜拜的符号。就重要性而言，美国嘻哈文化中最典型的饰品代表是一种粗而长及腹部的、带有各种大写字母金属挂坠的项链，它有一个专有名称"BlingBling"。真品动辄十余万美元，属于奢侈品，仿制品则是"嘻哈一族"的必需品。如果可能的话，一枚夸张的、以字母为主题的戒指更能帮助显示嘻哈的气质。当然还有粗大的金属手链和腰链——它们不同于朋克饰品追求粗犷，而要求必须银光闪亮——在主流白人社会看来这正符合了黑人夸夸其谈的特征。

　　嘻哈在20世纪80年代末开始迅速风行欧美，也随即影响了日本和韩国的青少年文化。中国的嘻哈文化正是在20世纪90年代中期，通过音乐录影带的输入，从近邻韩国、日本间接介绍过来的。日韩对于嘻哈在东亚的传播做出了令人瞩目的贡献，不仅如此，它们更是各自发展出一种具有本国特色的嘻哈文化。这两国的嘻哈文化，少了美国式嘻哈基于满嘴脏话的饶舌音乐的暴力倾向，多了一种基于街舞等新兴休闲运动方式的积极健康态度。在形象上，亚洲嘻哈们（代表是日韩嘻哈）与美国传统较有出入，不注重文身、不刻意追求小辫儿发型就是差异的体现。他们在服装上喜欢白色等单色搭配而不追求过分鲜艳，他们身上肥大的牛仔裤更为显眼。就服饰而言，亚洲嘻哈们有自己低调简约的主张，他们不追求过分的华丽夺目，而表现得较为简洁大方。一样是长及腹部的金属链，但挂坠也可以是简洁齐整的不锈钢材料质地，戒指和耳环相应也中性、含蓄、简洁得多。尤其在日本，由于影响深广的"卡通文化"的存在，许多日本嘻哈首饰呈现出令人印象深刻的动漫形象和"卡哇伊"气质。

第五节　数字媒介与服饰传播

　　随着信息化时代的快速发展，以往销售服饰的模式已经不能适应现代信息发展的要求，网络媒体作为新兴媒体的组成部分，在传播服饰文化的过程中，为服装企业带来很多的经济收益。现阶段，网购已经成为传播服饰文化的主要途径，并且逐渐受到人们的认可。电子商务平台的建立，为消费者购买服饰提供了便利的平台，网络购物使消费者不受时间和空间的限制，并且对于服饰的价格、型号，都有明确的规定，而且还具有完善的售后服务体系，为消费者购买服装提供了较大的便利。对于服饰经营厂商方面而言，能够调整和优化配置人力资源，减少不必要的经济支出，进而为自身获取更多的经济收益。

从一定意义上讲，现代社会是一个网络信息时代和多媒体时代，网络媒体已成为真正意义上的全球化媒体，实现了真正意义上的全球化的信息传播，传播最流行、最新锐、最前卫的服饰流行资讯也成为网络媒体的重要任务之一。网络以其近乎同步的图、文、音、像、动画、视频等表现手段赢得了一大批时尚人士的关爱。就网络传播而言，服饰流行资讯也分不同种类。

一、传统传播媒体的网络化

(一) 目录服务网络化

1991 年，美国人 Paul Condrell 独辟蹊径地把美国美开乐服装公司的服装纸样与瑞士军刀、仿真首饰等当时中国人较为少见的商品制作成第一份综合邮购目录，开创了中国目录营销的先河。进入 21 世纪以来，在网络购物、电视购物与直销等更为快捷也更有泛影响力的营销形式包围下，目录营销受到巨大冲击。随着科技与信息的高速发展，目录营销开始利用网络展示商品，让越来越多消费者上网浏览商品信息，然后通过电话、网络订货，既节省了时间，又免除了邮寄目录侵犯消费者隐私的嫌疑，目录营销在整合营销时代再次迎来繁荣。麦考林、红孩子、PPG 等一批目录营销企业迅速崛起，并以不走寻常路的方式快速成长。麦考林像一场目不暇接的时尚秀，市场目标主要锁定都市白领女性，以其新颖光鲜、琳琅满目的目录与商品形式吸引着追逐时尚的都市白领。红孩子则以大张旗鼓的母婴卖场，一边叫嚣着服务与品牌，一边大打价格战，同时又以大规模的融资方式迅速扩充资金与实力，短时期内在母婴市场建立起知名度，并使家庭消费由孩子开始延伸，形成以家庭为单位的消费链。越来越多的企业更为注重营销手段的整合，不仅通过目录营销促进销售，更重要的是，通过精美的目录手册进一步巩固品牌形象，提升品牌美誉度和顾客忠诚度。而类似基于品牌形象提升而创新目录营销的方法，目前已经在无店铺以及传统商业领域被许多企业与商家采用。

（二）专业服饰流行资讯网站

以专业人士为目标浏览者的专业网站发布的服饰流行资讯，服饰流行资讯相对集中，信息量也相对较大。例如，国外网站 www. style. com，www. showstudio. com，firstview. com，国内的"服饰流行网""中国服装款式网""雅酷时尚（时装）在线""koosun. com"等。这些网站不仅发布最新的（包括近几年的）流行趋势，而且有各服装设计大师近几年及下一季的最新发布作品，还包括与时装相关的大师名家、顶级品牌、时尚名品等内容。

现在，传统的国际流行预测公司也受到了来自网络的挑战。比如，The Worth Global Style Network（wgsn. com）这样以网络来作为传播工具的时装行业新闻提供商，总部设在伦敦的公司在纽约、巴黎、香港、东京等地都设有分公司，从 Premiere Vision 这样的行业博览会到上海的街头时尚，WGSN 不仅汇集行业资料，也提供报道和评论。很多老牌代理公司还在以时装手册来销售他们的预测，1998 年才创办的 WGSN 已经用互联网工作了近十年。这个专业网站针对的是业内人士，互联网的信息传播迅速提高了时装业的运作速度，尤其对于 High Street Fashion 品牌来说，他们近十年以来在全球的扩张，几乎与互联网的发展同步。

在互联网上出现的时尚专业网站还有创立于 2001 年的 style – Vision（style – vision. com），这个网站每两个月会提供一份趋势报告，并不是强调自己有专家团队，而是以消费者为导向，迅速提炼街头时尚和消费者需求，将这些资料提供给时装公司，两个月一份的趋势报告几乎是强迫性地加快了时装面市的周期。与半年发布一次的时装周推出的奢侈品牌和设计师品牌相比，新兴网站的趋势报告 High Street Fashion 品牌以周计的时装更新速度更为合拍。

在传统时装业中处于产业链最末端的消费者，他们制造的街头时尚，在互联网时代也进入了更新迅速的时装趋势报告。潮流是可以从街头和消费者中来。这些类似于星探的"酷猎手"在 Hip – Hop 俱乐部、锐舞派对或者其他城市活动中游荡，捕捉街头年轻人的穿着风格。他们能为时装业的专业设计师提供足够的且是非常意想不到的灵感。这些猎手们，即街头时尚抓拍人员能为设计师们提供新的创作元素。

时装媒体，杂志、报纸所讨论的趋势、品味和美学，是通常消费者们所能见到的"时尚"。而那些传统的时装研究和预测机构、新兴的时装资讯网站，大型的行业博览会和游走在街头的"酷猎手"，或许才是影响潮流的看不见的潮流制造者。

近年来在网络上出现了一种专门捕捉街头流行资讯的网站，这类网站以最直接、最贴近消费者的方式，即街头随机摄影的方式，来传播流行的动态，以日本的 ToKyo STREET style（http：//www. style – arena. jp）为代表的日本街头时尚网站在亚洲非常有人气。该网站每周都会发布东京各个繁华时尚区的最新流行服饰，不仅网站制作精良，而且内容真实，日本的文化服装学院也全力参与网站内容的制作，吸取并提炼最近的流行元素，此外，该网站也同时带动了日本的服装企业赞誉。其中，定期地在网站上发布展示自身品牌的最近商品，可以说，这类网站创造了时尚消费者时尚生产者与时尚设计者的最佳结合点，无疑将流行的脉动清晰地展示在大众面前。

（三）服装订制网络服务

1996 年创立的交互式定做服装公司 Interactive Custom Clothes Company（CIC）是互联网上一家著名的制衣企业。该公司主要经营牛仔服订制业务，通过互联网为客户提供量体裁衣（made – to – measure）式的服务。客户可以根据自己的喜好选定制牛仔服的款式、尺寸、质地及颜色。以质地为例，客户可从传统的 Denier 布（牛仔布，一种质地比较厚的棉布，专用于牛仔服的制作）、黑白印花布到新型的涤棉混纺布中进行选择。为了更好地体现订制者的个性，客户甚至还可自行选择口袋和纽扣的颜色，无论客户订制服装的价位如何，只要客户将选择的指标通过电子邮件传递给公司，公司便可以通过计算机分析出客户订制的牛仔服的各项数据，将这些数据输入电脑控制的裁剪机，只需 42 秒钟的时间，制作一件成衣所需的 19 片裁片即被裁出，然后，送至缝纫车间进行加工。一星期内一件完全符合客户要求，充分体现客户个性化设计的牛仔服便可送到客户手中。"无固定尺寸的制衣行业"在互联网上得到实现。

（四）网络虚拟试衣服务

Gap Incorporated 公司是美国著名的服装零售企业，以销售休闲服闻名于世。1996 年注册网址，1997 年在网上开设商店，而向全球消费者推销其服装系列。Gap 公司除了在网上提供各类服饰让消费者选购外，还提供网上试装服务，即消费者利用现实虚拟技术将虚拟模特儿的外形换成自己外形相似的模特儿，然后将选好的服装"穿"在模特儿身上，以此检验所选购的服装是否符合自己的选购标准。这样，便如同消费者亲临现场一般，使消费者的消费决策更具可靠的依据。据零售业分析家 MacraiAaron 指出，Gap 公司网络销售的净利润在 1998 年度时已超过最大的网上书店 Amazon，达 31 亿美元，1999 年其网上营业额更是达到 40 亿美元左右。

（五）服饰品牌平台

服饰是最具个性化特征的消费品，而网络营销是最具个性化的低成本营销模式，在认同产品或品牌的前提下，消费者才会不停地打开对某个网站或网店的网页进行浏览，并与卖家进行互动，继而选择购买商品。因此，这种个性化的服饰原创品牌与个性化的网络营销模式是相吻合的，网络是个性化的原创服饰品牌的优化平台。

首先，消费者服饰需求的个性化逐渐增强。服装市场同质化，满足不了一部分消费者独特的需要。他们希望市场提供个性化、定制化产品，不愿意只是被动接受商店内有限范围的选择。其次，消费者获得信息的主动性增强，喜欢互动式的选择方式，对购物便利性的要求越来越高，同时，追求时间和成本的最小化。一旦能在网络上寻找到能实现自我的品牌，容易形成品牌满意或品牌忠诚。再次，信息时代，消费者对品牌的认识日趋理性，品牌服装同质化现象使得个性化的网络原创服饰对传统品牌提出了挑战，服装成为目前网络购物中最热门的商品种类。女性网购者偏好购买服饰，喜欢原创品牌带给她们满足独特、时尚的感觉。最后，消费者购买方式多样性。由于网络购物的时尚性、便捷性和娱乐性，购物的习惯在线上延伸，女性网民逐渐成为网络购物的活跃人群。同时，金融危机改变了中国部分群体的消费习惯，加剧了中国电子商务的发展。由于服饰的符号性，大部分高收入群体依旧是大商场专卖店名牌服饰的购买者，而中等收入者的购买场所的选择趋向多元化。据 2009 年中国网购市场研究报告，中国网购用户中收入在 1000~3000 的人群较多，占网购用户总数的 54.7%。中等收入群体中，大多有良好教育背景、收入稳定、消费观念相对开放，是中国社会未来中产者的重要组成部分，他们的生活习惯、购买能力和价值观念以及对网络的依赖必将促进网络营销的成长与快速升级。

对网络品牌开发者而言，最大的优势便是大大价低了品牌成本。中国是世界上较大的服装生产国和服装消费国，服饰市场上的竞争是激烈的。既有国际品牌也有本土品牌。为了找到一个不与大品牌正面冲突的领域，并使得品牌形成差异化优势，应该寻找一个尚未开发的细分市场，重要的是品牌特征的创新。于网络本身的优势，大大降低了企业和顾客的信息沟通成本，让企业与消费者更快、更方便地获取信息，使沟通更快捷，为消费者提供更具个性化的产品与服务，使消费者获得更大的满意度。在众多C2C卖家中，那些有特色，且经营规范者，必然在将来的竞争中脱颖而出，成为未来兼实体与虚拟经营的卖家。

二、新媒体的出现和影响

自1937年哈佛大学数学家霍华德·艾肯（Howard Aiken）制造出世界上第一台电脑以来，以数字技术和网络技术为基础的新媒体逐步改变了人类的生产和社会活动。互联网的出现，把信息的流通带进了全新的阶段。20世纪90年代后期，中国向全社会开放互联网接入，各类数字新媒体开始大量进入百姓家庭。新媒体已经成为人类社会不可或缺的物质。

新媒体（New Media）一词源于美国哥伦比亚广播电视网技术研究所所长戈尔德马克（P. Goldmark）的一份商品开发计划（1967年）。之后，美国传播政策总统特别委员会主席罗斯托（E. Rostow）在向尼克松总统提交的报告书中，也多处使用了"New Media"一词（1969年）。此后，新媒体一词开始在美国流行并扩展至全世界。

关于新媒体的定义，国内外专家存有争议。早期，联合国教科文组织对新媒体下过一个定义：新媒体就是网络媒体。① 清华大学新媒体研究中心主任熊澄宇教授提出，新媒体是"建立在计算机信息处理技术和互联网基础之上，发挥传播功能的媒介总和。它除了具有报纸、电视、电台等传统媒体的功能外，还具有交互、即时、延展和融合的新特性"。②

就内涵而言，新媒体是指20世纪后期在世界科学技术发生巨大进步的背

---

① 史坦国际论坛："新媒体电视论坛"，http：//stanchina. com/shop，最后访问日期：2007年11月25日。

② 熊澄宇："新媒体——伊拉克战争中的达摩克利斯之剑"，http：//news. xinhuanet. com/newmedia/2003 - 06/10/content - 910340. htm. 最后访问日期：2007年12月8日。

景下，在社会信息传播领域出现的建立在数字技术基础上的能使传播信息大大扩展，传播速度大大加快，传播方式大大丰富的，与传统媒体迥然相异的新型媒体。就外延而言，新媒体包括了光纤电缆通信网、有线电视网、图文电视、电子计算机通信网、大型电脑数据库通信系统、卫星直播电视系统、互联网、手机短信、多媒体信息的互动平台、多媒体技术广播网等。[①] 这个定义几乎涵盖了所有的新媒体类型，但是随着科学技术的发展，新媒体的外延还会不断扩展。

综上所述，新媒体应该是一个不断发展的相对概念，新媒体的"新"是相对于"旧"而言。电视、广播相对于纸质媒体而言是新媒体；当互联网技术飞速发展起来的时候，网络和手机相对于电视、广播等传统四大媒体又是新媒体；而随着新科技与传统媒体的结合，又诞生了其他形式的新兴媒体，如手机电视、移动车载电视、楼宇电视等。当有更新的媒体技术出现的时候，这些新兴媒体就不再是新媒体了。新媒体是基于计算机、通信、数字广播等技术，通过互联网、无线通信网、数字广播电视网和卫星等渠道，以电脑、电视、手机、PDA、MP4 等设备为终端的媒体。新媒体能够实现个性化、互动化、细分化的传播方式，部分新媒体能够实现精准投放、点对点地传播，如博客、电子杂志等。

互联网实验室在《中国新媒体发展研究报告（2006—2007）》中，按照传播网络媒介的不同，可以将新媒体划分为以下几种类型。

基于互联网：电子杂志、电子书、网络视频、博客、播客、视客、群组、其他类型的网络社区等；基于数字广播网络：手机电视、数字电视、车载电视等；基于无线网络：手机短信、手机 WAP 等；基于跨网络：IPTV 等。

（一）新媒体分类

1. 博客媒体

博客来源于英文单词 Blog/Blogger，它是指一种特殊的网络个人出版形式，"一种表达个人思想和网络链接，内容按照时间顺序排列且不断更新的出版方式"。[②] 一般来说，中文"博客"涵盖了两层含义：Blog，即以互联网为

---

① 蒋宏、徐剑：《新媒体导论》，上海：上海交通大学出版社，2006 年版，第 14 页。

② 市场术语，http：//www. Marketingterms. com/dictionary/blog，最后访问日期：2007 年 11 月 29 日。

载体，以超链接为纽带，按时间顺序排列的个人媒体和个人门户的结合体；Blogger，即从事"博客"写作的人。

裁缝师托马斯·马洪的博客是由知名营销专家与博客写手联手打造，它帮伦敦裁缝师托马斯·马洪掀起了一股热潮。托马斯裁缝店是一家使用博客做营销的英式剪裁公司，此博客是专门为营销目的而设立的博客。托马斯也因个人博客而成为萨维尔街有史以来媒体曝光率最高的裁缝，曾接受数十家杂志与报纸的专题访问。这个博客很简单，它讨论一般人买不起的 5000 美元以上的高级订制西服，讨论的方式相当自然。马洪和麦克劳德并没有刻意隐藏什么，订制西服的确很贵。但是真正让读者感兴趣的是，读者可以从博客看出马洪和麦克劳德对裁缝充满热情，而且他们最大的乐趣就是看到顾客满意的笑容。英式剪裁博客中充满了制作与营销西服的信息及启示，巧妙地提供他对业界的专业了解，公开谈论商业秘密，提供一个地方让大家讨论订制西服，并分享经验。成功设置这种营销类博客的关键在于要懂得施与。英式剪裁不仅提供了宝贵的信息，有时候甚至还会送出西服。虽然这是裁缝业的特例，但是这个博客使马洪的公司看起来更加人性化，更加平易近人。

2. 电子杂志媒体

国外的电子杂志在 20 世纪 90 年代初就已经出现，中国的电子杂志诞生于 21 世纪初，自 2005 年以来，中国网络电子杂志开始呈现蓬勃势头，目前有超过 300 种杂志在网络电子杂志发行平台上同时发行，内容范围涉及服装、美容、数码、体育、娱乐等各方面。

关于网络电子杂志的定义，中国学术界也没有形成完全统一的认识。新闻出版总署在 1994 年曾将电子期刊定义为：以数字代码方式将图、声、像等信息存储在磁、光、电介质上，通过计算机设备或类似设备来阅读，用来表达思想、普及知识，并可复制发行的大众传播媒体。电子杂志的内涵随着技术进步而不断变化，在几年的时间里迅速演进了三代。

Direct Mail Advertising 杂志，是将产品宣传页等编辑成册，以实名直邮或定向投放的方式向消费者免费传达产品信息与生活资讯的，有固定名称并连续出版的平面印刷物。① 相当多的免费电子邮件提供商都充分利用了自己的电

---

① 康建中：《天堂向左 DM 向右》，《传媒》，2004 年第 1 期。

子邮箱系统，向免费电子邮箱用户发送各类产品广告。服装产品也可以通过这种方式进行信息传播。

3. 无线网络传播媒体

继报纸、广播、电视、互联网之后，手机以其随身性、及时性、交互性等特点迅速成为新兴媒体，并成为无线网络传播媒体的代表。手机媒体是以手机为视听终端和上网平台的个性化信息传播载体，它以分众为传播目标，以定向为传播效果，以互动为传播应用的大众传播媒介。[1] 手机媒体作为新时代高科技的产物，是在电信网与计算机网融合的基础上发展起来的，是最新移动增值业务与传统媒体的结晶。换言之，"手机媒体"就是将报刊、电视等传统媒体的内容，通过无线技术平台发送到用户手机上，使用户随时随地第一时间通过手机阅读到当天报纸的内容或观看电视正在播出的节目。与不同的传统媒体结合形成不同的手机媒体类型，如手机报纸和手机电视、手机音乐、手机游戏、手机搜索等。

(二) 新媒体的传播特征

传统传播模式属于垂直化传播模式，传播从一个点到另一个点，从媒体信息到达用户处后无法实现反馈交流，用户可以进行口碑传播将信息扩散到第二人或第三人，扩散效果薄弱。新媒体的传播呈网状放射型的传播模式，用户与媒体之间以及用户之间可进行双向的交流和讨论，并容易形成新的理论和观点，传播过程中从第一个传播圈向外蔓延，然后再继续蔓延到第二个圈或更多的圈子，影响范围广。新媒体的传播模式并不是大众传播在数字传播平台上的简单延伸，也不是目前所看到的网络呈现出的各种传播特征，其传播方式具有自身的特点。

1. 传播方式个性化

广播是传统意义上的大众媒体的传播方式，是在安排消息传播的时间内，对较大数量的、异质的和匿名的受众，公开传播消息，通常是以消息同时到达大多数受众为目的，而且其特征是稍纵即逝的，传播者一般是复杂的组织，或在复杂的机构中运作。在新媒体的传播过程中，较大数量的、异质的和匿名的受众依然存在，但是每个不同个体都有不同的需求，目前新技术的手段

---

① 魏轶群：《手机媒体的现状及盈利模式》，《传媒》，2006 年第 4 期。

使得从前无法满足的需求可以得到满足，如互联网中以电子邮件形式传送的电子杂志，可供手机用户订阅的订制新闻、天气预报等短信服务，网上"流"技术的不断提高，使用户可以随心所欲地搜索点播想看到的信息。① 新媒体为用户"量身定做"的模式突破了以往的传播概念，使普通受众与传播者之间的距离更加接近，受众能够更方便地表达自己的需求，这种方式也更符合人们的要求。

2. 传播形式多样化

新媒体能够在新的平台把传统大众媒体的各种类型综合起来，既包括大众传播，也包括群体传播和人际传播。所有的新媒体都既能进行文字的传播，同时又能进行视频和声音的传播，并且还能把文字、视频、声音存储下来。传播时间基本上不是以同时到达大多数受众为目的来进行安排，传播者可以随时发布并更新自己的消息，信息可以根据不同个体的需要长久地保存下来，也可以仅仅保存几天或是几个月，但绝对不是稍纵即逝的。就传播者而言，传播者可能是组织，也可能是个人，传播的成本仅仅是上网或者发一条短信的成本，有时也可能包括采集信息的成本，并不需要很大的开支。

3. 传播方式交互性

传统媒体的受众是消极的传播内容的接收者，他们只能在接受与不接受之间做选择，处于被动地位；新媒体极强的交互性使受众仅能接收信息的地位得到极大改变，接收信息的主动权越来越大，成为主动的信息搜寻者，并具有发布信息的权利，而且受众对信息的选择与发布具有很强的自主性，同时通过发布信息、言论等各种内容进行交流，具有双向互动的功能。互动性最强的新媒体形式有网络的 BBS 论坛、博客和网友发表评论栏，手机的短信和多媒体短信和个性化短信，互动电视的产生也使电视实现了由传统媒体到新媒体的完美转变。

4. 传播方式复合性

"超链接化"是新媒体区别于传统媒体的重要特征，通过超链接技术，新媒体可以做到即时地、无限地扩展内容。与纸媒体不方便查询相比，新媒体还有易检索性的特点，用户可以随时存储内容，并迅速查找以前内容和相关

---

① 吴云："论新旧媒体的竞争与融合"，暨南大学 2006 博士学位论文。

内容。新媒体的传播方式既有同步传播也有异步传播。同步传播是传播的参与者同时处在传播的情境中，传播者发出的信息几乎在同一时间就到达了接受者，新媒体的同步传播有网络聊天室与在线即时通信等。异步传播，则是指在传播过程中，传播者发出的信息需要经过一定的延时才能到达接受者，异步传播有电子邮件、新闻组及讨论区和手机短信等，这与上文所述的新媒体的非线性传播相关，与以往传统媒体的线性传播方式相比，这种复合式的传播方式更方便、更灵活，更有利于提高传播的效果。

（三）新媒体受众分析

新媒体形式多样，内容比较丰富，使新媒体拥有庞大的用户群，无论是什么身份的人都能在新媒体中找到自己需要的内容，成为新媒体的受众。新媒体的发展是在互动技术、搜索技术等基础上实现的，这对新媒体受众的技术使用、掌握以及文化素质水平提出了要求，因此，新媒体的受众主要是上班族和学生群体，其中，上班族多为企业管理者、技术人员等中高收入者。在新媒体环境中，受众有更大的选择权，自由地获取、阅读并放大信息、发布信息，受众具有信息的接收者和信息生产者双重身份。受众的使用与新媒体自身功能的开发相互作用，使得新媒体的形态不断走向成熟。与传统媒体相比，新媒体受众的需求和使用特点发生了变化，主要表现在以下三方面：

1. 互动和参与性增强

在新媒体的使用中，用户渴望体现出自主和参与。用户对发表评论、在线调查、网上试衣、点播等互动活动有着很高的参与热情。新媒体的使用者主要是时尚的年轻人群，要迎合他们的需求，新媒体内容的提供者就不仅要改变产品形态，还要改变产品的内容和叙述方式。比如，互动电视，给用户提供多条线索和多种可选择的结局，就比单线的叙述更能让用户满意。

2. 使用时间与传统媒体拉开距离

用户对新媒体的收看和使用时段也与传统媒体不尽相同。由于用户比较习惯在路上和一个人待着时观看手机视频节目，使得手机电视的使用高峰期分别是在早上、中午和晚上下班时间，以及晚饭之后 9 点前后使用率也比较高。

3. 对内容的选择性更强

在对媒体内容的选择上，受众的需求也发生了变化。与传统报纸不同，手机报的读者喜欢先看天气预报和股市行情，然后才是当天发生的重大新闻。性别之间的使用差异也比较明显，男性比较喜欢体育和财经，女性更容易接受娱乐和实用的生活信息。手机电视的用户最喜欢看"音乐视频"，其次才是传统的影视节目。用户有了选择权之后，内容与受众生活的贴近性就显得尤其重要。此外，一些传统媒体中受用户欢迎的内容在新媒体中未必同样受欢迎，而一些"小众"的需求则显现出重要价值。

第六节　流行服饰文化的传播过程

一、编码与传播

"神话是一种传播的体系，它是一种讯息。"① 这是罗兰·巴特在《神话——大众文化诠释》一书中对大众文化传播的解释。其实这一过程也是意义的生产与交换的过程。可以说，流行传播过程和消费过程就是沟通和交换的系统，是持续发送、接收并重新创造的符号编码。而在大众传播活动中，传播者所要传播的编码是按一定的格式进行编制的，受众在不断接受媒介符号刺激后，将这种编码格式储存在记忆中，并以此展开联想，形成了符号化的记忆或联想图式。以平面广告为例，构成广告的文案和图片，都是自身原有朴素元素的外延意义的符号。但是这些符号经过重组而在杂志或户外广告中出现时，它们却成为广告这个二度构建符号中的能指。换言之，广告之所以成为神话，是因为它在消费者熟悉和认同的外延符号上，添加了一层推销某产品、某人物、某形象的概念而具有了营销意义，是经过媒体包装过的适用于特定消费群体类型的消费信息。无论是观念上的还是实际中的消费主义生活方式的正当性以及大众传媒对这种生活方式推销的成功，都主要借助了所消费商品的符号象征意义在消费大众中造成的心理与社会动力。如鲍得里亚所说："消费系统并非建立在对需求和享受的迫切要求上，而是建立在对某

---

① 罗兰·巴特：《神话——大众文化诠释》，许蔷蔷、许绮玲译，上海：上海人民出版社1999 年版，第 55 ~ 56 页。

种符号的区分的编码上。"那么这些流行符号或者说是流行神话又是怎样在我们的社会中进行传播并获得认同的呢？

从符号学的观点看，流行服饰的传播在相当的程度上要依靠转型的作用。从技术结构到肖像和文字结构，这之间存在一种过渡。真实服装只有经由一定的操作者——我们称之为转换语，才能够转型为"表象"，转换语的作用就是将一种结构转变为另一种结构，从一种符号转变成另一种符号。当今服饰品牌的明星广告正是利用这一原理，将名人象征符号化，透过某个深受欢迎的明星，去转化物质产品的内涵与认识，让人们对品牌形成一种符号化、概念化的认知与联想，以赋予它鲜活的生命。虽然我们明知所有的产品定位和品牌特征都是市场运作的结果，但由于社会大众已经认同品牌为身份、地位的象征，所以消费者仍会受其影响，如著名的戴比尔斯的"钻石恒久远，一颗永流传"广告语在消费者中的影响就是如此。这里有三个元素：所指——钻石，能指——永恒的爱情，符号对象（所指和能指的结合体）——永葆爱情的钻石。钻石就其物质属性而言，其价值主要是在于稀少，而经过广告的编码之后钻石便成了我们表达的深层文化与执着爱情。广告将原来只是稀少的石头与受众对于爱情理想的情感连接到一起。当受众再次面对钻石的时候它就已经具备了象征意义而不仅仅是石头。广告所要推销的钻石因为在受众的头脑中解读出了永恒的爱情，而具有了与以往不同的意义。广告在这里所推销的不仅仅是饰品，与之相伴随的还有饰品被赋予的某种身份、情感和品格。在符号所营造的神话之中，利用大众传媒传播的议程设置功能，能让人们感觉到那些被大众传媒所关注的传播内容便是主流的或是值得肯定和仿效的，于是钻石在这里真的成了代表爱情永恒意义的象征。

又如，中国台湾地区中兴百货的服饰促销广告："与DONNAKARAN的办公室恋情，与CLAUDEMONTANA的外遇，与JUNIORGAUTIER的情窦初开，与GIANNIVERSACE的私奔，与GENNY的烛光晚餐，与BYBIOS的火车上的邂逅……一年一度与世界级设计的热恋。中兴百货周年庆计时开始，你可以不顾一切，完全疯狂、歇斯底里、尽情地、绝对痛快地……大采购。"

在这段精彩的文案中，服饰品牌成了生活中一个个浪漫场景的符号，仿佛拥有了它们就能拥有这样的浪漫恋情，这也无疑让受众对这些服饰品牌形成一种符号化、概念化的认知与联想，在不知不觉产生的向往和憧憬中产生自觉的购物行动并对所偏爱的品牌形成顾客忠诚。

（一）编码策略——情感符号

大众媒体参与文化传播的姿态是积极的和富有策略性的，当今媒体的新的传播策略就是将每一个具体的东西抽象成一个独具意义的文化符号，而这些文化符号经过组合后又会产生新的独特意义，于是服饰符号能指与所指的结合就成为媒体全新的创造。文化赋予了符号生命力，符号的编码和解码都要遵循文化规则。"感人心者，莫先乎情"，人类是情感的动物，人与人之间因为有情感，所以有共同和分享的需求。所以在现代服饰文化传播中，大众传媒成了大规模展示情感的载体。一时间人造的情感符号四处流溢，往往一种商品可以动用多种情感符号来分别进行注解和渲染。

例如，红豆集团的"红豆"西服，其广告传播并没有宣扬服装款式多么新颖，做工多么精良，而是汲取源远流长的华夏传统文化精华，用人们早已熟悉和热爱的唐代诗人王维的《相思》诗："红豆生南国，春来发几枝。愿君多采撷，此物最相思。"这样的品牌文化传播，使产品充满无尽诗韵，情意绵绵，赋予品牌一种强烈的文化情感色彩。

又如，中国台湾地区中兴百货父亲节与圣诞节的企划文案：让我妈怀孕的是你。造成我第一次失恋的是你。觉得最烦的是你，最爱的也是你。常常惹我生气的是你，最爱的也是你。"如果他听不懂，就用行动表示。比如，买一套质感无懈可击又绅士风格的 ARMANI 送他，祝爸爸永远健康快乐美丽""圣诞节分享快乐的方法之一，送份抒情的礼物给你所爱的人；圣诞节表达感激的方法之一，送份温暖的礼物给帮助过你的人；圣诞节促进和平的方法之一，看看周遭被遗忘的角落，送礼物给无人送礼的人。中兴百货拥有你所需要的各式各样合适礼物。"

很显然，在这些现今随处可见的服饰或与服饰相关的广告中，各种符号被赋予了种种情感，索绪尔也曾说，之所以把符号学当作构成社会心理学的一部分，因为符号是人类用来表情达意而又具有物质载体的形式和系统，离开了表情达意，符号也失去了生命力。所以现代传媒传播的不是产品本身，而是符号的荟萃，编码的策略是借助情感符号去抒发与商品相关联的感情，形成新的符号组合，就会使传播受众感同身受，达到促销商品的目的。

（二）编码方式——明示与暗含

传媒的舆论导向是经过创意而产生的各种符号系列，占有主导地位的是符号及其背后的意义传达，而不是或不完全是现实中的指示物。换言之，从传播符号的表现手法来看，指示物的确只居于被引导的次要地位。

现代大众传媒用一种新颖的信息性表意方式，把那些流动的能指附加到所宣传的产品中，从而产生新的联系，新的意义。这种观点与后结构主义关于文本的接受理论有相通之处。从一个符号到另一个符号的意义转移很少是直白而外显的，文本中存在众多的空缺，等待着接受者的想象力与参与，其中意义的转移有赖于受众的积极参与来完成。受众对于文本的接受是一种主动构建的过程，在这种接受过程中，传播符号显示出它的多义性、含混性，但同时又强行把一些价值观念捆绑到产品上。

索绪尔曾指出，符号的意义有广狭之分，其中一部分是比较确定的，他称之为"明示"（denotation），另一部分是不那么明确的、联想性的、富于感情色彩的，索绪尔称之为"暗含"（connotation）。以牛仔裤为例，作为一种特殊的服装，它通过与其他服装，如与唐装、和服、西服等的差异在事物符号系统中获得其自身意义，这种意义就是"明示"的。但牛仔裤这一符号又可以作为一个能指在另一符号系统中发挥作用。例如，在民族文化这一符号系统中（包括美国的商业文化、欧洲的精英文化、伊斯兰的宗教文化等），牛仔裤又代表着"美国文化""休闲文化"，这种意义就是"暗含"的。

目前的消费文化和传播文化越来越明显地体现出"明示"和"暗含"相混淆的趋势。使原本属于"暗含"的、不确定的和文化的性质，转变为商品的"明示"的、确定的和自然的性质。媒体文化的符号系统是混成的，语言符号、视觉符号、听觉符号之间，不同的语言符号或不同的视觉符号或听觉符号之间的关系会相互转喻或切换，这种转喻和切换也是以联想或隐喻为基础的。美国伊丽莎白·雅顿香水的形象代言人是美国著名影星凯瑟琳·泽塔琼斯，时尚杂志中，香水形象与泽塔琼斯的肖像并置在一起。在大众心中，泽塔琼斯是神秘、性感、优雅的美的代表，是美国女性美的典范，这则广告通过二者的并置，把泽塔琼斯独特的气质转移到了香水上。从符号学的观点来看，伊丽莎白·雅顿香水与泽塔琼斯的美之间的关系完全是人为的、任意的，二者之间没有任何必然的联系，这则广告却使这种人为的东西转变成了香水的一种自然属性。这是因为这则广告强烈地暗示观众，如果你购买并使用了一瓶雅顿香水，你就拥有了泽塔琼斯式的优雅和美丽。

又如，美国 Playboy 休闲鞋曾经做过一则主题为"私奔"的广告：广告画面中竖行的小字是一个失意男子的日记："1990 年 10 月中，大雪，我的女人和那穿 playboy 休闲鞋的男人仓皇逃过这里。"画面上只有一只掉下的鞋子，一个积雪的湖面破开的大洞。所有这些不确定的因素，都令人不由自主地去猜想那个大雪夜"私奔"的故事和那个失意的男子。而日记中对 playboy 休闲鞋的强调似乎有意无意地在暗指：魅力无穷的 playboy 休闲鞋就是导致这一事件发生的原因。但是，可以肯定的是，日记的作者没有穿这种休闲鞋，否则他的老婆也不至于和别的男人私奔。这则广告在展示 playboy 休闲鞋魅力的同时，或多或少也向观看广告的男性观众暗示——穿 playboy 休闲鞋会让自己更有魅力，而不穿则严重到会让自己失去所爱。罗兰·巴特把这一过程称为"自然化"，即把原本属于文化范畴的东西转变成为物的自然属性。巴特认为，这一"自然化"是意识形态操作的结果。然而这一切也只有在媒体文化空前发展的现代才能做到，不仅因为传媒充分地运用和调动了人们原有的符号体系并将其进行了新的诠释和发挥，还因为当今的大众已经在与媒体和广告的互动中学会了充分调动隐喻思维的能力，渐渐养成了解读消费文化的习惯。

（三）编码的文化影响

大众传媒是一架便捷的造神和造梦机器，它不仅可以在每一个细小的题材上大做文章或做大文章，还可运用色彩、光线、音乐、煽情的语言、真实的镜头，拼接的画面及计算机特技等，在短短的言说的过程中，迅速编制和演绎神话，当然这往往是在与广大的受众共谋的情况下达成的。如今的大众只需要一点暗示或启迪，就能默契地配合，与大众媒体共同将神话演绎得完美无缺。

这是一种特殊的社会心理需求，是对商品的符号和符号背后的意义的需求，或者说是由占有"社会意义的欲望"所激发出来的需求。因此这种需求是对符号等级或这一等级所代表的意义"差异"的需求，它永远不会得到满足，也永远不会有需求的确定性。

鲍德里亚认为，在现代消费社会，一个人的地位越来越依据他所使用或消费的物的等级来识别，而越来越少的依据其出生、血统、种姓等级和阶级成分来判定："从前，出生、血缘、宗教的差异是不进行交换的：它们不是模式的差异并且触及本质。它们没有'被消费'。如今的（服装、意识形态，甚至性别的）差异在一个广阔的消费团内部互相交换着。这是符号的一种社会化交换。"

当人们选择自己的吃、穿、住、行的消费方式，以为这是自己的个性方式所决定时，实际上却是受着媒体、广告的明指与暗示，即人们所消费的不同款式、不同价格的物品是因为它们分别标志着由不同职业、不同群体所使用，人们就是通过消费不同的商品来界定自己与物品相符的身份。所以说，"消费并没有使整个社会更加趋于一致，它甚至更加剧了分化"，"人们很大程度上就是他消费的东西，人们现在消费的不是物品的使用价值而是其符号价值，他们消费的就是将自己与某种的类型等同而与其他人相区别"。

（四）传播中品牌价值的构建

品牌意义和价值的构建，不是由商家、传媒或消费者个体完成的，而是由商家、媒体、消费者在完整的传播过程中共同完成的。在传播中的每一字句、画面、色彩，必然都经过细密的考虑，刻意的安排、策划、选择之后才会采用。而"差异化的附加价值"也必须能够确实、精确地诱导或说服"目标受众"。

品牌本身就是符号，品牌的存在为消费者提供了形象效用，带来了产品实体之外的附加的象征价值，这正是品牌构成中的核心部分。对品牌的消费典型地体现在符号的消费中。商品自由地承担了广泛的文化联系与幻象的功能。独具匠心的广告就能够利用这一点把罗曼蒂克、奇珍异宝、欲望、美、成功、共同体、科学进步与舒适生活等，塑造成简单鲜明的视觉符号，赋予其个性化特征，增强品牌形象的识别和传播。品牌概念对于消费者来说较抽象，需要借助于特定符号、形象为标识，以突破时空和文化背景的障碍，拉近与消费者的距离，强化品牌识别。因此，在表现产品或品牌时常常可通过塑造某一拥有真实亲切、趣味新奇的性格或特定的精神内涵的个性，进一步强化品牌形象，满足消费者审美情趣和情感要求，使表现的品牌文化被迅速认可，构建和提升品牌价值。

从前面的分析中，我们得出了当代的大众不但消费物，而且消费物所代表的"意义"，包括情调、趣味、美感、身份、地位、心情等的结论。可见，符号的消费体现在对商品符号的"意义"或"内涵"的消费上。品牌消费正是在这个意义上，体现出了商品的符号性。对于消费者个体的体验而言，我们对文化、思想、观念、价值的消费，是一种象征性的消费，即消费具有了符号的象征性。一方面，消费是某种意义和信息的符号表达的过程；另一方面，消费者是对这种符号所代表的意义的消费。所以越是大的品牌越注重广告宣传，因为广告有意淡化了品牌的使用功能，刻意突出了品牌的符号功能。比如，世界著名的意大利服饰品牌 Benetton 走的是日常普通的服装路线，大众化的服装款式往往是平淡无奇没有个性的，所以，为了在平淡中创造出神奇，Benetton 多年来坚持走一条极具创意的广告路线，广告中基本不展现服装，而是以种族平等、艾滋病、战争等社会敏感问题的新闻图片作为宣传海报，制造出强烈和震撼的效果，让人过目不忘。

产品品牌的象征意义功能表现在两方面：它向外建构了社会象征，即具有社会象征意义；它同时向内建构了自我身份，即具有自我象征意义。因此，品牌是一种错综复杂的象征，不同的消费者在对品牌的消费过程中证实自己身份的存在。品牌象征意义的传播与消费在这里往往变成了构建自我身份的象征性资源。当消费者对广告传播的商品品牌信息进行接受、选择的时候，同时就是一个自我确认的过程。在消费时代，广告所承担的重任是鼓励"彰显消费"的行为，以商品消费行为来衬托经济能力、社会阶级和时尚品位。而当今服饰文化传播也往往诉求于消费者特定的情感、心理或文化，赋予服饰及相关产品一种象征意义，以形成相关品牌联想，深化品牌内涵。品牌形象塑造在产品延伸层上创造出附加价值的差异性，将产品与人的心理和文化的精神性相联系，通过传媒表达一种形象，一种意境，给受众感觉上（身份、地位、心理、精神等）的象征印象，向消费者传递一种生活方式，影响其生活态度和观点，从而达到强化品牌个性特征，建立强势品牌形象的目的。商品一旦被确立为品牌便已超越其物理的特性，而带有某种象征性。在象征性的附加价值中，品牌具有了社会、文化、意识形态的内涵，并按照某种象征意义的联想范式，进一步突出产品的声誉、威信等社会价值。在消费社会，品牌消费行为本身就意味着成功，意味着地位。大众传媒作为消费主义和文化意识形态传播的主要渠道，通过品牌的构建已经成为为诱导性消费提供信息的现代行为。可以说，传媒通过品牌这种符码构建出庞大的系统，从而将人们的社会身份、社会关系、生活方式等网罗其中，使大众在不知不觉认同文化的同时实现了品牌价值扩张的目的和产品营销的愿望。

二、解码与认同

（一）大众解码的意义构建

提出传播"共振"（resonance）理论的托尼·施瓦兹认为，所谓传播，"关键的任务就是设计出一些包装，把各种刺激（广告）包起来，目的是让一个人原有的储备资讯，可望进一步学习，最终影响行为效果"。施瓦兹的关注重点不在于讯息本身，他不认为讯息是意义的传播者，他关心的是受众从讯息中获得的使用价值（意义）。"我们传播的意义，在于收听者或收看者在传播者的刺激下，再次获得自身已经体验过的一些东西。"

尽管受众不是被动地接收从天而降的意义，符号意义的解读需要受众的参与，编码的过程也需要受众的知识体系作为参照，受众随时参与并不断地重新创造意义，但是进行编码的始终是传媒，开启受众解码的也是传媒。受众的解码尽管是自己的思维参与的过程，但是他们所进行的解码是在传媒预设中进行的，受众的解码已巧妙地隐藏在了传媒煞费苦心的编排中，也就是说，传媒的编码对于受众的解码起着积极引导的作用。

（二）符号化的情感态度

情感态度，是指个体对环境中独立于主体之外的人或事物的认知系统、情绪反应及行为倾向，是一种主观情绪反应和体验。它不是与生俱来的，是在个体后天的生活环境中通过学习而形成的，是情景、他人倾向及个性特征相互作用的结果。它针对某一对象或状态而产生，由于环境刺激而变化，是一种动态系统。大众媒介提供的传播符号，成为人们进行社会学习的重要来源，通过理解符号所指意义，通过联想、强化和模仿过程获得了进一步的发展，形成了符号化的情感态度，影响了人们的认知态度和行为倾向。

受众在对符号进行解读和重新编码，重建符号意义的过程中，受符号陈述的影响，形成了符号化的记忆联想图式和符号化的情感态度，并在此基础上建构了符号化心理真实。可以说，大众传播媒介在社会与人之间建立了一种符号关系，它在扩展我们生活空间的同时，也使人们对世界的认知和理解成为符号化的。

（三）符号化的心理真实

当今，人们对社会现实的认识和关于世界的知识，主要来自大众传播媒介传播的符号意义，它们构成了人们的认知结构。大众传媒提供的符号化图式，是人们接受信息的起点，符号所指意义体现的媒介情感态度，对受众产生影响，形成了受众符号化的情感态度。媒介符号能指形式与所指意义对受众综合作用的结果，使大众形成了符号化的心理真实。因为大众传媒的议程设置功能，能让人们感觉到那些被大众传媒所关注的传播内容便是主流的或是值得肯定和仿效的。可以说，人们用媒介符号描述的世界，并不是原有信息的简单复制，而是对原有各种信息的过滤、选择、集中，经过编码后的符号意义成为原有信息的第三层表述，并为受众接受。在这种媒体"符号"宣传环境中，人们失去了对现实的把握，最终沉迷于商品符号的海洋之中。

（四）自我与社会认同感

人类在长期的社会发展中，形成了一整套服饰语言的能指与所指的对应。以貌取人的"貌"既指面貌，也指服饰形象，而所谓"取"，则是指解读符号的行为。因为作为一种非语言符号，服饰不仅体现着时代气息、民族传统、文化背景，也是个人的身份、职业、情趣、品味、性情、爱好的表征，大众已经将服饰文化变成界定自身"存在"的符号。对每个人来说，穿着打扮其实就是一种无声的语言，在向他人表述和展示自己。而如今大众的消费在符号的操纵之下，更多的是在符号层次上而不是在物质层面上来进行——不仅要消费物质本身，更重要的还要消费物质的符号意义，消费目的不仅限于满足实际需要，更是为了满足不断被制造出来或被刺激起来的心理欲望。正如鲍得里亚所说："人们从来不消费物的本身（使用价值）——人们总是把物（从广义的角度）用来当作能够突出你的符号，或让你加入视为理想的团体，或参考一个地位更高的团体来摆脱本团体。"① 大众透过这种消费模式中的符号使用，构建自我与社会的认同感，就像镜中人一样，大众依照镜子（媒体）中的标准来塑造自我形象，构建自我认同，并在不知不觉中接受了这个有意义的符号化的形象。从这个角度上说，服饰在很大程度上是一种模仿手段，而模仿的对象则是服饰媒体所宣扬的理想形象。模仿的过程，也是大众自我与社会认同感构建的过程。

在新一代人的心目中，人的气质形象总是和一定的消费习惯和消费行为

---

① 让·鲍得里亚：《消费社会》，刘成富、全志刚译，南京：南京大学出版社2000年版，第11-13页。

联系在一起的，不只作为时尚的主要参与者的女性，也可以将男性形象与某些时装品牌或者化妆品系列联系在一起。例如，"外司米单色运动衫""缎子翻领小夜礼服""彩条毛衣""条纹双排扣西装"或"双排扣"海军蓝夹克等。所以《竞技场》——英国于 1986 年创刊的第一份为男性办的杂志——总是"鼓励男人们进入消费的仙境，许诺只有加入的人们才能领略到其中的快乐"，① 这大概就是新男性特有的消费观念。杂志上的文章还会"登出购衣系列，泄露出一些热门信息，如在哪儿可以买到鞋舌头里面可以放一分钱的那种一脚蹬穷汉鞋，真皮飞行夹克和厚帆布裤子，需要知道专卖店在哪里"。其实不论"新男性"形象究竟会发展成什么模样，他们的共同的面孔似乎都是以特殊的、不拘一格的消费模式打扮起来的（尽管这种"不拘一格"最终会走向"流行"），无论人们是从工作场所或大街上，从形形色色的广告上，还是从大众性的消费杂志上来辨认他们，最终他们都会与十分具体的，甚至十分细小的、微不足道的消费品联系在一起。

第七节　传媒威望与服饰品牌塑造

大众传媒所传播的信息产品质量是媒介创立品牌建设的前提和基础。传媒中的信息塑造传媒自身的价值，这应是媒介创造强势品牌、塑造传媒威望和提升竞争优势的核心关键，信息的准确、鲜明、娱乐、互动、服务等特性，为大众提供有价值的资讯，反之，此举会不断地创新其媒体的自身竞争优势。一个媒介的影响力大小，决定了其在消费群体中的权威性和忠诚度；决定了其对广告商的吸引力；也决定了读者群数量的多少。有自身威望的媒介会对广告商进行层层把关和筛选，对于蒙昧大众的行为坚决制止；相反，广告商也会依据自身品牌的特征选择媒体，如运动品牌会选择体育频道进行广播宣传，而非戏曲频道。

一、传媒品牌威望

各种传播媒介其本身具有一定的威信，既要对受众者传播实用咨询，又

---

① 珍妮弗·克雷克.《时装的面貌》，中央编译出版社 2000 年版，第 96 - 99 页。

要为各商家搭建产品品牌宣传平台。媒介做商业广告需要担负责任，一旦发现广告中含有虚假信息，媒介本身脱不了干系，其媒体的信誉度将会大大降低。当今社会，随着各大媒介的核心竞争力不断增强，在媒体品牌战略中，名记者、名主持人、名专栏都具有一定的符号价值。媒体自身重视品牌战略，这给媒体赚足了口碑，这种口碑就是品牌美誉，它会增强无形资产积累，是一种媒体自身威望形成的必经过程。现如今媒体已进入品牌决定市场地位的新阶段，在一定意义上，办媒体就是经营品牌，媒体竞争变成了品牌竞争，媒体发展依仗品牌的发展。媒体塑造自身品牌价值的同时，也在直接或间接地塑造其他品牌，如传播品牌信息，品牌广告等。

创建媒介品牌，并不是品牌的简单营销，而是透过品牌整合媒介本身的资源，更有效地为广告商主和消费者创造价值。单一的营销模式，已无法适应现代媒介品牌的快速发展。媒介经营者要用品牌战略带动媒介的经营战略，充分把握媒介运营的特征，依据市场的变化，积极地用战略的眼光重新审视媒介的经营状况、未来走向以及可能受到的威胁，建立媒介的品牌经营系统，真正地创建媒介的强势品牌，以迎接未来的市场挑战。中国正从生产社会向消费社会转变。生产社会以生产为轴心，人们关注商品的使用价值，而消费社会则是审美社会，是符号社会，人们更关注商品的符号价值。大众媒体自身的威望的形成，对任何商品的品牌塑造都会起到事半功倍的作用。

二、服装品牌塑造

（一）品牌产生与服装品牌

在正式梳理学者们对品牌定义之前，先看一下词典中关于"品牌"的释义。根据韦伯斯特词典的释义，'品牌'可以指下列意思当中的任何一个或者全部。

①部分燃烧过的棍棒或者木头，不论其现在是否还在燃烧。

②剑。

③用热铁烙在罪犯身上的印记。

④用热铁烙成的印记，因此，泛指表示丑行和耻辱的任何标记。

⑤热铁烙成的印记，如烙在动物身上表示所有权，或者印在包装容器表面以表明内容物的品质、制造商等；用任何其他方式制成的类似身份标志，

如商标。

⑥因此，品质、等级或者成分等都可以成为认定优秀品牌的依据。

⑦用于制作烙印的铁器。

从以上释义中不仅可以看出品牌的发展（从烙印发展而来），也可看到品牌的某些深层含义，如品质、等级或者成分等都可以成为认定优秀品牌的依据。

"英语的'品牌'（brand）一词源于古挪威语中的'brandr'，意思是'打上烙印'。"最初源于给牲畜打上烙印，表明其拥有者。16 世纪早期的欧洲，蒸馏威士忌酒的生产商将威士忌酒装入烙有生产者名字的木桶中。木桶上的名字向消费者表明生产者是谁，以防有人用廉价的替代品偷梁换柱。1835 年，苏格兰的酿酒者采用了"Old Smuggler"这一品牌，以维护酿酒者采用特殊蒸馏程序所酿制的酒的质量声誉。这就形成了早期的品牌雏形。

随着品牌逐渐运用并成长起来，各个权威机构或专家学者都对品牌进行了各自的定义。随着人们对品牌研究的不断深入，对品牌的定义也呈现出不同的角度。

1960 年，美国市场营销学会给品牌下了如下定义："品牌是一种名称、术语、标记、符号或设计，或是它们的组合运用，其目的是借以辨认某个销售者，或某群销售者的产品及服务，并使之与竞争对手的产品和服务区别开来。"① 而菲利普·科特勒则认为：品牌是一个名字、名词、符号或设计，或是上述的总和。其目的是要使自己的产品或服务有别于其他竞争者。

美国广告大师大卫·奥格威认为：品牌是一种错综复杂的象征，它是品牌的属性、名称、包装、价格、历史、声誉、广告风格的无形组合。品牌同时也因消费者对其使用的印象及自身的经验而有所界定。这一定义首先将品牌定义引入了更加深层次的解释。大卫·奥格威不仅看到了品牌包含其名称、包装等表层元素，更将广告风格等更宽泛的横向元素，以及历史等纵向元素包括其中。不仅如此，他还看到了消费者的不同认知及自身经验的不同对品牌印象所造成的差异。

品牌专家戴维·阿克（David·Aaker）进一步认为：品牌就是产品、符

---

① ［英］莱斯利·德·彻纳东尼著：《品牌制胜》，蔡晓熙等译，中信出版社 2002 年版，第 26 页。

号、人、企业与消费者之间的联结和沟通。也就是说，品牌是一个全方位的架构，牵涉到消费者与品牌沟通的方方面面，并且品牌更多地被视为一种'体验'，一种消费者能亲身参与的更深层次的关系，一种与消费者进行理性和感性互动的总和，若不能与消费者结成亲密关系，产品就从根本上丧失了被称为品牌的资格。可见，在戴维·阿克眼中，品牌之所以为品牌是因为它与消费者之间有着亲密的关系。中国舒咏平教授等人也认为：品牌是包括组织和个人在内的品牌主，以可以进行传播流通的表层符号以及符号所指代的内在事物（人、产品、服务等）通过传播扩散，而在消费者或接受者那里产生的倾向性的印象，是品牌主与以消费者为核心的受众一种聚焦性的约定。

这里的"约定"阐释即为品牌主与消费者之间的关系。品牌的价值关系说已经从以产品、企业为导向转向了以消费者为导向。在奢侈品牌传播中，往往从消费者甚至是所有受众的角度出发，重视受众与品牌的关系从而保持品牌与消费者之间的良性互动。

20 世纪 80 年代以来，西方营销界流传的一个最重要的也最为人所知的营销概念就是"品牌资产"，它将古老的品牌思想推向新的高峰，以戴维·阿克等人为代表的品牌专家对其做出了主要的贡献。

戴维·阿克提出了品牌资产五星模型，而品牌资产五星模型也是学者最常引用的模型。他认为，品牌资产是与品牌、品牌名称和标志相联系的，能够增加或减少企业所销售产品或提供服务的价值和（或）顾客价值的一系列品牌资产与负债。品牌资产所基于的资产与负债必须与品牌名称以及（或）品牌标志相联系。如果品牌或者标志发生变化，即使是改为新的名称或标志，某些或所有的品牌资产或负债将会受到影响，甚至消失。虽然创建品牌资产所基于的资产与负债不相同，但是可将之分为以下 5 类。

品牌忠诚度（brandloyalty）

顾客的品牌忠诚度是品牌资产的核心。当品牌忠诚度较高时，即使竞争对手提供了性能更优越、价格更便宜、更为便利的产品，在很大程度上顾客也会坚持购买该品牌，而放弃竞争对手的品牌。戴维·阿克等人在研究品牌忠诚度时，将品牌忠诚度分为五个层次。从最底层到最高层，顾客的忠诚度逐渐增强，随着忠诚度的逐渐增强，顾客的流失率也随之减少。在最高层的忠实顾客会因为使用该品牌而感到自豪，并且他会向身边的人推荐该品牌，因此，他们对其他人的影响，对市场的影响都是巨大的。

品牌知名度（nameawareness）

"品牌知名度是潜在购买者认识到或记起该品牌是某类产品的能力。"若也将品牌知名度用金字塔形式表现，那么从低到高，品牌知名度分为：不知道该品牌、品牌识别、品牌回想和铭记在心。当提供某些品牌给消费者让他说出哪些品牌他认识时，这时是一种品牌识别的行为。品牌识别是品牌知名度的最低水平，但其在消费者选择品牌时却是非常重要的。当不给消费者任何提示，而让他自己回忆他能想到的品牌时，就是一种品牌回想行为，而消费者第一个回想起来的品牌往往是他已经铭记在心的品牌，这时，这个品牌的知名度已经在这个消费者心中达到了最高程度。

品牌认知（perceivedquality）

戴维·阿克认为，品牌认知度可以定义为消费者根据特定目的、与备选方案相比，对产品或服务的全面质量或优越程度的感知情况。它是一种无形的、全面的感知过程。而影响认知度的因素主要是两方面，即产品质量和服务质量。因此，为了提高品牌认知度，必须要提高产品质量与服务质量。

除品质认知度之外的品牌联想（brandassociation）

品牌联想是与品牌记忆相联系的所有事情。戴维·阿克在其对品牌资产的研究中，介绍了11种类型的联想，分别是产品品质、无形特征、消费者利益、相对的价格、使用及应用、使用者及消费者、社会名流及普通人、生活方式/个性、产品类别、竞争对手以及国家及地理区域。在打造品牌时，需要培育并逐渐形成某些类型的品牌联想，从而塑造其品牌形象。比如，佳洁士牙膏在预防蛀牙方面得到了美国牙医协会的认可，而这一联系使佳洁士在牙膏市场上保持着极高的占有率。

三、品牌资产的其他专有权——专利权、商标、渠道关系等

（一）服装品牌塑造

成功的服装品牌借由丰富的品牌符号传递品牌形象。

提起某一个知名的服装品牌，我们一般会联想到一些与品牌相关的很具体而有形的经验和事物，如果我们亲身穿过这个品牌的服装或是感受过它的服务，我们首先会想到的是产品的状貌和特征。我们穿着的亲身感受以及服

务的特色及品质；如果我们仅仅是听说过并没有购买和穿着经验的话，我们会联想到这个品牌的名字、标识语、形象代言人，或者是一些通过传媒或其他人道听途说的品牌独有的图案、面料、款式等。

品牌符号可以包含名称、标识、色彩、图案、实物等，每一个品牌在其发展历史中都会经历许多流行与创新的元素，其中有一些元素由于其性格特性与品牌个性的高度相符，沉淀成为品牌的代表性符号，若干个这样的符号有机组合成为品牌的符号系统，品牌的符号系统除了可以帮助受众识别某个销售者或某群销售者的产品或服务，使之与竞争对手的产品和服务相区别以外，更能集中地表现出品牌的精神特质、文化内涵及综合实力，使受众产生对品牌的信赖、偏好乃至信仰。

服装零售业者通常会选用电视和广播（television and radio）来进行品牌推广，提高品牌在受众心中的知名度。当受众在看自己喜欢的节目时，会在广告环节中被动获得商业品牌信息或者形成伞状结构的各种诉求主题，促使你前往某些店面参观。比如，体育频道直播 NBA 篮球赛况，中场休息时插入由 NBA 球星代言的运动类服装品牌广告，这不但满足受众对球星的喜爱之心，同时也把品牌信息有效地传达给受众。成功地促使消费者了解其品牌是推广商最大的用意，即推广品牌形象大于增加实际的销售量。这是因为销售量的高低只是一时的表现，品牌信息深入受众心中，会带来源源不断的销售额。

服装品牌的塑造在不同时期就有不同的表达方式。服装业在制造模式上历经了三个阶段：传统手工定制、大批量生产和多品种、小批量生产。传统手工定制阶段的品牌宣传意识比较薄弱，传播圈也比较小，因此，各地大小服装作坊维系着附近居民的服装需求，很少有侵占外围服装消费者市场的想法；大批量生产阶段，新兴机器代替了手工，流水线作业使得服装生产变得快捷，随着交通的便捷，服装不再是单一的作坊出品，服装品牌的塑造迫在眉睫；多品种、小批量生产阶段是在大批量生产中，把服装变成了机械化的产物，使得人们想念手工作坊时服装的细腻和婉约，从而导致对服装质量的进一步要求的这一大背景下产生的。消费者市场需求得到了细分，这是服装业发展更加成熟的表现。服装市场细分必然带来多品牌经营，多品牌经营是现代服装发展的一种趋势，也是一些大型服装公司企业发展到一定程度时为了"做强做大"所经常采用的一种经营模式，其目的提高自我品牌的市场占有率，追逐更大商业利益。

随着网络时代的到来，全球知名牛仔裤生产商 Levi's 的网上"量身定做"的成功运转为服装业带来了一道亮丽的风景线。Levi's 的商业网站设计了一个"虚拟裁缝"，倡导顾客体验个性化订制。该网站的一个特色栏目是"订制个性化牛仔裤"，其程序为：点击进入后，第一个提示问题是"你喜欢什么类型腰际线的牛仔裤？"选项有适腰、半低腰和低腰；顾客选择完毕后，第二个问题是"你的体型是怎样的？"选项有两个：苗条和不苗条；第三个问题则是选择裤脚围的大小。此外，Levi's 牛仔裤还提供多种颜色样板以供顾客选择。Levi's 的这种网上订制牛仔裤省去了顾客进商场挑选、试衣的麻烦，顾客完成了以上一系列的选项后，在 3～6 周的时间裁剪、缝制、包装、运送，顾客将会收到满意的牛仔裤。这样的网上量体制衣服务仅仅比标准化成品牛仔裤多付 15 美元，却可获得独特服务并区别大规模生产的更加称心如意的牛仔裤。而 Levi's 公司通过这项业务的扩展，其营业额上升了近三成，经营成本大幅降低。

Levi's 公司的这一经营模式充分利用了大众传媒中的互联网的优势，不仅使这项业务在美洲和欧洲部分国家开展，随后拓展到全球，而且还起到品牌重塑的作用，更加加深顾客对 Levi's 的认知。Levi's 这一互联网量身定做的理论依据为：以大规模生产的成本和速度为单个客户订制加工单品，这是一种为满足顾客个性化的需要，提升品牌竞争力而发展的全新生产经营模式。服装顾客亲身参与服装的设计活动中，与服装设计师共同完成服装的面料选择、款式设计等，并根据顾客的需求，采用流水线作业为顾客制作出单件产品。这一全新的模式，利用互联网传递信息的功能，加上 Levi's 品牌本身的威望，成功塑造出新时代的服装销售模式，解决了不同肤色人种体型的差异性所带来的市场调研采集过程迎合当今人们依赖网上购物的需求，同时解决了企业的库存之忧。

（二）奢侈品牌塑造

1. 奢侈品牌概念

英语中奢侈为 Luxury。Luxus 原是一个拉丁词，原意指"极强的繁殖力"，但其含义后来演变为浪费，无节制，甚至放纵。大部分欧洲语言都吸收了奢侈这个概念。

在中国历史中，许多学者也对"奢""侈"进行了多方面的阐述。《说文解字》对这两个字进行了如下解释：《说文·奢部》："奢，张也"，特指花费大量钱财追求过分享受；《说文·侈部》："侈，奢也"，与奢意思相近，本指浪费，由过度的花费引申为放纵，无节制。可见，不论是在西方，还是在中国，"奢侈"在历史的发展中，都代表着浪费、无节制、放纵等不好的意思，甚至直到今日，这些含义仍然存在，只不过发生了些许变化或被赋予了其他层次的见地与解释。

奢侈品在国际上被定义为一种超出人们生存与发展需要范围的，具有独特、稀缺、珍奇等特点的消费品，又称为非生活必需品。在经济学上，奢侈品指的是价值和品质关系比值最高的产品。从另外一个角度上看，奢侈品又是指无形价值和有形价值关系比值最高的产品。

可见，"奢侈品是一种文化现象，需要时间的积累，素养的熏陶。真正享用奢侈品的人注定只是小部分，他们是真正懂得品味、欣赏并陶醉其中的人，这其中不乏各类超级明星、富豪及各国政要，他们的选择往往是奢侈品人气的风向标。而对于大多数人来说，奢侈品可能永远是一个梦，也正因如此，它更加激起人们追逐的欲望"。①

奢侈品牌首先来源于并服务于它所代表的奢侈品。这些奢侈品可能是传统意义上的奢侈品，也就是"非生活必需品"，如卡地亚的珠宝；也可能是非传统意义上的奢侈品，如阿玛尼的服装。但是，它们都因为奢侈品牌的庇佑而成了现代生活中的奢侈品。奢侈品牌之所以成为奢侈品牌在于它们在发展的过程中，不断形成了它们共有的特点。

2. 奢侈品牌传播规律

经过岁月的历练与磨砺，始终处于各个行业中的高端地位，奢侈品牌在进行品牌传播的过程中也形成了它们特有的、有一定借鉴意义的品牌传播规律。

（1）品牌传播元素融合经典化

传统的奢侈品牌往往是在时间的积淀中慢慢形成的，这个过程短则几十年，长则百年甚至几百年。而在这漫长的品牌发展过程中，奢侈品牌的品牌

---

① 杨明刚著：《国际顶级品牌：奢侈品跨国公司在华品牌文化战略》，上海：上海财经大学出版社．2006 年版，第 54 页。

传播元素往往始终如一地传递企业精神，其传播元素一旦确定也不会轻易改变，并逐渐与企业、与品牌融合，最终成为品牌的经典元素而变成其独特的品牌标识，成为品牌的代表和企业的代言。

品牌包装能够直观地传播品牌形象并突出品牌个性，而"品牌包装就是指产品包装"，① 是消费者直接接触的产品的一部分。如果品牌包装既符合企业形象与品牌形象，又能够很好地传递企业精神，那么它不仅能够增强产品在消费者心目中的地位，还能丰富品牌联想，提升品牌价值。奢侈品牌不仅使用符合其高贵地位的品牌包装，更重要的是它能够将优秀的包装或者包装的某一个优秀组成部分坚持并延续下来。一旦确定某种经典包装符号，奢侈品牌便不会随意改变，直至将其与产品、与品牌理念融为一体，形成独特的品牌识别与品牌联想，从而缔造出真正的经典。这样也有利于品牌识别，维持消费者的品牌忠诚度。就像蒂凡尼的经典蓝色和蓝色经典包装盒已经成为蒂凡尼的代表，每当人们看到那使人心悦的蓝色和那精致的包装便立刻会想到美轮美奂的蒂凡尼珠宝，独特的蓝色已经成为蒂凡尼的代表。

（2）品牌传播内容故事化

奢侈品牌因其悠久的历史而具有独特的神韵，更因其奢华的产品和服务而与普通品牌不同。在悠久的历史发展过程中，在奢华独特的产品制造与服务中，奢侈品牌往往拥有丰富的故事来源。奢侈品牌不会将这些故事埋没，其"另一种品牌圣经的打造则是采用高调的方式，全方位地进行品牌叙述，叙述品牌的传奇，缔造品牌神话，让消费者佩服、仰慕、欣赏。消费者走进奢侈品的叙事故事中时，会不由自主地被品牌吸引，即使不是品牌的主要消费对象，但同样可以培养起对品牌的忠诚度。"②

而奢侈品牌传播最大的成功之处也正在于将品牌创建过程中所有的细节挖掘出来，通过讲故事的形式，运用口碑传播等传播方式将这些故事有效地传递给顾客，用一个又一个故事打动无数个顾客，从而拓宽顾客对品牌的联想，塑造品牌价值。一方面，奢侈品牌讲述关于创始人以及品牌创始的故事；另一方面，奢侈品牌也讲述有关产品的故事。

---

① 余明阳、朱纪达、肖俊菘著：《品牌传播学》，上海：上海交通大学出版社2005年版，第90页。

② 张家平：《奢侈孕育品牌》，学林出版社2007年版第29页。

路易·威登是一个有着100多年历史、曾为皇室服务的、以奢华的皮具而著称的品牌，从一介皮匠到为路易十三服务，再到创立这个被世人所推崇的奢侈品牌，由其创始人路易·威登先生的确能够引述出许多传奇的故事。然而仅仅靠这些故事还不足以提升路易·威登品牌的核心价值。路易·威登对产品质量的苛刻要求所形成的凸显品质细节的故事在业界和消费者中不断传颂着：路易·威登皮具使用的所有拉链，出厂前都要经过数千次的反复及破坏性试验；其皮具在加工成形后，还要进行红外线、紫外线、耐腐蚀以及高处摔下等破坏性实验；路易·威登严格选用英国、法国某一产地的上好牛皮，以至于连宝马公司都对外宣称其车内的座椅选用的是路易·威登的皮革……而这些也正是路易·威登公司通过各种传播方式，尤其是口碑传播传递给消费者的。从某种意义上说，正是这些品质细节故事建立了路易·威登在消费者心中无与伦比的高贵形象，大大提高了消费者的品牌忠诚度。

（3）品牌传播形式极致化

奢侈品牌可谓各个行业品牌中的"贵族品牌"，它所服务的对象往往也是社会中的"贵族"人群。因此，在品牌传播的过程中，奢侈品牌总是力求在品牌传播过程中达到极致，一方面，极致传播能够很好地维持奢侈品牌的高端奢华形象，加强它在消费者心中的奢华地位，提升其品牌忠诚度；另一方面，极致传播往往能够产生轰动效应，吸引更多媒体和消费者的关注，从而获得更好的传播效果。奢侈品牌的极致传播主要体现在其品牌传播形式的极致化。

2007年10月19日，奢侈品牌芬迪在北京居庸关长城上举行了2008春夏系列服饰服装秀。芬迪不仅依据长城地理特征，将古老而威严的长城装扮成绵延

图9-17 芬迪2008春夏系列服饰在
北京居庸关长城走秀

而时尚的服装秀舞台，邀请88名中外名模参与走秀，还邀请了电影演员章子

怡、2007 年环球小姐的森理予、好莱坞明星 KateBosworth、日本红星长谷川理惠、韩国康城最佳女主角全度妍、中国台湾地区名主持人侯佩岑等共 600 名世界名人嘉宾在 5℃的低温下观看这场世纪之秀。这场花费了千万美元的时装秀因其传播地点——长城的极致，因其邀请嘉宾的极致等无疑成了 2007 年最具话题性的时尚事件。芬迪全球总裁一语道出了芬迪极致长城秀的意义，他认为"这场秀，奠定的是芬迪未来 50 年内在奢华品牌中的领导地位。"（见图 9 - 17）

图 9 - 18　香奈尔妮可·基德曼广告

香奈尔更是不惜重金打造妮可·基德曼代言的电视广告。为了取得完美极致的广告宣传效果，香奈尔为广告中的妮可·基德曼专门订制了两套服装和一条 5 号项链。其中的粉红色纱裙，共用了 140 公尺的绢纱、10 公尺的乌干纱、10 公尺乔其纱、250 根鸵鸟羽毛以及超过 3000 颗的银色水钻。5 号项链则由香奈尔珠宝工厂作坊打造，共由 320 颗钻石镶嵌而成。这些极致展现不仅进一步奠定了香奈尔的奢华地位，此广告片还迅速在网络上流传开来，更为香奈尔做了免费宣传。（见图 9 - 18）

（4）品牌传播方法距离化

在奢侈品牌传播的过程中，其与普通品牌最大的不同点在于拉开与受众的距离，而非拉近距离。当然，这些受众指的是大部分的普通受众，而不包括其目标顾客。奢侈品牌对于大部分普通受众来说其高昂的价格往往遥不可及，而这种遥不可及正是一种距离感。"价格本身不是豪华产品的销售依据，但却是定位因素。如果以低廉的价格提供同样高值的豪华产品，其中的价值会突然感受不到了。也就是说，没有合适的价位，人们会看低一个产品。"①

---

① ［德］沃夫冈·拉茨勒著：《奢侈带来富足》，刘风译，中信出版社 2003 年版第 150 页。

一方面，奢侈品牌的距离感虽然使得普通受众只能对奢侈品牌充满幻想，但也从侧面确立了它在普通受众心中高高在上的地位，使之成为普通受众的一个梦想而大大拓展品牌联想，提高品牌知名度与忠诚度。即使因为经济原因普通受众没有能力购买这些奢侈品牌的产品，但他们仍拥有强烈的购买欲望。另一方面，奢侈品牌拉开了与普通受众的距离，也就拉近了与目标消费人群的距离。奢侈品牌的目标消费人群往往是那些拥有金钱、地位的人，甚至包括各国的王公贵族、国家首脑，因此，只有与普通受众拉开距离才可能维护奢侈品牌的奢华形象与高贵地位，从而告诉目标消费者奢侈品牌确是高贵的、确是与普通产品不同的、确是普通受众遥不可及的、能够彰显他们品位的品牌。

而这种距离感并不是单靠高昂的价格，更多地体现在奢侈品牌传播方法的距离化，集中体现在它在公关活动中所营造的神秘感与距离感。

3. 奢侈品牌传播策略

奢侈品牌在塑造品牌、推广品牌、维护品牌的过程中运用各种策略进行品牌传播。虽然从大的方面看，奢侈品牌也常常运用公关、广告等品牌传播策略，但它们却最大限度发挥了这些品牌传播方式的作用，从而形成了它们具有奢华与简约并存的品牌传播策略。

第八节　大众传播与服饰流行消费

服装流行带动的消费离不开大众传播，大众传播也是服装流行消费的引导者。大众消费者在时尚引领人的带动下被动地接受时尚流行资讯，并产生购买行为，这是目前主流的服装流行消费，而在时尚源头与消费者之间的桥梁则是大众传播。服装是人类生活中不可或缺的一部分，每个时期都会有一种流行时尚来带动服装消费。随着大众媒介的不断进步发展，服装的流行消费也表现出不同的变化。

首先，资本主义社会时期服装流行消费的典型特征为贵族化。在印刷媒介大行其道的年代，文字和书籍被认为是上流阶层的专属，服饰时尚的传播通过杂志和画册的形式在上流社会传播，自 19 世纪中叶，法国沃斯创立高级时装之后，拥有贵族头衔的有钱阶层开始跟随沃斯的时装流行之路，并成为流行前沿的主导。由于这个时期的有钱阶层还是由一些皇室贵族组成，使得这个时期的服装流行消费依然具有"上层专制"的色彩，使得此时的服装消费具有典型的贵族化特征。

该时期的有钱阶层的服饰非常奢华，面料都是高档的棉布、织锦、动物皮毛、印尼花布等，装饰为缎带、蕾丝、珠宝等。无论是男子服饰或女子服饰都是以奢华著称，服饰的奢华程度是地位的象征，这种奢华的流行风气在贵族生活圈子中不断地升级，以至于影响到国库财政。路易十五时期，洛可可的奢华风潮达到了极致，风靡文艺复兴时期的帕尼埃（支撑下裙体的内在骨架）死灰复燃，其庞大的程度越来越严重，以至于进门的时候只能侧身而过。当时有剧院就登过通知：敬请各位夫人小姐光临时不要穿裙撑。这种盲目的流行行为给生活带来诸多不便但没有降低人们追逐的热情。

其次，工业社会时期服装流行消费的典型特征为多元化。随着生产力的不断发展，人类在政治、经济、科技、文化等各方面有了翻天覆地的变化，这一切变化的创造者为广大人民群众。广大劳动阶层开始代替了皇室贵族的地位成了时代的主流。随着各种机器的发明，服装业从之前的手工制作开始转变为机器大规模生产，服饰的成本降低，时装流行消费不再是有钱阶层，广大劳动阶层成了服饰消费的主力军。服装时尚从上流社会传播到中产阶级，中产阶级的流行传播到上流社会，时尚无阶级，流行是每个人都可以享有的权利。服装品牌的出现给服装流行消费带来了前所未有的变化，品牌流行作为服装流行的一部分，也在大规模地传播，人们对品牌的认同感让服饰品牌卖家赚足了口袋。这种多元化的服装流行消费是一种进步，是社会文明的象征。

第二次世界大战改变了人们的价值观和审美观，流行于整个20世纪20年代的"男孩风貌"席卷装个欧洲，这是人们追求机能主义的表现。其特征表现为乳房被有意压平，纤细的腰肢被放松，腰线位置下移，丰满的臀部被收紧，头发剪短等，整个外形为"管子形状"。这种服饰造型被广大群众广泛接受并被模仿，一些服装设计师如莫里奴和简·帕特纷纷设计这种服装造型系列来满足顾客的需求。

最后，信息化社会时期服装流行消费的典型特征为理性化。随着互联网的出现，信息的传播更加快捷，信息量不断超出人们自身的接受程度。服装流行也变得多元化，不再局限为单纯的款式变化或者色彩变化，而是一种风格的流行。人们穿着服装展示的不再是外在的视觉美感，而是向世人展示自身内在的信仰文化和个性特征。此时的服装流行消费者自主择衣的意识逐渐加强，不再盲目地崇拜服装设计师和服装品牌，在购衣过程中，消费者会理性地综合自身形体、气质以及审美倾向等特点和要求，对市场提供的衣物做出个人性的判断，正如帕佩纳克所说"每个人都是设计师"。

一、服装对大众传媒的依赖性需求

在服装的发展过程中，时尚流行是个永恒的话题。时尚流行消费的主题其实不仅是服装本身的使用价值，而且是它的符号价值，这种价值符号明显是人们强加给予的身份地位和个人品位的象征。人们在不同的场合情况下，如何穿着，如何通过服装来展现自我，常常需要大众传媒的引导和提示。人们通过流行时尚杂志获取最新流行款式信息，通过网络电视可以获取更加生动的服装动态资讯等。服装的时尚流行和媒介的传播作用息息相关，时尚流行如何传播，在相关研究中，有三种解释服装时尚的"社会蔓延"或传播的理论被广为流传：水平流动理论、自上而下流动理论以及自下而上流动理论。

（一）水平流动理论

水平流动理论，是指流行时尚在各社会群体之间，或者相似的社会阶层之间水平地流动，而不是自上而下垂直流动。由于在工业社会之前，媒介的传播还是以印刷媒介为主，信息的传播速度比较缓慢，上层社会服装款式流行的时间和周期都比较长。这是由其印刷媒体的特点决定的，印刷媒体具有一定的制作周期，新事物的出现在印刷媒介的传播中需要一定的时间。此时上流社会的女性是服装流行的最大追随者，人们对传播媒介的需求是很强烈的，因为没有了漂亮服饰的"潘多拉盒子"，她们就不知道第二天该穿些什么。该时期媒体受众者对信息的需求比较强烈，媒体的传播是供不应求阶段，所以，当上流社会的女性获得了时尚信息时，犹如如获珍宝般欣喜万分。而此时的服饰流行仅限于上流社会之间，除贵族阶层和有钱阶层能够享受这样的服饰盛会，中产阶层和平民阶层多半是没有资格和金钱来追逐奢华的服饰流行的。

（二）自上而下流动理论

自上而下流动理论，是指一种风格想成为真正的时尚，就必须首先被处于金字塔结构顶层的人们所接受，然后逐渐被社会大众所接受。这里的金字塔结构顶层是由乔伊·斯密尔于1904年提出，他认为金字塔为社会阶层的划分，金字塔顶层为贵族们，下层为低层劳动人民。同时，他认还为在中世纪等级制度森严时期，贵族们区别下层劳动人们的手段之一即为服装的奢华与变幻无穷。一旦他们穿着的服装式样被下层人们所模仿，该服装式样作为阶级的象征就失去了原有的意义，此时贵族就会挖空心思创造新的款式。到了现代，随着等级制度已经完全消亡，城市里的每个公民都是自由的公民，那些在金字塔顶层的人们自然就被时尚引领者代替，这种时尚引领者可以是不同身份的人，但是有一个相同的特征即为对时尚有敏锐的视觉和创新的精神，能够吸引大众的眼光，引领时尚消费的前进步伐。

在电子媒介产生的时代，信息交换的速度加快，使人们可以坐在家里看电视即可看到世界各地的流行，信息量的加大让人们兴奋不已，时尚很快就能掀起一阵流行。方便快捷的大众传播开始进入人们的生活，广播、电视、期刊充斥着生活的各个角落。生产商和零售商迫切需要大众传媒的传播来使自己的商品永远处在流行的前沿地带，新的服装时尚刚刚产生，他们会几乎在同一时间就把新的风格呈现给处于金字塔顶端的时尚引领者，继而影响到社会大众。

（三）自下而上流动理论

自下而上流动理论，是指新的时尚在低层人群中流行，然后蔓延到上层阶层形成穿着的风范。比如，在当今因年轻人的穿着营造的街头流行元素被高级时装所使用，这就使得在低层人群中流行的时尚元素被上层社会阶层所接受，形成一种由低到高的全面流行趋势。

这种理论从20世纪50年代至今被充分地表现出来，该时期服装流行发生的变化，与以往历史时期的时尚流行大相径庭。那是由于电子媒介的产生，互联网的出现，使得年轻人更为快捷地接受新事物，对于新鲜时尚的敏感度比较高，创造精神和反流行心态驱使他们利用自己认为美的事物来装扮自我。对于服装时尚他们有着自己的见解和表达方式，宣泄个性的需要使得每个热爱时尚的年轻人都成为生活服装设计师。例如，1948年美国西部的加利福尼亚州掀起的淘金热，淘金者的裤子即成为最早的牛仔裤。牛仔裤的出现迅速在年轻人群体中蔓延。而后在香奈尔的秋冬巴黎时装发布会中推出的用粗花呢做的上衣和牛仔裤搭配的新型香奈尔套装，一直在底层人们中流行的牛仔裤开始进入上流社会的殿堂。

而今的生产商和零售商在大众传媒高度化发展的今天，很少亲临欧洲的高端时装表演，他们更愿意参加一些生活化服装表演，因为在这里他们可以找到与年轻人有关的生活风格和设计细节。互联网的出现使得当今的社会信息量更加庞大化和便捷化，年轻人依赖网络的力量，生产商和零售商需要网络来寻找新的时尚，需要网络来为品牌做宣传。

二、大众传媒与服饰流行的紧密联系

服装流行参与者主要包括服装设计师、经营者和消费者三部分。大众传媒对于服装流行参与者来说都是不可或缺的交流平台，而大众传媒在为参与者提供必要的实用信息的同时也应该发挥媒体的引导作用。

（一）大众传媒与设计师

在服装流行系统中，设计师起到创造时尚，引领流行的主导性作用。作为一名合格的设计师，必须学会选择性地吸收大众传媒传播的与时尚流行有关的信息，并把信息抽象化，成功地投放到服装产品中。设计师作为创造个体，调研工作是设计的前提，它是对大脑的一种刺激，同时会在设计的过程中开启新的设计理念。设计师的调研工作首先应对当今服装的造型、结构、细节、色彩和表面装饰等一系列物理性能进行罗列和分析；其次，历史服饰变化、文化影响、政治变革、街头风貌等也是设计师应当关注的精神文化层次的设计元素。大众传媒把各色信息普及到大众层面，设计师需要敏锐的眼光和头脑对信息进行分析组合。

对于设计师来说，杂志是信息资料和潜在灵感的最佳来源。服装类杂志刊登时尚行业中最新的时尚潮流、款式面料以及其他服装设计师的服装式样；各种资深记者们会深入透视作为设计师应该关注的其他方面，包括生活方式和文化趣味等会给服装设计的目标市场带来各种影响和预测。这些服装时尚类杂志如 Vogue、ELLE 等，除了艺术类杂志以外的关于人类生活方式方面的出版物也是设计师需要关注的，因为当今影响服装流行的不仅仅是视角的美感，还有政治的变革、经济的复苏与萧条等都会对服装的流行产生深远影响，所以作为一名合格的设计师要有放眼观世界的胸怀和思维。

杂志可以给设计师提供当今最新流行趋势，服装史给设计师带来的是历史文化底蕴下的流行时尚过去式。把过去流行的服装式样经过引申变革并应用到未来的设计中，从某个时期的裙装提取灵感，利用旧有样式的造型、结构、印花和刺绣，并对他们进行最新演绎，从服装史中可以找到许多能够发展成为系列的参考资料。巧妙地将历史元素运用到当今流行设计中则比较容易获得成功，如维维安·伍斯特伍德和约翰。加利亚诺这样的设计师是以其善于将古代服装运用于其系列设计中而著名。

电影、戏剧和音乐的魅力展现长期以来一直都与时装和流行存有密切的联系。这种以视觉动感和音乐互搭的数字媒介常常把服装时尚美演绎得淋漓尽致。数字媒介作为服装流行的推手，给大众带来刺激的视觉盛宴，并激发自身模仿的信念。在 20 世纪 30 年代著名的服装设计师朗万、巴伦夏加和迪奥等法国设计师的服装被各大当红影星穿着去拍电影、演话剧，明星们穿着各大设计师的服装变得魅力四射，这大大地刺激了人们对服装时尚的向往，并期望服装设计师创造出更加美好的服装。

网络是 21 世纪人们不可或缺的工具，这里覆盖了全世界各地区的信息资料。设计师运用搜索引擎寻找网页是寻找灵感的最快捷方式，它可以专门指向你已经开始关注的主题。它既可以提供全世界顶级设计师最新的成衣 T 台秀的图片，又可以提供服装面料的一些公司和生产商信息，继而寻找到面料样片、边饰以及在生产或后整理过程中所用到的专业技巧。

（二）大众传媒与经营者

服装商业运作中的经营者包括生产商和零售商。对于服装行业来说，服装设计师的地位不可估量，但是设计师设计出来的作品是否能成功地穿着在消费者的身上，这就需要服装经营者的策划和经营。大众传媒为经营者打造一个良好的公共平台，为企业品牌做广告宣传，并塑造企业的公共形象。

服装媒体的流行预测是经营者的方向标。各国预测机构会提前一两个季度发布流行预测，其中包括色彩预测、面料预测、款式发布等。有些流行来势汹汹，却去也匆匆。服装经营厂家需要时刻关注商业动态，设计师根据预测评估和自己风格的发挥确定下一季度服装系列，生产商需要根据零售商的预订制定出下一季度主打款和生产数量，并能大体估算出卖场出售数量，及时补给仓库货存。如果对市场消费者的需求预测有偏差，就有可能因市场流行的快速退去而损失惨重。

　　大众传媒为服装品牌公关经营建立一个打造企业形象的良性平台。大众传媒拥有全球的受众群体。仅仅依靠媒体的广告效应已无法满足目前消费者的胃口，广告的数量之多导致消费者产生厌烦心理，并消极性地封闭对广告的记忆度，一个广告资源从深深地植入人心到被忘却得无影无踪，这其实是一种必然。在单一的渠道不能满足服装品牌推广的需求的时候，服装品牌公关推广应运而生。精准的推广、持续的影响，品牌公关让品牌有更多机会面向消费者"好好宣传""慢慢宣传"。当硬性广告只是给消费者带来表面认知，而不能产生更多的品牌联想时，企业经营者把希望寄予在公关推广上。例如，2009 年"七匹狼·外交官时尚之夜"被业界捧为品牌公关的佳话。现场数十名中国外交官相聚一堂，共同交流时尚文化、品牌国际化等诸多热点话题。活动中，七匹狼还特邀十位外交官走上 T 台，将旗下国际设计师设计的系列服装演绎得淋漓尽致。一直以来，公关传媒公司给服装企业提供的是桥梁作用，具有策划、执行的

图 9 – 19　七匹狼·外交官时尚之夜

专业性。在媒体公关推广上，服装企业希望通过软性和硬性的公关来达到不同目的。软性公关包括媒体的线上线下服务，硬性公关包括在高端杂志上进行品牌形象的推广，在专业媒体做广告并达到招加盟商、代理商的目的。（见图 9 – 19）

　　（三）大众传媒与服装消费者

　　时尚消费最重要的特征是消费的不仅仅是消费品的使用价值，更重要的是消费它的符号价值，即消费者在时尚消费中更看重的是商品作为符号所能提供的声望及表现消费者个性、特征、社会地位、权力这些要素。结果显示，

大众传播影响着人们的时尚消费，大众传媒是人们获得时尚信息的主要途径，尤其是时尚杂志、电视广告、网络宣传对人们的影响更为明显。

对于流行服装追逐者来说，没有比有一双洞察时尚元素的眼睛，并身体力行更让人兴奋的事。就像经济学家拉切尔·达蒂斯（Rachel Dardis）博士所说："对许多人来说，服装意味着许多东西"，它可以用来展示经济和社会地位，也可以用来区别某些社会群体。更重要的是，流行服装能够满足消费者求新心理，满足他们永无止境的好奇心，同时能够使他们因为服饰中的流行时尚脱颖而出。在当今消费者主导地位时代，大众传媒主动迎合服装受众的心理，在时装画报中，电视媒体报道中，都是发挥引导消费者和品味宣传的作用。而当消费者通过大众传媒构想自己的消费模式，即在心理上消费的时候，就形成了消费认同和消费欲望；当消费行为被赋予了象征意义后，"认同"就成了相对的消费概念，而消费者的"认同"越来越由别人而不是自己来界定，这一切都是由服装的符号价值和服装的品牌价值来完成的，而连接两者之间的桥梁就是大众传媒。

对于消费者来说，大众传媒为消费者提供了丰富多彩的服装流行资讯。服饰的使用价值不再是消费者的购买标准，而是以时尚价值作为服饰的真正价值体现。其购买行为表现为只有符合时尚流行的服装消费品（如名牌时装）才能受到消费者的青睐，并且符合时尚流行的消费品的价格远远超过其使用价值的价格。服装消费者购买服饰消费品的花费，只有一小部分是购买了其使用价值，而其余大部分则是为追求时尚而付出的代价。时尚流行则是大众传媒下的宣传结果，当今流行时尚的变幻莫测，大众传媒的不断跟随，并引导消费者跟随脚步不动摇，这就是所谓的女人的衣柜里永远都少一件衣服的原因。服装消费者对于变幻莫测的流行时尚，需要的是理性的头脑，把握住自身条件的优劣势，找到符合自己气质品味的流行搭配法则，对于任何流行来说，它不是万能法则，不是永远都适合任何人，所以盲目地跟风是不理性的行为，为自己带来的并不是美感。

消费者的购买行为受到很多因素的影响，但是大众传播对消费者的影响不可忽视。人们在看到时尚杂志关于产品的宣传和介绍后，会激发其购买欲望。而大众传播的这种引导行为是有着商业性质的，为消费者带来最新流行时尚的同时，也为服装经营者带来丰厚的利润，这是一种双赢的行为。大众传播有着赋予服装时髦品味的能力，能给消费者带来所需要的产品。有一些公益性的媒体会给消费者带来最新流行的同时，会告诉消费者一些服装类的知识技巧，如如何搭配服装的颜色，如何根据自己的肤色穿衣，如何识别服装面料的好坏，如何处理服装面料的洗涤等，这些都是给消费者一种良性的提示，使得消费者理性地购买商品。

第十章

服饰生态学

第一节　生态学与服饰生态学

当世界经历了振奋人心的工业革命与信息革命之后，物质生活的需求基本得到满足，人们便逐渐对自己给予自然环境的各种影响开始反思。人们认识到，人类的生活方式、行为习惯、思维模式和意识观念，实际上都与生态环境有着密不可分的联系，并直接或间接影响着周围环境的变化。同时，生态环境又从多维度引导或制约着人类社会的发展。在未来人类文明的变革中，人们的生态文明意识与观念将成为主导，而服饰作为人类生态观的具体体现形式与表达方式，也将在整个生态文明发展中起到关键性作用。

一、生态学概念及研究历程

（一）生态学的确立与基本内涵

自 1859 年达尔文的《物种起源》问世以来，学界开始关注对生物与环境的关系的研究。1866 年德国动物学家恩斯特·海克尔初次把生态学定义为：生态学是研究生物有机体与其周围环境（包括非生物环境和生物环境）相互关系的科学。随着现代学者对生态学的研究领域划分的更加精细，生态学的准确定义一直无法达成共识，但海克尔对生态学的定义由于对主体的所指比较笼统，因而争议也就较少。因此，生态学的定义从确立之初就无法将这个学科进行准确的描述。在此，解释生态学的基本内涵，探寻生态与服饰的关系，则需要从三个层面进行阐述。

1. 生态

地球上存在的所有生物，无论动物、植物、微生物，都需要在特定的环境中才能生存，并与环境形成了一个无法分割的整体，每时每刻都在相互产生作用。比如，道路旁的梧桐树苗，生长在一定的土壤中，吸收着土壤中的养分、水并汲取空气和阳光进行发育。同时，它对土壤和空气也会产生各种各样的影响。而同样生活在周围的杂草同它争夺阳光、养分、水；另外，有蠹虫、襄蛾等昆虫以树汁、树叶为食。鸟类、蜻蜓多了，昆虫就少，梧桐树受虫害就小；反之，则虫害增多。像这样生物之间、生物与环境之间各类因素互相作用的关系，叫作生态。研究此种关系的学科就叫生态学。

研究生态关系，可以是生物的，如上述所说的梧桐树、杂草、昆虫等，也可以是非生物的，如阳光，空气、水、土壤等。但总体来讲，生态是生物和非生物的总体，包括生态关系中所有创造条件以及受到影响的因素。

人与生态环境中的各类生物和物质总是存在客观联系的。这种联系有时制约着人类改造自然的过程，影响着人类的生存与发展，有时推动着人们的生产生活，为人类文明的建设提供助力，并不停地影响着人类的过去与未来。

2. 种群和群落

"在生态学中，原先用来表示一群人的'种群（population）'这个词是广泛地表示任何一种生物的个体群。同样'群落（community）'在生态学中的意思是包括占据一定区域的所有种群。"① 这是美国生态学家奥德姆在《生态学基础》中所提出的关于"种群"和"群落"的概念，也是生态学中最基本的概念。种族的基本构成成分是具有潜在能动性的独立个体。同时种群是生态学中的一种基本单位，它与自然界中的其他种群共同构成群落。种群中的个体数量总是围绕着一个种群密度进行波动，保持着自身的平衡。这也从侧面反映出自然界的自我调控能力。

在生态学中，群落作为一个生态功能单位影响着整个生态环境，而种群并不能直接造成影响，必须有若干种群同时作用才能构成生态功能单位，也

① ［美］奥德姆著，孙儒泳等译：《生态学基础》，北京：人民教育出版社 1981 年版，第201 页。

就是构成群落。群落由诸多植物、动物、微生物个体共同构成。同时，群落的层次性越明显，层次越多，群落中的物种越多，分布也越合理。群落中层次越复杂，结构就越稳固，生态功能也越稳定。人类对自然的影响也会反映在群落中，如人工森林的生态功能往往远无法与天然林地相比，这是由于群落层次性太单调引起的。

3. 生态系统

（1）生态系统的结构

生态系统是由生物环境和非生物环境构成的。其中生物按照它们营养方式的不同，分为生产者、消费者和分解者，三者在生态系统中所起的所用各不相同：

①生产者：指能进行光合作用的各类绿色植物、藻类和细菌。

②消费者：指直接或间接依赖生产者所提供的有机物进行生命活动的各种动物，也包括人类。

③分解者：指生态环境中各种具有分解能力的微生物，包括细菌、真菌和某些小动物。

生态系统中的非生物环境主要包括构成生命所必需的碳、氢、氧元素，如空气中的二氧化碳，土壤和水分中所含的无机物质，此外还需要太阳辐射、土壤、空气、水、温度等自然条件。这些是生命生存所必需的空间、物质、能量等条件，是生态系统运转的基础。

（2）生态系统的类型

自然界中的生态系统种类繁多，海洋、湖泊、河流、草原、森林、村落、城市，都可以形成一个完整的生态系统。而根据环境条件的不同，可以将生态系统分为陆地生态系统和水生生态系统两类。

①陆地生态系统：包括所有生存在陆地上的生物群落。根据地质特点、植物种类、纬度、水等自然因素的不同，可以分为山地、高原、森林、荒漠等生态系统。

②水生生态系统：包括海洋及陆地上的江、河、湖等各类淡水水域。

此外，按照人为因素影响程度的不同，生态系统还可以分为自然生态系统，如人类难以探知的深海生态系统；半自然生态系统，如牧场；人工生态系统，如城市、宇宙飞船。

（3）生态系统的特征

生态系统最基本的特征就是以群落为核心的能量流动和物质循环。生态系统由它的基本特征又衍生出一些具体特性：

①动态性：生态系统作为统一的整体，总是处于运动中，具有动态性。生态系统中物质流、能量流、信息流总是不间断地进行变化流动，正如生命总是在孕育、出生、成长、死亡，生态平衡也并非一成不变。

②开放性：生态系统的开放性反映在通过同自然环境进行物质循环和能量交换上，以此维持自身的功能稳定和持续发展。

③相关性：生态系统的相关性首先表现在生态系统内生物与生物、生物与非生物环境之间的依存关系；同时，相关性还表现在此生态系统与其周围生态系统的广泛联系上。这种联系的本质就是物质流、能量流、信息流的交换，并以此构成更大的生态环境。

④自我调节性

为了适应自然环境的不断变化，生态系统具备了自我调节的特性。只要人类改造环境不超出生态系统的自我调节阈限，生态系统的自我调节能力就不会被破坏，从而不断地为人类提供各类资源。

（二）生态学研究历程

正如美国生态学家奥德姆所说："和各种科学一样，生态学自有历史记载以来，是一个逐渐的，虽然是间歇的发展过程。"① 早在古希腊时期，亚里士多德就曾对"自然"一词进行描述"凡存在的事物有的是由于自然而存在，有的则是由于别的原因而存在。'由于自然'而存在的有动物及其各部分、植物，还有简单的物体（土、火、气、水），因为这些事物以及诸如此类的事物，我们说它们的存在是由于自然的。所有上述事物都明显地和那些不是自然构成的事物有分别。"② 由此可见，早在千年以前亚里士多德就从逻辑上将事物以自然与非自然进行区分。而中国古代对生态学的研究主要体现在农业生产中，魏晋南北朝时期的贾思勰在《齐民要术·蔓菁第十八》所述"六月

---

① ［美］奥德姆著，孙儒泳等译：《生态学基础》，北京：人民教育出版社1981年版，第2页。

② ［古希腊］亚里士多德著，张竹明译：《物理学》，北京：商务印书馆1982年6月版，第43页。

种者，根虽粗大，叶复虫食；七月末种者，叶虽膏润，根复细小；七月初种，根叶俱得。"① 其中既有气候对生态系统的影响，也有对生态系统内部关系的简单描述，通过综合考量对农作物的影响进行了准确的判断。达尔文在《物种起源》一书中也提到"我看到一部中国古代的百科全书清楚记载着选择原理。……在那样早的时期已经注意到家养动物的颜色了。""中国古代的百科全书"指的就是《齐民要术》，而达尔文所说的对家养动物的考量则是《齐民要术·羊牛、马、驴、骡第五十六》所记述的"头为王，欲得方；目为丞相，欲得光；脊为将军，欲得强；腹胁为城郭，欲得张；四下为令，欲得长……"② 这是对生态学中物种的有意识选择的有力佐证，更说明中国古人在魏晋南北朝时期，就已经有意识地利用生态规律对家畜进行挑选和培育。但是古希腊和古中国的文献中并没有记载"生态学"一词。

由 1866 年恩斯特·海克尔提出和定义了"生态学"一词之后，生态学是一直作为生物学的一条分支学科存在的。至 1927 年，英国生态学家埃尔顿地提出了"食物链"概念，同时延伸了 1924 年格林内尔提出的"生态位"概念。直到 1935 年英国生态学家坦斯利认为"有机体不能与它们的环境分开，而是与它们的环境形成一个自然系统"，由此提出"生态系统"概念并验证之后，生态学才逐渐成为一门独立的学科。

时至今日，每个人都深刻意识到生态学对创造、保持和发展人类文明而言是一门必不可少的学科。随着生态学学科逐渐成熟，生态学的发展方向也从单纯的理论实验研究逐渐向跨学科、多层次的方向发展，与其他学科进行交叉研究的成果日益增多。特别是近年来，学者们通过研究生态学与社会科学的交汇点，提出了诸多新的学科——生态哲学、生态伦理学、生态生理学、生态社会学……这些新的学科将生态学与人们的日常生活联系得更加密切。

二、服饰生态学的学术定位

（一）当今服饰与生态的互为关系

随着人类意识到生态文明对文明发展的重要性，人们对生态与自身生活

---

① 贾思勰著：《齐民要术》，北京：北崇文书局 1875 年版，卷 3，第 3 页。
② 贾思勰著：《齐民要术》，武汉：崇文书局 1875 年版，卷 6，第 1–2 页。

的关系也更加关注，特别是对"吃、穿、住、行"的生态意义有了新的认识。也正因为这些，越来越多的服装设计师、服装从业人员开始在自己的作品和产品中加入生态理念，以此吸引更多的消费者。

几千年的服饰发展，使服饰本身也从一种包裹人类躯体的工具进化成了一种文化符号、一种文明的标志。随着工业文明的高速发展，服饰从设计到生产，从研究到穿着，逐渐形成了一套完善的理念。正如《庄子·齐物论》中所述："天地与我并生，而万物与我唯一。"① 虽然服饰的多元化发展使服饰的物质形态、使用方式更加复杂多变，但人们的服饰理念却逐渐统一：更注重从历史和文化中得到启发，更注重服饰本身的哲学内涵，更注重人与服饰同自然之间的和谐统一。正因如此，现代人的服饰理念已经逐渐从强调批量化和标准化的实用主义转移到"因人而异"强调个性化的理念上。而强调"自然、环境、循环和可持续发展"的生态学正是契合现代服饰理念的最佳学科。

随着生态学从初生走向成熟，生态学学科的扩展和延伸，公众们对生态学的认识也从"研究生物与环境的关系"逐渐转化为一门研究"人和自然总体"的学科，生态学的研究也呈现出越来越明显的人文倾向。普遍认为的生态学人文倾向的表示是20世纪60年代，美国女性海洋生物学家蕾切尔·卡森撰写的《寂静的春天》，她在文中写道："从大自然的范围来看，去适应这些化学物质是需要漫长时间的；它不仅需要一个人一生的时间，而且需要许多代。即使借助于某些奇迹使这种适应成为可能也是无济于事的，因为新的化学物质像涓涓溪流般不断地从我们的实验室里涌出；单是在美国，每一年就几乎有五百种化学合成物付诸应用。"② 字句中透露出一种对生态污染的关注和担忧。作者还通过对化学污染物的迁移、反应过程进行揭露，希望使人们正确看待自身与生态环境之间的紧密联系。在书的终章，蕾切尔·卡森激烈地抨击了人们"控制自然"的理念，认为这种理念充斥着人类的无知与自大。《寂静的春天》出版之后，成了一本颇受争议的书，主要是书中的观点引起许多非议。由于人类自洪荒的原始时代即已形成了征服自然与控制自然的

---

① 庄周著，雷仲康译注：《庄子》，太原：山西古籍出版社1999年9月版，第18页。

② ［美］蕾切尔·卡森著，吕瑞兰、李长生译：《寂静的春天》，上海：上海译文出版社2008年版，第7页。

观念和意识，人类文明的许多进展都是基于这一意识而获得的，人类至今的许多经济与社会发展计划也是基于这一意识而制订的，因而此前从未有人对这一观念与意识的正确性产生过怀疑。卡森首次对人类关于控制自然、征服自然这一观念的绝对正确性提出质疑，她那惊世骇俗的关于农药危害人类环境的预言，不仅受到与之相关的农业、商业以及生产农药的化学工业部门的猛烈抨击，同时也强烈震撼了广大社会民众，引起了一场社会性的大争论。卡森以尊重事实的科学理念和非凡的个人勇气从容地面对这场争论以及对她的种种诋毁，在民众舆论的压力下，美国政府最后不得不介入这场纷争，组织了一个特别调查委员会，以调查《寂静的春天》中的结论。该委员会最终证实卡森对农药潜藏着危害的警告是正确的，在国会召开听证会之后，美国环境保护局在此背景下成立，至 1962 年年底，已有 40 多个提案在美国各州通过立法以限制杀虫剂的使用。

自 20 世纪 60 年代以来，世界上许多国家的人文科学与社会科学领域都相继展开了对生态文化的多角度研究。在近几十年对生态文化的多角度研究中，许多敏感的学者越来越认识到：生态学的崛起意味着人类和环境都遭受了巨大的创伤，具有浓重的悲怆性。这个从总体上研究以人为主体、以生态系统为重心、以参与解决全球问题和解除人类困境为己任、探索人与环境的关系及其相互作用规律的前沿学科，具有一种与众不同的、沟通现在与未来的双向性。它既有立足现在，探索、洞察和规划未来的性质；也有立足未来，评估、审视和检验人类现在决策与行为的性质。现代生态学向我们提供的显然是一种与传统有别的自然观，这种自然观正是我们以往研究视角所缺乏的。由于现代生态学为人类社会生活和文化批评提供了一种全新的价值理论，因而这一学科又被人们称为"颠覆性的科学"，今天的"生态学"，似乎已经不再仅仅是一门专业化的学问，而衍化成了一种观点，一种统摄了自然、社会，生命、环境，物质、文化的理论，一种有待进一步完善的世界观。不但生态学的一些思想、观念和见解已被世界广大民众广泛接受，而且生态学的整体自然观和价值观作为反思生态危机、批评机械论自然观和人类中心主义的科学理论依据，也逐渐被众多的学科吸收、借鉴。

服饰文化学学科建立伊始，即与生态学结下了不解之缘。对此，可以从服饰文化学学科自建立以来学者们对服饰文化学学研究对象的具体把握与分类来证实。这些分类体系，不同程度地反映了服饰文化学学者对服饰文化学进行审视和研究时已经引入了一定的生态学视角。我们在《人类服饰文化学》一书中，已将服饰材料划分为四大类，即植物、动物、矿物与人工合成物，并列出了每一部分的细目：

植物部分包括：

①植物的直接应用

②植物的间接应用

1）服饰与长纤维

2）编织与木型

③植物的有意种植

1）服饰与短纤维

2）主要栽培品种和产区

3）植物染料

动物部分包括：

①动物的直接应用

②动物的间接应用

1）服饰与蚕丝

2）服饰与动物毛

③动物的有意养殖

矿物部分包括：

①服饰用矿物种类

1）玉石类

2）金属类

②服饰上矿物应用

③矿物纤维与染料

1）矿物纤维

2）矿物染料

人工合成部分包括：

①化学与天然合成质料

②纯人工制成质料

　　1）化学纤维

　　2）人工宝石与塑料

　　而《人类服饰文化学》中对服饰形象的阐述更加直接：

　　模仿生物部分包括：

　　①造型与生物

　　1）植物

　　2）动物

　　②色彩与生物

　　③纹饰与生物

　　模仿非生物部分包括：

　　①造型与非生物

　　②色彩与非生物

　　③纹饰与非生物

　　在《人类服饰文化学》的分类中，我们看到，服饰似乎已经与自然生态系统融为一体。

　　在服饰研究领域，一般将构成着装形象的最原初、最基本的质料称为"服饰元素"。服饰元素是构成着装事象的基本材料，凡是服饰创造者听到的、看到的、感觉到的，或想象到的、接触到的事物，不论是言语的还是非言语的，都可能是构成服饰的材料，其前提是这些材料本身必须具有与服饰关联的某些条件，凭借这些相关性，人类才可能用其来构造成服饰。当然，不是所有人接触到的材料都具有构成服饰的条件，或者说，不是所有的动植物和其他自然物都可以作为服饰元素用来构造服饰事象。在自然生态中，只有那些人类熟悉的，与人类生活实践密切相关的动植物或其他自然物，或想象中的幻想物才具备服饰元素的条件。从上述服饰学者对服饰事象的分类，我们可以约略地把握到人类是如何对生态环境中的动植物或其他自然物进行遴选从而构建服饰的。

　　由于服饰与生态学在学理上存在着的种种深层关联，服饰自登上人文科学的历史舞台以来，在长期的学科发展中，积累了大量有关生态服饰的研究资料。这些资料既为我们从生态学的视野对传统的服饰文化进行理性观照提供了坚实的基础，又可为当代社会反思自工业化进程以来越见偏颇的生态观和价值观提供可靠的依据。因而，从服饰文化学的视角探索人类与生态环境的关系，加强对"服饰生态"的深入研究，总结人类在漫长的历史进程中形成的大量与自然生态相适应的服饰，摒弃破坏生态环境的服饰创造和传承形式，和谐地处理人类与自然界的关系，构建一种符合生态文明的"绿色服饰"，无论对于中国的现代化建设，还是维护全球的生态环境，都是十分必要和重要的。同时，也符合服饰文化学的学理，是人类社会发展提交给服饰文化学学科的一项重要而又迫切的研究课题。

（二）服饰生态学的研究范围与意义

服饰生态学是生态学与服饰文化学相互交叉、渗透、有机结合而成的一门新兴的边缘性学科，是一门跨自然科学和社会科学的交叉性边缘学科，服饰生态学是在现代生态观念的启迪下，从生态学的视角，运用现代生态学的某些理论与原则，对服饰文化进行审视与研究；从服饰学的视角，考察生态环境对人类文化的制约与影响，在人类行为与活动的深广背景上探索人类与生态环境的双向性关系的科学。服饰生态学既研究生态环境在服饰文化发展中的作用，也研究服饰文化对生态环境的反作用。服饰生态学的学科宗旨是整合生态系统与服饰体系，为人类社会在全球性的生态危机面前重新调整生活观念与价值观念，构建一种与自然相和谐的着装模式，提供一种新的思考方向，从而促进人类社会可持续发展目标的实现。由于服饰生态学观察思考的客观实体是由生态系统与服饰体系组成的有机统一体，因此，学科的研究对象就是生态服饰系统。

作为一门新兴的交叉性边缘学科，服饰生态学主要具有以下特点：

学科的综合性。服饰生态学的研究范围涉及人类与自然系统、人类与社会系统之间相互联系、相互作用的各方面，因此，它是一门综合性很强的人文科学。这一特点主要基于：一方面，自然环境对人类服饰的生成与演化具有明显的制约与影响作用；另一方面，服饰在生成与演化过程中，又对自然环境产生种种能动性的作用与影响，使自然面貌发生不同程度的改变。同时，在人类与自然关系的复杂构织中，社会系统中的各种因素对这种偶合的渗透与影响也是不容忽视的重要方面。因此，从单一学科的视角出发，是难以对生态环境与人类生活及文化发展的关系进行科学而客观地审视与研究的。但是，服饰生态学在研究范围、研究的角度和方式等方面又同科技学、经济学、社会学、艺术学、服饰学等学科存在着质的差别，它是具有生态意识的人类社会对于制约自身生存发展的生态环境的科学认识与理性反思，其研究的着眼点是人类的日常生活及其着装模式和理念。

理念的整体性。服饰生态学研究是以人为本，以人类在自然生态中的生存活动为研究主体，以人类与生态系统的关系为研究重心，以参与解决全球生态问题和解除人类生存困境为研究目标，探索人与环境的关系及其相互作用的科学。服饰生态系统是生态系统与服饰体系组合的有机统一体，是一个完整的系统，在这个系统中，一个环节若发生变化，往往会引起一系列的连锁反应。基于这一特点，服饰生态学研究将以一种全新的理论视角，颠覆以往那种将人类从自然界中"分离"出去、把人类视为"自然之主"、视为自然界中心的自然观，以整体论的自然观把人类的生存活动纳入生态系统重新审视，从整体上来把握自然与人类文化的相互关系，并将"整体论"的研究理念贯穿于全部研究活动之中。这种整体性的研究理念使服饰生态的研究具有一种与以往研究不同的、沟通现在与未来的双向性，即一方面具有立足现在，探索、洞察和规划未来的性质与特点；另一方面又具有立足未来，评估、审视和检验人类现在决策与行为的性质与特点。

研究的实用性。服饰生态学将现代社会发展中的生态问题与民众日常生活模式与习俗结合起来进行研究，因此，具有实践性、应用性较强的研究特点。此类研究的实用性主要体现在对人类文化的变革与社会的发展具有重大而深远的指导意义；对中国现代化建设中的"两个文明"建设以及中国政府实施的"公民道德教育"具有理论上的深层支撑作用；有助于唤起国人的生态危机意识，弘扬中国传统文化倡行的"天人合一"的有机宇宙观；促进人们反思自身行为的价值取向；倡行健康、环保的"绿色服饰"，建设生态文明。

此外，服饰生态研究的提出还有助于拓展生态学的研究范畴，同时，也将使服饰研究和创作走出学科发展的限制。既然时代已经向服饰文化学亮出了"题板"，我们便有必要从"源头"处认真考察一下：作为人类文化重要构成的服饰与人类所置身其中的自然环境究竟有着怎样的关系？自然环境对服饰的生成与衍化具有怎样一些独特的意义？在目前全球性的生态危机中，人类应该怎样尽快调整自己的行为，树立起一种健康而又环保的生活模式？

同时，从文化生成的角度考察生态环境对服饰生成、衍化的作用与意义，有助于唤起民众尽快调整自己的观念与行为，建构一种与自然界相生相谐的服饰生活新模式。

由现代生态学构建的概念和自然法则，为当代的服饰研究提供了一个崭新的视角，对传统的服饰研究必将形成有力地冲击，同时也会触动当代的服饰学者从服饰文化的根部形态，对其进行符合当代生态哲学的理性再审视及价值再评估。积极展开服饰生态研究，不仅对服饰文化学自身的发展具有重要的学理意义，也有助于推动学科与国际接轨，就整个人类都极为关注的生态问题展开学术对话。在问题与机遇并存的 21 世纪，相信随着人类社会的发展，服饰文化学还将遇到更多全新的课题。

第二节　服饰进程中的生态干预

一、服饰生成的生态性本原

（一）服饰产生与生态性本原

人类适应环境，除了生物方法之外，文化发展提供了另一种可能：人类可以通过学习而不再是仅凭先天的本能来适应环境。据史料记载，原始人类几乎完全依赖自然界而生存，过着"构木为巢""不耕不稼""不织不衣"的生活。《礼记·礼运》载："昔者先王未有宫室，冬则居营窟，夏则居橧巢，未有火化，食草木之实，鸟兽之肉，饮其血，茹其毛；未有麻丝，衣其羽皮。后圣有作，然后修火之利。范金，合土，以为合榭、宫室、牖户；以炮，以燔，以亨，以炙，以为醴酪。治其麻丝，以为布帛。以养生送死，以事鬼神上帝。皆从其朔。"[1]《白虎通·德论·号》中也记载："古之人民……饱即弃余，茹毛饮血而衣皮革。"[2] 民国时期出版的《中国风俗史》一书更是从着装、服饰制度和经济角度描绘了处于浑朴时代的初民生活：

---

[1] 戴圣著，崔高维校点：《礼记》，沈阳：辽宁教育出版社 1997 年版，第 76 页。
[2] 班固著：《白虎通》，武汉：崇文书局 1875 年版，卷 1，第 6 页。

"盖巢穴为初民之居处。而其饮食，则由果实时代，进而为鲜食时代，再进而为艰食，则神农氏时也。火化始于燧人，民间渐脱茹毛饮血之俗矣。太古之民，被发卉服，蔽前而不蔽后。其后辰放氏时，始知搴木茹皮以御风霜，绹发冒首以去灵雨，号曰衣皮之民。至神农时，纺织麻枲，则皮服之俗已变而为布服，不过至黄帝时，而衣裳冠冕始备耳……"

狩猎时代，全社会衣食相同，无所谓有无，即无所谓交易。至由狩猎而畜牧，由畜牧而耕稼。耕稼时代，不能遽废狩猎畜牧之事。狩猎畜牧者不必耕稼，则于粒食常不足。耕稼者不必狩猎畜牧，则于肉食常不足。既不足矣，于是有无不得不交通，而贸易之事以起。《易·系辞》言：神农日中为市，致天下之民，集天下之货。交易而退，各得其所，是也。然当时货币未兴，除以物交易外，大概山居之民，交易以皮；水居之民，交易以贝。故皮贝即为当时之货币。观汉时尚以皮为币，而财贿宝贵等字皆从贝，可以知矣……①

《中国风俗史》对太古时期人类社会生活的描述，使我们能够透过历史的烽烟，约略地窥视初民社会的生活风貌。在如此浑朴而原始的人类生存图画中，最原初的服饰形象又是如何产生的呢？从服饰的功能来看，应该说，初民社会每一具体的服饰现象的产生，都与当时的人类生存需要直接关联，二者是偶合于初民生命本体的生态结构之中的。

需求是人的第一体验，生存不停地给人带来各种迫切的需要，人们必须无条件地去满足这些需要。例如，饥饿、寒冷、空虚与恐惧，以及对异性的需要等。生活就是由满足这些需要的基本活动组成的。因此，服装是为一时一地的所有生活需求而设。换言之，生活的首要任务是生存，服装的起源来自生活的需求，需求是内驱力。我们以制作服饰的工具的产生为例，不难想象，在原始社会人类刚刚进化为直立行走的阶段，初民身体的皮毛并未褪去，此时对服饰的需求程度并不很高，因为所有的衣物都不要加工，无须多虑，稍作遮挡即可。是身体毛皮的褪去，从根本上改变了人类的着装方式，并由此促进了服饰加工工具的产生。试想，面对失去毛皮的身体，人类数百万年来第一次感到包裹身体对于生存的必要性，更产生了借助其他

---

① 张亮采著：《中国风俗史》，北京：团结出版社 2005 年版，第 6 - 7 页。

图 10 - 1 原始人褪去毛皮的进化过程

对象以帮助制作服饰的需要。于是，最初的人类用骨针、石刀或陶纺轮等进行服饰加工。不要小看这些古针、石刀或陶纺轮，这便是人类最初的服饰生产工具。而后，在漫长的文化演进中，人类社会才逐渐形成了世界上各民族各具特色的服饰生产方式。（见图 10 - 1）

最初的原始人类中的个体为了满足自身生存而采取的行动被认为是一种与环境条件相合宜的行为方式。所谓"合宜"，即"比起其他方式来，它们能更好地达到目的，或者能少费辛劳和痛苦"。合宜的方式则将有人起而效仿，不合宜的方式则会成为人们的前车之鉴。由于人类的生存需求是反复出现的，因而为生存而采取的行动也必然反复进行，不断地反复演示，最终使一些活动方式成为延续至今的服饰习惯。

在太古时期，对于在大自然面前束手无策的原始初民来说，最为合宜的行为模式即是依赖和顺应大自然，或是对大自然进行某种模拟。因此，这一时期的人类生活必然是"多取天然物以为食"，食草木之实，鸟兽之肉，饮其血，茹其毛，衣其羽皮；游牧，则随水草迁徙；贸易，山居之民，交易以皮；水居之民，交易以贝。故皮贝即为当时之货币；为防敌御兽而制作武器，为渴饮饥食而制作饮食之器、耕作之器。然而，这些器具的制作也都是因地制宜，就地取材："饮食之器，由洼尊、抔饮、土簋，土铏易之以陶匏。而解剖牺牲，不能不借助于疱刀，刀固须金属也；耕作之器有耒耜，有锄耰，有斧斤。锄耰斧斤，亦须金属也。武器以防敌御兽，兼为狩猎之利技。民智未开，至燧人氏铸金作刃，其时必发五金之矿。故由用石时代，突入用金时代，至疱牺时遂有干戈，神农时遂有斤斧，而蚩尤之铠刀剑矛戟大弩，此其滥觞矣。"① 这里，我们稍加留意就会发现，远古人类群体所沿袭的这些被人们认

---

① 张亮采著：《中国风俗史》，北京：团结出版社 2005 年版，第 7 - 8 页。

为"合宜"的种种生存模式，与这一时期的人类群体所处的生态环境有着密切的关联，都带有顺应自然、顺势而成的特点。诚如俄国哲学家普列汉诺夫在谈到原始生产时所指出的那样：原始人为了能够利用自己"理性"上已经达到的成就来改进自己的人为的器官即扩大自己对自然的权利，他便应当处在一定的地理环境中，这个地理环境要能够给他：1. 改进所必需的材料；2. 改进了的工具的加工对象。在没有金属的地方，社会的人本身的理性无论如何也不会使他走出'磨石时期'的界限；同样地从游牧生活过渡到农业生活也必须要有一定的植物和动物，没有这些植物和动物，"理性将停留着不动"。他还认为，周围的自然环境、地理环境的贫乏与丰富，曾经给予工业的发展以无可争辩的影响……人是从周围自然环境中取得材料，来制造用来与自然斗争的人工器官。周围自然环境的性质决定着人的生产活动、生产资料的性质。因此，我们可以将远古社会初民所穿的服饰纳入普列汉诺夫规范的"人工器官"中——1929 年于北京周口店猿人遗址中出土 1 枚骨针和 141 件钻孔的骨、贝、牙饰物可以证实，在距今大约 2 万年前，山顶洞人已经可以使用兽皮、贝壳等自然材料制作简单的衣物了。

另外，山顶洞出土的 25 件用赤铁矿粉涂染着色的饰物证明石材、矿物质在服饰诞生初期便已经被人类使用。对于猿人来说，这些带有顺应自然、就地取材特点的生存行为无疑是合宜的。如果我们将合宜视为服饰生成的内在动因的话，那么人类对自身所处的生态环境的认知、体验以及与这一生态环境的磨合适应，则是服饰生成的生态性本原。

（二）服饰文化构建与生态基础

众所周知，客观世界是由自然界和人类社会共同构成的，而人类社会的产生与发展又是以自然界的存在为前提的。人类的生存与发展是建立在与自然关系的基础之上的，因而人与自然是密不可分的，人既是一种物质存在，是自然的产物和自然的一部分，同时又是一种社会存在，与自然存在着社会实践的关系；自然是异于人类社会的客观存在，是客观的自然，同时又是人类认识的自然。"劳动是从工具来的"，"工具意味着人所特有的活动，意味着人对自然界进行改造的反作用，意味着生产""如果说是'劳动创造了人本身'，那么，人类应该是从工具的产生开始形成的，工具是最早的文化事物，工具的诞生便是文化的起点"。① 如马克思所说，自然是"人化的自然"，这是为学界所证实并被普遍认可的。那么人与自然的和谐统一既是一种自然生态关系，也是一种社会生态关系。人类与自然生态的关系是复杂的，人与自然和谐统一的因素也是多方面的。在不同的历史时期具有不同的内容和表现形式。从人类历史上长期以自然经济为主体的传统社会形态来看，由于一定的生产力水平、技术条件，特别是文化观念、价值观念、思维方式等的传承与影响，民众与自然的关系更多地表现为适应、遵从自然，与自然生态平衡、协调的和谐统一关系，虽然与自然生态也具有一种积极主动的社会实践关系，但一开始就是以遵从与适应自然为基础的，且更多地表现为前者。虽然认识自然、适应自然、利用自然、开发自然是自始至终综合存在的，但在传统社会，少有"人定胜天"的豪迈壮举和"敢教日月换新天"的改造自然的决心。因而，与自然生态的整体和谐统一是古时人们根深蒂固的传统观念。但无论如何，对自然的理性认识和合理地开发利用及其与自然生态整体和谐统一的观念是长久的、可持续发展的、富有现代启示的。

人类是自然的产物，同时自然又是人类的社会实践对象，那么自然与人类是一种既对立又统一的关系，人类初始的文化创造必然受到特定自然环境的制约和影响。文化人类学的地理环境决定论在一定程度上说明了文化艺术与自然生态环境的关系。将社会与自然界之间的关系完全归因于自然生态条件的决定作用，将社会发展及人的文化创造活动看作对自然界的适应，人的文化创造活动及社会发展受自然生态环境的控制和支配，这种认识虽然抹杀了人的社会主体性和能动作用，具有一定的片面性，但同时又具有一定的合理意义。它在一定程度上解释了社会及文化创造的历史起源、发展及其与自然生态环境之间的必然关系。人类社会的发展一方面，是在不断地改变着自身的生存环境，其中包括了对自然生态环境的改造和征服；另一方面，人类在改造自然的过程中必然地受到自然环境的影响和制约。在人类适应自然、改造自然的过程中，通过社会实践活动与自然界发生关系，因此，自然不再是纯客观的自然，而是"人化的自然"。自然的人化实际就是自然参与到人类的文化活动过程中，使自然与人类文化联系起来，而联系的中介就是人类的

---

① 马克思，恩格斯著：《马克思主义文艺理论研究》，北京：光明日报出版社 1982 年版，第 115 页。

社会实践活动，无论是精神的，还是物质的。同时，在人类改造自然的过程中，一定的社会实践活动、技术发展水平以及思维认识能力既是人类一定历史阶段的产物，具有一定的局限性，同时又受到自然环境的影响和制约，规范或决定了人类的社会实践活动。从这种意义上讲，自然环境在一定程度上决定了一定的社会生活方式和文化创造。湖朴安在《中华全国民俗志》中写道："北方人民，感觉迟钝，无葱蒜则口舌之味不愉快，无红绿则眼之视觉不愉快，无皮黄则耳之听觉不愉快。"① 与慕尚强烈色彩的北方人不同，南方人在色彩取向上偏爱淡雅。这一特点，在民间服饰上表现得尤为突出。例如，北方的民间服饰，便较多地保留着古朴而神秘的色彩，比起鲜明、洁白、秀妍的江南服饰，北方服饰的文化韵味更为厚重。而同处江南地带、湘西一带的苗族服饰和江浙一带的汉族服饰，无论题材还是风格，都不可同日而语，湘西民间服饰粗犷拙朴，题材多表现陆地动物和山林草莽中的高大植物，少有人工花卉和鱼虫之类的题材；江浙服饰则风格细腻、秀丽，多以花卉与鱼虫菜果为题材。因为湘西一带山地险峻，少有水域，野兽出没，丛林莽莽，加之农耕落后，经济贫困，人们罕见人工养殖的名贵花卉和鱼虫菜果，而江浙一带，这些东西可谓司空见惯，而莽山古林却不多有。这是地理生态环境给予服饰文化审美的艺术底蕴，也是人类的生态审美意识对服饰艺术的建构。

　　在人类的实践活动方面，一般说来，被人类视为合宜的行为方式都具有审美的价值。高尔基认为：审美的主要品质就是有机界在生理上所固有的力求形式完美的愿望。但人们在这种"天然的审美"之上添加了另一种愿望，就是改进社会生活方式，创造条件使人的肌体可以和谐地发展，尽可能减少阻碍其正常和全面发展的障碍。无论对于人类还是动物，"合宜"都能使其产生美感，并且带来感官的冲动。这样说并非是将人降低到动物的水平，虽说人类与动物有着显著的区别，但是我们不能否认，人类与动物有着同样的生命力的需要和感官的冲动。人类的审美活动是具有生物性前提的，是从动物的"原美感"活动中提升而来的，或者说，动物的"原美感"活动乃是人类审美活动的生物性前提。对于动物的美感，达尔文有过明确的论述，此后的许多思想家也都肯定了人类审美活动具有生物性本能，揭示了人类审美活动

---

① 胡朴安著：《中华全国风俗志》，上海：上海书店 1986 年版，下册 43 页。

与动物美感的生成性关系，如普列汉诺夫就曾指出："人们以及许多动物，都具有美的感觉，这就是说，它们都具有在一定的事物和现象的影响下体验一种特殊的快感的能力。"① 生态哲学家汉斯·萨克塞也认为："物体的美是其自身价值的一个标志，当然这是人的价值给予它的。但是，美不仅仅是主观的事物，美比人的存在更早。蝴蝶和鲜花以及蜜蜂之间的配合都使我们注意到美的特征，但是这些特征不是我们选出来的，不管我们看到还是没有看到，都是美的。我们也注意到动物对美也是有感觉的。"② 恩斯特·海克尔认为蜂鸟的色彩斑斓的羽毛，是与母鸟的敏感和高雅的审美力有关的。爱情使这些鸟身上装饰着那无与伦比的羽裳。人类的审美活动与动物的美感之间何以会有相通之处，概因于一切生命体对其所处的生态环境都具有某种感应功能。

我们知道，任何生命体为了维持自身的存在与活动，首先必须同外界进行物质变换和能量变换，没有这些生命资源，就无法维持生命的存在形态。而在种种信息变换的方式中，生命体对"节律"的感应具有特殊的生态调节作用。所谓感应，就是事物之间以节律相互作用的一种双向活动方式。达尔文曾描述了许多动物在交尾期间对色彩和声音的特殊兴趣及其在性选择中的作用，他对此大感不解："最简单的美感，就是说对于某种色彩、声音或形状所得的快感，是怎样在人类及低等动物的心理中发生的呢？实在是一个没有解决的问题。"③ 但是，他同时也意识到，"人和低等动物的感官的组成，使鲜艳的颜色、某些形态或样式，以及和谐而有节奏的音声可以提供愉快而被称为美；但为什么如此，我们就不知道了。"④ 达尔文在这里听说的"颜色""形态或样式"，都是事物以其感性特征所呈现的节律形式。服饰学者早就指出感应这些特征才是还原服饰本相的关键。相对于服饰来说，服饰的产生与自然环境的和谐互动最初并不一定出于有目的的或理智的创造，但是，这种和谐互动给人类带来了审美的快感，其原因主要在于这些形式因其合宜和实

① ［俄］普列汉诺夫著，曹葆华译：《论艺术（没有地址的信）》，北京：生活·读书·新知三联书店 1964 年版，第 16 页。
② ［德］汉斯·萨克塞著，文韬译：《生态哲学》，北京：东方出版社 1991 年版，第 58 页。
③ ［英］达尔文著，谢蕴贞译：《物种起源》，北京：新世界出版社 2007 年版，第 152 页。
④ ［英］达尔文著，潘光旦、胡寿文译：《人类的由来》，北京：商务印书馆 1983 年版，第 880 页。

用而给人带来愉悦和方便，由此才产生了美感。人类不仅具有自然属性即生物性，同时还具有社会属性，有通过教育获得认知周围事物的能力，有做出价值判断的能力，有在行动过程中更新认识和自觉调整的能力。人类具有的这些能力足以令其判断出什么是与所要谋求的利益高度协调的形式，这些形式极易得到群体的认同，并因此被使用在各种各样的行为和活动中，服饰就是其中一类。

当然，我们也须看到，在服饰文化的生成与建构中，人类的生态审美与生态直觉并非是完全类同和没有任何偏差的。首先，"合宜"仅仅是针对居住在某一特定的生态环境中的某一特定的族群而言，对这一地域的群体"合宜"的方式，对另一地域的群体来说未必"合宜"。对这一问题，我们将在后面专门论析，这里不再赘述。其次，人类对自然界的体悟与生态感知有时也会程度不同地受制于原始思维中的唯心主义与形而上学或其他一些偏差认识的影响。如同萨姆纳所描述的："原始人把一切突发事故归于人的作用或鬼神与精灵的作用。好运与坏运被归因于超级力量，被归因于它们对人的所作所为的喜怒与好恶。这些观念构成了人们的鬼灵信仰，并渗透在他们的整个世界观之中。运气总是出现在争取生存的斗争中，偶然因素通常把生存斗争与宗教联系在一起。只有在宗教仪式中，生存斗争中的偶然因素才可能受控制。关于鬼神、妖魔和另外的世界的观念都是幻想的。它们完全缺乏与事实的联系，是武断地建立在经验之上的。它们是诗意的，是诗的构造与想象推动了它们的发展。把它们与实践联系起来的不是因果关系，而是法术。所以，它们导致了关于生活及其意义的虚幻推论。而这些推论又作为指导性的信念和追求成功的指导思想而进入后来的活动中。"①

从文化发生学的多维视角来看，导致服饰文化构建的因素当然不止上述。这里只是从生态学的视角对服饰文化的生态基础进行了一种宏观上的追溯与阐释。而在现实生活中，导致某一服饰文化的形成，绝不仅限于生态方面的原因，还有许多其他方面的复杂因素，某些因素甚至至今我们仍未认识到。总之，是多种复杂因素导致了文化发生，并使不同的时代、地域、民族的民众，创生、构建出形质各异、奇彩纷呈的服饰文化。

---

① 高丙中著：《民俗文化与民俗生活》，北京：中国社会科学出版社 2001 年第 2 版，第 177 页。

二、服饰发展中生态特征的剖析

服饰不是一个涵盖所有文化现象的概念，它不可能包罗万象，只能包容那些人类所赋予它思维与行为惯制而代代承传的意象和事象。服饰文化林林总总，但在人类的生活实践中，这些繁杂的服饰文化并不是杂乱无章地存在的，而是以其题材和内容的相关性构成了不同的服饰文化阶段。

我们在这里根据不同时代的经济、文化特征，将这些服饰发展阶段分为彼此间既有一定的联系，同时又具有相对独立性的三个服饰发展系统，即民族服饰系统、信仰服饰系统、阶层服饰系统。正如前文所述，服饰文化的生成与一定区域的自然生态条件和人文历史分不开，是在特定的地理环境和社会发展中逐渐形成的。

（一）民族服饰的生态特征剖析

1. 狩猎、采集时期服饰文化的生态特征

狩猎、采集作为人类经济活动中最古老的生计类型，是一切文明发展时期的先驱。可以说，当今世界上一切民族在最初阶段都曾经历过这一阶段，有的民族至今还在实行这一类型的生计。狩猎、采集经济类型虽然在生产力水平上低下，但却是人类摆脱动物性、获得社会性的依赖。人类之所以有文化，有文化的差异，并由此而有民族的区别，就是始于狩猎、采集类型文明阶段所提供的物质基础以及人类生存的需要。举凡民族文化的各方面均带有由这一阶段所造成的"文化残存"，如民族的语言、认知能力、技能、信仰，习俗的基本构架等，都是发端于这一经济类型的生产需要。

自从人类从动物界中分离出来，人类社会的新纪元便开始了。在此后一个相当长的历史时段里，人类都是以狩猎和采集为谋生方式，依靠天然食物为生。后来，人类又发明了捕捞，但仍然不会从事任何生产食物的活动。学术界将这一时期的狩猎、采集这二种谋食方式称为"攫取型经济类型"，并将捕捞一并归入狩猎中，可以说，攫取经济在人类历史上占据的时间最长，人类延续这一生计方式长达几百万年的时间。有资料显示地球上自古以来共生活过 800 亿人，其中 99% 以上的人是狩猎、采集者。狩猎的出现最早可以上溯到旧石器时代，考古工作者在这一时期的穴居人的岩洞中发现有箭镞和权头，表明这一时期的人类已经在狩猎了。捕捞的历史也很悠久，至少可以上溯到新石器时期。1972 年，中国黑龙江文物考古队在密山的大、小兴凯湖的湖岗上发现了新开流新石器时代的遗址。遗址中出土了带有浓厚渔业文化气息的陶器、骨器、石器。陶器上饰有美丽的图案，如象征着鱼身上鳞片的鱼鳞纹、象征着千孔百洞的渔网的鱼网纹等，骨器主要有鱼钩、鱼叉、鱼标、鱼卡子等捕鱼工具。在墓葬中还有一件用鹿角制成的"鱼"形装饰物。这些都表明当时有一支以捕鱼为主兼营狩猎的民族在这里定居。新开流文化主要分布在中国的黑龙江、乌苏里江，松花江、兴凯湖等大江、河

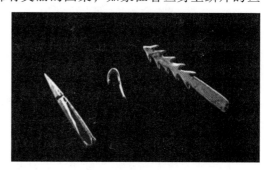

图 10 - 2　新开流新石器时代遗址中出土的鱼钩、鱼标、鱼卡子

湖一带，这里正是赫哲族居住的地区，由此可见，赫哲族使用工具和饰物至少起源于新开流新石器文化时期，甚至还要久远一些。（见图 10 - 2）

　　采集则是更为原始的生产方式，在旧石器时代的前期，人类的祖先就已经开始了采集活动。当时的采集范围非常广泛，主要是各种植物的果实、块根、茎叶及菌类。直到距今 1 万多年前，人类才掌握了栽培植物和驯养动物的技术，人类的经济生活也随之发生了第一次革命。考古学家将这次革命称之为"新石器时代革命"或"农业革命"，认为其意义不亚于 17 世纪的"工业革命"。在经历了新石器时代革命之后，人类社会才进入了所谓"食物生产经济"的时期。但是即使进入了畜牧与农耕时代，狩猎与采集也一直是农牧民族重要的补充性谋食手段。因而，这一类型既是民族起步的经济类型，又是影响深远的基础类型。研究这种文化及其相关的服饰系统，有助于我们了解人类是怎样适应某些不同的生存环境的。

　　中国现在已不存在严格意义上的狩猎、采集生产方式了，而过去所知的珞巴族、鄂伦春族、赫哲族、高山族、鄂温克族、独龙族、瑶族、拉祜族等民族是根据 20 世纪初的调查资料统计的，并且其中有许多民族是属于多种谋食方式混用的群体，狩猎、采集或捕捞的生计方式是以主类或亚类的形式存在于这些民族民众的生活之中的。例如，中国东北地区的鄂伦春人在 20 世纪初即已出现"弃猎归农"的倾向；云南的独龙族在 20 世纪初也已经开始了刀

耕农业。但狩猎和采集作为一种谋食方式，在这些初级农业社会中仍然占有很大的比重。汪宁生在《文化人类学调查——正确认识社会的方法》中有述：如云南的景颇族在 20 世纪 50 年代初期，一些人家的采集收入仍占全年收入的 26%，采集的植物多达 94 种。

这一时期，在中国西南地区和东北地区的一些少数民族中，猎物仍然是人们生活中肉食品的主要来源。在中国，对这一生计方式及有关的经济习俗惯制的分析，着眼点主要是在那些在其生计活动中，狩猎，采集、捕捞仍占有很大比重的一些民族与群体。

狩猎、采集民族服饰的生态性首先体现在对自然环境的无条件依赖。狩猎采集民族所摄取的食物全部来自自然界，获食对象是自然界既定的，收获的多少也完全受控于栖息地的生态食物链所能提供的动植物资源的数量。例如，在狩猎方面，狩猎民不仅要熟知狩猎地区的山川、地理状况，还要了解和掌握各种动物的生长习性与活动规律。一个狩猎群体若具备了这些知识，即使仅用简单的工具，也可以有不菲的收获。生活在北极的因纽特人仅用矛和刀，在人工凿成的冰洞口坐等几小时甚至数十个小时，直到海豹在洞口换气时便将其猎取；生活在非洲干旱沙漠上的布须曼人，则用弓箭、投枪和石球绊索，靠追逐法射杀和绊倒兽类；生活在南美亚马孙丛林中的印第安民族，由于丛林障碍无法追逐野兽，遂发明了吹毒箭筒那样的专门猎具；古代中亚地区的狩猎民族，甚至没有任何工具，仅以集体围追堵截的方式驱赶有蹄类兽群，也能使其成批地跌崖致死，获取大量的猎物。

再以中国东北地区的鄂伦春、赫哲、鄂温克等狩猎民族为例，历史上，长白山林区的动物资源非常丰富，狩猎对象很多，如熊、虎、野猪、狍子、鹿、貂、麝、狼、狐、獾、貉、兔、鼬、栗鼠、雉鸡等，可谓应有尽有。而在黑龙江、松花江、乌苏里江构成的三江平原一带，更是有数不尽的飞禽走兽，当地无边的林海及草原，是各种珍禽异兽的天堂，这里生活着丹顶鹤、海东青、天鹅、雕、鹭鸶、鹌鹑、飞龙、野鸡等珍禽，还生活着紫貂、水獭、猞猁、灰鼠子等细毛兽。

所谓狩猎习俗，即是狩猎民族代代沿袭、传承下来的一整套针对动物生态资源进行猎取和利用的知识与经验。可以说，在人类的所有经济活动中，没有哪一种比狩猎与自然的关系更为紧密的了，或者说更具生态性了。狩猎民不仅要熟悉自然，了解自然，在许多情况下，还要能够模拟自然，具备一定的仿生学知识，能够将自己与大自然融为一体的本领与技巧；能够循着动物的足迹追逐到动物的巢穴；而且还掌握多种高超的伪装术和诱捕术，巧妙地利用动物的习性，将其猎获。面对人类的智慧，再机敏的动物也难免蒙蔽上当，落入人类的陷阱。

伪装术是狩猎民利用动物的生态特征装扮成某种动物，或者穿戴有若干动物特征的服饰，如头上插鸡翎、戴兽角、反披兽皮、身后着尾等对其进行迷惑；或直接举鹿头惑之。例如，《啸亭杂录》卷一记载："命一侍御举假鹿头呦呦声，引牝鹿至，急发箭殪毙"[1]；乾隆皇帝在《哨鹿赋》中注："象鹿之首，人戴之，则鹿不疑。"鄂伦春族服饰中的狍脑皮帽子、翻毛的皮靴、反穿的长皮袍等，都是狩猎习俗中的伪装术在日常生活中的遗存与表现。北方有些民族的萨满至今的装束仍是头戴鹿角帽，并根据其资历的长短而增加帽上的鹿角数目，此俗也当是起源于狩猎时代的

图 10 - 3　鄂伦春族头戴鹿角帽的民族服饰

头部伪饰。运用仿生原理来制作服饰从而达到生产目的是人类的一大发明，这不仅需要一定的行为经验，还要求人们对各种禽兽的特性了如指掌，更可以说是一种动物生态性在人类服饰中的早期应用。（见图 10 - 3）

再看采集，采集明显地受制于季节、岁时的支配。不言而喻，采集只能在特定的季节里进行，因此，采集时期的服饰生态性也最为突出。中国南北区域的采集群体主要是居住在山区和丘陵地带的各族民众。居住在中国东北地区的一些汉族与少数民族民众，自古以来就沿袭有"采山"的习俗传统。人们在春秋二八月采草药，春采山菜，夏采蘑菇、木耳，秋采鲜果及胡桃、松榛橡籽，什么节令采什么，怎么采都相沿成习，代代相传。这些久居山地的东北地区采集民，从很早的时候就对山区丰富的植物资源有多种利用价值

---

① 爱新觉罗·昭梿撰：《啸亭杂录》，北京：中华书局1980年版，卷一，第25页。

上的认识。（见图10－4）

据《长白汇征录》载："乌拉草，蓬勃丛生，高二三尺，有筋无节，异常绵软，凡穿乌拉鞋者，将草锤熟垫借其内，冬夏温凉得当。"① 这段记载，把乌拉草的形态、形貌和分布描述得十分清楚。乌拉草也叫靰鞡草，"出自白山左近"，② 指的就是今吉林地区的长白山一带，这里的乌拉草最好。乌拉草松软，具有极强的保温性，过去东北地区气候寒冷，狩猎采集人进山时一般都穿乌拉草鞋，里面只要絮上这种土生土长的乌拉草，即使

图10－4 乌拉草编制的草鞋

在三九严寒，在雪地里站上半天，脚也不会受冻。因此这种草在当地被当作与棉花同一功用的服饰原料。（见图10－4）

狩猎采集时期服饰的生态性表明了自然环境对人类生存的制约和影响。人类与其他物种一样，要生存，就要受制于自然系统统摄万物的同一法则——物质和能源流动的确定法则。可以说，自然界的所有物种都是通过相同的"生命之网"，即依靠其他物种而获得生存资源的。人类种群的发展决定于相对的可供资源，人类要生存，必须保持与其他物种相互生长繁息的关系。因此，与其他物种一样，人类的着装习惯是可以通过考察人们是如何组织和利用栖息地的物质与资源的流动来分析的。狩猎、采集时期群体的种群发展在很多情况下是由栖息地的动植物资源所决定的，所谓"靠山吃山，靠水吃水"的取材方式比较直观地反映了当地民族服饰形成对栖息地的物质与资源流动的组织与利用，因此其生态性也是显而易见的。

---

① 张凤台编撰，黄甲元、李若迁校注，刘建封撰；孙文采注：《长白汇征录》，长春：吉林文史出版社1987年版，第142页。

② 曹保明著：《乌拉手记》，北京：学苑出版社2001年版，第17－18页。

2. 游牧民族服饰的生态特征

畜牧是人类经济生活中以成群饲养四足类群居性家畜而形成的一种生计方式。所谓四足类群居性家畜，是指牛、马、驯鹿、绵羊、山羊、骆驼等，而饲养猪、狗、家禽等，则不算畜牧，不包括在内。畜牧的生产形态为游牧，即遵循畜群的生活习性及运动规律而游动式地对其牧放，人类也据此安排自己的生活。

自从人类登上了历史的舞台，几乎所有的生产方式都是为了适应和应对自然环境的变迁而创造出来和逐渐完善的。鸟瞰人类诞生以来的全部发展历史，不难看出，人类的发展呈现出的几次大的跨越，往往都是地球的生态环境发生较大变化的时期，这些大的生态环境的变化，对人类的生存构成了新的冲突和挑战。人类正是在这些带有阵痛性的生存适应中，不断地调整自己，创造出一些新的生产策略。在人类社会的初始阶段，人类的基本觅食活动是采集和狩猎，这种生计是对自然界中本已具有的植物与动物加以猎取的活动，不带有任何生产的性质。因此，采集和狩猎属于原始的低级性生产力。人类社会生产力出现的第一次跨越，便是从狩猎采集活动向畜牧和种植生产的转变，这种转变曾被史学界称之为"人类历史上的第一次革命"。然而，从生态学的视角来看，这具有历史意义的首次跨越，也是人类面对生态环境的剧烈变迁而不得已做出的文化抉择。

一个民族的富有特色的传统服饰，对于别的民族，它是一种区别的标志，而对于本民族，它却是互相认同的旗帜，结成整体的纽带。而这一切，都是由于人类历史的遗传而形成的集体无意识的文化模式。这种无形的凝聚力，是一个民族得以生存、发展的"本能"。形成某种民族服饰的原因是复杂的，游牧民族的服饰，首先是出于实用，然后才有美的追求。其服饰发展受到了经济方式及生活习惯等客观条件的限制，也受民族心理、审美观念和传统习俗等主观因素的约束。而追溯其根源，这些限制同样是由于自然环境的苛刻而产生的。

中国北方地区以寒冷气候为主，这就直接影响到北方民族服饰的材料、形式和用途等诸方面的因素。所以，北方民族的服饰多以野兽皮毛为主，兼有其他质地材料的服饰。我们可以想象，当古代北方游牧民族的先民，第一次将兽皮或者其他饰物披在身上，可以说生存意识早早超越了其他的意识，如抵御寒冷、防止风吹日晒等，都是从生活的实际出发的。

《汉书·匈奴传》载："匈奴……逐水草迁徙，无城郭常居耕田之业，然亦各有分地……儿能骑羊，引弓射鸟鼠，少长则射狐兔，肉食。士力能弯弓，尽为甲骑。其俗：宽则随畜田射猎禽兽为生业，急则人习战攻以侵伐，其天性也。其长兵则弓矢，短兵则刀铤。利则进，不利则退……自君王以下咸食畜肉，衣其皮革，被旃裘。"① 柔然也是北方游牧民族之一，《南齐书》中对其服饰有这样的记载："芮芮国……鱼熟分为数百千部，各有名号，菌煎其一部也。自丞燮南迁，因擅其故地。无城郭，随水草畜牧，以穹庐为居。辫发，衣锦，小袖袍，小口裤，深雍靴。"② 鲜卑族也用毛皮和毛织物制作服饰，以适应中国北方蒙古高原上寒冷的气候。

在北方，以生产生活中的野兽皮毛作为自己简单的服饰是北方不少民族就地取材的简单直接的做法。

黑龙江省文物工作者曾在黑龙江省富裕县境内发掘出一件高约 14 厘米的"仿皮囊陶壶"，从仿皮囊陶壶器身外壁竖式仿皮囊缝合线纹装饰来看，有着明显的皮囊器物原来缝合成器的痕迹。经测定，这件文物距今约 3000 多年了，这说明在 3000 年之前或者是更早的时间，中国北方大地上以兽皮作为服饰、器物等生活用品的历史早就开始了。据《后汉书·乌桓鲜卑列传》和《三国志·乌丸鲜卑东夷传》引《魏书》记载，中国北方游牧民族之一的乌桓人"以毛毳为衣"③，所谓"毳"为鸟兽之细毛，"以毛毳为衣"，就是以皮毛为衣料。又提到鲜卑，"其语言习俗同乌桓同"④。还提到鲜卑有"貂"等名贵动物的皮毛制作的衣饰，"故天下以为名裘"⑤。游牧民族不同服饰形象的出现是符合生态学原理的。由于牧畜生活习性的不同，畜牧生产无法混合作业，也就是说，不同的牲畜不能在一起混合牧放，必须分而牧之。由记载我们可以得出中国北方游牧民族虽然皆以动物皮毛为服饰的主要原料或直接用于穿戴和佩饰，但仔细分析不难得出其所畜牧畜并不相同——牛、羊、鸟、貂等。（见图 10 - 5）

---

① 班固撰：《汉书》，北京：中华书局 2007 年版，第 1389 页。
② 姚思廉撰：《梁书》，北京：中华书局 1999 年版，第 205 页。
③ 范晔著，李贤编：《后汉书》，北京：中华书局 2005 年版，第 2015 页。
④ 范晔著，李贤编：《后汉书》，北京：中华书局 2005 年版，第 2019 页。
⑤ 范晔著，李贤编：《后汉书》，北京：中华书局 2005 年版，第 2019 页。

在服饰生态学研究中可以发现，在长期的文化交流与生态交换之中，人类本身所起到的作用不但没有因为自然条件的恶劣而被压制，反而越是极端的生态条件越能激发人类对自然环境更加激烈的反弹，这点从 13 世纪蒙古人横跨欧亚大陆的战争史中便能挖掘些许痕迹。在那个时期，一种特殊的纺织品的消耗量是惊人的，这些纺织品被称为纳石失，是一种用金丝织就的布料，很受蒙古人的喜爱，这种物品从西亚波斯源源不断地运进到中国，影响了蒙元时代的服饰消费文化。不仅如此，这还是一种奢侈性的消费，是限定在社会上层的物质消费，其流动代表着一种权力与政治合法性

图 10 - 5 黑龙江富裕县出土的"仿皮囊陶壶"

的流动。对此，托马斯·奥森有过细致入微的研究，在他的研究中，我们不仅会看到伊斯兰世界精美的纺织品是如何伴随这样一种文化的传递而在欧亚大陆之间的频繁流动的，同时我们也可以具体入微地看到一种生态服饰文化是如何展现自身的。这种在欧洲的中世纪以及后来都很流行的"蒙古人的布料"，究竟是一种什么样的布料呢？显然，其中一个核心的要素就是"金"（gold），而能够织成布的自然是需要有金丝了；另外一种要素就是丝绸，丝绸的丝与黄金的丝织就在一起就成了一种看起来是蒙古人特产的"鞑靼人的布料"了。历史上还有一个名字专门来称谓这种布料，即 nasty，在中文的文献中称之为"纳石失"，即"金锦"之意。

依照沈从文的考证，"纳石失"的编织方法是"缕金"。英文对应的是 brocade，即嵌入作为装饰的丝线的编制方法。这种装饰性的丝线是要被编织在作为衬底的布料之上的，而"纳石失"所用的丝线就是金线了。这种精美的纺织品在那个时代几乎传遍了蒙古帝国全境并影响到周边的地方。这种编织方法后来出现了多种的变形。不过其最初的起源总是会被追溯到古波斯也

就是今天的伊朗那里。在波斯语中有 nakh，其最初的意义就是指"以金丝织就的丝绸"。

历史上的帝国之所以从分崩离析的部落成长为一个帝国的极为重要的机制，就是交流，即与外部的不断的交流，这种交流既是文化的，也是生态的，当然这其中还包含着服饰。通过这种交流，这个帝国从占据欧亚大草原的一隅转而成为"大蒙古帝国"。此时，一个游牧的民族牢牢地控制住了像中国的汉族以及伊朗的阿拉伯人这样的定居民族。这种差不多在社会生活的方方面面的非常自由的交流，确保了这个游牧的民族不仅没有因此而失掉自己民族的特色，甚至还因此而附加上了一些本来并非属于自己原产的文化属性，而作为纳石失便是其中的一个明显例证。因为，曾经享誉欧洲的"鞑靼人的布料"，其原产地绝非是在蒙古人占据的大草原上，但是却是蒙古人将这种服饰文化，这类早期矿物的生态功用散播在了整个欧亚大陆。

游牧民族的服饰生态就如他们的生产方式一样，突出在一个"游"字上，如蒙古人一类的游牧民族，在征伐的同时，也将各个生态圈的能量、物质、信息打乱并加以传播，服饰文化也正因这种传播而进行了交流与融合。我们无法估量这种交流对人类社会的影响有多大，但可以肯定这种生态环境变迁对服饰文化的传承和创新具有不可磨灭的意义。

3. 农耕民族服饰的生态特征

农耕民族是在狩猎、采集时期后发展起来的。它包括一切极为粗放的原始性农业耕作形式，从开辟小块土地种植些薯芋之类的块根植物，到当今世界上仍广泛存在的刀耕火种农业。这一类型的共同特点是使用简单的农具，不用犁及其他较现代的耕具，也不用人工施肥和水利灌溉。其基本特征是："使用人为的手段从自然环境中划定出生产操作地段，让那些对人类有用的植物（或动物）在该地段中以其原生的状况自然生长，以利人类获取和利用。所谓人为的手段一般包括火烧、水淹、以刀和锄开掘、排水、垫土铺设等众多的特化性办法。"① 中国境内蒙古族早期实行的一种俗称"漫撒籽"式的耕作，耕作者将种子撒进地里之后，不间苗、不锄耪、不灌溉施肥，也没有任何的田间管理，只待秋后谷穗成熟即行收获；以及中国西南山区现存的一种

---

① 杨庭硕等著：《民族文化与生境》，贵阳：贵州人民出版社 1992 年版，第 92 页。

耕地固定、已知用犁但因山高坡陡而不便用犁的耕作，都属于这类农耕范畴。

在中国古代传统农耕生产工具中最重要的有两种，就是男人的犁和女人的纺车。犁的进化史就是中国古代的农业史，纺车史就是纺织史。男耕女织，是中国古代社会家庭自给自足的自然分工，即"一夫不耕或受之饥，一妇不织或受之寒"。

宋代以前，纺织品生产一直属于女性领域，至晚明才逐渐被男性取代。农耕社会物质生活资料的丰富使妇女们从采集劳作方式中脱身出来，而专门从事养蚕、纺织生产活动。

在中国古代社会物质生产中，纺织生产对构成古人的社会物质和经济生活具有极其重要的意义。中国古代普通家庭的纳税从周代一直到16世纪晚期都有一套规矩，既包括男人耕种的粮食，也包括女子所创造的织物。因此，在中国古代传统文化中，纺织生产被作为一种美德加以推崇。

古人将生下女孩称作"弄瓦之喜"。所谓"瓦"，是指古代妇女用来纺织的一种陶质纺锤形器具。在女孩子出生后，把"瓦"给女孩子玩，是希望她们将来能胜任纺纱织布的工作，甚至将纺织作为古代女性的"妇德"加以提倡和强化。纺织的重要性，甚至还被统治阶级提升至法律制度加以倡导。按照传统习惯，每年春

图 10－6　宋代汝窑黄釉褐彩纺锤

季，皇帝要在先农坛"亲耕"，皇后则要在先蚕坛"亲桑"，以此为天下的黎民百姓做出表率。在《谷梁传·桓公十四年》中记载："王后亲蚕，以共祭服。"① 就是在养蚕的收获季节前，王后率领一批贵妇，用一定的仪式喂一下蚕儿，说明当时统治者对蚕桑生产的重视。（见图 10－6）

中国农业主要种植两大类作物，即用作食物的粮食作物和用作其他目的

---

① 顾馨明校点：《春秋谷梁传》，沈阳：辽宁教育出版社 2000 年版，第 16 页。

的经济作物。经济类作物是除粮食、饲料、绿肥等作物之外的各种作物的统称。包括纤维原料、油料、糖料、饮料以及水果、烟草、热带特种经济作物等。从栽培技艺上又可分为农艺、园艺、树艺三大体系。狭义的经济作物仅指棉、麻、油、糖、烟、药、蔬菜等大田经济作物，即指农艺作物体系。这里所述的便是狭指的经济作物范畴，即大田类农耕作物。

农耕民族服饰与早期服饰区别的基础便在于服饰原料的获取方式不同。纤维作为大量种植的产物，使人类服饰原料由依靠自然界摄取转变为主动生产和贮存。中国上古无棉花，所用的织布纤维主要是麻和葛。在《韩非子·五蠹篇》中称尧统治天下的时候，"冬日麑裘，夏日葛衣"。① 所谓葛衣，实际是以麻布（苎麻）为材料做成的衣服。

麻和葛，属韧皮类植物纤维，种类包括黄麻（络麻）、红麻（洋麻）、大麻、苎麻、亚麻、剑麻等。中国栽培麻类作物的历史悠久，苎麻在上古时期就是中国民众衣着的主要原料，苎麻经处理后可纺成高级的织物，在现代社会仍然是被视作上品的织物原料。由于不同麻类作物对生长条件的要求有别，因而，各地在麻类作物的种植上也形成了各自的传统与习惯。黄、红、苎麻喜温喜湿，特别在山高多雾、多漫射光的条件下可高产，因而主要分布在中国的广西、贵州、云南以及湘西、鄂西的山区，其中尤以贵州的产量最多。湘西、鄂西是苎麻的主要产地。龙舌兰麻是剑麻、番麻、菠萝麻的统称，属热带植物，纤维强韧，抗盐碱性强，耐腐蚀，可作航海、渔业、运输等绳索之用。广西、海南是剑麻的主要产地；大麻主要产于新疆、宁夏和内蒙古等地。

在《诗经》中有诸多篇幅，如《丘中有麻》《南山》《采葛》《葛藟》《葛覃》均写有麻葛的生长和种植的情况。例如，《周南·葛覃》："葛之覃兮，施于中谷；维叶莫莫，是刈是濩，为絺为绤，服之无斁。"② 用葛织造的织物，精纹的被称为"絺"，粗纹的被称为"绤"。西安半坡仰韶文化遗址出土的7000年前的陶器中，有100余件麻布或编织物的印痕，而且这些印痕所反映的编织方法已非常丰富，如平纹、斜纹、一绞一纱罗式绞纽织法与环绕混合编织法等。此外，在河南大河村新石器遗址曾出土不少麻类种子，浙江

---

① 韩非著：《韩非子》，上海：上海人民出版社1974年版，第214页。
② 孔丘等著：《诗经》，长春：时代文艺出版社2004年版，第2页。

余姚河姆渡遗址，也曾出土用苘麻编织的绳子。

农耕逐渐发展成人们赖以谋生的基础，使农耕民族过上了物质丰富的生活。但是，尽管中国中原的土地肥沃、气候温和，单个的农人也不可能维持和发展生产。人们必须与他人合作，于是就产生了农业群体和社会。在群体中，人们首先是在生产、分配和交换的过程中进行生产的合作和交往，在这种生产交往的基础上又将所产生的事项反馈到生态环境中。所有这些关系综合起来就构成农耕和农耕生态系统。

为了维持这个农耕生态系统的正常运行，人们的生活是在行为规范的控制下进行的，农耕民族的生产方式塑造出了与之相适应的行为模式、传统观念与价值观念，简言之，即农耕民族的文化。

近万年来，农耕文化的一系列基本特点，都根源于耕作居于支配地位的经济生活之中。农民在世代的耕作中认识到一条真理——利无幸至，力不虚掷。说空话于事无补，实心做事必有所获。这种"一分耕耘一分收获"的农耕生活，铸造了以农民为主体的农耕民族的务实精神。

千百年定居于一地的生活，单调地重复不已的农耕生产，生生不息的土地，绵延不绝的子孙，这一切又给农耕民族带来了缓慢稳定的特点和不求大变、但求永恒的心态。反映在服饰上，则是因循守旧、世代相沿的式样，尤其是帝王、贵族与百官的服饰更是如此。即使有所变化，也是万变不离其宗。最常见的是"托古改制""复古以变今"，以不变应万变。这也是为什么直到辛亥革命之后，袁世凯又穿起了周代帝王设计的冕服的一个原因。

另外，顺应自然规律、企求稳定平和的定居农业，又造就了崇尚中庸、不喜偏激、尚调和、主平衡的精神，反映在服饰上，则为讲究对称、厚重的式样与色调。农人与大自然中花草树木、飞禽走兽相伴相依的感情，对高山、大海、雷电、星宿的崇拜与恐惧，又使得中国历代服装多以这类题材为纹饰，或表现美丽、雍容，或显示威严勇武，或代表等级高下。

（二）图腾纹样的生态内质透视

1. 原始信仰生成的服饰生态基础

原始信仰主要包括自然崇拜、动植物崇拜、图腾崇拜和祖灵崇拜。这些信仰也是后世宗教服饰文化传承的主要内容。在古往今来民间社会的物质生活和精神生活当中，始终纵横交错地存在着大量具有信仰色彩的服饰文化事象，这些渗透在人们生活中的具有信仰色彩的服饰惯制，大多都是从人类原始思维的原始信仰中传承变异而来的，作为社会意识形态的一种传承形式，服饰文化涵盖了大量的远古人类即有的信仰观念及信仰形式。这些带有原始思维特点的信仰观念及信仰形式，是人类文明初始阶段，人们思维的产物，源自远古人类对大自然的种种直接的生存体悟，带有鲜明的自然环境的印记。其中许多古老的信仰意识，至今仍不同程度地左右着人们的思想与行为，成为支配当代民众物质生活与精神生活的重要因素。

原始信仰是个非常广大的领域，其起源并非与人类的产生同步，而是在人类社会的物质生产发展到一定阶段才产生的。任何意识形态都是社会生活的产物，人类的思维也是随着社会的发展才发展起来的。原始人类思维活动的对象是周围世界和人类自身。人类从动物界分离出来之后，经历了相当长的一段历史时期，才逐渐地对自然界的存在产生神秘的宗教意识。根据现代考古学的考证，在距今2万到4万年的旧石器时代的晚期，才有原始信仰的迹象出现，在那时的墓葬中已发现有代表血的赭石和一些简单的殉葬品了，表明当时的人类已产生了对于人死后还会在另一个地方生活的模糊意识。在欧洲一些地区发现的非常古老的岩洞壁画中，也表明了当时人类的信仰观念，这种岩画多发现于西班牙、法国、意大利和奥地利，在这些国家的古老岩画中，有些画面很明显地带有原始巫术的含义。例如，在著名的"三兄弟"洞穴中，便发现有巫师画，画面有一男性，头戴鹿角，饰以长须和马尾，肩披兽皮，作舞蹈状。虽然这种信仰萌生的确切时期已不可考，但至少可以断定，所谓原始信仰，最迟是在新石器时代已经确实无疑地形成了。

原始信仰包容的对象极为宽泛，举凡天、地、日、月、星、云、风、雹、雷、电、雨、虹、霞、山、石、河、湖、海、泉水、沼泽、火、动物、植物等，都是原始人类崇拜的对象，充分体现出原始人类"万物有灵"的信仰意识与思维特点。

（1）服饰中的太阳崇拜

中国崇拜太阳的历史可推及至原始社会，原始岩画曾对太阳做过形象的记录，古人对太阳崇拜的典礼也是非常隆重的，殷墟卜辞中就有许多"入日""出日"的记载。炎帝、太昊、东君都是古代的太阳神，在各民族中也都有关于太阳崇拜的方式。太阳既能给人类带来光明和温暖，也能造成干旱酷热，降灾难于人类，因而，各民族又多有射日的神话。由此太阳的纹样成为护佑人类的吉祥符号并在诸多民族服饰上频频闪光。

侗族的太阳崇拜，在百越时期就已形成，在广西出土的大量铜鼓面上，都有放射的太阳纹，侗族《祖源歌》中说，远古时代，洪水泛滥，淹没了大地，侗族的始祖母萨天巴（侗族中至高无上的女神）以九个太阳照耀大地，晒干了洪水，拯救了万物，人民得以生存，但大地又被十个太阳晒得枯焦，姜良、姜妹请皇蜂发神箭射落了九个太阳，只留下原来的一个，使大地恢复原有的生机。侗族的母亲们感谢太阳带来的温暖和光明，祈求太阳神保佑自己的儿女能逢凶化吉、健康成长，因而对太阳有着特殊的感情，如带孩子外出要在孩子肚脐周围用锅烟画太阳纹，以象征太阳神，认为这样能驱邪除病。将太阳纹用于儿童背带服饰上就成了儿童的保护神。

图10-7　侗族带有"天圆地方"
之意的盖片

侗族的背带盖片大多是正方形，上面绣满如谜一般的纹样，常见的是以太阳为中心围绕八个小太阳的图案，四周的四条边用较宽的纹样装饰，强调了方形的结构，大概有天圆地方之意。这种形式在民间俗称"八菜一汤"的盖片格式，在广西三江同乐乡平溪村是很普遍的。（见图10-7）

（2）服饰中的月亮、星宿崇拜

侗族崇拜月亮，认为月亮是人们的避难之处，是可以依赖的神，每逢中国农历八月十五的夜晚，寨内儿童会将一个柚子穿于竿尖，上插点燃的长香，成群结队对月亮高呼喜跃，或手持圆月形饼子，向月示意。在侗族创世史诗中，有《救月亮》的古歌。侗族刺绣背带片上有圆形并带齿状发射纹样被称为月亮花，在《史记·天官书》中，古人将天化为五大区域，列九十一星组，

《史记正义》注中有"婺女四星，亦婺女"，又有"婺女……主布帛裁制、嫁娶"①，如此看来月亮花的周围是婺女的四星，侗家女绣的这幅图案正是指月光下绣着背带花的她们，月亮花和星宿纹形式统一，都采用锁绣完成装饰，如秋高气爽时明月高悬夜空，宁静而恬美的意境，纹样、色彩和内容达到统一和谐的美。

2. 生物信仰服饰的生态分布

在原始时代，人们相信人和某种动物或植物之间保持着某种特殊的关系，甚至认为自己的民族部落起源于某种动物或植物，因而把它视为民族部落的象征和神物加以崇拜。这也是发源于"万物有灵"观念的一种原始宗教信仰。信仰是在自然崇拜的基础上发展起来的，由于生态圈内动植物种类的不同，各民族之间有或多或少相同或完全不同的图腾信仰，有的民族图腾信仰不止一种，他们将崇拜的图腾形象以符号的形式绣制在服饰上，强化了将人们连接在一起的情感纽带，并一代代传承下来。

（1）服饰中的虎崇拜

虎是山林中的猛兽，被称为"百兽之王"，自古以来虎就是勇气和胆魄的象征，用虎作装饰纹样有保佑安宁、辟邪的寓意。虎纹在民间服饰上运用很多，民间喜欢给孩子戴虎头帽、穿虎纹围兜、虎纹肚兜、虎坎肩、虎头鞋。古羌遗裔诸族多崇拜虎，自命"虎族"者不少。同属古羌遗裔的彝、白、纳西、土家、傈僳、普米等民族，都不同程度地保留着崇虎的遗迹。其中，彝、纳西、傈僳等族崇尚黑，以黑虎为图腾，土家族、白族以白虎为图腾。

彝族的传统服饰，男子全身皆着黑色，以黑为贵。古时彝族人被称为"罗罗"，即为虎意，明代《虎荟》卷三载："罗罗——云南蛮人，呼虎为罗罗，老者化为虎"。② 彝族著名民歌《罗哩罗》即是对虎的颂扬。世居滇南红河流域的彝族"纳楼部"有黑虎之意，据纳楼土司后裔说，他们"对虎有一种神秘的观念"，感到"祖先与虎之间有某种内在联系"。祭祖时，必须在祖先的塑像上披一张虎皮，因为传说这位祖先是其母和虎而生，生后尚能人化

---

① 司马迁著，张守节正义，王和、申坚等标点：《史记》，长春：吉林人民出版社，第1030页。

② 陈继儒著：《虎荟》，北京：中华书局，卷三第32页。

虎、虎化人。在彝族地区，女子身围虎形围腰，大约有希望她们的肚腹为虎族多孕虎子或纳入虎族的用意。男人穿绣有老虎图案的衣褂，作为节日庆典的盛装；老人足履虎形鞋，毕节彝族新娘出嫁时要戴绣有虎头纹的面罩，小孩出生时要戴虎帽、围绣有虎纹的肚兜，穿虎形鞋，以表示"虎族又添后代"。

（2）服饰中的龙崇拜

龙纹是中华民族的象征，也是图腾崇拜的产物。中国早在夏族时期，由夏族蛇图腾与羌族等氏族部落的图腾合并而成的龙图腾就已出现。直至夏朝建立，龙图腾在中原地区广泛地传播开来，并与其他的图腾继续合作衍变。直到今天，先民的龙图腾仍然对中华民族具有巨大的影响力。中国人喜欢自称是"龙的传人"，即与古代龙图腾崇拜有关。"龙"被视为中华民族的象征，可以说是古代龙图腾的现代遗存现象之一。

中国南方许多少数民族崇拜龙，龙是人们依据蛇、蜈蚣等虫类形象想象出来的形象，甚至被一些民族将其结合其他动物一起崇拜，广西瑶族人崇敬的狗被冠以了"龙犬"的称谓。至今可以看到瑶族女子服饰上许多似狗非狗的"龙犬"的纹样。瑶族服装整体的表现，自有长尾斑衣的古俗，以仿效五彩龙犬的模样。另外，在广西融水花瑶、龙胜红瑶的女子服饰上，也有龙犬的具体形象，花瑶的挑花更像一条龙，红瑶的龙犬有的在肚子里绣上很多人形，标志着繁衍。

侗族以龙蛇为神灵，并作为本民族的保护神和象征加以崇拜。侗族神话《元祖歌》里说了宜仙、宜美生下六个儿女：龙、蛇、虎、雷、姜良、姜妹，因此龙蛇也是侗族祖先的同胞兄弟。侗族建筑及各种装饰中均有龙蛇图案。清代末年，侗家常有自称为"蛇家"的，可见对龙蛇的崇拜在侗族中影响深远，在服饰绣品上的龙纹是善良、灵巧、可爱的形象，经常被运用在背带盖片、围裙、衣袖、衣襟等明显的部位。

（3）服饰中的鸟崇拜

鸟图腾或鸟崇拜，殷商时期就存在。《诗经》写："天命玄鸟，降而生商。"① 玄鸟由此而被视为喜神。在中国许多少数民族服饰中，有一种叫"百

---

① 孔丘等著：《诗经》，长春：时代文艺出版社2004年版，第698页。

鸟衣"的服饰，衣服全身绣满五彩图案，这些图案基本都是以鸟的造型为主，千姿百态，十分生动。在苗、彝、瑶等少数民族服饰中都有百鸟衣的身影，而且至今都流传着百鸟衣的传说。较有名的如壮族的《百鸟衣》、藏族的《百雀衣》、白族的《百羽衣》、布依族的《九羽衫》、朝鲜族的《鸟羽》、蒙古族的《黄雀衣》等，它们都把服饰作为故事的契机。

贵州以安顺普定一带"花苗"支系的鸟纹为代表，有两种突出造型，其完整的鸟纹，呈几何形状，有长长的尾羽，两翅对称张开作飞翔状，头顶有一对天羽，如孔雀头形状。另一种形态呈平面剪影式，用线条勾画出鸟的形状，多为写意式。这两种鸟纹一般绣在衣背或围腰上。往往是一幅图纹由几组造型神态、形体各异的鸟纹组成。综观苗族刺绣中的鸟纹，均有一个共同特点：着重夸张鸟的啄、爪、翅，缩小鸟的躯干，造型拙朴生动，多以对称纹样处理，整个构图规整及概括，在服装上具有很强的装饰功能。

（4）服饰中的树崇拜

树在人类远古神话中，有时是人攀缘登天，与天对话的天梯；有时是支撑天地不致塌陷的擎天柱。树从地面耸起，直指天空，可寄托人类与天相接、与日相交的理想和愿望。因而，人们选择树作为生命欲求的支撑，让天地沟通，万物有了繁衍生存的空间。

贵州、广西的侗乡属亚热带地区，村寨周围常可见到四季常青、根深叶茂的千年古榕，当地"榕"与"龙"同音，因此榕树又被称为"龙树"，人们喜爱榕树、崇拜榕树，尊之为"生命树"，希望自己的族群都能够如榕树般具有旺盛的生命力，子孙后代像榕树一样根深叶茂。凡体弱多病或生辰八字不吉的孩子，父母担心难以养育，便带他们到村寨的榕树下焚香烧纸，祭拜榕树为父，以后每逢岁时节日，拜过父的孩子都要前来祭拜，并把花纸钱贴在树干上。

侗族的背带盖片上大多绣上榕树纹，盖片的中心是圆形的太阳或月亮纹，四周绣着四株繁茂的榕树纹，多以锁绣技法绣饰枝干，或盘根错节，或挺拔直立、华冠葱茏，布满整个背带盖片，成为生命旺盛的象征。侗族《捉雷公的故事》说，姜良射日时，是沿天梯马桑树登天，射下九个太阳的。天王见马桑树长得太高，地上的人总来找麻烦，就咒道："上天梯，不要高，长到三尺就勾腰。"马桑树干是不长了。绣在侗族背带上的四颗大榕树，显然更具有擎天柱的性质，是侗家现实与理想的精神支柱。

瑶族神话故事里说："人在地下说话，天上也能听得到"。为此，人类设计出可与天地沟通的天梯或撑天树。瑶族有一则神话说：远古时光，天是靠一棵树撑起来的，所以，天地相隔很近，地上的人经常沿着树爬到天上去玩。瑶族服饰纹样中，大树的形象多显示出一种雄伟庄严的孤傲姿态。广西融水地区的瑶族挑花带，带上的树纹很明显，占据很大篇幅来展示其造型，那一组组集中排列的线条形成了树冠的外形，树的顶端和树根处用短线交叉，上下呼应，既有装饰美，又显现其高度，体现出一种独特的表现手法。有的树纹层叠紧密地出现在服饰上，成为他们心中的森林，代表了勃勃生机。

（三）阶层服饰符号的生态学解读

最早的阶层服饰符号可以追溯到旧石器时代，古时猎人用他猎取的多叉鹿角或兽皮装饰自己，作为他战绩的象征。任何宗派或部落的首领通常使用不同的服饰标记来表示他的地位。从那时起，复杂的地位差别发展起来。有些标志更为引人注目，诸如皇帝和皇后的冠冕；用以区别教皇、红衣主教、主教和其他基督教僧侣统治集团的官员长袍等。

但是，还存在更多显示服饰地位象征的微妙的形式。凡勃伦的理论对服饰功能有一个经典的解释："为了发挥有效的功能，我们的服饰不仅应该是贵重的，而且应该便于所有的观察者辨认，那些穿戴者并不从事任何生产劳动……如果不能完全具备，那么整洁而没有瑕疵的衣服也会起到主要的作用，因为它们暗示着一种闲暇。说明穿着者可以免于接触任何生产过程。诱人的漆皮鞋，一尘不染的亚麻布，显赫的圆柱形帽子和手杖。它们大大提高了绅士的天赋尊严，它们直截了当地显示了如此装束的绅士是不会染受任何人类的劳作的。优雅的服饰所显示的优雅，不仅因为它是昂贵的，而且因为它是闲暇的标志。"①

中国元代衣服式样，男女上下区别不大，同名为袍，但是用的材料精粗贵贱，却差别很大。高级官服多用色彩鲜明织金锦，且沿袭金代制度，以花朵大小定品级高低，下级办事人只许用檀褐色罗绢。平民一般禁止用龙凤纹

---

① ［美］索尔斯坦·凡勃伦著，胡伊默译：《有闲阶级论》，北京：中华书局 1934 年版，第 129－130 页。

样，禁止用金，禁止用彩。……至于贵族官僚，必满身红紫细软。帝王更加穷奢极欲，除色彩鲜明组织华丽的纳石失、绿贴可波斯式金锦外，还有外来细毛织物速夫（琐伏）及特别贵重难得的紫貂、银鼠、白狐、玄狐皮毛等，并在衣帽上加金嵌宝，更讲究的是全用大粒珍珠结成。对于平民或其他人，却用种种苛刻禁止法令，穿戴一出范围必受重罚。

《马可·波罗游记》中有记述："对于这个游牧民族而言，最为普遍的是居住的帐篷，也称为蒙古包。而依照身份和官阶的不同，这帐篷的种类也有大小和装饰的华丽与否上的差别。这在志费尼的记述中是清晰可见的，一般豪华的军营帐篷的木格子的框架结构都是由汉人木匠制作的，而帐篷的屋顶一定要用以金丝织成的布料缝制，帐篷的外面则要覆盖上白色的毡子。"[1] 而出行的工具也是区分不同身份人群的重要物品。与汉人社会的以高头大马来区分有身份群体和无身份群体的差别不同，由于游牧民族马匹的普遍，不论男女老幼、贫富贵贱，都可以有自己的一匹坐骑，所以马匹本身不是社会区分的标志物，相反，装饰马匹的饰品则成为一种真实发挥影响力的实际的区分物。还有就是出行的轿子，也是一种不错的用来作社会区分的象征物。比如，患有痛风病的忽必烈就改乘轿子，而这轿子不是人抬的轿子，而是由大象来抬的。这种由大象来抬的轿子可以由一只大象来抬，也可以由两只来抬，多的甚至可以是四只，这种轿子也称"宝盆"，是一种类似凉亭似的建筑，忽必烈就坐卧在这亭子里面。而里面的布垫都是用金丝织就的，四周也是这种金丝布料的装饰，亭子外面则是用狮子皮覆盖。

人类社会中，每个人都被排列在某种威望形式的连续统一体制之中。从生态学的角度来看阶层服饰符号，即一种文化资料的控制与约束，以较为直观的方式来辨别一个人的阶层所属。在美国，社会阶层化建设在一个开放的阶层制度之上，这个制度允许人们从一个阶层向另一个阶层流动。但社会的时尚倡导者通常来自上层社会，因为他们有钱购买时髦服饰，又有社交机会展示他们的服饰。

---

[1] ［伊朗］志费尼著，何高济译：《世界征服者史》，北京：商务印书馆 2004 年版，第262 页。

第三节　服饰工艺与生态材质

一、编制与植物材质

（一）棉花

人们都晓得棉花是服装最重要的原料，从世界上纤维原料生产的数值，也可以证明这一点。在 18 世纪时，羊毛占世界纺织原料第一位（77%），亚麻占第二位（18.5%），棉花占第 3 位（4.5%），直到近现代全世界纺织工业用的纺织原料消费量中，棉纤维稳固占据第一位：棉的比重为 84%，羊毛为 12%，亚麻仅占 4%。如果我们看一下历史，就会发现，古时中国人的服装主要是使用布、帛做成的，那时候的布为麻等纤维，帛是用蚕丝做的。西方人穿着的，大部分是用羊毛做的，一部分是用亚麻和苎麻做的。利用棉花最早的国家应该是印度，印度在公元前 3000 年就已种有棉花了，在公元前 1500 年已经知道利用棉花纺纱织布。实际上虽然种棉花已有 5000 多年的历史，但是直到 18 世纪的后半期，织布机经过多次改进之后，棉花才被人们普遍采用，所以说棉花成为人们最主要的服装原料还是近二三百年。

棉花，就其本性来说是一种多年生木本植物。在热带至今还能找到这种多年生棉花，高达 5 至 6 公尺。通过人类生产活动，棉花可由热带、亚热带栽培到气候比较温和的国家中。在新的条件和长期选择的影响下，便形成了一年生类型的棉花。现在栽培的棉花就是一年生的作物。

棉花属锦葵科，草棉属。草棉属是由很多的种和变种组成的。现在世界上植棉国家所栽培的棉花有 5 个栽培种：陆地棉、海岛棉、秘鲁棉、草棉和木棉。前两种——陆地棉和海岛棉具有极大的经济作用。这两种棉花的各品种都具有工艺品上所用的质量高的纤维，并比其他棉花品种的产量高出许多。陆地棉的各种品种几乎世界各国都栽培，把这些品种引到各国中便挤掉了其他价值较小的品种。

属于陆地棉的棉花，有很大一部分是在中国栽培和育成的。

海岛棉分布不十分广。这种棉花的特点是纤维质量好，埃及和苏丹都栽培这种棉花，美国也占有较小一部分的栽培面积。在俄罗斯和中亚西亚、南高加索有很大面积培养的俄罗斯细纤维品种棉花，属于这一类。

秘鲁棉有很多变种，这种棉花是木本的、多年生类型的棉花。现在在热带、非洲和南美洲栽培有不大的面积。

属于草棉的品种，称亚洲棉。此类棉花种植在中国、伊朗和土耳其。

木棉的特点是棉铃小、产量低、纤维很短。在中国和印度均有栽培。

	陆地棉	海岛棉	秘鲁棉	草棉	木棉
成熟（日）	100~155	150~160	多年生	90日到多年生	90~130
棉铃重（克）	3~12	2.5~4		1~3	1~6
纤维的长度（毫米）	20~42	27~55	纤维短	12~27	15~32
纤维颜色	白色	淡黄色	白色	白色	白色

印度棉花的传播，据历史记载是在公元前320年，亚历山大大帝侵略印度时，带到希腊和小亚细亚、波斯等地区。到第10世纪传到埃及，同时埃及原产的非洲棉（又叫草棉）后又传到世界各地。

1492年，当哥伦布发现新大陆（美洲）的时候，西印度群岛的土人，种棉花已经很普遍。南美的巴西、秘鲁等地，当西班牙人在1500年入侵的时候，也早已普遍种棉花和利用棉花了。从棉花的种植和分布的情形看来，棉花的老家不止印度一个，非洲和美洲的热带地方，也是它的老家。

中国的棉花，是宋代时传进来的，棉花传入的路线有两条：一条从阿拉伯经过中亚细亚及土耳其和波斯的交界地，经陆路传到中国西北的甘肃和陕西等地，这种棉花叫草棉。一条从印度经海陆传到中国的广东和福建等省，这种棉花叫印度棉（现称草棉）。到了宋末元初，棉花已扩展到长江以南各地。以后逐渐向北部扩展，到了清代乾隆年间，华北一带也普遍种上了棉花。陆地棉在1898年从美国传入，现在已经扩展到全国各地，它的重要性已经超过了草棉。

棉花种植业的发展使人类得到一种耐旱、高产的服饰材质，即便在恶劣条件下种植，现代棉作物也能一年一熟地连作，更能利用生态规律与花生、甘薯等作物轮作种植，具有极强的生态性。

（二）麻葛

麻、葛是中国最早的纺织原料作物。中国是麻的故乡，西方把大麻叫作"汉麻"，把苎麻叫作"中国草"。在元明两朝棉花栽培普遍推广以前，麻织品是平民百姓最主要的衣着材料。那时把平民百姓称为"布衣"，这里的布指的就是麻布。葛藤纤维也是古代一种重要的纺织原料。从考古发掘资料判断，中国的麻葛纺织至少已有六七千年以上的历史。北方的大麻栽培和南方的苎麻栽培历史也都在 5000 余年以上。需要强调指出的是，麻纺织和麻的人工栽培在南方和北方是大体同时出现的，其发生是多元的。长江流域和黄河流域同是中华古老文明的摇篮。商周时期还出现了葛的人工栽培。西周时，政府对麻布、葛布的宽度、长度、密度、重量、季节因素的生态影响及其计量单位、标准，都做了明确规定，不符合规定的不能上市和用来纳税，开始了麻布和葛布的规范化生产。到两汉隋唐，麻葛的纺织和印染技术已达到非常高的水平。

大麻，又称火麻、汉麻，是一种一年生草本植物，高可达 2 米左右。雌雄异株，雄株茎秆细长，韧皮纤维产量高，质量好，早熟；雌株茎秆粗壮，韧皮纤维产量和质量较低，但种子可以榨油，晚熟。中国古人很早就认识到大麻这种雌雄异株的特性，把雄麻叫"枲"或夏麻、牡麻，剥取纤维用来纺织；雌麻叫"苴"或秋麻、子麻，除将纤维用于纺织外，还采取种子以供食用，是古代"五谷"或"九谷"之一。

有的学者认为，中国华北是大麻的原产地之一，仰韶时期的纤维作物只能是大麻。但是，大麻的适应性很强，无论炎热或高寒地区都能生长。早在三四千年前，大麻不仅在黄河流域及其以北地区普遍种植，在长江流域和华南地区也有栽培。古代文献中所说的麻，通常都是指大麻。《诗经》中有不少是描写大麻栽培的——艺麻如之何，衡从其亩。这里的"艺"就是"种"，"衡从"同"横纵"，"亩"是播种的垄畦。意思是说，麻要怎么种呢？要纵横成行。西周以来编撰成书的《周礼》中，载有专门管理大麻生产的"典枲"一职。

古代人民对大麻的种植、管理以及雌雄的鉴别、利用，很早就摸索出了一套规律。《吕氏春秋·审时》强调，种大麻要掌握季节，"得时之麻必芒以长，疏节而色阳小本而茎坚厚枲以均"①，是说种植及时的大麻，皮厚实，上下均匀，纤维质量好。西汉《氾胜之书》进一步总结了大麻栽培的经验，认为种得太早，植株坚挺，皮厚实，缺点是节太多，影响纤维质量；但种得太晚，则皮不坚韧。权衡利弊得失，还是宁可早种，不可晚种。至于大麻雌雄株的鉴别，人们则试图从麻籽斑纹的深浅进行探索，发现黑斑的麻籽多为雌麻，并根据不同的需要进行管理和确定收割时间。雄株的收割通常在七月初，即在扬花授粉后进行，而种子用麻则在九月收割。如果只收获纤维，则拔去雌株，只留雄株。这一套遗传和选种的规律，我们的祖先早在一二千年前就完全掌握了，而欧洲人直到 17 世纪尚不知植物的雌雄是怎么一回事。

上古时代，葛也是一种十分重要的纺织材料。葛非麻类植物，它属豆科植物，但其藤茎纤维可作纺织原料。传说中，尧冬天穿的是"麑裘"，夏天穿的是"葛衣"。野生的葛长在气候温暖潮湿的山丘河谷。那时在南北各地山区，到处伸展着蜿蜒缠绕的葛藤，为上古时代的居民提供了丰富葛纤维资源。江苏草鞋山遗址出土的葛藤纤维织物表明，我们的祖先对葛纤维的利用至少有 6000 年以上的历史。商周后又出现了葛的人工栽培。《诗经》中有不少描写葛、采葛的诗句："葛之覃兮，施于中谷""绵绵葛藟，在河之浒""彼采葛兮，一日不见，如三月兮"②，等等。

进入春秋，随着大麻和苎麻种植的不断推广，葛在黄河流域的重要性开始下降，居于次要和补充的地位。在北方平原，服饰、车篷等都用大麻布制作。只是在天旱大麻歉收的情况下，才用葛麻。但在偏僻山区和南方地区，葛的种植仍很普遍。三国时曹植写有"种葛南山下，葛蔓自成荫"③ 的著名诗句。到隋唐时期，社会需求的纺织原料数量越来越大，而葛麻生长较慢，加工困难，才最后为麻类纤维所取代。唐代诗人李白，在《黄葛篇》中用"青烟蔓长条，缭绕几百尺"④ 的诗句来形容葛藤，称赞用葛布做成的衣服，夏天穿着如何凉爽，但是天冷了，就不应再穿，于是诗人感慨"此物已过

①　冀昀主编：《吕氏春秋》，北京：线装书局 2007 年版，第 658 页。
②　孔丘等著：《诗经》，长春：时代文艺出版社 2004 年版，第 134 页。
③　汪超宏编著：《六朝诗歌》，北京：文化艺术出版社 1998 年版，第 35 页。
④　《全唐诗》，北京：中华书局 2013 年版，第 1701 页。

时"。在某些山区，葛麻长时间发挥着自己的作用。唐末诗人鲍溶还用"葛丝绒茸春雪体，深涧择泉清水洗"的诗句，描写南方边疆少数民族妇女山泉制葛的情景。

麻、葛脱胶技术的产生，经历了一个漫长的摸索过程。起初，我们的祖先是用直接剥取的方法取得麻、葛纤维，即用手或石器、蚌壳刮落麻、葛茎藤的表皮，不经脱胶直接利用。这种方法大约在旧石器时代就出现了，进入新石器时代后仍被沿用。浙江河姆渡遗址出土的一些绳头，所用的纤维在显微镜下观察，均呈片状，可能就是用这种方法取得的。直接剥取的方法简单、原始，所获得的纤维粗硬，不易分劈，拈曲度低，搓拈和编织困难，加工的绳索和编织品粗硬、稀疏。这些直接影响对麻、葛纤维的加工和利用。

在某些生态圈内，存在着经过自然脱胶的麻、葛纤维。一些被丢弃的剩余麻葛茎藤、纤维和废旧绳索、编织品，经过长期的日晒雨淋和积水浸沤，因部分脱胶而变得柔软；生长在自然界的麻、葛，也常有倒伏在低洼水地的，由于浸泡和水中各种果胶杆菌的作用，使表皮层和韧皮层的部分胶质脱落，从而使纤维变得松软。用这些纤维搓绳或编织衣料，可以获得更好的效果。人们通过长期的实践，终于发现和认识纤维自然脱胶的作用，逐渐有意识地采用人工浸沤的脱胶方法。新石器时代晚期，长江流域已开始采用这种方法。浙江钱山漾新石器时代遗址出土的麻布片纤维，在显微镜下观察，似乎是经过脱胶处理的。商周时期，黄河流域也盛行浸沤脱胶法，后来又相继发明了煮熟和化学脱胶法。

进入宋代，随着中国经济重心的南移，麻类纤维纺织生产向东部和南方地区集中。黄河中下游流域的河北、河南、山东一带，原来蚕桑生产和麻纺织生产都十分发达，入宋后则明显衰落。其中河北和河南部分地区，蚕桑衰落，但麻纺织生产还有相当基础。而山东一带，桑麻生产都衰落了。苏东坡在《送孙勉》中形容这一变化：桑麻冠东方，一熟天下贱；是时累饥馑，常苦盗贼变。

在长江流域和岭南地区，苎麻和葛麻纺织生产进一步扩大和发展。据《宋史》《太平寰宇记》等文献记载，浙江、福建、江西、湖南、湖北各地都盛产苎布、葛布，是纳贡苎布、葛布的主要地区。其中有的地区是宋代新出现的，如湖北鄂州崇阳，原来农民"唯以植茶为业"①。北宋时，尚书张忠定令县民伐去茶树，改种桑、麻。据说"自此茶园渐少，而桑、麻特盛于鄂、岳之间"②。直到近世，这一带始终是中国苎麻的重要产地。在岭南地区，苎麻、苎布更是重要特产。《宋史·食货志》称："岭外唯产苎麻"③。广西也发展成重要的苎布产地。《宋史·陈尧叟传》载："地利之博者，惟麻、苎尔。"④ 南宋周去非《岭外代答》中也记有："广西触处富有苎麻，触处善织布"⑤。那里所产的苎布，不少是用腰机织成，虽然幅窄，但经久耐用，为消费者所喜爱，其中的柳布、象布，更是"商人贸迁而闻于四方"⑥。南宋时期，由于北方战乱频繁，宋政权偏安一隅，加上北方居民大量南迁，整个南方地区麻、葛纺织生产的发展达到了前所未有的高度。但也就在这一时期，棉花栽培和棉纺织业开始在江南地区兴起和推广，棉布部分取代苎布、葛布而成为人们的重要衣着原料，麻、苎纺织业在社会经济和人们生活中的地位开始下降了。

元代以后，尤其是进入明代，随着棉花栽培的普遍推广和棉纺织业的迅猛发展，棉纺织品取代丝、麻，成为人们主要的衣着材料，麻类作物的种植和麻、葛纺织生产的重要性下降，但它并没有退出历史舞台。相反，麻纺织在全国许多地区一直普遍存在，在长江流域和岭南地区还有所发展。在某些地区，绩麻织布一直是妇女的主要职业，麻布、苎布、葛布、蕉布等麻类纺织品是当地的重要特产。

二、纺织、缝制与动物材质

（一）蚕丝

古代史籍中有许多关于蚕丝业起源的记载。例如，《皇图要览》载："伏羲化蚕。"《通鉴外纪》载："太昊伏羲氏化蚕桑为穗帛。"《史记·黄帝内传》载："黄帝斩蚩尤，蚕神献丝，积织纴之功。"《史记·帝王本纪》载，黄帝

---

① 沈括著：《梦溪笔谈》，长春：吉林大学出版社 2011 年版，第 397 页。
② 沈括著：《梦溪笔谈》，长春：吉林大学出版社 2011 年版，第 397 页。
③ 梁太济包伟民著：《宋史食货志补正》，北京：中华书局 2008 年版，第 156 页。
④ 《二十五史·卷十·宋史（下）》，北京：中国文史出版社 2003 年版，第 1566 页。
⑤ 周去非著，屠友祥校注：《岭外代答》，上海：上海远东出版社 1996 年版，第 127 页。
⑥ 周去非著，屠友祥校注：《岭外代答》，上海：上海远东出版社 1996 年版，第 127 页。

"时播百谷草木，淳化鸟兽虫蛾"。李白诗云："蚕丛及鱼凫，开国何茫然，尔来四万八千岁，不与秦塞通人烟。"虽不可靠，但可见年代之早。

到商代，甲骨文中已有桑、蚕、丝、帛等字，并有祭祀蚕事的记述。说明那时养蚕已成为重要的生产事业，是社会生活中的大事。"帝躬耕，后亲蚕"成为周代天子的大礼。连孟子都劝课蚕桑："五亩之宅，树之以桑，五十者可以衣帛也。"荀子则赞颂发明养蚕缫丝是"功被天下，为万世文"。

蚕是节肢动物的一种昆虫，是千万年来由低级动物进化而来，但在 3 世纪时，中国的好事者根据蚕的头胸部与马头略似这一点，编造了一则蚕由马变来的故事。在以后的时代里，把蚕与马的关系紧紧地联系在一起，养蚕前祈求"马头娘"赐予好的收成，马头娘的形象是一个披着马皮的马头女子；认为蚕与马是同一血统的，马病要用蚕来医治等。

在民间，人们对"马头娘"寄予深切的怀念。多少年来，每到育蚕季节，蚕农们为了取得蚕茧丰收，都要到庙中"蚕女"神像前烧香朝拜默祷，称"蚕祈"。在四川省的绵竹、什邡、绵阳等县的寺庙之中，都塑有身披马皮的"蚕女"神像以之纪念。（见图 10－8）

图 10－8　中国古代身披马皮的"蚕女"传说形象

中国与东方和南方的一些国家相邻，相互的交往也很久远，中国蚕业技术的传入也较早。至于西方各国，则在中国往西方的丝绸之路开通以后的很长一段时间后，才开始从中国引进养蚕技术，先从中亚、西亚，逐步扩向地中海沿岸的一些欧洲国家，不少国家以养蚕作为经济收入的主要来源之一，曾出现过黄金时代。

对朝鲜，公元前 12 世纪一批中国人迁徙到朝鲜，带去了养蚕技术。公元前 3 世纪，又有一批中国人去朝鲜定居，帮助发展蚕业。至公元前 2 世纪至 1 世纪之间，朝鲜半岛南部已普遍发展了蚕业。

日本历史记载，早在中国养蚕技术传入以前，当地已经能够织出名贵的丝绸，但日本蚕织技术的发展，在很大程度上是受公元前 3 世纪至 2 世纪中国华北和华东人民前往传授的影响。直至 19 世纪以前，日本还不断派人至中国学习技术和收集桑、蚕品种资源。在 19 世纪，重点吸收欧洲蚕业实验科学的成就而加以发展，日本后来成为蚕业技术达到高水平的国家。

公元 3 世纪，中国养蚕技术传到缅甸和泰国，并由泰国传到柬埔寨。6 世纪传到老挝。

西方各国，公元 4 世纪传到中亚各加盟共和国、阿富汗、伊朗和伊拉克，6 世纪转由伊拉克传到土耳其、叙利亚、保加利亚、希腊和意大利。7 世纪由伊拉克传到埃及。8 世纪由意大利传到西班牙，15 世纪由意大利传到法国。

中国是世界上最早发明养蚕的国家，许多国家的蚕业发展，都受到中国技术的影响，而后再与本国的蚕业科技融合为本国的蚕业技术，有的又反馈到中国来，相互促进世界蚕业的发展。但也不排除有些国家有独立起源的可能，如印度，至少可说，它很少受到中国蚕业技术的影响，留待我们进一步研究。

蚕丝，又叫绢丝或茧丝，一般指蚕体内合成、分泌并吐出来的蛋白质纤维。以生产蚕茧取丝为目的的繁殖、饲养的蚕类主要有家蚕、天蚕、柞蚕、塔色蚕、姆珈蚕、蓖麻蚕等。它们吐的丝虽然都是蛋白质纤维，但各种蚕丝的物理、化学结构与特性有明显的差别，从而为人类生活提供风韵各异的美丽多彩的丝绸织物。

家蚕是寡食性昆虫，以桑叶为主要饲料。家蚕也能取食柘、莴苣等少数桑科或菊科植物叶。依蚕的品种不同，也有能吃甘蓝叶、甜菜叶甚至苹果、柿皮的。家蚕实用品种有结白色茧和黄色茧或黄绿色茧的。家蚕丝亦有银白色的白茧丝和金黄色的黄茧丝。前者多产于中国、日本、韩国、巴西等地，后者多产于印度、越南、泰国等地。

柞蚕和天蚕主要以山毛榉科的栎属植物叶为食，也能取食栗属、柳属植物叶。柞蚕结淡褐色大茧，柞蚕丝也呈淡褐色。新近育成白茧品种其丝亦白。

柞蚕主要分布在中国东北、中原、华南、西南。天蚕结绿色茧，在室内饲育的结黄绿色茧。天蚕主要分布在中国东北、山东、河南、贵州、广西等地，近年人工饲养试验多在东北、华北及长江流域。天蚕丝亦呈淡绿色，甚为名贵。近代日本亦有饲养，用其丝制作高级领带。

塔色蚕主要分布在印度的比哈尔、马迪亚、奥里萨邦等热带地区。主要饲料植物是君子科榄仁树属的三果木、龙脑香科的娑罗树等。此外还能取食30多种其他植物叶，如千屈菜科的紫薇、鼠李科的无刺枣等。塔色蚕茧有黄色及灰色，有粗的茧柄，茧大而硬。

姆珈蚕主要分布在印度高温多雨的阿萨姆邦一带，几乎都放养在天然饲料林或栽培饲料林。主要饲料植物是樟科楠木属的润楠和木姜子属的植物。姆珈蚕结褐色茧，手缫丝金黄色，用以织莎丽等。

蓖麻蚕主要分布在印度阿萨姆邦，以后经引种到世界各地多有饲养。蓖麻蚕通常以大戟科植物蓖麻叶为主要饲料，同时也以樗、木薯、马桑等植物叶为食。蓖麻蚕茧和丝呈白色稍带淡褐色。蓖麻蚕茧有孔，不能缫丝，主要作绢纺纤维用。

除上述几种大批量人工饲养以产茧取丝的蚕之外，还有许多自然栖生的野生绢丝昆虫能分泌绢丝作茧，它们的丝各有特色，有待人们去利用。

（二）动物毛

纺织生产起源于原始社会初期阶段，以过去积累下来的经验作为基础利用纤维制作衣服。最初的纤维材料是出产在亚洲、欧洲、阿尔卑斯山和多瑙河附近区域、地中海区域和俄罗斯南部地区的野生蓖麻、亚麻和大麻。在同一时代里，人类已经学会使用绵羊毛和山羊毛制造衣服。

从服饰生态学的角度来看，凡具有纺纱性能的哺乳动物身上的毛被都称为毛。毛被有时也成为发被。就其成形来说，发与毛之间在生物本质上并没有界线。但在服饰文化学上"毛"与"发"这两个术语是有区别的。凡已失去毛的性质的那些死毛、干枯毛与狗毛等一类的对服饰无甚作用的纤维，以及一般粗短而可纺性很低，甚至根本缺乏可纺性的纤维称为发，以此与毛进行区分。

人类的服饰生产对于来自各种动物的纤维需求量很大，其中以羊毛最具代表性。早期品种绵羊的羊毛，其颜色并不是现在羊毛所呈现的灰白色，而是呈褐色的。羊毛的外层是粗糙的毛发（粗毛），内层是细绒毛，粗毛和细绒毛都是每年剪一次。早期人们驯养绵羊并不是为了它们的毛，而是把羊当作食物和皮革的来源。因为天然纤维的生物降解作用，古代织物的样品没有保存到现在，所以我们并不清楚羊毛是从什么时候开始作为织物材料的，但是考古学发现，最早来自动物纤维的织物可能是一块毛毡。

羊毛是根据它的纤维直径和长度进行分类的。美利奴羊是最重要的细毛羊品种，起源于中世纪的西班牙。这个品种如此珍贵以至于在 18 世纪之前不允许出口。后来美利奴羊被引入其他国家，这其中最主要的地区是澳大利亚，在那里绵羊的品种经过逐渐改良，产出的羊毛广受赞誉，具有优越的细度、长度、染色性能、光泽和卷曲度。

在中国明代宋应星所著《天工开物》中记载："凡绵羊有二种，一曰蓑衣羊，剪其毳为毡、为绒片，帽袜遍天下，胥此出焉。古者西域羊未入中国，作褐为贱者服，亦以其毛为之。褐有粗而无精，今日粗褐亦间出此羊之身。此种自徐、淮以北州郡无不繁生。南方惟湖郡饲畜绵羊，一岁三剪毛（夏季稀革不生）。每羊一只，岁得绒袜料三双。生羔牝牡合数得二羔，故北方家畜绵羊百只，则岁入计百金云。一种矞羊（番语），唐末始自西域传来，外毛不甚蓑长，内毳细软，取织绒褐，秦人名曰山羊，以别于绵羊。此种先自西域传入临洮，今兰州独盛，故褐之细者皆出兰州。一曰兰绒，番语谓之孤古绒，从其初号也。山羊毳绒亦分两等，一曰绒，用梳栉抬下，打线织帛，曰褐子、把子诸名色。一曰拔绒，乃毳毛精细者，以两指甲逐茎抒下，打线织绒褐。此褐织成，揩面如丝帛滑腻。每人穷日之力打线只得一钱重，费半载工夫方成匹帛之料。若绒打线，日多拔绒数倍。凡打褐绒线，冶铅为锤，坠于绪端，两手宛转搓成。"[①]。由此可知，早在唐末西方羊毛便由西域传入中国，纺造衣料的精巧工艺，已能利用羊细柔的内层绒毛，制造出精致的像"丝帛"一样的呢绒了。

（三）动物皮革工艺

人类为了生存，袭击所能制伏的其他动物，"食其肉，衣其皮"，从那时起，动物的毛皮就与人类生活息息相关，可以说没有了动物毛皮，人类生活

---

① 宋应星著，夏于泉郭超编：《天工开物》，北京：蓝天出版社 1999 年版，第 32－33 页。

就将无法想象。最初，人类是本能地将动物毛皮披在身上以抵御寒冷，后来制成衣服，皮装成为人类服装史的起源，皮革成为人类服装材料史上最早使用的原材料之一。

在北欧地区，旧石器时代的原始人曾经拓殖过北方的冻原，但他们并不是将皮毛随意地披在肩头，而是身穿用兽皮精心缝制的衣服。已知最早的带眼骨针是在公元前 2 万年的考古遗址上发现的。其他发现也足以证明，制作带眼骨针是为了缝制衣服。1964 年，在俄罗斯松吉尔的 3 座男子坟墓周围发现了变色土壤、串珠及其他饰物图案，考古学家据此推论，那些居住者是在戴上帽子，穿上衬衣、裤子和皮制软帮鞋之后入葬的。在西伯利亚南部布雷特同一时期的遗址上发现过一尊猛犸骨小雕像，雕像上的一个人穿着一套与爱斯基摩传统服装十分相像的皮衣。一直到石器时代晚期。从公元前 7 世纪晚期土耳其史前城镇恰塔尔许于克的墙画上，可以看到男人们身披粉色豹皮，帽子也是用同一种材料做成的。

中国是人类文明发祥地之一，在皮革的制作与使用方面，中华民族的先祖创造出了光辉、灿烂的文化。

中国使用皮革很早，从目前可以找到的史料和出土文物中可以证明。旧石器时代的周口店山顶洞人、山西朔县峙峪人和河北阳原虎头梁人等遗址发现的用各种兽骨磨制成的骨针，表明当时的人们已经能够缝制皮衣了。而且在中国最古老的文字甲骨文和金文中，可以找到"裘"字，说明那时已经有了毛皮的生产。西汉的手工艺专著《周礼·考工记》中也有对皮革工的记述。清朝末年，在河南安阳出土的铜鼎上赫然刻有"革"字。

清代鼎盛时期，贵族阶层穿戴裘服成为风尚，也刺激了皮革成农业的迅猛发展，提升了裘服的制作工艺水平。曹雪芹在《红楼梦》中对眷属们裘服的穿着进行了细致的描写——王熙凤"家常穿着紫貂昭君裙"，"石青缂丝灰鼠披风，大红洋绉面银鼠皮裙"；林黛玉"换上掐金挖云红香羊皮小靴，罩了一件大红羽绉面白狐狸皮的鹤氅"；史湘云"穿着贾母给她的一件貂鼠脑袋面子……大毛黑灰鼠里子，里外发烧大褂子，头上戴着一顶挖云鹅黄片金里子大红猩猩毡昭君套，又围着大貂鼠风领"，里面还"穿着一件半新的靠色三厢领袖秋香色盘金五色绣龙窄褃小袖掩银鼠短袄，里面短短的一件水红妆缎狐欹褶子，腰里紧紧束着一条蝴蝶结子长穗五色宫绦，脚下也穿着麂皮小靴"。① 史湘云的装束几乎都是裘皮或皮革，类似的描述还有很多。

三、佩饰与矿物材质

（一）原始佩饰

自古以来，人们在不断收集各种迷人的贝壳和卵石，用它们制作项链。但是，到公元前 3 万年的石器时代，欧亚大陆的原始人已经远远地超越了这一阶段。从这一时期起，男人与女人的坟墓中常常随葬大量的装饰品，其中包括用焙干的黏土做成的垂饰、用兽牙做成的项链以及装饰精美的猛犸象牙手镯、项链和垂饰。

直至石器时代晚期，佩饰工艺的技术更加出色。公元前 6000 年，中东地区的工匠们开始在黑曜岩薄片上钻孔，制作串珠。20 世纪 60 年代，詹姆斯·梅拉尔特在发掘早期都市遗址恰塔尔许于克时曾大为惊叹，他问道：他们怎么能够在石串珠上钻出只有现代细钢针才能钻透的微孔？在伊拉克北部阿帕基亚赫发现的华贵项链已有 7000 年历史，其中便有用磨光的黑曜岩做成的类似串珠。

（二）金属佩饰

在阿帕基亚赫项链开始成为随葬品的时候，人类就已开始采取试验性步骤，以发展冶金技术。最初，人类用"天然铜"打造串珠、针和鱼钩；直到后来才开始熔化这种矿石。在很长一段时期内，考古学家们一直认为，这类早期金属加工实验规模很小。因此，20 世纪 70 年代，在保加利亚黑海沿岸的瓦尔纳墓地——公元前 5000 年后半期的一处遗址——发现黄金首饰后，他们曾为其数量之多而大感震惊。瓦尔纳的黄金从当地几条河中掏出，熔炼之后打造成各种形状，其中最具色情意味的是面部饰物和生殖器饰物。在 4 座随葬品最为丰富的坟墓中共发掘出 2200 件金器。有个男子在下葬时戴了 3 根项链，每只胳膊上各套 3 只大臂环，别着两只耳环、6 只小发环和若干曾缝在衣服上的圆片，这些全部为纯金材质。

20 世纪 20 年代，伦纳德·伍利爵士在伊拉克南部苏美尔古城乌尔的神秘

① 曹雪芹著，温皓然续：《红楼梦》，北京：九州出版社 2013 年版，第 411 页。

"死亡坑"中发现了古代世界最为出名的黄金首饰。公元前 2500 年前后，一系列君主在这里安葬，其陵墓的华美程度令人惊叹——随葬品中不但有他们的珍宝，而且还包括无数侍从人员的遗体，这些人喝下毒药，以陪伴他们的君主进入来世。他们之中有许多人戴着束发带——与当今阿拉伯人所戴的很相像，束发带的前面悬挂 3 个大串珠，后面垂着一条金链，大概起固定束发带的作用。女人佩戴的首饰十分精美，数量也较多，其中有用金

图 10 - 9　苏美尔古城乌尔出土的黄金首饰

花与金叶做成的头饰、新月形大耳环、短项链和用来固定披风的长衣针。女王普·阿比的陵墓最为豪华，其遗体上半身被一层用金、银、天青石、光玉髓、玛瑙和玉髓做成的串珠所覆盖，她还戴着大耳环和一顶精美绝伦的王冠，上面的 3 个金花环连在 3 根用天青石和光玉髓做成的串珠上。（见图 10 - 9）

（三）天然宝石工艺

在中国人的眼里，玉石远比黄金更珍贵。20 世纪末 21 世纪初，在中国东北的辽宁省出土了一系列精美绝伦的小型雕刻，造型为龟、鸟和各类神话异兽，其年代约在公元前 3000 年，从而把玉雕的历史向前推移了大约 500 年。宝石工艺的发展也是开辟丝绸之路的重要原因之一。中国辽宁的古代工匠至少需要西行 1600 公里，才能到达最近的玉石产地。

从阿富汗遗址蒙迪加克出土的古代遗物了解到，早在公元前 4000 年至公元前 3500 年，这里已经开始用天青石制作串珠。到公元前 3000 年，在整个中东地区，天青石已成为受欢迎的首饰镶嵌材料。要想到达伊拉克南部获取天青石矿石，翻越山脉和沙漠走直线，需跋涉 2200 公里，如沿可行的道路前行，则要多走一倍的路程。甚至在更远的地方也进行过这类交易活动，在公元前 3000 年的埃及遗址上就发现过相关的证据。

（四）人造宝石工艺

罗马哲学家塞内加曾报告说，罗马有多家致力于人造宝石生产的完整工

厂。人造宝石业显然是一个获利颇丰的行业。罗马帝国的珠宝商们尤其擅长用特制的有色玻璃仿造祖母绿宝石。

实际上，公元前 3000 年的埃及人在玻璃制造方面所进行的最早实验是仿造稀有宝石以制作串珠项链。埃及蓝是一种仿天青石宝石，呈湛蓝色。公元前 1500 年后，这种人造宝石已广泛用于串珠、镶嵌首饰，乃至墙壁和天花板的装饰附件。它是由古希腊的迈锡尼人发明的，在宫殿中作为一种装饰手段和首饰制作材料而广泛使用。

四、传统印染工艺的生态特性

根据英国染料和染色家协会给出的定义，天然染料是指从植物、动物或矿产资源中获得的、很少或没有经过化学加工的染料。人们根据天然染料的来源，将其分别命名为植物染料、动物染料和矿物染料，其中以植物染料，即草木染为主，矿物染料和动物染料比例较少。中国是世界上最早在织物上使用植物染料染色的国家之一。

合成染料自 1856 年诞生以来，由于其色谱齐全、色泽鲜艳、耐洗耐晒、价格便宜等诸多优点，逐渐替代了天然染料成为纺织品染色的主要着色物质。但随着人类对自然环境和服装材质生态性的重视，天然染料以无毒、无害、无污染的特点重新受到关注，同时，天然染料的染色产品色彩独特、别致，迎合了人们追求个性化、多样化的心理，兼之部分天然染料兼具保健功能的特点，使得天然染料在现代服饰上重获新生。

（一）草木染

植物染料及其染色工艺的发展史就是一部人类文明进化的历史。早在 1.5 万年前，北京周口店人用于涂绘居住山洞的颜料以及人类用于涂饰各种佩戴在身上的装饰品、原始部落文面文身的颜料都是矿物颜料，后来人类懂得将蚕丝、树皮、羊毛捻成线、织成布后，又将涂于身体、饰物的颜料研磨成粉状，涂染在织物上，从此便开始了纺织品着色的历史。湖南长沙马王堆汉墓中就发现有整面用朱砂染色的织物。因为矿物颜料产量少，所以植物染料因可以大量种植而盛行起来。

植物染料是中国古代染色工艺的主流。早在 4500 多年前的黄帝时期，人们就开始利用植物的汁液染色。夏代，人们已经开始种植植物染料——

蓝草；到了周代，周王祭祀先帝时就穿着栀子染的黄色祭服，民间已有专门的染匠从事丝帛染色，可见中国植物染色历史之悠久。从公元前 20 世纪开始，中国人已经能够利用多种植物染出黄、红、蓝、绿、紫、黑色。黄色使用地黄、黄栌，红色使用茜草，蓝色使用蓝草，绿色使用荩草，紫色使用紫草，黑色使用皂斗等。在北魏农学家贾思勰所著的《齐民要术》卷五中，详细记载了多种植物染料的提炼方法，如"杀红花法""造靛法"等。1972 年，中国湖南长沙马王堆古墓中出土的西汉服饰和丝织品，发现所用色线颜色多达 36 种，而且颜色清晰，可见中国古代植物染料种类丰富。秦以后的各个时期，人们生产和消费的植物染料数量越来越大，明清时期除满足中国自己需要外，开始大量出口，中国染料和染成的织物通过海上丝绸之路运往欧洲。

在诸多的植物染料中，蓝草是应用最广泛的一种，中国民间的蓝印花布、蓝扎染布、蓝蜡染布直流传至今。今天在云南、贵州等少数民族地区仍保留着传统的植物染色技艺，成为当地一道独特的风景。蓝草从夏代开始种植，到春秋战国时期，人们已经掌握靛蓝染料的使用方法。明代，中国各地均盛行蓝草的种植，蓝草成为当地的主要生产作物。在贾思勰所著的《齐民要术》、宋应星所著的《天工开物》以及李时珍的《本草纲目》等著作中都详细记载了蓝草的种植、造靛和染色工艺。明清时期，中国植物染料应用技术已经达到了相当高的水平，在 19 世纪化学染料出现前，植物染色已经风靡全国。

（二）石染

商周时期，曾利用多种矿物染料给服装着色，并把这样的方法称为石染。

赤铁矿，又名赭石，主要的成分是三氧化二铁，呈暗红色，在自然界分布很广，被利用的历史最早。赭石作为衣服的着色材料也有着很长的历史，由于其色泽黯淡，以致后来成为囚犯的标识。

第二种红色矿物颜料是朱砂。中国古代利用朱砂的历史非常久远，出土的商周时期的染色织物中，用朱砂涂染的实物很多，如故宫博物院收藏的商代玉戈，正反两面均留有麻布、平纹绢等织物痕迹，并渗有朱砂。北京琉璃河西周早期墓葬中有一个铜器上有织物印痕。织物已经完全消失，但印痕上有均匀的一层朱砂，显然是原来涂在织物上的。除上述两件印痕外，陕西岐

山贺家村西周墓出土的丝绸遗物，也有染着朱砂的痕迹，经光谱分析，证实丝绸上的红色物质是汞化合物。（见图10-10）

图 10-10　石染所用的天然朱砂

第四节　古代化妆与生态取材

一、矿物取材

化妆与服装发展一样，也具有悠久的历史。最早使用化妆品的考古证据来自两河流域。伊拉克南部古代苏美尔的女子在眼睛周围涂上眼圈粉（用锑矿石或方铅矿石制成），让眼睛显得更大，这种做法至今依然常见。

古代埃及人更相信化妆品。我们从埃及陵墓绘画上可以看到，古埃及人通常都把黑色眼圈粉和绿色天青石或孔雀石粉当眼睑膏使用。著名的埃及艳后克娄巴特拉用睫毛膏染眉毛和睫毛，并将上眼睑和下眼睑分别染成蓝色和尼罗绿色。配制化妆品的原料被做成小块，放入皮袋或亚麻布袋中，并在一块调色板上研磨成细沫，然后用润湿的木头、象牙、白银、玻璃或青铜小棒涂抹。在公元前4000年建造的古埃及贵族坟墓中，常能发现包括这些物品以及研磨用的调色板在内的成套美容用品。

以白铅作为面霜最早是始于古印度河谷文明，在这一时期的都市遗迹中，已发现了此类块状化妆品。类似的配方最终从英国跨越整个欧洲传入中国。这种毒性很强的矿物磨粉一直被使用在希腊和罗马女性妆容上。

在古代欧洲，白铅之所以受到欢迎，一个重要的原因是，白铅在尼禄皇帝之妻波帕雅非凡的化妆品中，占据着核心的地位。她雇用了多达100名女侍为自己美容。每天夜里，波帕雅都敷上用粗豆粉做成的面膜，到早上洗驴奶浴时再将它洗掉。但这种方法所产生的不良后果使皇后无比烦恼，因为她要用白垩和有毒的白铅面霜敷满全身。她用红色油彩涂抹面颊和嘴唇，再用黑锑染眼睑、睫毛和眉毛，用掺有油脂的神秘物质染指甲，用蓝色油彩染血管。在此之前，她用脱毛霜去除多余的体毛，用豆粉膏和柠檬汁掩盖雀斑，用浮石粉增白牙齿，用大麦面和黄油消除丘疹，用日耳曼肥皂洗头发。显然，如此繁复的过程需要大量的时间和精力，其中耗费的金钱就更不用说了。

中国古代铅粉又名解锡、鲜锡、粉锡、铅华、胡粉、淀粉、瓦粉、光粉、白粉、水粉、官粉，它是用铅化解后调以豆粉和蛤粉而成。中国古代一度铅锡不分，称铅为"黑锡"。

中国很早就有制造铅粉的记载，晋张华《博物志》称：纣烧铅作粉，谓之胡粉，即铅粉也。商纣时，已有铅制酒器，而当时酿造业已能造酒制醋，铅制酒器在盛放这类物质时，与其中的醋酸接触，就可生成碱性碳酸铅，故当时制造使用铅粉是很有可能的。

这种铅粉的具体制造方法在李时珍《本草纲目》中记载如下："铅百斤，熔化、削成薄片，卷作筒，安木瓶内，瓶下瓶中各安醋一瓶，外以盐泥固济，纸封瓶缝。安火四两，养之七日，铅片皆生霜粉，扫入水缸中，依旧封养，次次如此，铅尽为度。"①《墨子》中记"禹造粉"②，指的就是制作铅粉。这些都说明在商周前后中国古人已经能制造铅粉了。作为佐证，商代墓葬出土文物中多有铅齿、铅爵、铅觚、铅戈等器物，西周时制造的铅戈含铅量达到97.5%，更证明了冶炼金属铅的技术已经逐渐成熟。

铅粉敷面，有较强的附着力。《齐民要术》作紫粉法中配有一定比例的铅粉，并解释说"不著胡粉，不着人面"③，即不掺入铅粉，就不容易使紫粉牢固地附着于人的脸面。另外，把一定量的铅粉掺入米粉中，又有使后者保持

① 李时珍著：《本草纲目》，哈尔滨：黑龙江科学技术出版社2012年版，第166页。
② 墨翟著，吴毓江撰：《墨子校注》，北京：中华书局2006年版，第983页。
③ 贾思勰著，石声汉校释：《齐民要术今释》，北京：中华书局2009年版，第467页。

松散，防止黏结的作用。

二、植物取材

（一）米粉

中国古代最常用的粉饰是米粉。《释名》中记："粉，分也。研米使分散也。"关于米粉的制作，北魏贾思勰有着详尽的记述。首先选取上等的米做原料，"粱米第一，粟米第二"[1]，米必须是同一品种，不能混入其他。除去杂质，碎米后研细，置入木槽，加水，脚踏淘洗 10 遍至水清，将淘净的粉米盛入大瓮，灌足水浸泡。春秋季一个月，夏季 20 天，冬季则要 60 天。中间不换水，沤久发臭更好。粉质会更滑腻。届时，换上新水，搅拌淘洗，去尽酸气，取出研磨。磨细的粉边浇水边搅拌，接取白色汁液，装入绢袋过滤，滤出的汁水放到别的瓮内。然后再精研细磨，浇水接汁，重复前一道工序。接着，把汁液盛在瓮内，以一种叫"把子"的农具长时间地拂拍渗透。使其淀澄，去掉粉层上的清水，把粉汁置于大盆中，用木杖顺同一方向搅转三百圈，盖瓮防尘污。待澄积清净，以杓轻缓地舀去上清液，用三层布贴在粉层上，布上撒布谷糠，糠上置灰。灰湿就换上干灰，直至灰不再湿为止。然后除去布层，削去粗自无光润的表层粉。余下白而光润的部分称为"粉英"，在晴好无风的天气，摊于床箔，用刀薄削并曝晒干透，再用手反复揉搓以至滑润，并存放起来。

（二）胭脂

胭脂，是中国古代妇女染颊的主要化妆品，通常由红蓝研磨而成。从汉初传入中原以来，至西晋已在北方广泛种植。至南北朝时，已有一套完整的种植、加工程序。徐陵的《玉春新咏》里诗："北地胭脂边开两靥"，正是说当时北地种植红蓝的兴盛。

除了红蓝，苏木、山花、石榴、玫瑰同样可以作为胭脂的原料。《中华古今注》记："苏方木出扶南林邑，外国取细破煮之，以染色。"[2] 这是一种豆科的常绿乔木。生长于亚洲热带区域和中国南方。崔豹所说的"扶南"是现

---

[1] 贾思勰著：《齐民要术》（上），北京：中华书局 2009 年版，第 467 页。

[2] 崔豹撰：《古今注·中华古今注·苏氏演义》，北京：商务印书馆 1956 年版，第 22 页。

在柬埔寨的半岛古国。当时，扶南国人将苏木切成薄片，煮取红色素，以染物妆红。中国后来吸取此法制作胭脂。

唐段公路《北户录》记："山花丛生，端州山崦间多有之。其叶类兰，其花似蓼，抽穗长二三寸，作青白色，正月开。土人采含苞者卖之，用为燕支粉，或持染绢帛，其红不下蓝花。"[①] 端州即现今广东肇庆一带，其山岩间有种丛生的植物，名叫"山花"，叶似兰狭长，花淡红如蓼，正月开花用作胭脂粉，不论作胭脂还是染料，其色泽红艳可与红蓝制作的产品媲美。

清代妇女常以玫瑰制作胭脂。尤其是宫廷后妃所用的胭脂，在选料时极其讲究。须由极具经验的太监精心选择色泽纯正统一的花瓣，其余全部摒弃，单这一工序耗费便十分惊人。精选后的花瓣放入洁净的石臼，慢慢研磨成浆，又用细纱滤去杂质，成为极明净的花汁。然后去当年新缲的白蚕丝浸入花汁，五六天后取出，再晾晒三四日，待干透便予以贮存。

除去植物类原料外，古人还用一种动物类原料紫矿来做胭脂。李时珍曾提及："紫矿出南番，乃细虫为蚁虱缘树枝造成……今吴人用造胭脂。"所谓"紫矿"实际上是一种细如蚁虱的昆虫——紫胶虫的分泌物。此虫产于中国云南、西藏、台湾及南亚等地，寄生于多种树木，其分泌物天然紫红，状如树脂，用途极广。据说，以它为原料的染色剂品质极佳，制成胭脂想必也属上品。

（三）香水

远在公元前 2900 年前，在埃及亡故者的墓葬中往往要随葬数只香油坛。这些早期香水的性质至今仍是不解之谜，但我们确实了解到，在 1000 年之后，埃及人曾涉险远行，寻找香水。乳香是一种从小树树皮切口中渗出的芳香树胶，产自阿拉伯半岛的南部沿海和东非。历代法老曾频频派遣考察队前往这一地区，专事乳香输入。公元前 15 世纪，哈特谢普苏特女王派遣舰队，沿古埃及的苏伊士运河航行，从彭特带回整棵的乳香树。这些树种植在专门辟出的园地上，但显然未能成活。

在埃及，香水和用来涂抹身体的油膏是在神庙内部的实验室中制作的。伊德富的何露斯神庙由托勒密三世于公元前 237 年始建，庙内的一个房间便

---

① 段公路纂：《北户录》，北京：中华书局，1985 年版，第 63 页。

是香水实验室，里面几乎见不到一丝光线，四面墙壁上的无数铭文对香水和宗教礼仪用油膏的制作方式作了清楚的说明。在那里，最清淡的香水要花6个月时间才能制成。巴拉诺香水是最有名的埃及香水之一，产于地处尼罗河三角洲的孟德斯城，并从那里出口到罗马。巴拉诺树又称"假香脂树"，将其果实中的果仁压碎出油，再与没药和松香混合起来，即可制成巴拉诺香水。

三、动物取材

（一）花钿

花钿，也叫面花，是一种可以粘贴在脸部上的薄型饰物。关于花钿的起源众说纷纭——有《妆台记》中的：落花于面，三日不去，也有《酉阳杂俎》所述：起自昭容上官氏，以掩点迹。

花钿在古代是和脂粉一类物品一起放在小铺子里售卖的，南宋周密《武林旧事》小经纪一栏内列有"面花儿""画眉七香丸""钗朵""牙梳"等等。但是，除市售的花钿外，许多妇女常常乐意自己动手制作。《清异录》记：蜻蜓翅翼，翠薄透明，涂染诸色，轻薄玲珑，新奇别致，自然大受青睐。于是有人见机仿作，拿来向游玩的仕女出售，大发利市。又宋太宗淳化年间，京师里巷妇女竞相剪黑光纸作团靥，还有用鱼鳃里的小骨制成面饰，称为"鱼媚子"。到了辽国统治北方地区时，东北地区的契丹妇女喜用鱼鳔制成鱼形的面花，所谓鱼鳔，是鱼体内用来调节浮沉、辅助呼吸的狭长形气囊，俗称"鱼泡"。契丹妇女所用鱼鳔取自鲟、鳇一类的大鱼身上，这类鱼体型巨大，前者可达三米，后者可达五米。所以被称为"牛鱼"。其鱼鳔既可制面花，但更多的是用作炼鳔胶。

（二）脂类护肤品

对于古人说来，保护肌肤毛发最直接同时也是最初的原因恐怕是基于健康的需要。早在蛮荒时代，人类为了防止烈日寒风和各种昆虫叮咬，逐渐学会了用泥沙以至动植物油脂涂抹皮肤的保护方法。这一点，已为近代人类学研究和考古资料所证明。德国著名的人类学家利普斯在《事物的起源》一书中，就曾记述了非洲、澳洲和世界其他地方一些土著部落使用油脂等护肤品，以及旧石器时代人类墓葬和遗址中发现大量混有颜料的油脂的情况。土著人所使用的油脂包括棕榈油、椰子油、海狸油、猪油还有奶油之类，有的还掺以美洲杉、姜根、药草和金属粉末。这样的油性护肤剂，不仅可以防日光灼伤或昆虫叮咬，还可以防御寒冷和暴风对皮肤的损害。

关于膏脂之类的护肤护发用品，中国先秦时代已有记载。《诗经·伯兮》说"岂无膏沐，谁适为容。"① 所谓膏沐，就是指头油和洗发用的米汁。庄子《逍遥游》有关于"不龟手之药"的故事。说宋国有人善于制作一种药，可以防治手的冻裂。有人出百金买走药方献给吴王。后吴越两军冬季水战，吴军士兵因手上敷有这种防冻药，战斗力明显增强，大败越军。献方人因而封爵。魏晋时，已有香泽、面脂、手药制作方法的具体而完整的载录。北魏时中国古人已用牛髓或牛脂，配上温酒、丁香、藿香、青蒿等制成面脂用来护理皮肤。至唐代，护肤泽发的美容品，无论在制作技术、种类还是数量上都有所发展。在此基础上，宫廷拥有足够的口脂、面药、手膏、澡豆之类留以自用和赏赐。

第五节　着装意识与生态规律的契合

远古时代，生产力低下，从生态学的角度来看，服饰的主要功能是实用，而不是为了装饰。伴随着服饰雏形的诞生，人类经过了长期的生产劳动实践，在制作工具和使用工具上有了很大提高。由于地域、自然生态环境不同，不同地区的原始部落的人们裁制了各种形式的衣服，以适合于自身的环境。寒湿地带，人们为了抵御寒冷、护身免灾，很早就知道披上兽皮和树叶；在热带地区，为了避免太阳的强烈照射、风雨袭击及虫叮蛇咬，人们通常会在身上涂抹油脂、黏土或画上花纹或披盖树叶、树皮。随着服装制作技术的改进，世界各地区人类所穿着的服装形制也大相径庭。例如，中国五代十国后，辽、金和蒙古与两宋前后并存，辽以契丹族为主，金以女真族为主.元以蒙古族为主。他们分别生活在中国的北方和东北地区，生活习惯、衣冠服饰与汉族截然不同。由于他们处于北方寒冷地区，服装多以皮制，也有使用布帛的。金代服饰的另一个重要特点是多用环境色，即穿着与环境相同颜色的服装。

---

① 孔丘等著：《诗经》，长春：时代文艺出版社，2004 年 4 月版，第 116 页。

这是游牧民族以狩猎为主的条件决定的。比如冬季喜用白色，这与中国北方寒冬"千里冰封，万里雪飘"的气候有密切联系。

一、季候生态与着装形制

季节循环，冷热交替，要保证人的舒适与健康，服装必须随着气候的变化而适当地调整。人体生理是服装功能的出发点，而外部气候条件则是服装功能的另一个决定因素。

地球上不同区域的自然环境和气候条件差异很大，所以，各地区人们穿衣的方式和内容差别也很大。从服饰生态学的角度出发，研究和掌握气候变化的一般规律，对于服装材料及产品开发，以及指导人们合理地选择服装，安排衣、食、住、行，都是十分必要的。

在生态学中，气温、湿度、风和太阳辐射热是组成环境气候的 4 项最基本的要素。这 4 项气象要素中，任何一项都可以引起环境气候的变化，也就是说，每一项气象要素都直接与服装生态学有关。在人们活动的自然环境中，人体、服装、环境三者之间冷、热状态的变化，往往是几种气象因素综合作用的结果。这种作用往往是比较复杂的。

（一）着装与生态调节

1. 防寒

对抗外界气温的变化和各种危害因素，保护人体健康，是服装的主要功能。从秋高气爽至春暖花开之际，人的衣服约遮盖人体表面的82%。人体代谢产热量的80%以上是由皮肤借对流和辐射向周围环境散发的。衣服能够阻断大约95%发自人体皮肤的长波红外线，因此，在人体皮肤表面向周围环境辐射散失热量时，就会被衣服阻挡在人体周围的衣下空气层之中，并使衣服和皮肤表面之间的空气层加热，使人体感到温暖。

外界气温在 25 ~ 26℃ 以上时，人不穿衣服也基本上能调节体温以适应气温的变化，外界气温低于 25℃ 时．就需要借助增减衣服来调节体温的恒定。气温降至 10℃ 以下，即使穿用普通衣服也难以适应气温的变化，常需借助棉衣、羽绒衣或皮衣来协助调节。

人体躯干部皮肤和衣服最里层之间的温度是 32℃，湿度约为 50%，气流为 25 厘米/秒左右，是最舒适的，即谓标准服饰气候。

2. 隔热

在气温很高时，即使大量出汗也难以维持体温的平衡。此时，如果穿着透气性和吸湿性良好的衣服，其热阻作用能显著地减少人体从环境中得到的热量。

衣服有防辐射热的作用，不同颜色的物体吸收辐射热能的差别很大，黑色吸收率最高，白色吸收率最低。戴上帽子可以显著地减轻阳光的辐射，身穿白色的衣服约能反射35%的太阳辐射热能。在高温作业场地，身穿光滑的银白色反射服，反射率可达95%以上。

3. 调湿

衣服的透气性和吸湿性是衣服调节湿度的两个重要方面。在气温不高时，人体表面的皮肤每小时蒸发水分约30～80克，通过衣服纱线间的空隙完全可弥散到外界环境中去。当外界气温升高或进行体力活动出汗时，单靠透气作用已不能使汗液及时蒸发，此时，可借衣服吸湿作用，吸收大量的汗液，然后再蒸发到周围大气中去。如果外界空气干燥或风速较大，汗液能迅速地蒸发，使衣下空气层的湿度维持在50%以下，就能符合人体生理要求。若湿度超过60%，就会感到闷热难堪。

4. 调节空气

一个人每昼夜可借皮肤排出9～30克二氧化碳，此外，还由皮肤排出少量的氯化钠、尿素、乳酸和氨等，故汗呈酸臭味。透气性良好的衣服能经常使衣下的空气层更新，各种排泄物通过衣服逸出，较冷而清洁的外界空气进入替换，这就是服装的调气作用，它对保持皮肤的正常排泄机能以及体温的调节均有重要作用。

（二）气象与功能性服装

1. 防风防雨

衣料纤维能够阻止气流运动。在冬天，外界冷气流透入服装内，使衣料的纱线之间或衣服与衣服之间的空气进行流动，衣服的隔热值就显著下降，保暖作用减弱。所以，冬天衣服的防风作用很重要，最好用透气性较差的衣料做外套或罩衫。

雨水、大雾或雪花不仅直接潮湿皮肤，增加皮肤散热，甚至引起寒冷反应，当雨水浸湿或充满衣料的空隙后，取代了原有的空气，使衣服防寒保暖的作用显著降低。在夏天，衣服被雨水淋湿以后，透气性降低，会严重地妨碍皮肤出汗蒸发和正常的排泄机能。如果雨雪天穿着防水的外套，就能使人体免受雨水浸湿，因此雨衣最好用透气而不透水的材料制作。

当前，雨衣已经时装化，品种增多，格调清新、色彩缤纷，有风雨衣、童雨衣、雨衣雨裤套装，有安全色彩的工作套装雨衣，还有舒适、透气的衣、帽、裤配套雨装等，适应了不同层次的需要。

2. 皮肤及呼吸防害

服装可避免或减少外界灰尘、飞沙、煤烟、微尘对皮肤和呼吸道的污染，并可随衣服的更换而及时洗去。皮肤分泌的汗液、皮脂、脱落的表面细胞等所形成的污垢，可经内衣吸附而及时洗去，如果长时间穿用污染的内衣，易被霉菌、细菌污染、繁殖，甚至诱发各种皮肤病。因此，经常洗澡必须与及时更换和清洗衣服相结合。中国东部近年来多发雾霾天气，已经成为人们生活的一大难题。而适时佩戴口罩、面具已经成为诸多城市在雾霾天气时对呼吸系统最有效的保护手段。

首先，现在人们用来防护雾霾较多的口罩是符合美国 CDC 下属的职业安全与健康研究所制定的 N95 标准的口罩。这种标准在原来被用于医疗、化学实验等特定职业的呼吸防护，阻止包括微生物、有害颗粒对人们呼吸系统的污染。N95 型口罩的主要材料是脱脂纱布，这种材料没有异味，对人体无害，特别是人体面部接触部分材料，不会使用刺激性和过敏性材料。但这种口罩过滤层过厚，并不是所有人都适宜佩戴，如未经专门训练长时间佩戴此类口罩有可能因为呼吸受阻而感到头晕。

然后是负离子口罩，这种口罩直至今日仍然争议很大。一方面许多商家运用"负离子口罩"的噱头吸引消费者，而口罩本身的防护性和安全性并未达到中国卫生安全部门制定的标准。另一方面相对于 N95 型口罩严格的审查程序，负离子口罩的质量并未有正式的审查机制，以致现在市面上的产品质量参差不齐。本质上来说，负离子口罩是针对雾霾天气研发并制造的，对PM2.5 具有有效防护功能的口罩，因此也被称为 PM2.5 口罩。

二、季节生态规律与着装意识

（一）夏季及高温环境中的服装

盛夏在中午最热时，地球表面的太阳辐射强度每分钟每平方厘米可高达

7.96 焦耳。夏天在空旷地作业或长途行走，由于长时间烈日当头照射，阳光的红外线可损伤脑膜和大脑，引起头昏、头痛、耳鸣、眼花、恶心、呕吐等中暑症状，医学上叫"日射病"。

在炎热的气候中，对身体表面面积约为 1.75 平方米的人来说，除了辐射、传导、对流得到的热量外，人体本身每小时产生的热量约为 733 千焦。当环境温度在 35℃ 以下时，裸体状态的人其辐射散热能力比穿着衣服的大 10 倍；但在环境温度高于 35℃ 以上或有强大的辐射热环境中，服装对人体起隔热保护作用，能减少外界热的传入。所以，夏装必须具有隔绝外界辐射热对人体的影响，还必须利于体内所产生热量的散失，即应以隔热、利汗、透风为原则，要求服装吸汗性要好，散湿性要快，通气性要佳，开口部分要宽，利于换气，便于洗涤，穿着舒适，无紧缚感，覆盖体表的面积以尽可能少为佳。但是，在烈日下劳动的人，仍宜穿上衣服避免皮肤直接受阳光曝晒，以免招来病痛和不适。

为预防中暑，盛夏外出时，应头戴对太阳热辐射遮阳率较高的凉帽。各种凉帽中，以宽边麦秆草帽为最佳，宽边芦苇草帽次之，再其次是宽边白布遮阳帽，头巾则作用不大。

夏天的鞋袜应根据工作性质决定，可选择白帆布鞋、镂空凉鞋、短丝袜等。不要穿深筒鞋、厚袜，有脚癣的人，更应经常注意鞋袜的卫生，在工作之余或假日，可穿松软的拖鞋。

夏装必须有良好的透气性。服装的透气性取决于衣料的密度、厚度、表面形状、弹性及柔软性等因素。夏装应选择轻、薄、柔软、密度小、内表面不光滑、弹性较好的机织布或针织品，以利于透气散热。真丝绸和麻织物既轻且软，透气性又好，舒适、凉爽性能最佳，但易皱折和变形，影响美观。呢绒纤维虽然挺括、美观、轻薄，但透气性差，并非理想的夏装面料。

夏装的衣料必须是吸湿性好、散湿性强。丝绸、亚麻的吸汗能力很强，散湿速度也快，故最宜缝制夏季衬衣和长裤。棉纱的针织品是制作汗衫、背心和 T 恤衫的良好材料，其吸湿性好，但散湿性稍差，当流汗过多时会出现粘贴皮肤而感不适。汗液中的代谢物易受细菌的腐败分解而产生恶臭；易因霉菌的繁殖而产生难以洗去的带色污秽，故棉织品夏装必须勤洗勤换。

合成纤维的吸湿性都比较差，汗液难以通过衣服而蒸发，会令人感到闷热异常。

（二）冬季或寒冷环境中的服装

冬季人体与外界温差很大。例如，人体皮肤温度为33℃，外界气温为﹣30℃时，其温差达63℃。通常可根据客观的观察和主观感觉，粗略估计外界的气温。在穿着防寒性能较好的服装情况下，若外界无风，没有寒冷的感觉，一般气温不到﹣20℃，若气温超过﹣20℃时，呼出气中水分结霜，可附在眼睫毛、眉毛或胡须上，呼吸稍感急促；气温超过﹣40℃时，空气中的水分凝成雾状，能见度很差，鼻尖、脚尖、指尖等身体末梢部位及脸颊和额部有冻痛的感觉，腕关节感到很冷，身体与衣服之间觉得有冷气层，说话会感到困难。

居住在靠近地球两极或长期生活在寒冷环境中的人，服装是保证舒适和生存的必要条件。因此，对冬装的材料、式样等方面均有较高的要求。

冬装以防寒、防冻为主，服装的保暖性是第一要素。严冬时，穿上棉衣，盖上棉被，人就会感到暖和，这并非是棉衣或棉被会产生热量，而是由于棉花或其他絮状物含有较多的空隙，内含传热性能差的空气，在体表形成了一个不易流动的空气层，使身体热量不易向外散发，也阻挡了外界冷空气与体表的热空气层对流，因而起到防寒保暖作用。所以冬装总是绒衣的绒面朝里，毛皮衣服的毛朝里面。绒面及毛面也贮有大量的空气，能有效地起到隔热保暖作用。一般说来，动物绒毛如羊毛、驼毛、鸭绒等保暖性好，其次是丝棉和棉花。

寒风透入衣服内，会影响衣料纱线间和衣下气层的静止空气，甚至影响纺织纤维中无效腔空气的隔热性，增加了对流散热。所以冬季服装的外层应选择致密度高、透气性小的材料，如毛哔叽、毛皮和革制品。如果将疏松的、含气多的毛线衣、裤穿在衣服的最外层，其细小的织孔中都充满了外界的寒冷空气，而且和周围环境进行毫无约束的气体交换，这样会使人体散发的热量传失得更快、更多。

（三）春秋季温带服装

春、秋天内衣应最好选择保暖适中的棉针织品，配一件通气性能较好、含气量较大的薄毛衣，再加一件外套，这样可使身体感到舒适，加衣和脱衣也比较方便。

春、秋装还应考虑对身体的覆盖面积和覆盖部位。一般说来，春、秋天时身体表面的最大暴露面不宜超过总体表面积的 25%，否则外界温度会直接影响身体。春、秋装上衣领口不宜过低过大，上肘不宜暴露肘关节。如果穿裙服，下摆长度应超过膝关节。

第六节　服饰环保与低碳生活

一、环保材料与服饰

在服装制造工业化的进程中，人类肆意地破坏着原有的生态环境。纺织品在生产加工过程中造成的环境污染，在目前仍是没有彻底解决的一大难题。随着社会的发展，人们对于自身生存环境和生存质量的认识日益提高，并开始注意保护自然界动植物的多样性和生态性，重视地球上有限资源的合理利用，以及注重产品的可再生性和循环利用。

自从联合国环境与发展大会确定了经济与环境协调发展的可持续发展战略，世界范围内的"生态"意识不断得到强化，并且迅速波及地球的每个角落。国际上对"生态材料"的解释，已上升为包括生命、节能、环保三方面。在生态文明意识指导下，倡导"生态服装"，推进"生态发展"，涵盖了服装的生产行为、消费行为的方方面面。所谓生态服装是指产品从原料选择到生产、销售、使用和废弃处理的整个过程中，对环境和人的有害影响减小到一定程度的纺织品，一般指具有"可回收、低污染、节省资源"等特点的纺织品。人们认为，未来最理想的产品必须具备三个条件：原材料必须是可以再生的；制造工艺应该是有利于环保的；最终产品是可以降解的。

（一）新型作物材料

1. 天然彩色棉花

天然彩色棉花简称"彩棉"，是利用现代生物工程技术选育出的一种吐絮时棉纤维就具有天然色彩的特殊类型棉花。与传统白棉相比，彩棉不需要染色，无化学染料毒素，对环境也不会造成污染，质地柔软，富有弹性，制成的服装经洗涤之后亮度有增无减，耐穿耐磨，穿着舒适，有利于人体健康，

所以彩棉及其制品被称为是天然的绿色纺织品。（见图10－12）

图10－12　天然彩棉

　　20世纪70年代，美国科学家运用转基因技术培育出彩色棉花。目前美国、秘鲁、墨西哥、澳大利亚、埃及、法国、巴基斯坦及欧盟等国家都在开发利用彩色棉花，栽培出的彩色棉花颜色有浅黄、紫粉、粉红、奶油白、咖啡、绿、灰、橙、黄、浅绿和铁红等。20世纪末，中国引进此项技术，目前中国四川、甘肃、湖南、新疆等地开始大批培育、种植彩色棉花，其品种只有深浅不同的棕色、绿色两大系列。

　　天然彩棉及其制品有着良好的穿着舒适性，常被用作内衣以及贴身衣物的首选。加工使用中经常与白棉混纺、与合成纤维混纺、与其他功能纤维混纺，或以合成纤维长丝为芯生产包芯纱。利用天然彩棉织制衣料，再配用玻璃扣或者木质、椰壳、贝壳等天然材料纽扣作装饰，完全体现出绿色环保的服装风格。

　　虽然彩棉具有许多天然优越性能，但也存在不足之处。

　　（1）目前市场上已开发的彩棉颜色种类有限。

　　（2）彩棉纤维色素不稳定，大多还未形成成品。

　　（3）纤维内在品质差，长度及强度方面与传统白棉相比存在着一定差距。

　　（4）衣分偏低，一般在26%~32%，容易通过昆虫传粉或是机械人为与白棉混杂。

　　2. 有机棉

　　有机棉是指在农业生产中，以有机肥、生物防治病虫害，不使用化学制品，从种子到农产品在全天然、无污染情况下生产的棉花，并以 WTO/FAO 颁布的《农产品安全质量标准》为衡量尺度，棉花中农药、重金属、硝酸盐、有害生物含量控制在标准规定的范围内，并获得认证的商品棉花。普通棉花在生长过程中会受到杀虫剂、除草剂以及化肥的严重污染。这些有害物质会残留在纤维中，成为潜在的健康危害，如引起过敏反应，甚至哮喘等疾病。有机棉纤维为纺织服装业提供了新原料，特别适合用于婴幼儿产品中。

3. 本色织物

由于近年来服装消费观念中生态环保意识的加强，以及审美观念的改变，本色纺织产品取得了显著发展。顾名思义，本色织物就是利用原料天然色泽的产品，包括原料含有天然色素和无色素两类。其中，彩棉就属于有彩色本色织物。但一般习惯上，本色织物多指无彩色产品。

在纤维素家族中，本色棉布和亚麻织物是具有代表性的品种。由于亚麻纤维染色不够艳丽，故相对较多采用本色产品。亚麻纤维具有一种独特的光泽，虽不经漂白、染色，其天然的色泽也十分动人，尤其在环保意识的推动下，本色亚麻产品在国际市场上备受青睐。麻织物手感爽滑，是综合体现舒适、自然、休闲、环保的上选材料。除了传统的亚麻、苎麻外，大麻、黄麻、罗布麻等麻类材料也得到了一定应用。经研究发现，罗布麻含有一种特殊的挥发性物质，对多种病菌有抑制作用，兼有活血、降压等保健功能，开发前景十分广阔。

（二）蛋白质材料

从研制蛋白纤维的历史来看，1894 年就有人在明胶液中加入甲醛进行纺丝，制成明胶纤维；1904 年又有人从牛乳中提取出酪素纤维；1938 年英国 ICI 公司制成了花生蛋白质纤维；1939 年 Cdrn Product Refining 公司生产出商品名为 Vicra Ardilenfibre 的球蛋白纤维；1945 年美国成功研制大豆纤维，取名为 Soylon。但以上产品，均未见有产业化成果。

1. 牛奶蛋白纤维

牛奶蛋白纤维的出现改变了动物蛋白纤维的传统定义，更符合现代生活的高品质需要，具有生物保健功能和天然持久抑菌功效。牛奶蛋白纤维制品起源于日本，目前国内市场上的"牛奶丝服装"也大多是来自日本的进口面料加工而成。现在，中国也有了自己的"牛奶丝服装"。中国研究开发的牛奶纤维就是将液状牛奶去水、脱脂，加上揉合剂制成牛奶浆，再经湿纺工艺及科技处理成为牛奶丝，最后加工成面料。真正的牛奶丝应该是 100% 牛奶纤维，而且 pH 值应该在 6.8 左右，呈微酸性而与皮肤保持一致。

牛奶蛋白纤维的特殊性能在面料及服饰上显示出真实、瑰丽及持久的颜色，与染料的亲和性使其色泽格外亮丽生动。只要在合适的洗涤条件下，即使面料经多次洗涤颜色仍能鲜艳如新。更奇特的是，牛奶蛋白纤维不像其他的动物蛋白纤维，如羊毛、真丝那样容易霉蛀或老化，即使放置几年仍能保持不变的风格。牛奶蛋白纤维主要有以下特性：柔软性、亲肤性等同或优于羊绒，而价格只是羊绒的十分之一；吸湿、导湿性良好；保暖性接近羊绒；耐磨性、抗起球性、强力均优于羊绒；牛奶蛋白中所含氨基酸对皮肤有养护作用。

就织物性能而言，以牛奶纤维和真丝交织而成的面料最有代表性，它集牛奶纤维和真丝的优点于一体：牛奶纤维能让皮肤更舒适，并且牛奶纤维厚实、爽滑、悬垂性好的特性与真丝柔中带韧、光洁艳丽的风格相得益彰，特别适宜制作贴身内衣、优雅的晚装、流行时装、旗袍等高级服装。而以 100% 牛奶纤维织造的面料，质地轻盈、柔软、滑爽、悬垂，穿着透气、导湿、舒爽，贴身穿着时犹如牛奶沐浴，能够起到润肌养肤、滋滑皮肤的作用，适宜制作高档内衣、男女 T 恤和休闲家居服装。

2. 彩色毛纤维

具有天然色彩的毛纤维品种如驼绒、牦牛绒、羊驼绒，由于开发利用较早，已经被消费者所熟悉，并实现了较好的市场效益。驼绒色泽以棕色为主。牦牛绒通常呈深褐色，它们均具有手感蓬松，保暖性好的特点，多用于编织产品的原料，其自然的色泽十分符合人们崇尚自然的观念。羊驼绒色彩比较丰富，有黄、棕、褐、咖啡、砖红等色，纤维品质优良，强度和保暖性均优于羊毛。尽管开发利用还有一定局限性，但已成为在国际市场上深受欢迎的高档品种。

新型彩色毛纤维与彩棉相似，是通过改变动物基因或饲养方式，有意培养出来的新品种。

用彩色羊毛制成的毛织物，经风吹、日晒、雨淋和洗涤，其色泽仍然鲜艳如初，毫不褪色。彩色羊毛因不需染色，不含有染料残留的化学物质，未被腐蚀，因此坚韧结实、耐磨、耐穿，长久使用也不易损坏。

随着科技的进步，天然彩色纤维不断出现新的品种。例如，利用家蚕的基因突变，可以得到五彩蚕丝。彩色蚕丝颜色纯正、手感光滑，用它制成的服装产品，非常符合当今回归自然的潮流。

3. 甲壳素纤维

甲壳素纤维是将虾、蟹等甲壳动物的甲壳粉碎干燥后，经化学和生物处理得到的一种壳聚糖，将其溶于适当的溶剂中，采用湿法纺丝工艺而制成的人造纤维品种，是继人造纤维素纤维和人造蛋白质纤维之后的又一种天然高聚物纤维。甲壳素纤维是唯一带正电荷的阳离子纤维。其主要成分甲壳素最早由法国人发现，甲壳质素广泛存在于昆虫类、水生甲壳类的外壳和菌类、藻类的细胞壁中，是一种蕴藏量仅次于纤维素的极其丰富的天然聚合物和可再生资源。在国际上被誉为继蛋白质、脂肪、碳水化合物、维生素、微量元素之后的"第六生命要素"，被广泛应用于医药、食品、纺织等领域。（见图 10－13）

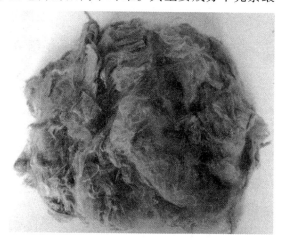

图 10－13 甲壳素纤维

甲壳素纤维呈现碱性并具有高度的化学活性，耐热、耐碱、耐腐蚀，并可自然降解。甲壳素纤维不但具有良好的物理力学性能，而且与人体有极好的生物相容性。此外，甲壳素可以吸湿、吸附重金属。实验结果表明，甲壳素还有不错的抗菌效果：甲壳素本身带正电，而细菌的细胞膜带负电，当细菌接触到甲壳素材料，由于正负电荷相互吸引，甲壳素会对细菌产生穿刺效果，扯破细菌的细胞膜，导致细菌死亡，因此，甲壳素可以抑制细菌生长，并且还具有消炎、止血、镇痛、抑菌，促进伤口愈合等作用，所以用甲壳素材料制成的服装具有一定的医疗保健作用。例如，利用虾、蟹壳分解出来的甲壳素生产的抗菌面料，其奇异的特性非常适合体弱者穿用，并且具有强化人体免疫功能、抑制老化、预防疾病、促进疾病痊愈和调节人体生理机能的功能。

4. 聚乳酸纤维

聚乳酸纤维（PLA）是一种崭新的纺织纤维。这种纤维的原料是一种植物蛋白，可以从很多种植物中提取。国际上普遍的做法是以玉米淀粉发酵形成的乳酸为原料，或者从玉米秆以及制酒、制糖的废料中提取乳酸，进行糖化，再经过聚合，形成一种纺丝溶液。聚乳酸纤维切片经挤压纺丝可以制成长丝、短丝、单丝、扁平丝等，被认为是当今最有前途的可降解聚合物之一。但目前这种纤维的产量还不大。

聚乳酸纤维的主要特性是生物可降解性，还具有弱酸性和抗菌功能，并且柔软、质轻，光泽与真丝相仿，可用于机织、针织和非织造布的生产。

聚乳酸纤维具有与聚酯纤维相似的结晶性、透明性和耐热性，其纺丝方法采取熔融纺丝工艺，成本低，环境污染少。聚乳酸纤维具有较高的耐热性，虽不能阻燃，但具有低可燃性和低发烟量。聚乳酸纤维弹性回复率和蜷曲保持性较好，其回潮性优于涤纶，而且形态稳定性和外观保持性均很好。同时具有的特性还有：极佳的皮肤接触感和悬垂性，不易受紫外线的影响，有较好的染色性能，亲水性良好。

聚乳酸纤维的这些特性，使其具有广泛的适用性，可与棉、羊毛混纺，或将其长纤维与棉、羊毛或黏胶等生物分解性纤维混用，生产具有丝绸外观的服装。

由于具有良好的抗皱特点，所以非常适于制作男女外套、礼服、内衣、T恤、夹克衫、长裤等。由于用聚乳酸纤维制成的布料不会刺激皮肤，而且有良好的触觉舒适感，与聚酯纤维相比，具有优良的悬垂性、滑爽性和富有光泽。因此，很适宜制内衣、婴幼儿服装、睡衣、居家服、运动服等。

近几年来，随着以原料生产进入大规模工业化生产，聚乳酸纤维的生产成本大大降低，为其应用的推广创造了条件。但目前产品的价格偏高，故尚未大量采用。可以预见，随着发酵、聚合、成型加工技术的不断成熟，成本的进一步下降，聚乳酸纤维及其产品将成为21世纪纺织品的主导产品之一。

5. 蛹蛋白纤维

蛹蛋白纤维是通过化学方法提取的蚕蛹蓝白，利用高分子改性技术、化纤纺丝技术、生物工程技术进行加工、处理而成。它富含18种氨基酸，具有舒适、健康、安全的品质特征，服用时能有效地促进新陈代谢，防止皮肤衰老，并具有止痒、抗紫外线辐射等功效。它在染色性、悬垂性、抗折皱性和回弹性等方面优于蚕丝，制成的面料具有蚕丝的手感和风格。蛹蛋白丝主要用于制造高档服装面料、T恤、内衣、床上用品等。

蛹蛋白纤维丝是将蚕蛹蛋白经特有的生产工艺配制成纺丝液，再同黏胶按一定比例进行共混纺丝，在特定的条件下形成的具有稳定皮芯结构的蛋白纤维。

由于蛹蛋白液与黏胶的物理化学性质的不同，发生凝固再生时，蛋白质主要聚集在丝条的表层，因此，在穿着蛹蛋白丝织成的织物时，与人体直接接触的是蛋白质，具有与蚕丝一样的与皮肤的相容性和保健性能。蛹蛋白丝所含的蛋白纤维是由18种氨基酸组成，这些氨基酸大多是营养剂，而且与人体皮肤的成分极为相似，其中丝氨酸、苏氨酸、亮氨酸等具有促进细胞新陈代谢、加速伤口愈合，防止皮肤衰老的功能，丙氨酸可防止阳光辐射及血球蛋白含量下降，对于防止皮肤瘙痒等皮肤病患均有明显的作用。此外，还对肩周炎、风湿性关节炎、胃炎和干性皮肤的滋润等有一定的作用。

根据对蛹蛋白丝织物的测试分析，蛹蛋白丝集真丝和黏胶人造丝优点于一身，具有舒适性、亲肤性、染色鲜艳、悬垂性好等优点，其织物光泽柔和，手感滑爽，透湿、透气性好，作为纺织原料，具有很好的织造性能。

因此，蛹蛋白丝属于一种优良的纺织原料，可以与真丝一样，制成绸、缎、纺、绉、乔其纱等丝绸产品，也可以广泛应用于各类机织物和针织物的生产，制成各类内衣、衬衫、T恤等服装。由于蛹蛋白丝耐酸不耐碱，因此在碱性或高温环境中，蚕蛹蛋白容易受到破坏，从而影响丝条手感和服用性能。在蛹蛋白丝服装的洗涤、保养中，应该注意以下几点：一是不能用碱性洗涤剂清洗，应用中性皂、洗洁精或丝毛洗涤剂等中性洗涤用品；二是洗涤温度不高于50℃；三是不可用漂白性太强的洗涤剂；四是水洗时要随洗随浸，不可长时间浸泡；五是要轻柔洗涤，以免起毛或裂口；六是洗涤完毕，轻轻压挤水分，切忌拧绞；七是洗后忌曝晒，应在阴凉通风处晾干，应在小于120℃温度下整烫。

（三）环保化纤材料

随着石油资源的枯竭，森林的过度砍伐，人类必须寻找和开发更多的可用于纤维制造的原料，同时还要保证这些纺织品在失去使用价值后能够回收再利用，或可在较短时间内由于阳光、土壤、水和微生物的作用而分解。为此，许多化学纤维制造企业和研究人员都在不断研究和开发在制造过程中对环境无污染、对消费者无危害、材质可以循环使用、能够再生利用、织物废弃后可降解的环保型纺织材料。

1. 人造纤维

人造纤维由于使用天然高聚物为原料，因此具有绿色环保的特性。但是，早期开发的人造纤维，在不同程度上存在功能上的不足和缺陷。因此，开发新型人造纤维品种是解决服装消费绿色化的最直接途径。目前，在消费领域已经得到推广的新型绿色环保人造纤维主要有天丝、莫代尔和丽赛。

2. 合成纤维

在绿色环保观念中，曾经风光无限，至今仍然被大量而广泛地使用着的合成纤维，被认为是破坏人类生存环境的"罪魁祸首"。然而这并非夸大其词，由于合成纤维是造成"白色污染"的主要原因之一；而且，它的用量仍然在逐年增加，由此而造成的后果不得不引起足够的重视。在环保呼声日益高涨的今天，人们只能不断研究和尝试各种环保型合成纤维材料，以寻求最终的解决方案。也正是由于研究者的不懈努力，一系列既具有环保性质，又符合服装消费需要的新型合成材料已经投入使用，并且起到了非常重要的示范作用。

二、传统洗涤与现代洗涤剂污染

（一）传统洗涤

1. 原始肥皂

相传几千年以前，有一天，埃及国王胡夫设宴招待宾客，许多厨师在厨房里忙着做饭炒菜。有一个厨师不慎将一盆油打翻在炭灰里，于是急忙用手把沾有油脂的炭灰捧到外面倒掉。当他回来用水洗手时，发现手洗得特别干净。这位厨师感到非常新奇，就请别的厨师也来试一试，结果，每个人的手都洗得同样干净。从此以后，他们就把沾有油脂的炭灰当作洗手的东西了。

后来国王胡夫知道了这件事情，他吩咐手下人照厨师们的办法制造沾有油脂的炭灰。这大概可以算是最早的肥皂吧。

据普林尼的《博物志》所述，罗马人从德意志进口了一种称作"萨波"的物质。这是一种形如高尔夫球的小块，用羊油脂和山毛榉炭灰压制而成，可将头发染成浅棕红色，多为男子而非女子所用。只是在公元2世纪末，罗马人才把它当作清洁剂来使用。古罗马医学家加伦说，"萨波"是一种比苏打要好的去垢剂，他建议用德意志肥皂来洗浴身体，因为它是最纯的。到这一时期，将各种油脂和钾碱一起熬制，已能做出质量较好的肥皂。

令人惊奇的是，虽然罗马人对此毫无所知，但在2000余年前，肥皂却已在美索不达米亚被发现。巴比伦的炼丹术士将油与碱放在一起，用锅熬制，做成洗浴用品。很久之后，黎凡特的腓尼基人开始使用肥皂；据希腊历史学家希罗多德所述，俄罗斯南部的西徐亚人用肥皂洗头，这很可能是他们在公元前7世纪入侵近东时养成的一种习惯。

在罗马帝国崩溃后的黑暗时代，爱干净的习惯在西方甚为罕见，而在伊斯兰世界却广泛存在。阿拉伯人最先制造了块状硬肥皂，公元1000年后，尤其在西班牙，制皂成了一种重要的行业。肥皂的基本成分是橄榄油和木灰；白色无味的药皂十分常见，而色彩斑斓且加入香水的洗面皂则销往各处，成为奢侈用品。北欧人把木灰和动物油脂或鱼油放在一起，熬制成软肥皂；这种肥皂气味难闻，故主要用来洗涤衣服。但是，到公元1300年，装在木碗中的醇香型软香皂已开始在伦敦制造。

2. 皂角

中国古代从未制作过肥皂，但造成这种状况的原因并不是人们不想保持清洁。相反，中国古人找到了一种现成的天然替代物，其中富含肥皂中的去垢成分皂角苷。这就是皂角树，从中可榨出一种温和的去垢剂。从汉代起，人们都用这种皂角提取物，外加面粉、矿物粉末和香水，做成小球，用来净身和洗衣。肥皂传入中国后，许多上年纪的人都不愿使用，因为无论洗涤多少次，皂角提取物仍能使丝绸保持白净，而肥皂的去污力则不如前者柔和。

3. 澡豆

"澡豆"在晋代已经出现，它被用来洗手、面和身体，涤垢健肤，有的甚至能去除雀斑等。澡豆一般是用毕豆（豌豆）、白豆、大豆等粉末配上各种药物粉末做成。但也有不用豆沫的。最初是皇家用品。《世说新语》记："王敦初尚主，如厕……既还，婢擎金澡盘盛水，琉璃碗盛澡豆。因倒着水中而饮之，谓是干饭。群婢莫不掩口而笑之。"① 王敦虽出身士族，又娶了晋武帝之女襄城公主为妻，但对皇室用品毕竟见识不多，也不怪他把洗涤粉当成"干饭"吃进肚中。"澡豆"的种类很多，其所用的药大多有柔润皮肤的作用，有的还配有香料。孙思邈所记的药方中便有："洗面药澡豆方：猪胰五具细切、毕豆面一斤、皂荚三挺、磧楼实三两……毕豆面白而细腻……"②

（二）合成洗涤剂污染

合成洗涤剂是指能从物体表面去除污垢的专门制品，能使被清洗对象通过洗涤过程达到洗净去污的目的。近年来合成洗涤剂已逐步取代了肥皂的功用（肥皂不属于合成洗涤剂），而广泛应用。人们熟知的有洗衣粉、清洗剂、洗发剂、餐具洗涤剂、洗厕剂等均属于合成洗涤剂。

合成洗涤剂的主要成分是表面活性剂和助洗剂。表面活性剂又有阴离子型、阳离子型、非离子型和两性电解质型 4 类，其中阴离子型应用最普遍。助洗剂包括：三聚磷酸钠、硫酸钠、香料、荧光增白剂、蛋白质分解酶等，其中前 2 种约占合成洗涤剂用量的 70%。

合成洗涤剂可制成块状、粉状、粒状、液体状、膏状和气溶胶喷洗产品。由于合成洗涤剂的大量使用，对生态环境污染已成为生态学的一个重要课题。生产中各个环节的"跑、冒、滴、漏"，各个环节产生的"废气、废水、废渣"均可污染环境；工业上的清洗使用，洗衣工厂的废水，居民生活上应用产生的生活污水，都含有大量合成洗涤剂，是水

图 10－14　被合成洗涤剂污染的河流

源污染的主要来源。（见图 10－14）合成洗涤剂对人体健康有直接和间接性的影响。直接接触合成洗涤剂能引起接触皮炎，表现为红肿、充血、浸润、脱皮，重者可引起表皮坏死、腐肉形成和断裂。对于尿布、衣服冲洗不净，

---

① 刘义庆著，里望译注：《世说新语》，太原：山西古籍出版社 2004 年版，第 236 页。
② 孙思邈著：《备急千金要方》，太原：山西科学技术出版社 2010 年版，第 209 页。

残留合成洗涤剂与皮肤接触后，可发生过敏反应，表现为红肿、湿疹。误服合成洗涤剂可出现恶心、呕吐、口腔黏膜红肿等症状。至于合成洗涤剂的残留和慢性危害有待进一步研究。合成洗涤剂对环境污染，还可干扰人们的感觉、情绪和生活，从而间接影响人们的健康。水源中含有大量洗衣粉时，可出现泡沫；饮水中含有洗涤剂时可出现不良的嗅味，有油腻感；洗涤剂还可在水体中形成"富营养化"现象，消耗水中溶解氧，影响鱼类生存等。

由于合成洗涤剂对人体有一定的危害，因此最好不用它洗手、洗澡、洗头，用洗衣粉洗过的衣服要清洗干净，内衣和婴儿尿布最好用肥皂清洗，长时间接触洗涤剂的人，必须带防护手套。

附

《人类服饰文化学》
前言与各章概述

《人类服饰文化学》前言

《旧约全书·创世纪》中说，神创造了人，让这一男一女生活在伊甸园里。当时"赤身露体，并不感到羞耻"。蛇诱惑他们吃了禁果，眼睛明亮了，便"拿无花果树的叶子，为自己编做裙子"。

这是世人皆知的宗教神话。姑且不论它能否说明服饰的起因，单就人类利用草叶蔽体，即遮护生殖部位这种行为说，即揭示了人类服饰史的第一页。《创世纪》中还说，神对人的始祖"用皮子做衣服给他们穿"，这也是真实的。因为人类最早的服饰（"饰"字在这里并非虚词），确是取自大自然中这种可遮覆用的片状物的；它们又类似有生命过程，人类愿意接触。

但是，宗教神话毕竟属于神话。就服饰来说，究竟是否起源于这种"遮羞说"？它真实的发生与演化过程如何？服（防护作用）与饰（装饰功能）、着装形象与自然（中国哲学谓之"天"）与社会存在着怎样的关系？对这些问题，神话都不可能做出回答。而应该从自然人类学（包括生理学）、历史学、民族学、社会学（包括伦理学）、心理学、民俗学、艺术美学诸方面，去进行科学的研究。这一研究显然是综合性的，它的交叉点又显然表现在文化上。只有分析并展示了文化元素（特质）、文化形貌、文化心态与传统、文化模式与体系、文化与人格、文化冲突与整合、文化进化，才能揭示人类服饰的奥秘，确切阐释衣服、佩饰的显示形态与潜隐内涵，并将服饰与人结合的终极产物——着装形象解说明白。

这就是我的研究——人类服饰文化学。

物质是服饰的载体，也是人类进行服饰艺术创作的基础。服饰伴随着人类的开化与文明而俱来，服饰又是物化了的人。只是，在古代社会服饰变化的速度非常缓慢。公元前 6 世纪的希腊，将近有 100 年，人们的服饰几乎没有或者很少有明显的变化。罗马早期也如此，到帝国时期逐渐有所变化。至中世纪，服饰才加速自身的演化。15 世纪时的法国人罗伯特·盖格尤丁说："一种样式的服饰可以穿戴 10 年。"到 18 世纪，法国玛丽·安托万内特高踞皇后宝座，从 1784 年到 1786 年的两年内，据说妇女的帽子就变化了 17 种样式。拿破仑统治时期，巴黎服饰款式几乎不到一个星期就发生一次变化，虽然有时这种变化并不太明显，但毕竟在变化。因为拿破仑不喜欢别人在他面前，两次着同一样式的服饰。当时巴黎有一种服装杂志，便每 5 天出版一期，以提供最新的品种和款式。

人类服饰出现已经相当遥远，但是，把服饰作为学术上的专门研究对象却很近。这就是服饰文化学的历史状况。

最早出版的服饰书刊，既不在巴黎，甚而不在法国。1586 年，德国法兰克福的画家约瑟·阿曼，出版了一本画册，说明文字采用拉丁文，书名标示"描绘欧洲各国女式服饰的画册"。像任何学术研究一样，服饰文化就是从这种资料性的平面介绍着手的。此后一个世纪，法国路易十四王朝，也出版过这样一本形象资料性的画册。关于女服款式的专门杂志，则是拿破仑统治时期才出现的。1785 年，巴黎《时装》杂志出版（与 1892 年美国创刊的《时装》同名）；1787 年《时装画廊》出版，都远销英、美。当时，在一些妇女杂志上，具有改进性的女子时装，往往是热门话题。

杂志根据自身作为传播媒介的特性，热点集中在动态时装上。而早期的学术专著，则集中在静态服饰考古上，如希拉雷·席勒所著《从裸体到衣饰》，亚布拉罕所著《希腊人服装》，伊万夫人所著《论希腊服装之精华》，与古希腊并列的当然是古罗马，如丽莉安·威尔逊就写了《古罗马服装》与《古罗马市民宽松长袍》两本书。

服装的实用性和作为生活的艺术，这方面的专著不能不以研究服饰设计、服饰工艺学为中心。它与传播媒体的时装介绍几乎是并行的，如赫伯特·诺雷斯、凯利与什沃比都有多卷集出版，主要篇幅都是介绍服装结构、设计、款式与纹饰。日本文化服装学院与日本文化女子大学合编的《文化服装讲座》更侧重于具体工艺性。服饰著作由工艺的内容，必然深入到服饰艺术学、美学的研究。这方面的专著浩如烟海。但是，这些著作的核心大都着眼于衣服与佩饰本身。

由于现代科学及人文科学多学科的发展，服饰研究的重点，或者说是把握的核心在逐渐扩展。这个领域研究的新特点，是从服饰之外研究服饰。首先表现在心理学上。1897 年，格·斯·霍尔发表的《自我早期的感觉》；1917 年，格·维·迪尔邦发表了《服装心理学》；1930 年，杰·卡弗劳格尔，也出版名为《服装心理学》的专著。以此为书名，但在微观上"兼析赶时髦及其动机"的，还有晚些出版的伊丽莎白·赫洛克的著作。1934 年美国纽约哥伦比亚大学哲学教授巴尔发表的《时装的心理分析》，也是以流行为切入点，研究服饰心理学的专著。

在这一系列的服饰学著作中，作者几乎都凭借社会调查与心理测试等手段，深入地剖析时代与人类的着装心理，有的如维·伊·亚可伯逊所著《服装设计的基本美学因素》，则是从审美心理角度将心理学与美学结合起来，做更具应用性的同时又更深入的服饰学研究。在这里，20 世纪 20—30 年代盛行的弗洛伊德精神分析学说对服饰学研究，产生了不可忽视的影响。精神分析学说亦称心理分析学说，它关于艺术、审美的观点，触及过去服饰研究很少涉及的领域——潜意识、性意识、压抑心理、变态心理、情结、深层心理的转移和宣泄等，对着装心理本质，对服饰形象设计及探索时装动因，都有一定的启示作用。不能不承认，服饰心理研究中"人类在孩提时代，就有了打扮自己以引起别人注意的心理因素""服饰是人们形体美的自我表现""服饰的作用在于促使人们对身体的某个部位引起兴趣，这个部位就是性器官"这种种观点与弗洛伊德所持泛性论学说都有相通之处。

前面已经提到，在服饰学研究中，着手早的学者最集中精力的是服饰史。不过历史跨度逐渐延伸，早期多是服饰考古，以后越来越向近现代贴靠。美国华盛顿大学布兰奇·佩尼教授，走遍世界著名博物馆，亲临许多地区，甚至是未完全开化地区，就是说经过文物考古与田野调查，他撰写成《世界服装史》，成为一部纵贯古今的名著。美国瑞·塔纳·威尔阔克斯著《服饰的历史——从古代东方到现代》，纵向剖析也如此。迈克·巴特贝里和阿丽安·巴特贝里的《时装——历史的镜子》；日本千村典的《流行服饰的历史——为学习现代的服饰设计》；小川安朗的《民族服饰》；奥地利赫尔曼·施赖贝尔的《羞耻心的文化史》，以及与此相关的美国玛格丽特·米德的《萨摩亚人的成年》《三个原始部落的性别与气质》，菲利普·巴格比的《文化·历史的投影》；以及俄国普列汉诺夫的《论艺术》等著作，都是通过对人类童年的追溯，在寻找人类文化，包括服饰起始的源头。然后沿着一个国家或是一个民族的发展脉络，归结到近现代，去理出服饰文化推演轨迹。

美国的乔治娜·奥哈拉收集了一切与时装这一主题有关的人和物（衣服、佩饰及其原料），编制了一部给人印象深刻的资料性著作。她毫不掩饰自己的信念，认为人们应该更加严肃认真地对待时装。在她看来，时装研究既是"一门历史课、地理课、经济课，又是一门数学课"。这无疑是比以往服饰著作的内容要更广阔、更全面。

服饰在发展，信息传播在加快。1836 年创刊到 1881 年停刊的法国《优雅巴黎》时装半月刊，到 1909 年又以同名改为月刊出版。美国纽约在 19 世纪 70 年代出版了《描绘者》（原百老汇妇女时装季刊）；另外还有法国的《摩登妇女杂志》（1912—1914 年）季刊、《艺术·趣味·美》（1920—1933 年）月刊、《当代时装》（1920—1922 年）、《无上时髦》（1929—1939 年）等杂志都刊有探索时装美的文章。这些无疑为提高服饰创作水平和服饰穿着品位做出了贡献。特别是 1892 年美国出版的《时装》，成为 20 世纪最有影响力的时装杂志。杂志刊登有关时装、社会名流和艺术修养的文章，不仅对服饰，甚至可以说以此为主线，大大地提高了人们对艺术、哲学、美术和文学的欣赏水平。

世界东方的大国——中国，本来对服饰文化十分重视，将其列入社会礼仪生活规范的重要内容。有很多文人学士在自己的论著中涉及服饰，并强烈地表现出对于服饰的审美倾向。可是同国际文化研究的热烈气氛相比，还是大为落后了。因为世界不少学者早已纷纷致力于服饰美学、心理学和史学的深层次的研究。

当然，对服饰文化的关注，中国开始很早。公元前 8 世纪到公元前 5 世纪，正值中国历史上的春秋时代，传为左丘明撰写的《左传》上，就在阐述其美学观点时，谈到服饰中的"衮、冕、黻、珽、带、裳、幅、舄、衡、紞、纮，昭其度也。藻率、鞞、鞛、鞶、厉、游、缨，昭其数也。火、龙、黼、黻，昭其文也。五色比象，昭其物也……"（《左传·桓公二年》），以此来表述统治者的德行。墨家学派创始人墨翟在《墨子·佚文》中留下了他的主要美学见解。他说："食必常饱，然后求美；衣必常暖，然后求丽；居必常安，然后求乐。"意谓先考虑服饰等物的实用功能，然后再寻求审美与艺术活动上的满足。道家学派的创始人老聃，在《道德经》中说："甘其食，美其服，安其居，乐其俗。"要人们以其服为美，而满足于已有的服饰，不必再去创新。

公元前280—前233年，年战国末期的思想家、政治家韩非提出一种"取情去貌"的美学观点，他认为"和氏之璧，不饰以五采；隋侯之珠，不饰以银黄。其质至美，物不足以饰之。"（《韩非子·解考》）。在汉高祖之孙淮南王刘安主持下，由其门客共同编写了一部《淮南鸿烈》，又名《淮南子》。全书以改良的道家思想为中心，综合了儒、法、阴阳等各家思想，提出了美是以一定条件为前提而存在。其中提到妇女笑靥在两颊是美的，如果在额头上就成为丑的了。

唐代绘画理论家张彦远在论述绘画艺术时，也以实例强调服饰是历史文化的反映。他说："若论衣服、车舆、土风、人物，年代各异，南北有殊。观画之宜，在乎详审。只知吴道子画仲由，便带木剑；阎令公画昭君，已著帏帽；殊不知木剑创于晋代，帏帽兴于国朝。"（《历代名画记》）。中国宋、元、明、清、民国无不将衣冠与文物制度相联系，在有关礼制、风俗的著作中加以探讨；许多笔记小说更记有服饰逸史轶事，非常具体可信。在中国，每次改朝换代时对服饰都必然进行探讨、争论，同时自上而下予以改制。

到20世纪70年代末，中国在一度闭关锁国后，重新打开了通向世界的大门。这时，服饰作为显而易见的文化现象和重要的文化流动物，开始引起学者们的重视。1983年，国家教育部开始在各地高等院校设置服装设计专业。至80年代中后期，已先后出版了《中国古代服饰研究》《中国古代服饰史》《中国历代服饰》《中国历代妇女妆饰》《服装学概论》《服装美学讲座》等服饰史论书籍。同时，对西欧及日本的服装著作也大量翻译或编译出版。

我执教于高等美术院校，为配合这门新学科的讲授，曾先后有《中国服装史》《中外服饰演化》以及《华夏五千年艺术·工巧集》等著作出版问世。在提供美术院校服装专业教材上，做了一定的努力。随着对服饰史论的进一步研究，加之多年来从事中国工艺美术史课、中国服装史课和服装美学课的教学实践，以及在地方和中央报刊上应邀所撰的各种专栏，都集中在服饰文化的研究上。我感到，仅仅从服装史、服装美学和服装心理学的角度去分析服饰生成基因以及发展规律等，在当代是明显不够了。要想全方位俯瞰服饰，多层面剖析服饰文化，就必然需要从人文科学的审视角，将其纳入文化人类学的体系中展开研究。在此基础上，我试探地着手撰写《人类服饰文化学》。

如果单纯讲服饰本身所具有的文化性，这对于服饰学专家学者来说并不新鲜，而且在此范畴之中已经广泛开展学术研究了。但是，就在人人都认定服饰是文化表征的时候，迄今尚未有人将它提到服饰文化学的学术高度上来做体系性论述。

服饰文化学是需要建置的一门新学科。它是从对服饰进行工艺学、美学或心理学等部门学科的孤立研究状态，提高到文化人类学的大背景下，做重新审视与综合研究。这是对服饰文化的更高层次把握，是概括与探索服饰上精神、物质两方面关系的钥匙。诚然，它不可能悬浮于虚空的文化概念之上，它必须也必然植根于一种相关的互为引动、互为补充的人文学科之中。这些相关学科盘根错节、枝蔓丛生而又同时错落有致、脉络清晰，从而共同构筑成人类服饰文化学的整体。

文化的概念，从广义上说，是指人类社会历史实践过程中所创造的物质财富和精神财富的总和。文化是一种社会现象，也是一种历史现象。文化具有：①超自然性，是人类通过劳动使自己的主观意识客体化，而适应自我要求的活动；大自然中的自在物不属文化范畴。②超个人性，是人类群体活动体现的，并为人类各群体所共有。③传承性，即世世代代自然沿袭。④整合性，是由多元的文化元素构成的完整体系。⑤文化的精神成果部分以符号作象征（如服饰款式）。⑥变异性，文化是发展演变的。⑦反作用力，文化既是一代人创造的成果，又反过来影响一代人的生活与思想。

一般说来，历史学家给文化下的定义，是表示一个民族在某个特定时期的思想、成就、传说和特征的综合形式。英国历史学家阿诺德·丁·汤因比、美国历史学家爱德华·麦克诺尔·伯恩斯和菲利普·李·拉尔夫等，基本上都对文化定义持有这种观点。德国历史学家奥斯瓦尔德·斯宾格勒，则把一个伟大民族或国家处于鼎盛时期的社会的形式和用智慧的形式当作一种文化来描述；而把它历尽其鼎盛时期从而变得停滞不前、萧条不振的时候，作为一种"文明"来描述。

服饰是文化的产物，又是文化的载体，而且所有的服饰都是人类物质创造与精神创造的聚合体即体现着文化的一切特征。

但是，对服饰文化的概念的界定，却应该从服饰是历史文化的积淀、服饰是文化的表征的结论更向前并更深入地发展一步。

这不但因为服饰具有物质文化与精神文化的两重性，而且其复杂性还在于服饰作为物质文化，其中渗入了精神文化的内涵，而作为精神文化其中又涉及物质文化的内容，它们相互依存、相互渗透。例如，服饰对于人充当社会角色时，就其行为说应该属于社会学范畴，服饰发挥着物的应用性；但是它又呈示出某种人生仪礼，成为民俗事象，这无疑属于精神文化的范畴。可是，服饰虽是民俗事象，在工艺设计中却又要考虑物质材料的运用问题，因而又是物质的。服饰美当然属于美学范畴，应该是意识形态方面的，但在营造服饰美时，自然又涉及物的组合关系（服饰材料的巧妙运用）；更重要的是，服饰美不是孤立的，在宏观上要放在人类社会文化大背景下体现；在微观上要反映个人性格、心理活动，必然又牵涉社会学（包括伦理学）、心理学等学科。这是显而易见的。

人类对服饰理论的研究，大体经过三个阶段：首先是认知阶段，因而带来了对服饰史、服饰考古的深入研究；其次是应用阶段，有关服饰礼制（表现在官书上最明显）、设计工艺方面的著述甚丰；最后是思考阶段，即对服饰进行文化性的考察，先是美学、心理学，后进入多元文化学的研究，形成人类服饰文化学的体系或工程。当然，服饰学理论研究每一阶段的热点，都与服饰应用学方面的研究并行不悖，因为人类天天是要穿衣吃饭，而且追求更好一些的。

在以往有关服饰的著作和文章中，有一种偏重于谈服饰艺术的研究倾向。这只是因为看到服饰是以艺术的形式出现，而现代人又更多地喜欢在服饰面前谈美的。如今，有关研究者已经意识到这个问题，深感服饰包容性的广博。但是，服饰理论等于服饰美学的观点，仍然成为学术界一种比较定型的思维模式。

美国玛格丽特·米德著《萨摩亚人的成年》和《三个原始部落的性别与气质》、美国自然历史博物院人类学组研究员罗伯特·路威所著《文明与野蛮》，以及美国约瑟夫·布雷多克著《婚床》，都从新的视角审视人类文化，这种研究方法使我在服饰学的探讨上受到极大启发。中国人刘晓纯著《从动物快感到人的美感》、王生平著《"天人合一"与"神人合一"》以及其他大量的社会心理学、传播学、民俗学专著，也都使我坚定了服饰文化学必须走自己的路，并自立学科的信心。人类服饰文化学并不是表面庞大与虚妄的臆说，它是从隶属于文化的几个重点学科的纵横交错网络效应中去发现并获得真理的。

本书在组构人类服饰文化学框架时，选取必须涉及的几个学科做支柱，同时为了更集中地突出其文化内涵，又对所交叉的中项学科在内容上有所取舍或增益。因此，本书设置了人类服饰史、服饰社会学、服饰生理学、服饰心理学、服饰民俗学和服饰艺术学各章节。

对我说来，这自然是一项艰苦的系统工程。因为它既是纵贯的，又是横通的；既有西方经典著作意到笔到、如茧抽丝的方法，也有中国史家纪、传、志、表的文本结构；凡所涉及的学科必独立成章，各学科的关系又承前启后、左右照应；既不偏离"文化学"这一中心线的走向，又对相关学说作交叉阐释。而为了阐述的系统性并提供参照系，本书开宗明义，首先设置了人类服饰史作第一章。服饰史的论述采用了广义历史学的观点，而不是就服饰发展史谈服饰史，这里将服饰的时间历史学与空间历史学并重，从而构成由人类各阶段各地区所形成的整体服饰史。

本著作选择了服饰生理学而未包括服饰经济学；将服饰美学与服饰创作合并为服饰艺术学；打破了服饰史的东、西方分立式，而从统括的中心分层式去构思人类服饰是本书即人类服饰文化学独特的结体形式。

至于说不包括服饰工艺学，其缘由与本书舍弃服饰经济学基本类似，因为服饰裁剪制作是纯技术性活动，它面对的也只是物质材料。而服饰文化学的内部分支，均有对文化的绝对从属性。它们既是相对独立的、不可替代的，又都与文化有着关系性的或层次性的联系，包括文化元素，受文化制约以及构成人类大文化的种种特性。

首先，说生理学似乎是属于自然人类学，或体质人类学范畴的，恰恰与文化人类学相对应。而我们的服饰文化学又是本着文化人类学的主旨去进行研究的，从表面上看，好像这种设置不合理；从字义上看，更显牵强。那么，我提供给读者一个最简便易行的理解方法，就是在生理学前面，加上"服饰"二字，这样就顺理成章了。因为服饰是穿戴在人的身体之上，假如脱离了人体，服饰就改变了本身的性质，而成为名副其实的工艺品了。生理学是贯穿服饰文化学的生命线，由生物的人与服饰结合才构成着装形象，并引起人的心理上一系列活动，甚至影响了人类服饰的生成与发展过程、结果。所以，论述服饰文化学，如果不涉及服饰生理学，那无异于纸上谈兵。

经济学是研究各种经济关系和经济活动规律的科学，如政治经济学、工业经济学、农业经济学、旅游经济学等。经济是基础，文化是上层建筑。因此应该将服饰经济学看作是在服饰文化学中相对独立的学科，两者之间有着一定的联系。可是，本书在论述文化学时，并未回避有关的经济问题。我们将其放在服饰社会学的章节中，作为社会中一种经济活动来研究。这就使其与文化学有了密切的联系。对服饰工艺等也是如此，有关问题则放置于服饰艺术学之中。

在近现代的心理学研究著作中，出现了部门学科"社会心理学"。有关专家认为："社会心理学，是从社会与个体相互作用的观点出发，研究特定社会生活条件下个体心理活动发生发展及其变化的规律的学科。"社会心理学与其他部门心理学是并行的，可是其中对于社会规律的强调，实际上已经较多地涉及社会学。考虑到服饰作为客体时所体现的社会学性质和内容，而服饰对于着装者心理又引发一系列活动，心理却是属于主体（与前述客体相对）的活动，因此，在论述服饰文化学时，还不能将二者笼统地放在一起，尽管社会与心理在服饰上也不可分，但是在其形成与日常使用之中，事实上存在着差异，因此分而论之更为科学，更为明晰。况且，在学术上，社会学与心理学早就是分立的两个学科。

服饰文化中的审美活动是普遍的，而且有着强烈的效应。审美活动在某些内容上与心理学不可分。如果只单纯突出服饰的审美心理，那就将其放到心理学章节中即可，但是，服饰不同于其他文化事象，更具体些说，不同于一般艺术欣赏。对于山川树木的审美注视，当然不存在审美对象本身的创作活动问题。即使是面对一件精雕细刻的玉制艺术品，审美对象本身也不会有任何创作活动。服饰却与众不同。虽然服饰品本身也没有创作活动，但是当服饰与着装者合为一个完整的着装形象时，从着装形象受众的角度去审视，实际上就已经存在着审美对象自身所具有的艺术创作活动了。因而，就服饰来讲，审美和创作二者不可分。将服饰审美和服饰创作合二为一，是从实践出发的。将其定为艺术学，是为了避免单纯强调美学和美术创作的片面性，防止服饰研究偏离了服饰的文化整体性。

从前的服饰史，都是采取东、西分立式的。由于服饰学的研究发轫于西方，所以在论述服饰史时，往往是以西欧为中心，其源头追溯至希腊、罗马。而希腊服饰离不开地中海的文明，所以将最久远的服饰一直溯到北非埃及以及西亚的美索不达米亚。尽管这种起始并未限于欧洲，好像也包含了北非和西亚。但是，在此以后的一系列研究服饰演变的专著中，基本上都是以意、英、法、西班牙等西欧国家的服饰为主的，并未涉及东欧和北欧，或是涉及得很少。基本上不包括东亚、东南亚和非洲撒哈拉大沙漠以南的各国。至于美洲和大洋洲土著居民的服饰更不被纳入世界服装史中。这就说明，以往的世界服饰史在内容安排上存在着一定的缺憾。实际上，即使非洲埃及之外的地区和东欧等地服饰进化、演变较为平缓、微妙，可是作为东方大国，中国丰富多彩的服饰还是在悠久的岁月中对东亚各国服饰产生过重大影响的。也许正因这样，中国在 20 世纪 80 年代开放以来，就涌现出好多研究中国服饰史的专著。至此，服饰史上的东、西分立式才正式确立。

我认为，要想真正研究服饰史，就必须以全人类服饰史为立足点，以此来纵观具有真正世界意义的服饰的起源、发展和演变。当然，这只是一个首创性的工作，因而在掌握资料、进行研究和论述上都是十分艰巨的。既要打乱分立的各自叙述，又要重新组构。要以世界各民族服饰为基础，寻求共性，再划分时代。现在，我将服饰史划分为 14 个部分，11 个时代，力求全方位地论述各民族的服饰发展。尽管目前还只是一个尝试，但我想在人类服饰文化学的研究方面是向前迈出的大胆的一步。不能尽善尽美，是艰苦探索中无法避免的遗憾。

我在写这本书时，力求各章都有其论述重点，但各章之间又有着有机的联系。

第一章人类服饰史，是在纵向论述人类服装与佩饰的发展过程中，突出服饰的分类研究。本书将服饰演化分为 11 个时代，即草裙时代、兽皮披时代、织物装时代、服饰成形时代、服饰定制时代、服饰交会时代、服饰互进时代（分前期和后期两节）、服饰更新时代、服饰风格化时代、服饰完善化时代和服饰国际化时代。为什么要这样划分？其理由是：全人类的服饰演变史，不可能像一个国家或一个地区那样为某一历史时期或某一历史事件所左右。要找出有明显共性的时代特征，只能以服饰的演变特色做体系性分类。依据的理论基础，是物质文明的提高、战争波动面、民族迁徙、艺术发展、有代表性的社会思潮以及民间风俗的传承。其间遇到的一个首要问题，即全人类经济与文化的发展极不平衡，服饰也因其所处区域的自然气候、地理环境不同而相差悬殊。选取有代表性的服饰潮流，同时兼顾各地、各民族的服饰发展，从而理出一条人类服饰发展史的头绪，这是本书第一个探索的中心，或者说是特点之一。

服饰社会学是本书第二章。从这一章起正式进入人类服饰文化的理论研究，服饰社会学的内容，主要分为六节，即服饰社会性的外因——总体环境；服饰社会性的内因——潜性评判标准与有意教育，社会角色的标志——一般社会角色与特定身份标志；时装流行——社会对人的个性的制约与宽容；服饰在社会中的商品化因素；服饰对社会语言的影响。全章将重点放在服饰的社会性问题之上。因为服饰要穿戴在人的身上，而人即使保留着不同程度的自然属性（生物属性），但绝对不可能缺少他的社会属性。这种社会文化对服饰的制约是全面而广泛的，服饰的社会性永远是服饰所具有的特性，就像文化永远是社会的文化一样。因此，服饰的社会性对于服饰的诸种特性来说，具有更广博的涵盖性，所以在叙述服饰史之后，论述服饰与诸学科的联系之前，要将服饰的社会性放在首位。当然，有的服饰问题非常复杂，如中国明清两代官服上的补子，它既是社会身份（文武官吏）的标志，又是特定人员的等级符号（如一至九品的品级）；同时是服饰的演化现象；并且，作为纹饰来说，它的图案又有其必具的艺术性。因此，本书在服饰史、社会学和艺术学中，都各有侧重地展开论述其不同内容和作用。这是极自然的，假如认为从词句字面上看起来有些重复的话，那也是不可避免的。不仅服饰如此，任何事物都具有类似的复杂性。

有关服饰生理学的某些问题，学者曾提出用"服装卫生学"加以概括的主张。日本弓削治、庄司光和中国欧阳骅的专著，都以此为名著书立说。由于本著作立意于人类文化，而"卫生说"似侧重于服装的医疗保健作用，所以采取了服饰生理学的提法，并把它设置在服饰社会学之后，服饰心理学之前。因为对于个人，或将每个单体人看作单体着装者来说，都是统一或包容在社会之内的。每个着装者关于服饰所产生的心理活动，当然也被统括在服饰的社会性之中（尽管它又会分出若干类型）。这就牵扯到单体着装者的个体活动了。对于每一个活生生的人来说，他的心理活动，自然是负载在有血有肉的形体上。服饰与人发生关系，应该说首先是人的生理部分。有了生理的体验，才有可能撞击出心灵的火花。基于此，我们在服饰生理学中，主要设置了七节，即服饰与生理关系的第一特征——适应人体结构；服饰与生理关系的第二特征——适应生理机能；服饰与生理关系第三特征——适应人体体态；服饰与生理关系的第四特征——适应生态环境；服饰的生理障碍表现；服饰的调节机制——再创超自然；服饰形象对人躯体的人为塑造。这一章是围绕着装者的生理特征，即所谓"衣服架子"来展开论述的，是为服饰心理学和服饰民俗学、服饰艺术学做好铺陈，以此确立服饰文化学的科学性。

在服饰生理学之后，自然引出服饰心理学，即本书第四章。这一部分内容最为人们关注，包括文化学者、设计师和所有的着装者。因为人类在服饰上反映出的心理活动非常鲜明，而且几乎每个人都十分敏感，因而表现得活跃又纷繁万千。本书在服饰心理学中，没有依循以往对于服饰心理现象罗列并作区分论述，而是力求向更纵深处开展研究，以求进一步探索出服饰心理活动的规律。除了概述和小结以外，主要分为三节，即服饰物质与人的意识活动构成的心理反应；服饰与人整体性决定于三大心理环流体系以及服饰心理活动的三个层面。因为每一节中包括的内容较多，所以将其概括在三个小节之中，再层层推进。服饰心理环流体系是前人没有做过的服饰心理过程的分析。

服饰民俗学是本书第五章。这涉及服饰文化的直接的现实。由于服饰观念与服饰形式，实际上永远是民族的，也就是永远处于某一民族的风俗境界之中。服饰是民俗的产物，也是民俗的载体。服饰必然具有惯制性，所谓"惯"也就是约定俗成，并世代传承。中国正史"二十五四"和《清史稿》，其中 10 部书中有《舆服志》，其内容主要反映历代的官服制度。西方贵族社会阶段，也都有不同的"节约法令"，以便遏制平民和商人的穿衣打扮。但在民间，人们自我表现的欲望又使他们在其他方面去寻找出路。他们按照民俗的惯性制作并穿用服饰。而作为着装者来说，自然绝大多数是普通人民。这就是说，《舆服志》只记录了服制，而是民俗决定服制。服饰社会学把服饰放在人的社会关系中进行研究；服饰民俗学则是把服饰放在民俗风物中观察分析。前者目的是取得社会价值；后者仅仅是追求心理适应。前者能转换为物质利益，后者只能把满足精神需求放在第一位。在服饰社会性上，绝不会颠倒是非，因为社会标准是很现实的；可是在服饰的民俗性上，却可能"以非为是"。在祭神祀祖、祈福求祥、避邪驱魔、免灾去病、招魂厌胜时所穿用的服饰很多就只是遵循民俗性，而不必专门去考虑社会性。在服饰民俗学一章中，主要有五部分，即服饰是一种民俗事象、服饰是民俗的载体、服饰惯制、服饰民俗禁忌、服俗的演变。

服饰艺术学是本书第六章。主要分为四个部分，即服饰形象的三度制作、服饰艺术的工艺风格、服饰设计师与服饰设计流派、服饰意境。服饰当然应该依据美的法则塑造形象。因此，服饰美学一直是学术界在服饰学领域研究的核心。但美学属于哲学范畴，是最高抽象及审美法则。因此，服饰研究史上常用服饰美学代替服饰文化学。实际上，服饰美学只能包括在服饰文化学之中，而不能代替服饰文化学。服饰美学是就服饰美的概念而言，它有所外延，但毕竟有学科的质的规定性，否则就不称其为美学。

人们在研究服饰文化时，会发现一种奇怪的现象，从起源很早的古希腊美学到中世纪美学，再到文艺复兴时期美学，所研究的对象包括了诗学（文学及戏剧）、音乐、舞蹈、雕刻、建筑、绘画；唯独没有人人须臾不可分离的服饰。近代服饰美学是以对自然、人体、社会行为诸方面审美规律的推移和发展去进行研究的。中外过去的服饰美学专著，可以说是服饰文化学的先河。两者并无矛盾，只是服饰文化学所涉及的正是以上学科范畴的扩展。没有前人服饰美学的研究成果，就不会产生今天的服饰文化学。这是历史事实，也是作者在执笔时往往深为感动的。

本著作对服饰美学与文化学也好，对服饰社会学与心理学、民俗学、艺术学以及服饰史也好，都没有进行机械的简单组合。这是因为在论述中特别注意到分支学科的综合或交叉研究，自然其中也包括了比较研究。为了比较，本著作提出了人类服饰文化圈的立论。服饰文化圈不是地理空间上的服饰文化区，而是有些接近服饰文化丛。这是指在一定时间中形成的具有相同或近似的文化特质的平行服饰丛。它可能是一个也可能是几个服饰文化丛。它是文化特质归纳，而不是空间概念的划分。这样确定了同类服饰文化的坐标，就会便于审视和进行历史（纵向）、类型（横向）的比较。何以如此？因服饰文化既是历史积淀，又是文化的固置形态。前者为"惯"，后者为"制"。纵、横与动、静的不同形态都在这两点的交叉上呈示出来。

《人类服饰文化学》是我企望研究并献给人类兄弟姐妹的一部探索性的著作。这项工作不一定能做得理想。以文化而论，现代就有文化动力学、文化形貌学、文化地质学、文化心理学、文化相对论、文化唯物论、文化演化论、文化生物学、文化生态学、文化平行论等，可谓百家争鸣，语高旨深。而现代有名的服饰设计师、经营者、时装模特和工艺匠师，据美国乔治娜·奥哈拉的《世界时装百科辞典》统计，已多达 400 人以上。同书在服饰流派上，除去古典主义与新艺术派之外，还有立体派、光效应派、野兽派、俄罗斯派及日本风格派种种。我对人类服饰文化学的研究，同以上这些人物、论述所取得的成果相比，无疑是刚刚萌发的一朵小花。我热切希望关注它的人们给予扶植。

我仅仅感到慰藉的是人类兄弟姐妹太伟大、太亲切了！这一点，你们将会从服饰晨曦中走来的祖先身影上感觉到。

华 梅

1992. 6. 12

人类服饰史概述

服饰和人，如影随形而俱来，构成了服饰史。

人类创造了服饰，同时又在享受服饰；

服饰堪称人类巨作，反过来成为物化的人。

着装是人的文化，着装形象是文化的人。

如果说，历史就像江河，从若干个源头那里汩汩地流淌出，最终汇成一条巨流。翻滚着、喧闹着，以奔腾澎湃的气势涌向大海……那服饰就是其间闪光的浪花。

如果说，历史宛如画卷，记录下气象万千，精彩的人生；五颜六色，幻化无穷……那服饰就是卷中的诗篇，画中的生命。

服饰史，人类文明演变史的精髓。它是人手和人身共同的创造物，服饰裹着人，伴着人，与人类共生存。

论年代，它久远得几乎与人类同生；

论范围，它广泛得可谓与人类同在；

论内容，它丰富得使其他艺术根本无法与它相比；

论价值，服饰史折射出历史的人类，丰富了人类的生活与文化。

人类服饰史，就是人类文明史在人自身演变中所体现的全部文明的印痕；

人类服饰史，就是以艺术的构思与手段，谱写的严肃的历史诗篇；所以说，服饰史在文化人类学研究中所占的位置，远比陶瓷史、青铜史、文学史、哲学史等要长久、形象、全面得多。因为人类要生存就必须穿衣吃饭。

人类服饰史，好像是一条锦绣铺成的大路，虽也曲曲弯弯，但毕竟来自天边，走到眼前。人类的全部文化结晶与心态，就落到这一个点上……

作为服饰文化学的重要内容和构成成分，人类服饰史是史书、是镜面、是脉络、是基石；文化学的首页，即从穿衣吃饭开启。

从人类中有"有饰无服"的部族，却没有"有服无饰"的部族这一着装事实来看，只能说在人类服饰之中，饰早于服，而并非先有服而后有饰。

人类服饰史，就从一串贝壳、兽牙、鸵鸟蛋开始，它就像那滥觞于泉源，直至形成宽宽的河床和波涛汹涌的河面。

人类服饰史为我们研究服饰社会学、服饰生理学、服饰心理学、服饰民俗学、服饰艺术学及服饰文化圈比较等理论，奠定了纵贯横通的基础。

有人说，历史由时间和空间构成，研究历史，无疑相当于做一次时间与空间的旅行。这一种纵横交叉的说法，或许用在人类服饰史上很适当。但是，它还不能完整地说明史，更不能全面地概括人类服饰史。

人类服饰史，力图从几方面去理出人类创造服饰的头绪，并以较为客观的叙述和分析还历史以真面目。同时，尽可能关照世界各个角落未形成大规模影响的民族、部落服饰，以使论述尽可能地完整与系统化。

（一）人类服饰史断代

就历史而言，通常的断代方法，是从旧石器时代、新石器时代开始。石器时代以后的断代则因各国教学科研需求不同，而有各自不同的分法。按纪元、按朝代的分法比较普遍。

服饰史由于有自己的文化特征，所以按朝代、按纪元分，都会显得太琐碎，太零乱。加之服饰风格的大幅度演变不是严格地按纪元来断开变异的，也不完全由朝代更换所决定，因此，这种断代法显然不适用于服饰史。况且，人类服饰史要接触到整个世界发展史，更不可能以朝代和纪元来硬性分割。

人类服饰史纵贯古今，至少从 5 万年前直至当代。

为了条分缕析地分割出人类服饰史的各个历史时期，我们采取以服饰成形的形式来断代的方法。如草裙时代、兽皮披时代、织物装时代等，这样可能基本上符合服饰发展历史的特点。

但是，这种以服饰形式来断代的方法，是否就非常理想呢？当然不是。例如，草裙时代，在一些地区和国家中，草裙属于万年以前的服装，而在另一些地区和国家中，草裙一直穿到 20 世纪。这就需要，既然称为草裙时代，就以它诞生的年代为准，以它普遍穿着，在人类服饰史中具有典型分期特征的年代为主要参考点。而且，作为时代来说，它必然是与其他时代相对照而言。有些国家或有些原始部族至今仍着草裙，那就说明了他们的生活方式和着装水平仍然停留在整个人类的原始时期。服饰史上只能解释为数千年来由于地处偏僻、信息闭塞、生产滞后等一系列原因，因此仍然保持着草裙时代的服饰样式。

在文化人类学中，服饰不是孤立存在的，它必然要受到生产力发展和意识形态特征的诸多社会因素的影响。可是人类服饰史，不同于一个国家的服饰史，只要按照改朝换代或其他重大政治事件的发生，就可以基本上总结出服饰的时代风格。全人类在社会生产的发展上极不平衡，在社会意识领域中的积淀与变异又相差悬殊。因此，仅根据奴隶社会或中世纪等具有某一地区特征的时代变革概念去断代，势必无从下笔，也不可能就此概括其他国家及地区的服饰风格。

人类服饰史，需要从世界文化史的主线上去寻找一条能够充分体现服饰创造的脉络。然后，就社会人、文化人对服饰的需求、对服饰的创作与热情的演化过程逐一予以"抚摸"（熟悉与欣赏）、"提纯"（择其要点）、"编织"（分章列节以断代和划分区域），最后"成型"（使人类服饰史得以成立）。这个研究过程，是艰苦的，但艰辛中也有愉悦，也有幸福，也有激动。人类在服饰创作上走了那么长的路，确实创造了辉煌。当面对人类服饰史的断代问题时，会感到它博大深远的主题，已经为我们展现出一幅不同于某一国家服饰史的断代表格。

人类服饰史断代以其非同寻常的形象，显示出非同寻常的气魄。

（二）人类服饰史划界

由于人类服饰史是包揽了全世界七大洲以及所有海洋岛屿上居民的服饰，因此，除却以上提到的断代特殊情况之外，还存在着在同一时期如何划界的问题。

无论是以纪元年代来确定几乎同一时期的人类服饰创作和穿着情况，还是以服饰特定风格去分析人类服饰创作和穿着情况，都必须将人类大致上按照相同点划分一个区域或称界限。否则的话，即使在同一个时期，人类分成若干个群体生存，创作和穿着各式各样，宛如人种或单体人形貌一样千差万别的服饰，也难以眉目清晰地概括出服饰创作在同一时期的异同之处和独特风格。如果没有单独的某一区域的服饰风格，那人类服饰史的时代风格根本无法总结出来。因为时代风格不是凭空而来的，更不是虚设的，它必须以某一时期众多现象中所抽象出来的典型为对象，这样，时代风格才可以产生。例如，中国商周时期的青铜器，以怪兽、云雷为饰，以双勾线成形，以敦厚庄严为其整体特色；同一时期的漆器、石器、玉器乃至陶器和丝织品造型虽然与青铜器不尽相同，但纹饰内容和纹饰表现方法，与青铜器几近一致。因此说，这一时期的纹饰主题和表现手法有着鲜明的共同的时代风格。

具体到人类服饰史上，也需要从各区域服饰在同一时期的表现（服饰创作风格）归纳出服饰的时代风格，但是，在这种归纳的过程之中，不能不分区域地一概拢来，而需要将其加以必要的分界，或称分块，使其纵横清晰，层次分明又互相联系。

这种划界应该是灵活的，也就是说以时代为纲，重点追寻各个时期的服饰艺术走向，不是分析几个区域的同异。所以，在每一时代中，根据当时的服饰分布和发展情况，确定分界，以求得表现出这一个历史时期的服饰风貌。如果从始至终以同一种划界方式去分析服饰，就会丧失时代风格演变的阐述，而盲目误入服饰区域的比较学中。

人类服饰史，是历史学的一部分，任何划界方法，划界中任何的变化，都是为了服饰史一条主线的明确。这一点至关重要。

（三）人类服饰史侧重点

每一种事物的发展都有其自己的独特性，服饰史当然不例外。

人类服饰在自身发展演变中，是十分丰富的。无论从哪一个角度来讲，它都呈现出一种立体态势。客观情况就是这样。

因此，如何有所侧重地论述服饰演变特点以及服饰风格在各个时期的表现，就成了一个十分重要的问题。

侧重，意味着向一方倾斜。这种侧重和倾斜不能毫无根据地进行，更不能挂一漏万。严格考虑到服饰的特点，是一个绝对重要的关键。关于人类服饰史中的侧重，可以从不同角度和具体情况上来区分。

从区域来说，以欧亚大陆为重点。因为从服饰演变来看也罢，再扩大到人类文明史演变也罢，欧亚大陆的历史演进特征显著，层次分明。从数万年前至20世纪，欧亚大陆的服饰风格跨度很大，而且始终也未停歇这种演进的步伐。欧亚大陆的服饰更无疑是厚实的，是千变万化的，当然又千变有宗、万化有法。欧亚大陆的服饰完全可以作为各自独立的服饰史成立，同时也被人们将其整合起来而归纳成世界服饰史。欧、亚服饰的演变基本上代表了人类服饰的文明高度。

这种侧重不等于轻视非洲、美洲和澳洲等地的服饰。将它们与欧、亚大陆的服饰演变加以比较，就会发现非洲、美洲和澳洲等地的服饰自古至今，虽有变化，但变化的跨度并不是很大。例如，非洲的服饰基本上处于停滞状态，特别是东非与南非；美洲也是这样，当殖民者的枪声惊破了人们的田园梦时，人们的服饰在经过一段痛苦的挣扎与扭曲以后，就开始被殖民者的服饰所同化。只有一小部分地处偏僻的人民未被影响，但是他们自身的演变又非常缓慢。除此以外的其他区域中，如太平洋岛屿，尚有一些处于原始生活方式中的居民，其生活环境乃至服饰都几乎保持着原生态。这是服饰史的现实。

从年代来说，人类服饰史中所涉及的内容，以古代为主。因为在整个人类服饰史中，古代的年代最长，服饰的演变脉络以及区域风格都非常明显。而近现代以来，由于国家与国家之间的交往日益增多，所以区域间的差异程度越来越呈模糊形态。杂糅、同化的服饰形象几乎一直影响到北极。

当代的服饰风格又瞬息万变。就在撰写人类服饰史到本书问世的过程中，可能服饰在世界各个区域内都会发生或大或小的变异。因此，当代的服饰只能谈论，却难以做出既有概括又有分析的总结，倒是可以在服饰史结尾部分，对当代服饰的未来前景加以展望。

从民族来说，将重点向人数较多的民族倾斜，这并不等于歧视少数民族。只是因为人数较多的民族服饰往往涵盖面大，因而影响也大，在某些方面看来，举足轻重。当然，从总体上这样安排，并不会因此缩减对于少数民族服饰的论述。相反，由于少数民族服饰更具艺术性和独立性，所以从人类文明发展的角度，抑或从服饰艺术创作的角度来看，都有着不寻常的价值。

民族服饰上的侧重，采取河流与湖泊并存的方法。即河流有主干与支流之分，除了贯穿古今的服饰主流以外，有一些少数民族服饰在某一历史阶段中起到重要的作用，或是一些少数民族的服饰在较长时期中造成影响，这些可以并入主流，但又可以从主流中分支出来。总之是以主流为主，但是主流的服饰是以历史作用来界定的，并不根据某一民族，无论其民族人数是多还是少。

所谓湖泊，意指它虽然也可能与河流相通，但基本上处于独立状态。由于对外交流少，信息闭塞，因而绝好地保留了本民族服饰风格，且在一定时期之内，或是数千年中都始终保持着这种稳定的风格。其社会文化所呈现的自然形态，类同大地上的湖泊，静止而固置，虽与河流互通，但并不汇入大河的奔流之中（一旦汇入，其本身便消失了特性）。

再一点，少数民族人数少，可是部族多。仅目前发现而被国际有关研究部门确定名称的就有 1000 余个，正在发现和尚待发现的少数民族还有很多。因此，不可能将所有少数民族的服饰都一一列举出来。考虑到这些民族的服饰有些与其他民族服饰风格相近，有些是融合了邻近几个民族的特点，所以只能择其重要的有代表性的民族服饰予以论述。其他民族在近代以后已经与外界沟通，可是仍有民族艺术特色的服饰，也简略地加以概括介绍。

虽然一个民族的成员可能包括不同人种，中华民族就既有蒙古利亚人种，也有欧罗巴人种，如俄罗斯族，同一人种也可分为不同民族，但是，民族概念与人种概念并不相同，前者的社会性较强，而后者的自然性明显，因此在人类服饰史中论述服饰，还是以民族为接触点。

民族服饰绚丽多彩，但多彩之中，也说明了它的复杂性。于复杂中理出头绪，这是人类服饰史研究中重要的一环。

从性别服饰来说，以女服为主。当然这并不等于排除男服在某一时期或某一范围内比女服鲜艳考究并影响面大的事实，但从服饰发展整体来看，女服在造型新颖、色彩华丽、纹饰丰富、做工精良而且流行周期短、流行特色鲜明等诸方面，显然都比男服更为突出。

在服饰演变过程当中，男服较稳定，这显然与男性在绝大多数时间与区域内占主导地位的因素有关。男性的地位导致男服相对稳定，这主要表现在两方面：一是男性社会地位占据高层的多，因而服饰必须体现其权威性，不宜朝成暮改；二是男性从事重体力劳动的多，不可能将精力过多地用来注重服饰，或者说也不能够在劳动中穿着过于繁缛的服饰，因而相对简练。

综合以上两方面的原因，最重要的是男性无论官居高位还是地位卑微，总是活动在社会大舞台之上，不像大多数的女性那样，在较长时期内守在家中。由此而引出的因果关系，就是男性将女性作为欣赏对象。女性在长时期内被作为欣赏对象，而又没有来自己方的经济收入和相应地位，造成了一种"女为悦己者容"的历史事实。尽管如今有很多女性已经不必依仗男性（父亲、兄长、丈夫、上司）过活，但长期形成的习惯，仍然支配着女服尚时髦、尚精美的意识。漫长的古代，孕育出不计其数的女服款式与女饰造型，这些是人类服饰中格外耀眼的部分，宛如长虹般丝带上闪烁的珍珠。

从不同年龄段服饰来说，以成年服饰为主，尤其是中、青年服饰为主要叙述点。

中、青年着装者，正处在事业、求偶兼顾阶段，因而服饰在这一年龄段格外受到重视。在服饰历史长河中，自然也就以这一年龄段的服饰风采最为醒目，最为繁复，同时最有活力，因此也就最具代表性。

与中、青年服饰相对而言，老年服饰较为简洁、大方，且有一部分服饰基本与中、青年服饰相同或相近，所以在服饰史篇幅中，老年服饰比中、青年服饰明显小，是合乎事物发展规律的。

儿童服饰较中、青年服饰影响要小，而且由于生理特征决定，如需要肥大，或穿开裆裤等方面没有民族区域之分，因而在人类服饰中也存在雷同现象。再有相当一部分少年儿童服饰有明显成人服饰的缩微倾向，也无特色可谈。

不过，需要说明的是，儿童服饰的艺术性不能低估，因为其中深深蕴藏着一个民族的文化内涵，成年人总想把最好的祝愿留给孩子，所以在孩子服饰上往往集中了一个区域的文化概念，而这些又通过艺术的手法表现出来。由于儿童服饰的文字资料和形象资料比成年人服饰都要少很多，因此，一般服饰史中总是不涉及儿童服饰，或是给以极小的篇幅。

本书拟以最大的可能对儿童服饰进行足够的叙述与研究，因为儿童服饰的文化意义在服饰文化学中是不可忽视的重要组成部分。

从军民服饰的比例来说，毫无疑问是以民服为主，这从以上内容中也不难看出。就着装者的人数比例来看，军服也不可能与民服相提并论。

军人本来就来源于民众，军人穿上统一的军服以后，就外显形式来看，已明显区别于民众。军人的服饰是各具特色的，一般会因国、因时、因场合等条件变异而变异。军服中的作战服饰还属于实用性强的，因此较为简单，军礼服代表着一个国家的实力和形象，因此总是格外讲究。从军服发展演变的情况，不难看出其总体风格与制作水平都是和同一区域同一时代的民服成正比的。民服崇尚俭朴时，或说国家经济不景气时，军服也不可能太华丽；民服相对讲究时，或说国家经济繁荣时，军服也会相应地考究，与民服一起呈现出富丽且有朝气的风格。以中国为例，就会很清楚地看到唐代国力强盛，民服以华美新颖为主流，同时的军服也是绣花雕兽，绚丽非常。而宋代国势趋于下降，民服尚俭，同时代的军服也以素雅简洁为基本风格。这种军服与民服处于同等发展水平的情景，普遍存在于很多国家和时代之中。

从官服与民服来说，有时需侧重于官服，有时却需侧重于民服。在帝制社会时期，官服等级森严，做工考究，造型与色彩均有严格规定，相对民服来讲，特别是与民服中的男装相比，要比民服男装复杂得多，包含的文化内容也大得多。在这种情况下，当然以官服为主。

有些时候或有些地区，如共和制政体中，官服形制虽有规定，但形式比较简单，不如民服中因着装者个性突出，各自独出心裁，因而丰富多样、灵活善变；还有些地区，如处于原始生活方式的部落，生产力低下，观念素朴，仅仅表现出朦胧的服与饰意识，也就自然以我们所说的民服为主了。

官服，是指官员工作时间和对外交往等正规场合时的服饰。当官员休息在家时穿的便服，也就是当时当地民服了。这样看来，官服数量之少根本无法与民服相比。在官服或民服的有意侧重时，只对特色鲜明的官服有所侧重，官服特色不鲜明的服饰，与文化特征显著的民服相比时，也就侧重于民服。

从服装整体各部分内容的比例看，侧重于主服。当然，有些服饰形象是由主服、首服和足服共同构成的。但就整个人类服饰史的内容来说，还是主服所占位置重要，变化也相对要多些。因为就一般现象和规律的观察分析，一个完整的服饰形象，可以没有首服和足服，却不能没有主服。只有首服或足服，不穿主服的情景不是绝对没有，这在本书民俗学服装惯制中有详细论述，但毕竟是个别事例。因此，就服装整体形象本身说，当然是以主服为主。这是主次之分，自然而然。

从衣服和佩饰来说，以衣服为主。这一点很重要，尽管佩饰在整体服饰形象中一般是不可或缺的，而且很多民族只有饰而无服，但饰件仍多是衣服的附属品，或心理上以饰代服。而且从对服饰的深入研究中发现，全人类衣服，虽说不外乎上衣下裳或上下连属，但质料、造型、色彩、纹饰的差异表现在各区域各民族之间，最突出的是衣服，所以才形成区域风格、民族风格或时代风格。

与衣服比较、佩饰的质料、造型、色彩、纹饰虽然也是各有各自的特点，但出于人对物的"天然选择"，因而走势往往异中有同，如贝壳饰，几乎绝大多数民族或早或晚都佩戴过；金、银、珠宝、玉石等也是遍布全世界，质料相同的地方很多。但是中国的服装面料丝绸，开始时期就不是所有民族都有幸能够获得的，再如亚麻、海岛棉、椰丝等都有着明显的产区风格。另外，衣服在着装者身上所占的遮覆面较佩饰要大，且各民族之间大致相等，可是佩饰在有的民族中占的比重大，在有些民族中却只占很小一部分位置……

应该客观地看待服与饰。在构成服饰形象时，二者缺一不可，但又有主次之分。这就说明服与饰在人类服饰史中所居的地位应该是适当的，因此论述上要统筹兼顾，没有理由侧重于一方而忽视另一方。但是，又不可不正视的是，饰品在大多数国家和民族中，还是作为人身上的点缀品形式和品位出现，而衣服却绝对是以身体大面积遮盖物的面目和品位出现。

人类服饰史的研究，是个庞大的工程，当将它置于人类服饰文化学之中时，就不得不压缩史的篇幅而兼顾其他学科。这种平衡的需要，势必使人类服饰史实际上成为人类服饰简史或人类服饰史概要。不过，这种压缩并不影响史学部分在本书中居于相当重要的位置，这是需要肯定的。

人类服饰史的研究还必须运用新方法，因为在此以前的世界服装史研究重点，一般放在欧洲。由于欧美文化的不可分性，在研究中势必涉及美洲；考虑到地中海孕育了欧洲文明，又必然要在篇头提及埃及文明。涉及东西文化交流，亚洲服饰对欧洲服饰的影响时，也大都是以欧洲为核心的。这种研究世界服饰史的观点，起于学术界的欧洲人及其文化优越论；也与他们在研究上先行一步并大加传播有关。20 世纪上半叶，是欧洲学者率先四处考察，注重文物搜集，以科学的态度将世界服饰演变史加以整理、归纳，那时很容易形成世界服饰史以欧洲为中心的面貌。可惜人类历史与文化的发展，并非偏于一隅，这造成了当时留下的遗憾，我们对已有的以欧洲为中心论述世界服装概况的研究态度，只能表示情有可原。但是，时代发展到 20 世纪末，以这种观点研究服饰史或人类文化史已显然暴露出它是不全面的。服饰作为一种人类文化积淀不能忘记东方以及黑非洲。

因此，本书中的人类服饰史，将全人类的服饰放在同一平台上，依其时代的服饰发展特色，逐代叙述，不拘区域，不拘人种，不拘服饰质料和工艺。人类服饰史，就是全人类创造服饰的历史。

服饰社会学概述

衣服与佩饰不是自然物，而是社会经济活动的产物。即使是天然宝石，不经过人的雕琢，也难以成为理想的佩饰。从服饰来说，无论是人类起于童年时代的手工艺制品，还是现代工业机械加工的产品，从它在商品流通过程中所充当的角色考察，都明显地带有社会性。尤其是衣服、佩饰的造型、纹样及其色彩的构成、定型，大都是经过在人的头脑中一系列思维活动加以组织并生成的，而这种思维活动本身也自然受到社会诸多因素影响。从另一方面看，服饰的制作者和穿戴者都是社会的人，因而衣服、佩饰与人本体所构成的着装形象，必然成了最普遍而又最具典型意义的社会事象。这也是社会生活的必然。而且，由于作为服饰载体的人将这一类物品附着在自己的躯体上以后，是去从事或参与各种社会活动，才使服饰能够全面地展示其物质与精神的双重功能，这也就体现出更重要的社会价值。

中国历来有"衣冠文物"的说法，它与"典章制度"常常联系在一起，在中国浩瀚的史书中，每一个朝代的衣冠制度，特别是对帝王百官在各种不同场合的服饰要求都被详细而完整地规范出来，连同出行车马仪仗规格统称为"舆服"而载入史册。纵览中国史籍中的《舆服志》，几乎能清晰地看到并感受到社会的文明与文化的进程。就在此进程中，包含着宏大的历史内容，反映出每一时代的社会思潮及社会动向，特别明显的是统治阶层的思想倾向，以及人本体经过服饰的辅助功用所进行的自我调适。人进行这种调适，主要是力求完善地扮演自身所承担的社会角色。古代的君主和后妃，如埃及、罗马、中国、印度等古老的国家的君主，他们的服饰往往要经过"司服"一类官员的精心策划安排，以富有寓意又高贵华美的着装来体现出其特定的身份与尊严。因而，微至一种颜色的规定、一组纹饰的取材与构图，乃至从头到脚的服装佩饰造型都有着严格的社会意义，不仅对外显示出本区域和本民族神圣不可侵犯的相对独立体的特殊威力，同时对内即对所有臣民塑造出一种不容忽视的、有着绝对权力可以主掌生杀祸福的，甚至具有某种神力的统治者的形象，以达到攘外安内的目的。中国所谓"黄帝尧舜垂衣裳而天下治"（《周易·系辞下》）就特别提出了在塑造帝王形象时，服饰所起到的不可替代的作用。除去最高统治者以外，属于国家执法部门的一切相关人员的服饰都直接起到肃正法纪以及"助人伦，成教化"的作用，注意在对违法人产生威慑的同时，又将公正严明的印象留给所有的民众。英国法庭上法官多少年来存留着假发和长袍，意在保持法律的不可动摇性，以及根深蒂固的传统。即使是各阶层的普通百姓，也总在社会交际场合格外关注自己的着装，力求使所穿戴的服饰符合社会规范和潜性评判标准。因为，只有在此基础上才有可能取得一定社会环境中众人对自身的认可，从而为一切有意识的动机铺平道路，以尽可能有力地获取满意的期望效应。

这些说明，服饰文化绝不是空泛的，着装形象也不是孤立存在的。在所有的人类生存的区域中，所有的由社会的人和服装佩饰所构成的着装形象群中，都倾注着明显的社会观念，带有鲜明的社会色彩。无论是处于蛮荒时期的原始人，还是高度文明时代的现代人，在这一点上只有程度的不同，却没有本质的差异。只要他们拥有服饰，也就是说已懂得以衣服或佩饰来装扮自己，就再不能忽视他们在社会中的地位。尽管他们身上仍保存着或多或少永远不会消失的自然属性。人，作为社会分子，他的一切行为选择都必然被社会所制约，因此，服饰是最表面（因为它穿在人身体之外）却不是最表层（因为它有着深刻的文化内涵）的物体，研究服饰文化学除了运用服饰考古学的众多资料和考察历史规律以外，必须首先涉及服饰社会学。总之，服饰社会学是服饰文化学的重要构成成分之一。服饰社会学的定义是：以服饰作为一种社会事象，研究它在人类社会生活中的地位及其所起到的调适作用。

服饰社会学与普通社会学不同。当然，它们之间存在相当范围内的从属关系，即服饰社会学是普通社会学所研究的分目之一，应该说它包孕在普通社会学中。但是，还需看到的是，服饰社会学不仅作为一块基石构成了普通社会学的大厦，它同时还有着自己的独立性和系统性，正如釉面砖在建筑中被作为基面或墙体表层的装饰构件这一概念之外，它还应隶属于硅酸盐类物品之中。也就是说，它可以分别被纳入建筑构件和陶瓷工艺两根轨道之上。服饰也是这样，服饰社会学，连同服饰心理学和服饰民俗学等同时是服饰文化学的重要组成部分。也许正因为如此，才使服饰社会学的研究工作尽管要涉及很多领域，但是最终还是有一个明确的研究中心，这就是贯穿服饰工艺和普通社会学两条纵线，又横跨心理学、生理学、民俗学、艺术学等诸多学科的交叉点和融汇点。

从服饰社会学在普通社会学中所显现的独立的态势来看，完全有必要将服饰社会学从其隶属关系里抽出来，将它与普通社会学的研究范畴、性质和对象等诸点加以分析和对比，从而认清它的研究价值。例如，社会学的研究范畴是全社会，所有人为建立的秩序以及与此相连的机构、事象都包括在内，而且是将社会作为一个整体来进行剖析的。而服饰社会学无疑是研究服饰在人类社会中的位置与存在的必要性。当然，是要将服饰放在社会文化的大背景下，再把它单独视为一个整体。普通社会学认为一个社会是其所属各个部分的矛盾统一体，其构成和发展都依据一定的社会发展的规律。服饰社会学正是以一个构成分子的身份进入这社会生活中的矛盾和协调统一过程，在此基础上才可能追踪出社会的人制作、利用服饰，并与服饰成为不可分的着装形象的生成和衍化的规律与性质。普通社会学重点研究社会生活中人们相互之间的社会关系与所采取的社会行为，同时研究这一部分与其他部分之间的相互影响，既包括互动又包括制约的关系。服饰社会学则将重点放在服饰在社会关系与社会行为中的作用与发展变化中的因果关系上。因为只有这样，才有可能在纷繁万千的社会事象中发现并总结出服饰在人类社会中的恰当位置，而且以此奠定服饰社会学坚实的基石，以使服饰文化学甚至使更大包容量的文化人类学的研究更加深入并逐步走向丰富和深远。

服饰社会学不仅需要与普通社会学加以区别，同时需要与服饰心理学分清侧重点。因为当前人们在研究社会学时，常常是通过社会中人际关系以及小至个人性格的表现去挖掘并概括出社会现象是怎样在各团体和个人的相互联系与制约中，构成了一个变动着的社会体系，即社会整体或者说有骨骼有血肉的社会形态。在研究社会关系和社会行为的状况、作用、过程、性质、特征及其变异同时，往往通过人们的社会交往的行为过程，通过人们的心理活动，通过人们的思想发展和行为变化来探究其规律性的。因而，社会学极易与心理学发生碰撞。20世纪末陆续出版的各种版本的社会心理学，就是力求从这一统一体去解决两者难以割裂的联系，以期从中寻求到一种更为理想的研究方法和结果，杜绝因分割不清而出现的重复和以偏概全甚至自相矛盾的现象。但是，本书中的服饰社会学与服饰心理学是各自分别独立成章的，不可套用以往任何一种社会学或心理学的分纲方法，而是紧紧抓住服饰这一点，从服饰的形成、演变、流行的具体事象、特征去分析研究。

其方法是：服饰心理学侧重于单体的着装者的心理状态及微妙的心理活动，以及每一着装者单体又同时兼为着装形象受众的心理反应。凡是涉及人际关系，即使是社会学最敏感的社交中心理活动的部分，也是将重点置于着装者及受众心理，在人际交往中所产生的一系列内心活动的研究上。总之是突出人（着装者）—人性—人的社会性与自然性的综合。服饰社会学部分，则是侧重于服饰社会化的内因、外因、流程、商品化的社会基础和社会效应，以及社会中职业、阶层、兴趣等人为和非人为形成的群体是如何利用服饰作为符号、标志以致成为社会必然模式被认同的；尤其突出服饰在商品社会、信息时代中的新位置等以前所未涉及的新课题。

综上所述，可以得出这样一个结论：服饰社会学研究的唯一对象不是别的，就是社会的人加上服装佩饰而合成的着装形象。着装形象的形式与确立，至少要具备以下三个条件：

①社会的人。即仍然存留自然属性、具有动物本能的人又生活在社会中，带上深刻烙印，即具有社会属性的有思想、有创造能力、有复杂的内心情感的高级动物。他生活在一个受某种观念（历史传统的、当代现实的）支配的群体中，不得不遵守某些人为的规范，必须对这一群体负有某种责任，同时承上启下，在祖辈留下的桎梏之中又构筑新的网络，以便使下一代人依然沿着这一条路走下去，不容许有过多的质疑和反抗。为了保持社会群体的相对稳定性，他们必须时时处处尽可能多地掩盖自己的原有的自然属性，或说人本能、人性，而以更适合社会群体的面貌出现，从而形成有特定意义的社会的人。

②对服饰有自觉的创造与选择意识。由于社会的人所具有的特性，即一方面从属于社会，另一方面又具有独立的变革与创造能力，因而他在生存与生活中必然要致力于创造某些更能树立自我形象的衣服与佩饰。每一个人的自我，他每一天对服饰的选择，特别是每逢去参加社会性很强的带有交际性质的活动时，总是对如何选用最适当的服饰表现出极大的关注与热情。而且这种创造与选择无疑是自觉的，是高级动物所特有而绝对区别于低级动物的，如将原始人与现代人相比，会看到这种自觉性并无二致。人类对服饰的选择从来是十分执着的。认真观察会发现一种令人难以置信的结论：原始人更具有虔诚、狂热的自觉性，而现代人却表现出较为被动的、努力使自己不脱离时代与群体的一种不得不十分积极的举措，因而带有几分无奈。人们在越来越关注自我形象、服饰选择的同时，又发自内心地呼唤手工制品和自然物质以及较少束缚躯体的服装款式。这些都表现出社会的人在自觉选择服饰时所存在的矛盾心理。运用社会学的观点分析研究，就可以轻而易举地看到社会对人的意识的捆束与人为板直。

③在社会群体中能产生互感作用。可以这样说，人对服饰的选择是社会

选择，即使某个人有最倔强的个性和绝对的好恶，可是最终也要经过社会评判而有所扬弃。中国四川省有个 20 岁出头的农村小伙子，自 5 岁时一场大病过后，再有衣物沾身便产生一种不良的敏感，即使三九严寒也不能穿着任何衣裳，他本人自觉这样生活很惬意，却招致社会各方面人的好奇与不容。人们在亲切地呼唤他"火娃"时，又煞费苦心地用尽药物与抚慰、利诱和威胁等手段以最终使他穿上衣服为达到目的。这就证明，任何一个不服从社会群体规范的人都不能自在地生存。而各区域各种族的人遵循并维护某一不成文的约束被视为正常，反之便不能在此获得应有的最起码的存在条件。人们为了争得这一席之地的生存空间，总在不断调适自我的形象，其中利用服饰也就成了最出效果、最自然、最简便而且又是最不可缺少的手段了。

服饰社会学具有更为深邃的内涵，它既包括服饰社会性的外部关系，也包括服饰社会性的内部因素，这是本章节中的重点。在"服饰社会性的外因——总体环境"中将会发现，服饰不仅与伦理道德、统治思想等密切相关，而且还与宗教信仰、国际交往和社会生产力有着密不可分的关系。在"服饰社会性的内因——潜性评判标准与有意教育"一节中，从不同审视角观察，可以看出服饰评判标准有三，包括：科学逻辑、实用效应和审美要求。其中，群体反馈作用不容忽视，人们之间的互相影响和来自师长以及传播媒介的有意导向所呈相辅相成的关系，十分重要。更值得研究的是，时装流行，这一在现代社会中越益引起全体成员兴趣的事象，体现出更鲜明的社会性，因为如果没有一个相对独立同时自成体系的社会群体，也就无所谓时装的出现，更谈不上时装所引起的社会效应了。时装流行过程中的流向，因国家、因时代而异，流速也呈现出突变、渐变、跳跃后趋缓和变异后反弹等各种不同的态势。时装正如大河奔流中的波浪一样，它不以人的意志为转移，总是后浪推前浪，不断更新，不断向前，其驱动力往往势不可挡。也正因时装所具有的蓬勃的生命力，才使其形成无穷无尽的交响曲般的雄浑乐章和动态画面。商品在社会经济中的地位十分重要，因而标明着装形象的类别和职业性质的服饰越来越繁杂，越来越异彩纷呈。于是生产者的盈利宗旨、经营者的推销活动、研究者的信息提供都围绕着服饰活动，以便在此探求出更为说明历史进程的根源，并使其为眼前的需求而有所奉献。

研究服饰社会学，主要是通过人与服饰的依存关系、历史的深远性和现实的实用性等几方面，剖示服饰的社会性，其最根本的目的是探究人类服饰的文化之源。

服饰生理学概述

就学科分类讲，文化学范畴中不应包括生理学。但是，服饰是人的服饰，必然与人身体发生直接接触，并引起人的生理上的感觉与反应。因而服饰的定型与色彩适应等一系列问题势必受到影响。这样一来，服饰生理学同服饰社会学、服饰心理学和服饰艺术学相比，在服饰文化学中的位置，就并非宏观宏旨可有可无，而是相当重要，不可或缺的了。

着装者当然要将服饰穿戴在人的身体之外，因此，服饰成立的最基本的条件，是必须与人体相结合，必须适应人体结构，这也正是服饰与生理关系的第一特征。如果在服饰创作中忽视了着装者负载服饰的躯体，也就是人体结构的话，那么服饰就不被称其为人类服饰，一切所谓服饰文化的效应都将是空话。服饰不穿戴在着装者躯体之上，即使做得再精美，只能算是丝织、刺绣或牙、玉雕等构成的工艺品。

再一点，作为服饰的穿着者——人，是具有种种生理机制和感觉器官的。在这里，权且将着装者的自然属性单独提取出来做一分析，会发现服饰对人感官的刺激，在不涉及社会因素时，也会产生本能的快感或痛感。身体，特别是手（触觉）、眼睛（视觉）、耳朵（听觉）、鼻（嗅觉）和舌（味觉），都是人体的感觉器官。它们会因服饰对这五种感受器官的刺激程度而做出生理反应。任何一个生活在社会之中的社会的人，由于他首先是一个自然的人，具备各种与动物乃至生物相同或相近的生理特征，这就决定了人对服饰的感受、需求以及为了某种生理需求而自然涌现出的创作动机。服饰不可避免地受人的本能的生理机制的制约。这是服饰与生理关系的第二特征。简单地说，第一特征是服饰与人体的适应；第二特征则是服饰与人体的生理机制的适应。

以上所涉及的着装者，是静止不变的人体和结构完整、感官完备的单独的一个人。事实上，这些单独的分子不可能处于固定的和闭塞的状态之中。人的体形，除某些共同特征之外，仅着装者躯体，就有人类种族差异（来源于遗传基因）；还有男女性别差异（先天形成）；另外，体形还会因年龄增长和健康状况发生变化。尤其是人体动态的频繁变化，更使服饰必须适应，从而做出相应的调适。只有研究或通晓服饰生理学，才能创作出符合人体体态的服饰。这是服饰与生理关系的第三特征。

　　着装者不会卓然独立于宇宙之中，人的生存与繁衍都离不开自然与地理条件。以地球上的人类作为研究对象的话，会很清楚地发现人的服饰造型、色彩、纹饰、质地、肌理等诸方面形成的综合风格，也和不同的生活区域、自然环境哺育人的特征一致。这就是民间所谓"一方水土养一方人"的说法；在服饰生理学上，就形成了"一方人有一方人的服饰"。

　　风大干燥处的服饰多以遮蔽性良好为主要特色；潮湿多雨处的服饰则以轻便易洗为明显特征；居高山者，不穿拖拉状服饰；临大海者，多求宽松、适体而露足；居平原的着装者，选择余地大一些，就好像那一望无际的绿色的平原一样，服饰创作也好似有着广阔的天地。由于气候和地理条件的差异，还导致各地物产不同，而物产中的服饰质料部分，无可置疑地适应了当地人的生理上的习惯需求。美国佛蒙特大学的威廉·A.哈维兰教授在《当代人类学》一书中，是这样解释"适应"一词的。他说："适应一词系指使机体在它们特定生活的环境条件下获得生存下去的解剖的、生理和行为的特质。任何一个人，只要他细心观察过生长在美国西部沙漠之中的动植物，就可举出许多适应的事例来。譬如，某些沙漠植物长有接近泥土表面的根，这些根使它们能吸取哪怕是最小量的水分；许多植物具有储存水分的特殊器官，它们的叶子覆盖着蜡质；有的植物叶子布满针刺以防叶子细孔蒸发出过多的水分。沙漠动物也适应于它们的环境。"哈维兰教授在阐述"适应"时举出的动植物实例，不仅对于我们今日研究服饰具有启发性，而且可以设想，人类早期服饰创作中，不能排除曾受到动、植物适应本能的启示。当然，动植物的适应性是纯自然的，而人在服饰创作中所考虑到的适应，则是自然存在加上社会加工两种因素的完美契合。这是服饰创作顺应自然的客观必然。

　　艺术本身充满了遗憾，服饰创作同样表现出许多令人无法理解的事项。所有的服饰都适合人体的生理机能吗？当然不。有些服饰并不是由于设计的蹩脚和制作的拙劣，不是的。令人费解之处就因为人们乐于接受并欣然传播、仿效。众多着装者竟冒着伤害身心健康甚至生命的危险，去享受不适合人体的服饰在穿着中的"快感"。此话并非危言耸听，某些人工合成的质料应用在服饰上，不是明显地危害人的健康吗？但是人们依然趋之若鹜，乐此不疲。为什么？文化使然。当社会美与自然美发生冲突时，人们往往采取艺术美的手段，义无反顾地向社会美（尤其是社会潮流）靠拢。这致使着装者甘愿付出代价，以求博得社会赞同。其间最普遍最具说服力的例子，莫过于染发。大多数染发者都知道染发剂对人体有害，但染发热情丝毫不减。为了美？为了什么美？实际上是社会美，并非自然美，即使减寿也在所不惜，精神可"嘉"也可叹。这在服饰生理学中，实际上属于服饰的生理障碍表现。

服饰生理障碍与人类试图扭转这类现象的举措，就好像是天平的两端一样。人类自身从未，或说从不肯轻易放弃任何一端。一方面不顾生理障碍，将视角对准社会美；另一方面又力求发展服饰的调节机制，再创超自然。服饰造型上的无结构设想、服饰色彩上的调节体温功能、采用现代科技手段，使服饰具有自动调温、保湿等功能的做法，无疑是人类文明向更高度发展的迹象。尝试是一个良好的开端，在服饰上再创超自然的潜力是不能低估的。

再一点，由于社会文化的驱动力，使得服饰生理范围内一度，不，直至如今仍存在着逆反现象，甚至是对人生理上的摧残。这里包括束腰、穿鼻、穿耳、凿齿、文面等不计其数的以人体残伤为手段，寻求服饰形象上的畸形的美。这种人为的异化表现在服饰形象创作中，应该说起因于社会文化，落点却在人体——纯自然形体之上。尽管回归自然，还人以本来完美体形和解放躯体的行动始终没有终止，但服饰生理学中的这种畸形追求依然存在。因此，必须在服饰生理学中立专节论述，以引起所有着装者的思考。

研究服饰生理学，一是为了更有科学根据地研究服饰心理学以至服饰民俗学和服饰艺术学，另一点也是为了对着装者的身体健康负责。在日本等国，将服饰生理学称为服饰卫生学，原意也在这里。只有深刻了解到人体结构、人体动态和生理机制与服饰的关系，才有可能正确设计、制作和穿着服饰。也就是说，21世纪的服饰创作，不应再停留在原有的懵懂的原始文化阶段，而应科学对待人身与人心，使服饰品与人体更加科学地结合，共同创造合理且完美的服饰形象。

总之，服饰生理学是服饰文化学中的自然侧重点，是服饰与文化之间必不可少的媒体与中介。服饰生理学的产生是服饰文化学研究的必然结果。

服饰生理学的定义是，研究服饰品与着装者——人在生理上的矛盾与统一。由于服饰首先要附着于人体，因而实用和审美乃至社会的功能均以此为出发点。所以在服饰与人体生理需求的相互适应过程中，必定要形成一门以剖析和解决服饰穿着中纯生理快感和审美生理快感问题的界限与互相观照的学科。

因此，服饰生理学就成为服饰文化学的基础学科和组构成分之一。

服饰心理学概述

服饰心理学的研究，当然要依托普通心理学。人的心理机制、心理反应和心理过程，都是服饰心理学所必然涉及的内容。但是，服饰心理学有自己特定的研究对象，即必须限定在服装、佩饰、着装者及其关系的范畴之内，在这里，普通心理学并不能完全具备解谜的作用。同时，服饰心理学也涉及审美心理活动诸问题，但因本著作设置有服饰艺术学的专门章节，所以对于美的认知问题，不是本书服饰心理学的主要研究对象。

服饰心理活动的载体，是着装者；而着装者又是社会的人，所以服饰心理学最具亲缘关系的是社会心理学。直言之，服饰心理学亦即指服饰社会心理学。其依据可概括为：

①着装者是社会的人；着装活动是一种社会行为。这是一切心理活动的客观基础。

②服饰心理活动必然是在社会环境中发生、形成定势（固置状态）并流变的。服饰心理是社会心理的组成部分。

③着装形象的确立，并非仅仅依赖服饰设计的成败，它必须同时与历史文化、传统心理、当代社会思潮、着装理念取得一致，亦即与社会心理同步，这才能获得良好的或恰当的效应。不然，服饰心理一旦与社会心理脱轨，一般来说，这一着装形象的设计不能达到预期的目标。

④着装者有时候完全从自我心理需求出发，即与一般社会心理脱节，而自我设计出独特的服饰形象。从表象看来，造成个人着装心理与社会心理似乎分离，实际上，个人（自我）着装心理仍是一种社会心理的扭曲或变态反

应（如中国魏晋士人的解衣当风；西方 20 世纪 80 年代初的乞丐装，都是对所处社会的一种叛逆心理），仍然离不开与社会心理的联系与制约关系。而且，即使着装者以强烈的个人（自我）服饰形象出现，在人群中仍然依据社会心理评判去对待这种特别的服饰，最常态的就是目之以"奇装异服"。"奇"与"异"的判断，反过来恰恰说明是正常的社会心理反应。

这些说明，服饰心理学与社会心理学存在着天然的联系，这是我们研究问题必须把握的关键。我们研究问题时必须加以观照或照应。不过，这也不是说就可以用社会心理学来取代服饰心理学。这是因为：

一是服饰心理有自己独特的活动规律，以及环流过程，与社会心理活动的规律、过程并不完全相同。

二是社会心理学是把人的心理反应和过程基点完全放在社会上。而服饰心理学研究的基点，是从人（着装者）出发，放在物质（服饰）、时间、空间（社会包括在内，但不是全部）及其关系上。

因此服饰心理学的定义是：以人的着装心理为轴心，探索着装形象的精神内涵及服饰发展、服饰评判的社会心理趋向。

只是这里应该说明，服饰的审美心理自然也是服饰心理学的属次；但由于本著作的体系关系，将把它放在服饰艺术学中加以阐述；更重要的是，服饰艺术学的着眼点是审美心理，而服饰心理学的着眼点是价值观念。同时还应说明，人的心理活动是一定受到生理机制制约的，这方面，也放在服饰心理学的章节加以研究。

服饰心理学作为本书第四章，极易与本书第二章"服饰社会学"的某些论述依据发生重轨，这是难以避免的。但是，由于侧重点不同，所以服饰心理学既不会与社会心理学发生冲突，也不会与服饰社会学混杂。这个问题已在服饰社会学概述中谈到，需要强调的是，这里主要阐述人的心理，通过对着装者以及着装形象受众的心理活动的分析，去研究服饰的文化性，它属于意识形态范畴，而服饰社会学的研究对象是社会的实体，是意识形态的客观基础——基础在下，意识在上，社会存在决定意识形态，其区别至为明显。既然是从每一个社会的人的心理去挖掘，这就从根本上厘清了似乎容易混淆的事象脉络。

服饰本身是没有思想的。但是服饰作为人的创造物与穿着物，势必带有人的意识、情绪与情感结。人选择、设计或制作服饰，以及将服饰穿着在自己身上，绝不是无意识的；看到别人的着装效果也不会视而不见，无动于衷。有意选择并穿着服饰的过程，就是服饰心理活动的全过程。这种由着装者群与服饰发生诸项关系时所产生的心理反应，形成一门科学时，就急待人们认真并持久地去研究它。因为它既是一个科学学科，同时又是用途极为广泛，联系大众最为密切的应用学科。

人的心理活动是基于大脑思维系统的正常运转而产生的。人与低级动物都有心理活动，只是低级动物的心理活动较为单纯，主要为维持生存和繁衍后代，而人的心理活动较之低级动物要复杂得多，也微妙得多。这种区别除了生理因素以外，很重要的一点还在于人在社会这个大群体中要应付很多意想不到的困难与竞争。面对现实的结果，使得人类的心理活动日趋活跃，随着哲学研究水平的提高，各种分门别类的心理学研究也蓬勃兴起。如果追忆心理学研究的鼻祖，可以认为早在公元前4世纪的古希腊时，亚里士多德就以经院哲学的态度，写出《论灵魂》的专著，心理学的名词词源即希腊文中"灵魂的科学"。伴随着19世纪中叶哲学研究的繁荣与深化，心理学才从哲学中分离出来。心理学研究的不断深入，艺术心理学、创造心理学、年龄心理学、缺陷心理学、人格心理学等方面的学术探讨，在不断拓展，并取得新成果。其中，服饰心理学较之其他心理学专科研究来说，不仅为每一个社会的人所每时每刻脱离不得，而且还显得最充满生机，最能引起广大着装者的兴趣。这个庞大的着装者群，已经囊括了全人类。

服饰心理学在与各边缘学科的交叉中，毕竟有自己的特点和重点，因而，服饰心理学的立项与选题中就已经包容了各相关学科的互让与侧重。服饰心理学是将着装中的心理趋向、着装过程中多重心理活动、着装心理中的差异寻求、服饰与人的整体性及心理环流体系等作为重点的。换句话说，是紧紧抓住人的心理活动及由此反映出的服饰的精神内涵，即思想的含金量去研究、探讨的。其目的是在丰富心理学研究成果的同时，使服饰文化学更加系统化。

服饰民俗学概述

民俗是人类文化的组成部分。服饰民俗是服饰文化的组成部分。服饰与民俗具有不可分割的共生性。它具体地表现为：服饰是民俗生活的产物。一个民族或居民聚落点，有什么样式的风俗、习尚，就会产生什么样式的服饰，出现什么样的着装形象。原始社会中，图腾信仰是普遍风俗，便出现了黥面、文身、穿鼻等人体装饰；生殖崇拜风俗，则导致生殖器官显示装饰或遮盖物的现象出现。欧洲中世纪对骑士的狂热崇拜，蔚为风气，骑士服成为男人喜爱的服装。日本桃山时代，学习中国盛唐文物制度成为风尚，便引进唐服而衍化出"和服"。一个国家的体制当然也影响到服式，但借助于权力所影响（包括以诏令形式施加的影响）的服式，只能推行一时。虽然，有时服饰的某些细节会传承下来，但总不如在民俗传承下出现的服饰流传久远并富有生命力。当然服饰也随着民俗生活的变异而变异。

再一点，服饰是民俗的载体。民俗既映现出物质文化特征，也映现出精神文化特征。服饰是这种反映的最直接最生动的现实。中国大唐开元、天宝时期，追求奢华靡丽的生活成为一时风尚，所以男女衣服佩饰极尽珠光宝气、精巧华丽。美国开发西部时，崇尚冒险、进取精神，因而牛仔服与腰佩手枪的装束成为英雄形象；时至今日男裤后的口袋，一有盖一无盖，那无盖的名"枪袋"，即为当时服俗的遗迹。欧洲封建贵族与宫廷生活被人仰慕，举行盛大的宴会舞会成为风习，被引为荣耀，乃有男装燕尾服与女装鲸骨裙的流行。苏格兰古老的田园生活，西班牙人的牧羊生涯，深入人心，苏格兰的男格裙与西班牙的牧羊服，便成为这种习俗的载体。就这一点说，民俗是内容，服饰是形式即载体。

在前述基础上，服饰也丰富了民俗生活。民俗生活是一个文化大花圃，五彩斑斓的服饰便是花圃中一朵朵馥郁的小花。小伙子穿着低领、花边方襟衬衣与马裤马靴，以及姑娘们身穿肥硕的花裙，必然使俄罗斯人喜爱歌舞的民俗生活更加丰富多彩。而印度、泰国的僧服，当然会使这些国家信仰佛教的风俗，得到浓烈的气氛渲染。阿拉伯妇女的面纱，东南亚国家妇女的竹笠，黑非洲妇女头上的花帕，又是多么鲜艳地点染了一幅幅风俗画卷。

因此，服饰不但是一个国家或一个民族的风格、习尚、风情的产物和载体，从服饰可以观察到民族过去与现在文化心态的外化面貌；而且服饰的发展变化，当形成固置状态以后，也必然丰富了一个国家或一个民族的风俗、风情。不过，过去对这方面的研究，往往注重于把服饰品作为物质形态来把握，把它放入有形物质民俗（如经济生活）的领域之内。实际上不应仅仅如此。人在着装以后已构成服饰形象，也就是说它还显示出一种无形心意民俗。服饰应该是历史和现实的活生生的人的精神活动的物化反映，因此服饰民俗学的研究十分重要。服饰既是民族文化的历史发展，它也是理解人类大文化的二条渠道；服饰既是民间生活的风俗事象，它又是探求人的生活习尚和深层心理的一条线索。中国人在谚语中有"入乡问俗"的说法，旅游者初次访问一个城市或乡村，首先映入眼帘的是房屋建筑等固置的物质外貌；其次就是当地人活跃的着装形象。不必通过语言去介绍，旅游者便可从着装形象（人及服饰）上，观察该地区的风俗民情，并从宏观方面感受到该地区的大文化背景。不是吗？看到五彩缤纷的和服着装形象，旅游者难道不立刻想到这是到达樱花烂漫的扶桑三岛，同时又联想起大和文化的东方特色嘛！到了非洲也一样，服饰提供给问俗者最确切的答案。

由此看来，服饰民俗学必然是：研究服饰在民俗文化中的构成、地位及服俗惯制形成、传承、变异的科学。

服饰民俗学不同于服饰社会学。后者的关注点，在于把服饰放置在全社会（社会生活）中，特别是人际关系（社会关系）中展开研究。而服饰民俗学是把服饰放置在社会的一部分——社会大众层的民间生活中剖析、研究，如服式具有伦理性，但因伦理关系的社会性明显地大干服饰在民俗中的约定俗成性，就把它植入服饰社会学。而为了脉络清晰、重点突出，在服饰民俗学中着装形象却不是作为社会形象，而是作为民俗事象来把握，这在内涵上也是不同的。

再从服饰的发展趋向上看，其差异也很清楚：人的着装在社会活动与社会行为中是自觉的，意向及驱动力比较明确；而在民俗生活中，则是自觉或不自觉的，全靠约定俗成（因此称它为"惯制"）。虽然服饰有时也存在有意导向现象，如满族统治者入关后明令汉人"留头不留发，留发不留头"；但因这是一种社会控制行为，收效并不好。而后"不留发"（剃发留辫）以非为是，变成风俗习尚，才被普遍接受，并转化为传承状态。这种先后不同的差异，也显示了社会性与民俗性的差异。

服饰民俗学由于以民间生活为研究基础，内容十分丰富，涉及的学科也多，与考古学（服饰史）、人类学、民族学、社会学、伦理学、宗教学、民间文艺学都存在亲缘关系。由于本著作在其他部分都有不同程度的表述，所以在这一章节中侧重于服俗惯制的阐明及其内蕴的研究。

根据服饰民俗学种种特点，它的任务是：

①通过服饰研究探索其与民俗文化的渊源关系，从而具体地运用服俗阐述民族文化的发展脉络。

②整理研究服饰所呈示的民俗事象，分析服俗的类别及地域特征。

③对服俗惯制的发生、传承、变异及未来作历史与现实的剖析、研究。

④推动服俗的更新。指明服饰陋俗（如环颈、缠足等畸形着装形象）的危害；阐述服俗与现代生活必要的适应性。

服饰艺术学概述

服饰艺术学不等同于服饰美学。服饰艺术学包括两大内容，即服饰审美和服饰艺术创作。而且，在服饰艺术学中，不只是围绕着服饰审美意识、审美心理、审美标准、审美趣味去使服饰设计完全符合美学基本要求，更不是将服饰创作全部归为几大美学元素。服饰艺术学既包括基础理论，也包括应用理论与发展理论。美学应该是哲学的；服饰艺术学则是文化人类学的。就像文艺学一样，它与美学有关，但又不能以美学来代替。服饰艺术学有自己的独立体系和由此产生出的切合文化人类学研究的崭新立意和构思。

服饰艺术学，就是通过服饰美的主客观效应，去发现服饰创作的艺术根源与内外因影响，从而确立服饰文化在艺术上的落点。

服饰美的效应，是服饰艺术学中首先应该注意到的。服饰作为人类文化的凝聚物也罢，作为个体的艺术作品也罢，就是说从宏观和微观、广义与狭义哪一方面来讲，服饰都应该具有美的特质。就好像京剧舞台上"穷生"的乞丐装（带补丁的长衣）和死囚服（泛称"罪衣罪裤"）一样，即使人物落魄到毫无炫耀余地时，也还是要讲求以美的服饰形象出现。因而乞丐装被称为"富贵衣"；死囚服全系大红颜色，绝不去丑化。戏剧小舞台是这样，人生大舞台又何尝不是如此呢？

讲求服饰美，是健康人格的表现，是人的天性所致。因此可以说，围绕服饰效应所付出的努力在很大程度上考虑到的是美的因素。古往今来,多少人为此努力过,从选取原料到对原料加工,再到设计并制作成型,最后通过人的穿着,而完成整个塑造的服饰美全过程,此间需要何等强烈的创作欲望与创作灵感,尤其是对服饰艺术的执着追求啊!

从埃及的胯裙,到英国的绅士服;从北美印第安人的羽毛饰到东亚那些形式各异的耳环,哪一件不是出于对美的追求,不是体现出最理想的服饰效应?

服饰美作为一个固定词组,说明这是闪耀着独立的艺术形象物质,只能将它放在文化大范围中,却不能轻易地、不加识别地把它归为某一种美感。或者说,用纯美学的概念和专用词语去套在服饰美身上。因为服饰美的产生既不同于一般的艺术创作,又有异于常规的生产过程。它必须通过从单体人到全社会,又回到单体人的循环程序;又经过每一个艺术细胞的迸裂、合成与流入血液,最后才会创作出激动人心的、有着独立人格的服饰品——包含、孕育、体现出文化人类学的物质与精神混合物。

服饰美是如何产生的呢?这是服饰艺术学需要涉及的第二个问题。服饰美的创造,最初当然要依赖于美感创造,这里主要是来源于客观:其一是外部形式的美,由服饰的造型、色彩、轮廓线与肌理、光泽、声响,甚至是光亮与乐声构成。在这种美妙的组合关系中,有时是以某一形式美因素为主的,有时却是通过相互穿插、拼合、对比等有机组合而呈现出来的。烹饪美学中讲究色、香、味、形、声、境、德,作为姐妹艺术的服饰美创作同样具备这些美的基因与品格。除色、形、声毫无可疑之处以外,服饰有香气、能品味、能创造出一种意境,并且体现出内涵来,当是极自然的。况且还能有光亮,而且善于活动呢。

其二是服饰特有的,即服饰美可以在服饰的静态中体现出来,如通过商店橱窗和展示模型而体现出来的服饰美。它又可以在动态中体现出来,那当然是活动的着装的人。这由静到动,带给设计者思维驰骋的余地;由动及静,又留给观赏者无限的遐思;动与静的变化,使服饰美立于无比丰富的艺术氛围之中。使它永远像诗、像画、像水、像云。不!诗画水云只有浑然天趣,服饰却是集天地万物之大成于一身。诗画只能品味、只能欣赏,服饰却能在动静之间给人多少安全感和舒适感。云水只能无拘无束地变幻,服饰却能在动静之间给人以新启示与说不尽的美感。所有这些都因为诗画云水再美，创作者和观赏者只能站在它们之外，而服饰经由人自己的穿着，方才创作出独领风骚的美感来。

其三就是要凭借人体——服饰形象的骨架与支撑物，服饰整体美的一部分。可以这样说，服饰美就是人体美的扩大、延伸与强化。即使是紧贴肌肤、薄如绵纸的腿部时装——高筒透明丝袜，也还是使肌体比原有体积有所扩大，更不用说其他服饰。头上的巍峨高冠，腕部的飘然长袖，都是人体的延伸。托起的胸部、束紧的腰部、夸张的臀部又无疑是对人体性别美的强化。人体美是固然存在的，而服饰美通过以服饰手段所造成的扩大、延伸和强化，是服饰与人体的巧妙结合，是服饰美之所以超乎牙雕、玉雕、壁画等诸艺术品的原因之一。更何况服饰美的无数的作者（制作者和穿着者）以及观众（着装形象受众），又以绝对优势超过舞台表演艺术的气势呢！

人作为服饰美的骨架，不是商店里陈列的服装模型。人是有生命、有思想的。人的气质与服饰所构成的服饰美的独特美感，是设计者、制作者和穿着者共同寻求的。当然，不无遗憾的是，不可能每个寻求的人都能够找到服饰美体现内蕴的真谛。因此，这些服饰美的"虔诚的信徒们"仍然在苦苦思索，试图找到一条通往理想之国的捷径。

服饰美产生的另一个原因是来源于主观的，即美学界通常所说的审美意识。服饰美的审美意识存在于创作、穿着和观赏者三方面，他们对于服饰美的审美需求与感受，不排除有直觉的，即艺术创作中所称的本能冲动。当一种无论是对美、对成功、对富有还是对性的欲望在服饰美上产生升华的奇景奇境时，情感趋向又促使审美意识与服饰美逐渐靠近以致重合。

集主、客观为一体的，对服饰美的社会认知，体现出人的潜意识中对服饰美的需求与判断标尺。不同民族，不同时代，受各种传统意识熏陶或约束而形成的审美情感与价值观念，为服饰美的产生构筑了基础。美的社会性时不时为偏离服饰美中心的观念、行为敲响警钟。什么是服饰美？难道"美"得使社会为之瞠目，"美"得连自己也无法解释的服饰，真的能成为"美"吗？当然不能。我们不参与美学界对于自然美的争论，但是必须说明的是，服饰美具有社会性。尽管服饰美中有抽象美、形式美的成分，但是它首先必须被世人所认可，才有可能成为真正地能够成立的服饰美。

这就牵扯到服饰美的认知过程。这是我们在继服饰美效应、服饰美的产生之后需要探讨的第三个大问题，即由什么构成服饰美的认知全过程。

认知过程之首自然是人的视觉快感、嗅觉快感、听觉快感以及触觉快感。对于所有与服饰发生关系的几方面人来说，脱离或违背了这些快感，是无法谈到服饰美认知过程中的美感的，这也可以从最低限度上讲愉悦感和舒适感。反之，当然是无美感所言的。服饰造型呆板、组构上没有章法，深裹或是暴露过分，非但不会给人带来美感（愉悦与舒适），反而会使人感到痛苦，包括视觉、听觉、嗅觉和触觉等人体各部位的本能的痛感以及给精神上所带来的禁锢与压抑。

服饰美认知过程中很重要的一点是，只有当服饰符合人自我审美心理定式，或称审美经验时，才会产生美感。而只有在这个时候，服饰美才有可能被认知，才有可能成立。再加上对服饰美的独特的审美想象，即相关审美评判，都成为服饰美认知过程中不可缺少的过程。审美评判中一般包括着装形象和着装形象受众的评判结果，如别人看上去如何、我看别人穿着如何；还包括自我服饰形象检验，即自己穿上效果如何等的双重效应。只有这样，由认知而认同即接受的服饰，才具有了服饰美的条件与特征。

为将服饰艺术学中论及的服饰美三要素及其相互关系更清晰地显示出来，特意概括如下。

①服饰美效应。

②服饰美产生过程：美感创造（客观）——外部形式、动静变幻、人体美的扩大延伸与强化、创作主体内涵。审美意识（主观）——直觉、本能冲动、欲望升华、情感趋向。社会认识——审美情感、价值观念。

③服饰美的认知过程：满足生理快感。符合自我审美心理定式（审美经验）。诱发审美想象——一般着装形象受众的感受、自我服饰形象的检验。

服饰艺术学，是一门独立学科，它兼具审美与创作功能、直接关系到服饰成型。但是，在服饰文化学体系中，它又显然与本书所论及的其他独立学科互相联系，互为影响，因而形成包含有审美社会学、审美心理学、生理学、民俗学和艺术哲学等在内的有关服饰的艺术学体系，成为服饰文化学的必要的构成成分之一。

结 语

  按照学术著作惯例，结语可以写正文中未涉及而又应该在此研究的内容，也可以写愿望，即这部书后还有哪些后续课题，当然必须是相关的。

  继我个人撰写的学术专著《人类服饰文化学》出版20余年后，如今又完成了我带领多位年轻学者撰写的学术著作《人类服饰文化学拓展研究》（简称《拓展》）。当我提笔写《拓展》这部书的结语时，依然心潮澎湃，好像有许多有研究价值的话题还想一吐为快。

  比如，我想写"服饰哲学"，很多世界级哲学家为我们留下了有关服饰的哲学论述。有时候，他们是以服饰来比喻某些事物的特性和表现特征。有时候，他们发表自己对服饰的看法，完全将此纳入个人的哲学观点之中。这些内容是颇有深度的，我们迄今已经做了一些有益的工作，觉得韵味无穷无尽。中国的孔子、孟子、老子、庄子、墨子以及荀子、韩非子等诸家，包括兵家，都有这一类的经典论述。国外苏格拉底、亚里士多德、柏拉图、黑格尔、康德、克罗齐以及弗洛伊德，还有车尔尼雪夫斯基、杜威等各家也都有相关经典论述，研究起来是很有意思的。

  再如，我还想写《服饰文学》，这部分内容就更多了，单一个国家的不同民族，就留下了数不清的美妙故事。大的如史诗，小的如俚语，以文学形式描述服饰，或以服饰名称去丰富文学，都有许多神来之笔，仅"领袖"一词，就蕴含着多少服饰与文学的默契和无缝对接。不要以为语言描述服饰只限于精彩，实际上学问中套着学问，这些都是智慧的结晶，只待我们去梳理，去探个究竟。

《服饰管理学》也是大有文章可做的，小至质材，大至服饰形象，以现代管理学的观点与排列分类法，就可以挖掘出不少服饰管理学的真谛。因为在人类社会中，服饰几乎无处不在，因而现代管理中绝对离不开服饰管理，这也是服饰文化学这一新学科中的分支学科，我现在想来就有很广阔的研究空间。

《服饰美学》也是我想下大力量重新写的，因为《人类服饰文化学》中设有"服饰艺术学"，实际上包含了服饰审美与创作。后来，我出版过《服装美学》的教材，虽然被列为国家"十一五"规划的那本已是第二版，即2007年后修订的，但我并不满意。我想写一本真正立足于美学范畴的学术著作，使其成为一部美学。

意义上的部门美学，同时隶属于服饰文化学。这需要重新思考，重新定位，其实只有一步之遥。我相信能写好，因为具备这个实力。

如果不考虑门类和一级学科的问题，很多二级或是不按学科的服饰文化书就更可以撰写了。比如，服饰符号学、服饰色彩学、服饰历史学、服饰设计学等。服饰历史学不是服饰史，服饰设计学也不是服饰设计。这里需要一种理性划分、科学排序以及超越前人的分析，即新的探索。

放下远的，先说一说眼前的。在搜集国外哲学家有关服饰的论述时，我们发现哲学家总有一些独到之处。如古希腊哲学家柏拉图在《赖锡斯　拉哈斯　费雷泊士》一书中，有一段与苏格拉底的对话："'进一步，我们应当分别，有些东西被其他的消受了，有些只是附在其他的上面，并不曾真正变成其他的一部分，如上油和着色，只是附在一物的上面。''极对。''所附着的本质和附着的——如油与色——相同么？''你的意思是什么？'他问。'这是我的意思：假定你把你的赭色的头发敷上白粉，你的头发是否真白，或者仅仅显得白？''仅仅显得白。''但是，白色的确附在它上面。''是的。''白粉虽然敷在你的头发上，你的头发的本质不曾加白？''不曾。''假如年纪把白送到你的头发上，那你的头发真白了——白非但附在上面，并且切切实实地被消受了。''自然。''现在我要弄个明白：假如一物上面加上另外一物，所加之物是否都被消受？或者有时只是附在上面——所加之物存，则原物稍为改样，不存，则原物便恢复它的本状？'我想不见得都被消受，有时只是暂时附在上面。''那么，坏的分子有时夹杂在不好不坏的里面，而不好不坏的本身却不曾完全变坏——这种例子以前见过罢？''是的。'"①

哲学家是在表明自己的哲学观点，但是觉得用头发上的修饰手段来说明，大家都好理解。亚里士多德在《范畴学 解释篇》中有一段比喻："因为一个人被称为'有'（穿）一个短衣或长裈：或者，用来说某些我们戴在我们身上某部分上面的东西，如手指上的戒指……也许还可以找到别的意义，但最通用的意义已经都指出来了。"②

关于服饰在人的社会性上起到什么作用时，亚里士多德直率地说："健全充实的灵魂比精心修饰的外表要美丽得多，高贵得多……我们把运用理性，并总是在理性指导下选择一切行为的人赞赏为高尚和善良的人，而把不靠理性处事憎称为粗鄙和野蛮的人。"③

这是他在得知亚历山大的捷报后，奉劝他要以理性为皈依时所表示的。1724 年出生的德国哲学家康德却承认了服饰的积极作用，他认为"衣服衬托人，这即使对于明白事理的人来说也是在某种程度上适用的。虽然俄罗斯谚语说：'看衣接客，量才陪客'，但才智却不能预先避免一个穿得好的人造成某种重要性的模糊观念的印象，最多只能有意识地在事后纠正对那人一时做出的判断。"④

在世界上影响卓著的哲学家们，有很多关于"服饰与人"的论述，如1859 年出生的美国人杜威在《哲学的改造》一书中说："事物来到他面前，是以语言作外衣披着的，不是赤裸着身体的，这个传达的服饰使他参与了他周围的人所怀抱的信念。这些信念以许多事实的姿态构成他的心意，并做了他安排自己的阅历和见闻的中枢。这些就是结合和统一的诸范畴，与康德的

---

① ［古希腊］柏拉图著，严群译：《赖锡斯 拉哈斯 费雷泊士》北京：商务印书馆 1993 年版，第 32、33 页。

② ［古希腊］亚里士多德著，方书春译：《范畴学 解释篇》北京：商务印书馆 1959 年版，第 53 页。

③ 向培风著：《智慧人格》武汉：长江文艺出版社 1997 年 1 月版，第 299 页。

④ ［德］伊曼努尔·康德著：《实用人类学》上海：上海人民出版社 2012 年版，第 13 页。

那些同等重要，但这些都是经验的，不是神话的。"① 这里是借用服饰，因为人们对服饰都很熟悉。

在另一本《艺术即经验》中，杜威直接说到服饰的装饰作用。如"我们无须走遍天涯，也无须回到几千年前的过去，从不同的民族那里寻求证明，一切加强了直接生活感受的对象，都是欣赏的对象。文身、飘动的羽毛、华丽的长袍、闪光的金银玉石的装饰，构成了审美的艺术的内涵，并且，没有今天类似的集体裸露表演那样的粗俗性。室内用具、帐篷与屋子里的陈设、地上的垫子与毛毯、锅碗坛罐，以及长矛等，都是精心制作而成，我们今天找到它们，将它们放在艺术博物馆的尊贵的位置。然而，在它们自己的时间与地点中，这些物品仅是用于日常生活过程的改善而已。它们不是被放到神龛之中，而是用来显示杰出的才能，表示群体或氏族的身份、对神崇拜、宴饮与禁食、战斗、狩猎，以及所有显示生活之流节奏的东西。"② 当然，哲学家还是以服饰来说明其观点。

以服饰作例来阐述自己哲学观点的还有许多经典论述。如出生于 1844 年的德国人尼采在《天才与灵魂》一书中说："欧洲的平民百姓绝对需要一套服装。他需要把历史当作服装的储藏室。他自然注意到，没有哪套服装合他的身，他换了一套又一套。让我们看一看 19 世纪，该世纪的人们对各种服装样式的喜好变了又变，并且时常因为'没有一套服装适合自己'而感到绝望。无论是把自己打扮成浪漫的，还是古典的、基督教的、佛罗伦萨画派的、巴洛克风格和洛可可风格兼具的、'民族的'，一切都是白费，都不'合身'！但是精神，尤其是'历史精神'，却受益于这种绝望：可一次又一次地试验过去的和外国的新样品，穿了脱、脱了穿，然后打包收起来，尤其是对它进行了研究——我们的时代是在'服装'方面第一个勤奋好学的时代。这里所谓服装指的是道德、信条、艺术趣味和宗教，我们比其他任何时代都更准备好举行盛大的狂欢，准备好发出最富于精神性的节日般的欢笑，并表现出无比地妄自尊大，去准备好干下天大蠢事，像亚里士多德那样嘲弄世界一番。或许正是在这里，我们还可以发现从事发明的天地，甚至仍可发挥其创造力，很可能是作为世界历史的模仿者以及上帝的助手。或许，虽然目前一切的前

① ［美］杜威著，许崇清译：《哲学的改造》北京：商务印书馆 2011 年版，第 55 页。
② ［美］杜威著，高建平译：《艺术即经验》北京：商务印书馆 2005 年版，第 5 页。

途黯淡，但我们的欢笑本身却可能是前途一片光明。"①

尼采同时说："世界上美的事物过于丰富，尽管如此，美的时刻和美的事物的显露仍然非常稀少。然而，也许这便是生命最强的魔力，她罩着一层美的金缕面纱，允诺着也抗拒着，羞怯又嘲讽，同情又引诱。是的，生命是一个女子!"② 看起来，尼采还是承认服饰的社会作用的。当然，他也认为乔装打扮中存在着人的肉欲。例如，女人的"浓妆艳抹"，就有迎合男人的意味。只不过，哲学家是在借助化妆，即服饰的一部分去说明其观点：即"把他一向还尊重和珍视的一切赋予一个对象，这样地去完成一个对象（把它'理想化'）。"③

哲学家们非常关注艺术创作中人物服饰的问题。康德在《判断力批判》书中讲道："……我还将把以墙纸、顶饰和一切美丽的、只是用于外观的室内设施来装点房间都归入广义的绘画之列；同样还有按照品味的服饰（耳环、小盒等）的艺术。因为一个种满各种各样花卉的花坛，一个带有各种各样装饰物的房间（甚至女人的饰物也包括在内），在一个盛大的庆典上构成了某种油画般的场面，它如同真正所谓的油画一样（其意图绝不是教人历史或自然知识），仅仅是为了观看而存有的，以便想象力在和理念自由地游戏时使人娱乐，并且没有确定的目的而调动起审美的判断力。"④ 黑格尔则论述得更多更具体，在吉林大学出版社出版的《西方学术思想经典（文库）——美学》中，专有黑格尔著《雕像的服装》。他说："在雕刻作品中似乎最理想的是裸体的形象，而服装则显得多余。但这也有分别，如果单纯从感性方面看，裸体当然很好，但是单纯的感性美并不是雕刻的最终目的。

如果不用艺术的目光去看，从实际的情况来看，服装的作用一方面是防风御雨，另一方面则是为了掩盖羞耻感。

人和动物最大的区别就是，人具有意识，有道德感和羞耻感，让雕像穿

---

① ［德］尼采著，高适编译：《尼采说天才与灵魂》武汉：华中科技大学出版社 2012 年版，第 154 页。

② ［德］尼采著，高适编译：《尼采说天才与灵魂》武汉：华中科技大学出版社 2012 年版，第 265 页。

③ ［德］尼采著，高适编译：《尼采说天才与灵魂》武汉：华中科技大学出版社 2012 年版，第 320 页。

④ ［德］康德著，邓晓芒译：《判断力批判》北京：人民出版社 2002 年版，第 169 页。

上服装也是符合端庄观念的。早在《创世纪》的故事里就已意味深长地谈到这种转变。亚当和夏娃在从知识树上摘食禁果之前，都赤裸裸地在乐园里到处游逛，但是一旦他们有了精神的意识，意识到自己的裸体，就感到羞耻。"①

同时，黑格尔也说道："但埃及人却往往把雕像雕成裸体的，男像只系上一条短围裙，而伊什斯女神像上的服装则只是两腿之间一条几乎看不出来的薄薄的细花边。这并不是说埃及人缺乏羞耻感，而是他们认为肉体的形式是美的。从他们的观点来说，他们所关心的肉体形象的自然形式，而不考虑到这种肉体形象是否符合精神，他们在其他方面也极忠实地临摹自然形式。希腊雕像有裸体的，也有穿衣的。希腊人在实际生活里总是穿着衣服，但是在运动会里竞赛时，却把裸体看作最体面的事。特别是斯巴达人开了不穿衣上场搏斗的风气。这也并不是由于他们缺乏美感，而是由于他们对于羞耻感的优美品质和精神意义漠不关心。这是他们推崇自由的美的形式，把特有的受到精神渗透的躯体，作为一种独立的对象来雕塑，并且把人的肉体形象看作高于一切其他形象的最自由的、最美的形象来欣赏。所以他们有意地把许多雕像都雕成裸体的。"②

在论到雕刻作品中"服装的遮蔽作用"时，黑格尔说："雕刻的裸体形象固然很美，但却不能因此说裸体就表达了较高的美感和道德上的自由和纯洁。这方面希腊人也听从一种较正确、较明智的敏感的指导。

在希腊的雕像中，例如儿童、爱神，在肉体形状上完全是天真自然的，他们的精神的美也是天真自然，毫无顾忌。此外，青年人、青年神、英雄神和英雄，例如波苏斯、赫库勒斯、提苏斯和杰生之类，主要也是表现其英勇，在要求臂力强健和坚忍的工作中运用和锻炼身体；民族运动竞赛中的格斗士们最引起兴趣的地方也只是身体方面的活动，气力、敏捷、美、筋肉和身体各部分的灵活运动；山神、林神和在舞蹈的狂热中的酒神崇拜者们也是如此，再有女爱神阿佛诺秋忒在单看她的肉体方面的女性美时也要归在这一类，所

---

① ［德］弗里德里希·黑格尔著：《美学》长春：吉林大学出版社、吉林音像出版社 2005 年版，第 198 页。

② ［德］弗里德里希·黑格尔著：《美学》长春：吉林大学出版社、吉林音像出版社 2005 年版，第 199 页。

以古希腊人把这一类形象都雕成裸体的。

但是当他们要突出表现一种较高的意义的思考、一种内心生活的严肃时，就会抛弃一些自然的东西，总是会雕出腿装。例如，文克尔曼早就指出，女像只有十分之一不穿服装。在女神之中，穿衣服的特别是雅典娜、天后、女灶神、女月神、女谷神和女诗神们；在男神之中，穿衣服的主要是天神、长着胡须的印度酒神等。

一些人总抱怨近代人因为道德感不让雕像完全裸体，实际上，如果服装只是把身体各部分以及姿势遮盖得尽量少，而且还可以让姿势正确充分地显示出来，这就不是一个缺陷而是很好的艺术处理了。例如，近代紧身衣服正是如此，可以使身体部分轮廓形状看得很清楚，而且丝毫不妨碍他们的举止动静。反之，东方人的宽袍大袖和大裤筒对于西方人好动、事务又多的生活是不合适的，而适合像土耳其人那样终日盘腿静坐，行动起来也是古板正经、慢条斯理的人们。

具有艺术性的服装，也应该像处理建筑作品一样，要考虑到支撑和被支撑的关系。不仅要起到遮蔽作用，而且能够自由活动；就是离开它所遮蔽的对象来说，也要显出它自己独特的表现方式。例如，大衣就像一座人在其中能自由走动的房子。大衣固然是穿在身上的，但是只系在身体上的一处即肩膀上；大衣其余部分却按照它本身的重量形成一种特殊的形式，独立自由地悬挂着、垂着，形成一些褶纹，这种自由的形状构造只通过姿势而取得一些特殊的变化，看不出什么勉强造作。古代服装就是按照这种原则制作的。这种服装仿佛是凭它本身而形成它的形式的，同时又通过身体的姿势，以精神为它的出发点。古代服装的这种优点对于雕刻作品是理想的标准，而近代服装则差得很远。"①

黑格尔还说："雕刻要按照物的个性来表现这个人物的真实性，就得受到这个人物所处的时代和环境的外在限制，如一位勇猛果断的将军在面貌上本来就不像一个战神，让他穿上希腊战神的服装，这就成了伪装，其可笑不亚于把一个胡须满腮的男人塞进一套小姑娘穿的裙套里。当然，由于近代服装受到时髦样式的摆布，变得快。因此雕刻用的服装样式应该既具有一

---

① ［德］弗里德里希·黑格尔著：《美学》长春：吉林大学出版社、吉林音像出版社 2005
年版，第 200、201 页。

个时代的特色，又要是一种比较持久的典型。所以在服装忙面可以用理想的表现方式，如拿破仑所站的地位很崇高，他的精神也涵盖一切，在他的造像中就要用理想的服装，雕刻时就不妨让他戴上他的三角小帽，穿上他著名的制服，把两只手叉在胸前。如果要雕出弗里德里希大帝的日常生活中的样子，我们就不妨让他戴着便帽，提着手杖，像在烟盒上所看到的他的画像那样。"①

这些都在说明，哲学家认为艺术创作中，无论是人还是神，都必然牵涉服装，服装是重要的、不可替代的一部分。为什么？正因为服装及其饰品所具备的社会文化性。

在《黑格尔经典文存》中，我们甚至可以看到哲学家关注的服饰，已经微至首饰和衣服的褶纹。黑格尔说："在建筑，雕刻和绘画里，这种愉快的风格使得简单而雄伟的体积消失了，到处出现的是些单独的小型造像、装饰、珍宝、腮帮上的小酒窝、珍贵的首饰、微笑、服装的形形色色的褶纹，动人的颜色和形状、奇特又难能可贵的然而并不显得勉强的姿势，等等。例如，所谓高惕式或德意志式的建筑在追求愉快效果时，我们就看到无穷的精雕细刻的、可爱的小玩意，使建筑整体仿佛是由一层又一层的无数小柱，再加上一些塔楼和小尖顶之类装饰所堆砌成的，这些组成部分单凭它们本身就使人愉快，却也不至于破坏全体大轮廓和庞大体积所产生的总的印象。"②

黑格尔还专门提到雕刻作品上人或神的头发。"一般说来，头发在形状上靠近植物而不靠近动物，它并不表示有机体的坚强，而更多的是软弱的标志。野蛮人让头发平铺地垂着，或是剪得很短，不卷也不束。古希腊人在理想的雕刻作品里对于头发的雕琢却煞费苦心，近代人在这方面不那么下功夫，在技巧上也不那么擅长。当然，古希腊人碰到石头太硬时，也不雕出起波浪纹的下垂的发髻，只雕成剪得很短、梳得很齐整的形状（文克尔曼的《艺术史》，卷一，第三十七章，218 页）。但是在风格好的时代里，用的材料如果是大理石，男子的头发总是雕成厚密的发髻，女子的头发总是雕成向上耸，在头顶上束成髻。据文克尔曼说，发蜿蜒起伏，有些地方故意洼下，使发髻

---

① ［德］弗里德里希·黑格尔著：《美学》长春：吉林大学出版社、吉林音像出版社 2005 年版，第 202 页。

② 瑜青著：《黑格尔经典文存》上海：上海大学出版社 2001 年版，第 135 页。

的复杂样式在光和阴影的配合下可以显现出来，如果沟槽较浅，就产生不出这样的效果。此外，不同的神还有不同的头发样式和安排。这种情形颇类似基督教的绘画，使人可以从头顶和头发的样式认出基督，现在有许多人根据这种蓝本来摹仿基督的仪表。"①

黑格尔关注到服饰形象上的头发与胡须。他说："还有些意义较深刻的标志和某一既定形象本身打成一片，形成它的一个不可分割的组成部分，这类标志就已由单纯的外在因素转化到神的个性的表现。属于这类的有服装、兵器、头发装饰之类特殊样式。在这方面我只想从文克尔曼所举的例子之中挑选几个来做进一步的说明，文克尔曼对这类标志的差异的见解是很敏锐的。在个别的神位之中，特别是天帝宙斯可以凭头发的样式辨认出来，据文克尔曼说，一个头像是否属于天帝，单凭额上面的发式、胡子就可以断定，尽管其他部分都不存在了。'天帝的发在额头上部耸起，然后分成若干不同的发髻，蜷曲成紧密的弧形，向后脑勺垂下。'这种表现头发样式的方法很彻底，就连天帝的儿孙也还保持这种样式。例如，在头发样式上天帝的头和医神埃斯库拉普的头就很难分辨，不过医神的胡须不同，特别上唇的更明显地形成弧形，而天帝的胡须则'在口的两角上转一个弯，然后和腮帮上的胡子联起'。文克尔曼还认出先藏在麦底契别墅，后藏在佛罗棱斯的一座美丽的头像是属于海神内普透恩的而不是天帝的，根据胡须比较蜷曲，在上唇部分比较浓，而发髻的曲度也较大，雅典娜和女猎神第阿娜正相反，头发留得很长，垂到后脑勺用带子束起，然后又分成许多发髻垂下；而第阿娜的头发则全梳到头顶上束成髻。女谷神色列斯的后脑勺是用头巾盖起来的，除掉插着谷穗以外，还像天后一样藏着一顶冠，据文克尔曼说，'冠前露出向上耸起的美丽而蓬松的头发，这也许表示她对女儿普洛索庇娜被劫掠，感到伤心。'与此类似的个性还可以通过其他外在细节表现出来，如雅典娜可以从她的头盔样式和服装样式之类特征辨认出来。"②

在服装与人物特定性格身份的配合上，黑格尔说："如果认为当代的或最近，过去的英雄人物在英雄品质上只局限于某一方面，在塑造他们的形象时也应要求用理想的服装，这就是很肤浅的想法。这种要求固然显出一种对艺

---

① 瑜青著：《黑格尔经典文存》上海：上海大学出版社 2001 年版，第 165、166 页。

② 瑜青著：《黑格尔经典文存》上海：上海大学出版社 2001 年版，第 183、184 页。

术美的热情，却不是出于理智的；并且由于爱好古代艺术风格，就忽视了古代人的伟大处正在于他们对自己所做的一切都有高深得理解：他们固然表现本身是理想的东西，但是对本身并非理想的东西，他们并不把理想的形式强加上去。如果人物性格的内容并不是理想的，那就无须让他穿上理想的服装。"①

翻阅《柏拉图对话集》，能够看到很多古希腊对人们和所谓神的衣装上有着深刻的自然情趣。例如，"他在门口站着，头上戴着一个用常春藤和紫罗兰编的花冠，缠着许多飘带。"② 再如，"另外有三个女神围成一圈以相等的距离坐在位子上，身穿白袍，头戴花环。"③ 这不禁使我想起中国的屈原，虽然时代不同，地域也分属在两半球，但是人们对鲜花饰品是来自一种天生的美感需求。无论鲜花饰代表的是美丽还是高洁，这都是未经人工雕琢的，都是大自然赐予人间的天然饰物。

至于古希腊哲学家自己的衣着，我们在《苏格拉底的智慧》一书中可以看到："苏格拉底从不介意自己是否会给别人留下难堪的印象，相反，他总是穿着褴褛的衣服，光着脚到处走。"④ "有人问苏格拉底：'为什么您的心情一直很好，我从未看到您蹙额皱眉，您是怎样做到的呢？'苏格拉底答道：'我拥有了生存的必需品，而且我没有那些失去它我就感到遗憾的东西。'"⑤ 苏格拉底"无论盛夏还是寒冬都是穿着同一件外衣，没有鞋袜；只有在饥饿的时候才吃些东西，但只要能果腹就可以；他的家也是破烂不堪，甚至睡觉的时候把衣服摊开作毯子；他更没有任何交通工具，仅靠着一双赤足游走于大街小巷——凡是可以传播智慧的地方都有他的足迹。"⑥ 在 21 世纪，人们拼命在乎"颜值"，拼命追求名牌奢侈品的时候，我们才会深深感受到智慧传播

---

① 瑜青著：《黑格尔经典文存》上海：上海大学出版社 2001 年版，第 177 页。
② ［古希腊］柏拉图著，王太庆译：《柏拉图对话集》北京：商务印书馆 2004 年版，第 339 页。
③ ［古希腊］柏拉图著，王太庆译：《柏拉图对话集》北京：商务印书馆 2004 年版，第 483 页。
④ ［古希腊］苏格拉底原典，刘烨、王劲玉编译《苏格拉底的智慧》中国电影出版社 2007 年版，第 90 页。
⑤ ［古希腊］苏格拉底原典，刘烨、王劲玉编译《苏格拉底的智慧》中国电影出版社 2007 年版，第 95 页。
⑥ ［古希腊］苏格拉底原典，刘烨、王劲玉编译《苏格拉底的智慧》北京：中国电影出版社 2007 年版，第 95 页。

者的伟大情操。

人类服饰文化学拓展研究，是我多年来的一个愿望，今天仍是一个开始，有开始即意味着有进一步探索的广阔空间，有空间有奋斗即意味着有辉煌的前景。

努力着，我们正酝酿着下一部《人类服饰文化学再拓展研究》。

后 记

2005年秋，北京正是景致极好的季节，我在中央统战部直属的中央社会主义学院参加无党派人士培训班学习。课余时间，常在长满小草又用一块块石板铺成的小路上散步。微风中夹着秋意，有些树叶也有些要泛红的韵味。立秋已过，但又离萧瑟还很远，真是一个好时节。

积蓄在我心中多年的想法，一下子聚拢起来，明晰起来，这就是灵感。灵感无影无形，说来就来，说走就走。马上提笔写出来就留住了，如果稍一搁置可能就转瞬即逝了。我在1995年出版的百万字《人类服饰文化学》，当时只是一种大胆的探索，日后尚有许多要构建服饰文化学的内容不断地涌上心头……在那个秋天，在那个学院的宿舍里我挥笔疾书，一下子用圆珠笔在稿纸上写出八个部分的目录。

从北京回来以后，我随即把我的想法说给我到了天津师大招上来的第一届研究生，有戢范、刘文、刘一诺、杜立婷、郑煦卓。先把五个部分的目录交给她们，安排她们动笔。另外三个部分分别由在天津工业大学任教的我的研究生李凌和在中央民族大学任教的周梦，还有在天津科技大学任教的我的侄女华欣，以及我儿子王鹤来撰写，王鹤当时刚刚考入南开大学攻读博士学位。

尽管我一遍遍改，力求这八部分内容新颖完整且统一，可还是因种种原因，有些作者没有坚持下来。其中自始至终跟着我修改了整十年的只有戢范、刘一诺与王鹤。

迫不得已下，我又启用了在天津师范大学任教的吴琼和林永莲，吴琼一直坚持下来。随着时间的流逝，又有好多意想不到的变动，我不得不又一次次更换或添加作者，有在天津科技大学任教的纪向宏和刘婕，有在天津师范大学任教的邢珺和高振宇，还有在天津广播电视职业学院任教的刘冰，这几人中除了吴琼都是我的研究生。

2013年，我组织并参与全稿撰写的这部书成功获批教育部社科后期资助项目。我一高兴，又来了灵感，随之加了两部分新的学科，致使这部书由十章构成。当时，安排了在我们学院实验室工作的贾潍和王轩来撰写。

期间，又有我院负责科研和研究生工作的任云妹老师、时任教学秘书也是我研究生的巴增胜和在史论教研室任教的刘一品参加进来，他们做了大量的工作。

2014年年底，百万字的书稿基本完成。我虽然还同时修改着另一部国家社科项目——57万字的《东方服饰研究》，但已着手一遍遍按全书通稿来修改这一部了，包括文字和插图。两部学术著作，连同我2015年9月已在商务印书馆出版的40万字《中国历代〈舆服志〉研究》，多亏了有天津美术学院原副院长、文学教授朱振江先生在全程帮助我。老先生逐字逐句地审查并发现问题，仅提出的意见就写了四百字一页的稿纸数十张，这还不算在书稿上标注的直接错误和质疑或建议。我家先生王家斌是天津美术学院原教务处长、雕塑家，审稿尤其审图从来也离不了他。在我事业的发展之路上，家斌一直是我最长期、最可靠、最无私的搭档。只不过，儿子上大学后特别是读研开始，更成为我的黄金搭档。从切磋选题到查找资料，再到确定主旨、论述逻辑，直至文字推敲和电脑操作。王鹤现已为天津大学建筑学院副教授、硕士生导师，他已出版了 11 部学术专著和教材了。因此可以说，近十年来，他的工作氛围和学术视野，直接助燃了我的科研激情，而且提升了我社科意识的高度。儿媳刘一品在教学和培养我孙子王盈祺同时，也积极热情地核查资料原版，精细到凡有引号的词句，必须要找到权威出版社的纸质书。作者几乎都是我的研究生，这才能够保证时间进度和统一协调的效率，看来真是上阵父子兵啊！我年轻时直至五十多岁，曾多次白写了丛书中的一本，原因就是我如期完成，别人却一拖再拖，结果是音信全无了。

2015 年 11 月 26 日，全套书稿内容完整了，但因为是项目，所以面临的是先结项才能出版。这样一系列结项工作又由王鹤、任云妹、巴增胜前后忙活，直至贾滩将其打印成上、中、下三卷，由任老师交到校社科处和市教委科研处……

可是，再联系教育部已到大年之前，因此我们只能等到 2016 年 3 月 16 日，开学后才重新走一个个程序。今天，我终于收到教育部寄来的结项证书了，真是可喜可贺。

而今，这部书要交出版社了。我掐指算来，整整十二年，如果按天干地支十二生肖讲，已是一轮了。我从来没想过"蜡炬成灰"，可是心血确实耗费了太多。好在我们写的这些不是时尚文章，再加上又一年年在重写，因此不会陈旧。

数易其稿，数换作者，如今数一数加上审理，作者共 23 人。其中有四位具有博士学位，学科分别为文艺美学、民族学、经济学和管理学。其余除了我和两位担任审理的老教授外，都是硕士。作者中有教授6位，副教授7位，另外的基本上都是讲师或其他中级职称。作者名单在各章的排序，我之后是按实际撰写的内容多少而不是参加撰写的前后。

写到这里，不禁回想起1995年出版的《人类服饰文化学》。当年那部书的百余万字，全是我一人所为。四十岁出头儿，正值意气风发，且又有些积累之时，记得完全用圆珠笔写，再以黑水笔抄。第一遍仅用四百字稿纸的左一半写，留下右一半再写修改后的内容或补充。当中央电视台《半边天》摄制组给我做节目时，我手握着一大把空圆珠笔芯的一幕，给观众们留下了深刻的印象。随即，《人民日报》《文汇报》《人民中国》《中国画报》《世界语中国报道》等国家级媒体纷纷采访刊发。先后获批了中国图书奖、国家图书奖、十五省市图书奖、天津市优秀图书特等奖等七大奖项。从而，奠定了服饰文化学的基础。而到写这部书时，虽然仍是文思如泉涌，但时间和精力却有限了。也好，动用这么多作者，无疑视野更开阔了，只是我一遍一遍地修改和统一，用了这么多年。

2005—2017，十二个年头儿，不怪我感慨良多，实在是一言难尽。当然，这不算完结，还有出版过程中的修改和校对……今天我新招上来的研究生段宗秀又帮我打印"后记"和作者名单了。她踏实认真又热爱科研，我似乎在一片树林之中乍看到一棵鲜活的小树，顿觉生机还是无限！

2017.6.21 于天津师范大学华梅服饰文化学研究所